国家出版基金资助项目
现代数学中的著名定理纵横谈丛书
丛书主编　王梓坤

NEWTON PROGRAM AND EXTRACT THE ROOTS OF EQUATION

Newton程序与方程求根

刘培杰数学工作室　编

哈爾濱工業大學出版社
HARBIN INSTITUTE OF TECHNOLOGY PRESS

内 容 简 介

本书共分八编，包括引言，中国古代数学思想与 Newton 迭代法，解高次方程的 Newton 迭代法，多点导迭代及 Newton 迭代的收敛性，Newton 迭代与压缩映射，求重根的迭代方法，Newton 迭代法的其他应用，Newton 迭代法在解泛函方程中的应用.

本书适合大中师生及数学爱好者参考阅读.

图书在版编目(CIP)数据

Newton 程序与方程求根/刘培杰数学工作室编.—哈尔滨：哈尔滨工业大学出版社，2024.3
（现代数学中的著名定理纵横谈丛书）
ISBN 978－7－5603－9842－6

Ⅰ.①N…　Ⅱ.①刘…　Ⅲ.①迭代法－研究
Ⅳ.①O241.6

中国版本图书馆 CIP 数据核字(2022)第 015515 号

NEWTON CHENGXU YU FANGCHENG QIUGEN

策划编辑　刘培杰　张永芹
责任编辑　刘家琳
封面设计　孙茵艾
出版发行　哈尔滨工业大学出版社
社　　址　哈尔滨市南岗区复华四道街 10 号　邮编 150006
传　　真　0451－86414749
网　　址　http://hitpress.hit.edu.cn
印　　刷　辽宁新华印务有限公司
开　　本　787 mm×960 mm　1/16　印张 39　字数 415 千字
版　　次　2024 年 3 月第 1 版　2024 年 3 月第 1 次印刷
书　　号　ISBN 978－7－5603－9842－6
定　　价　298.00 元

◎代序

读书的乐趣

你最喜爱什么——书籍.

你经常去哪里——书店.

你最大的乐趣是什么——读书.

这是友人提出的问题和我的回答.真的,我这一辈子算是和书籍,特别是好书结下了不解之缘.有人说,读书要费那么大的劲,又发不了财,读它做什么?我却至今不悔,不仅不悔,反而情趣越来越浓.想当年,我也曾爱打球,也曾爱下棋,对操琴也有兴趣,还登台伴奏过.但后来却都一一断交,“终身不复鼓琴”.那原因便是怕花费时间,玩物丧志,误了我的大事——求学.这当然过激了一些.剩下来唯有读书一事,自幼至今,无日少废,谓之书痴也可,谓之书橱也可,管它呢,人各有志,不可相强.我的一生大志,便是教书,而当教师,不多读书是不行的.

读好书是一种乐趣,一种情操;一种向全世界古往今来的伟人和名人求教的方法，一种和他们展开讨论的方式；一封出席各种活动、体验各种生活、结识各种人物的邀请信；一张迈进科学宫殿和未知世界的入场券；一股改造自己、丰富自己的强大力量. 书籍是全人类有史以来共同创造的财富，是永不枯竭的智慧的源泉. 失意时读书，可以使人重整旗鼓；得意时读书，可以使人头脑清醒；疑难时读书，可以得到解答或启示；年轻人读书，可明奋进之道；年老人读书，能知健神之理. 浩浩乎！洋洋乎！如临大海，或波涛汹涌，或清风微拂，取之不尽，用之不竭. 吾于读书，无疑义矣，三日不读，则头脑麻木，心摇摇无主.

潜能需要激发

我和书籍结缘，开始于一次非常偶然的机会. 大概是八九岁吧，家里穷得揭不开锅，我每天从早到晚都要去田园里帮工. 一天，偶然从旧木柜阴湿的角落里，找到一本蜡光纸的小书，自然很破了. 屋内光线暗淡，又是黄昏时分，只好拿到大门外去看. 封面已经脱落，扉页上写的是《薛仁贵征东》. 管它呢，且往下看. 第一回的标题已忘记，只是那首开卷诗不知为什么至今仍记忆犹新：

日出遥遥一点红，飘飘四海影无踪.

三岁孩童千两价，保主跨海去征东.

第一句指山东，二、三两句分别点出薛仁贵(雪、人贵). 那时识字很少，半看半猜，居然引起了我极大的兴趣，同时也教我认识了许多生字. 这是我有生以来独立看的第一本书. 尝到甜头以后，我便千方百计去找书，向小朋友借，到亲友家找，居然断断续续看了《薛丁山征西》《彭公案》《二度梅》等，樊梨花便成了我心中的女英雄.我真入迷了.从此,放牛也罢,车水也罢,我总要带一本书,还练出了边走田间小路边读书的本领,读得津津有味,不知人间别有他事.

当我们安静下来回想往事时,往往会发现一些偶然的小事却影响了自己的一生.如果不是找到那本《薛仁贵征东》,我的好学心也许激发不起来.我这一生,也许会走另一条路.人的潜能,好比一座汽油库,星星之火,可以使它雷声隆隆、光照天地;但若少了这粒火星,它便会成为一潭死水,永归沉寂.

抄,总抄得起

好不容易上了中学,做完功课还有点时间,便常光顾图书馆.好书借了实在舍不得还,但买不到也买不起,便下决心动手抄书.抄,总抄得起.我抄过林语堂写的《高级英文法》,抄过英文的《英文典大全》,还抄过《孙子兵法》,这本书实在爱得狠了,竟一口气抄了两份.人们虽知抄书之苦,未知抄书之益,抄完毫末俱见,一览无余,胜读十遍.

始于精于一,返于精于博

关于康有为的教学法,他的弟子梁启超说:"康先生之教,专标专精、涉猎二条,无专精则不能成,无涉猎则不能通也."可见康有为强烈要求学生把专精和广博(即"涉猎")相结合.

在先后次序上,我认为要从精于一开始.首先应集中精力学好专业,并在专业的科研中做出成绩,然后逐步扩大领域,力求多方面的精.年轻时,我曾精读杜布(J. L. Doob)的《随机过程论》,哈尔莫斯(P. R. Halmos)的《测度论》等世界数学名著,使我终身受益.简言之,即"始于精于一,返于精于博".正如中国革命一样，必须先有一块根据地，站稳后再开创几块，最后连成一片.

丰富我文采，澡雪我精神

辛苦了一周，人相当疲劳了，每到星期六，我便到旧书店走走，这已成为生活中的一部分，多年如此. 一次，偶然看到一套《纲鉴易知录》，编者之一便是选编《古文观止》的吴楚材. 这部书提纲挈领地讲中国历史，上自盘古氏，直到明末，记事简明，文字古雅，又富于故事性，便把这部书从头到尾读了一遍. 从此启发了我读史书的兴趣.

我爱读中国的古典小说，例如《三国演义》和《东周列国志》. 我常对人说，这两部书简直是世界上政治阴谋诡计大全. 即以近年来极时髦的人质问题（伊朗人质、劫机人质等），这些书中早就有了，秦始皇的父亲便是受害者，堪称“人质之父”.

《庄子》超尘绝俗，不屑于名利. 其中“秋水”“解牛”诸篇，诚绝唱也.《论语》束身严谨，勇于面世，“己所不欲，勿施于人”，有长者之风. 司马迁的《报任少卿书》，读之我心两伤，既伤少卿，又伤司马；我不知道少卿是否收到这封信，希望有人做点研究. 我也爱读鲁迅的杂文，果戈理、梅里美的小说. 我非常敬重文天祥、秋瑾的人品，常记他们的诗句：“人生自古谁无死，留取丹心照汗青”“休言女子非英物，夜夜龙泉壁上鸣”. 唐诗、宋词、《西厢记》《牡丹亭》，丰富我文采，澡雪我精神，其中精粹，实是人间神品.

读了邓拓的《燕山夜话》，既叹服其广博，也使我动了写《科学发现纵横谈》的心. 不料这本小册子竟给我招来了上千封鼓励信. 以后人们便写出了许许多多的“纵横谈”.

从学生时代起,我就喜读方法论方面的论著.我想,做什么事情都要讲究方法,追求效率、效果和效益,方法好能事半而功倍.我很留心一些著名科学家、文学家写的心得体会和经验.我曾惊讶为什么巴尔扎克在51年短短的一生中能写出上百本书,并从他的传记中去寻找答案.文史哲和科学的海洋无边无际,先哲们的明智之光沐浴着人们的心灵,我衷心感谢他们的恩惠.

读书的另一面

以上我谈了读书的好处,现在要回过头来说说事情的另一面.

读书要选择.世上有各种各样的书:有的不值一看,有的只值看20分钟,有的可看5年,有的可保存一辈子,有的将永远不朽.即使是不朽的超级名著,由于我们的精力与时间有限,也必须加以选择.决不要看坏书,对一般书,要学会速读.

读书要多思考.应该想想,作者说得对吗?完全吗?适合今天的情况吗?从书本中迅速获得效果的好办法是有的放矢地读书,带着问题去读,或偏重某一方面去读.这时我们的思维处于主动寻找的地位,就像猎人追找猎物一样主动,很快就能找到答案,或者发现书中的问题.

有的书浏览即止,有的要读出声来,有的要心头记住,有的要笔头记录.对重要的专业书或名著,要勤做笔记,“不动笔墨不读书”.动脑加动手,手脑并用,既可加深理解,又可避忘备查,特别是自己的灵感,更要及时抓住.清代章学诚在《文史通义》中说:“札记之功必不可少,如不札记,则无穷妙绪如雨珠落大海矣.”

许多大事业、大作品,都是长期积累和短期突击相结合的产物.涓涓不息,将成江河;无此涓涓,何来江河?

爱好读书是许多伟人的共同特性,不仅学者专家如此,一些大政治家、大军事家也如此.曹操、康熙、拿破仑、毛泽东都是手不释卷,嗜书如命的人.他们的巨大成就与毕生刻苦自学密切相关.

王梓坤

目录

第一编 引　言

第二编　中国古代数学思想与 Newton 迭代法

第三编　解高次方程的 Newton 迭代法

第五编　Newton 迭代与压缩映射

第六编　求重根的迭代方法

第七编　Newton 迭代法的其他应用

第一编

引　言

引 言

第 1 章

§1 从一道第五届全国大学生数学夏令营数学竞赛试题的解法谈起

在 20 世纪中国尚未开展大学生数学竞赛，中国科学院数学研究所就采取了一项代替它的重大举措：从 1987 年开始每年举办全国数学系大学生的夏令营.其方式是约请国内一些主要大学的数学系选送高年级的优秀学生，会聚到北京，度过一周的夏令营.在夏令营期间，组织高水平的学者为营员们做学术报告，介绍一些学科的发展与动态；进行营员数学能力的测试，中国科学院数学研究所的数学家们参与了命题、阅卷与评分工作.此考试由于其命题者都是研究数学的大家，所以题目具有原创性和较深的背景，参加者也颇具水平.有昔日的 IMO 金牌得主如（第一届的）方为民、（第五届的）何斯迈，还有日后成名的，如扶磊，男，1970 年 1 月出生，研究生学历，南开大学数学研究所副所长，博士生导师.

十年前，应陈省身先生的邀请，他回国到南开大学数学研究所工作，从事现代代数几何和代数数论的研究，在 l-adic 上同调论和 Galois 表示方面取得了令人瞩目的成果.他对一类代数簇证明了 Grothendieck-Serre 猜想，完全证明了局部 Fourier 变换理论中的 Laumon-Malgrange 猜想，并与同行合作深入研究了非完整 L－函数、非完整指数和以及 Kloosterman 和，用晶体上同调论研究有限域上 Calabi-Yau 代数簇与其镜像之间的 ζ－函数 p-adic 的关系，用 l-adic 上同调论研究了 Gauss 和与 Kloosterman 和的均匀分布问题，在代数几何专业领域取得了一系列成果，多篇论文在美国、瑞士等著名数学杂志上发表.

这个竞赛只持续了 8 届，到了 2009 年 10 月，全国大学生数学竞赛首届比赛开始举办，只不过这时竞赛试题的难度已经有所下降.下面举一个例题.

例　试计算 $\sqrt[5]{2}$，精确到小数点后 3 位.

（第五届全国大学生数学夏令营数学竞赛第二试第三题）

用于近似计算的另一较有力的工具是 Newton 切线法——求方程 $f(x)=0$ 的近似根的方法.这样，把 Newton 切线法用于近似求解方程 $x^5-2=0$，则求得的结果即为 $\sqrt[5]{2}$ 的近似值.

简单介绍一下 Newton 切线法.

设函数 $f\in C^2([a,b])$，$f(a)\cdot f(b)<0$，$f'(x)\neq 0$，$f''(x)\neq 0$，$\forall x\in[a,b]$.

由 $f(a)\cdot f(b)<0$ 及 $f'(x)\neq 0$，$\forall x\in[a,b]$，容易知道 $f(x)=0$ 在 $[a,b]$ 中只有唯一解 $\xi\in(a,b)$.

不妨设 $f(a)<0<f(b)$(因而 $f'(x)>0$, $\forall x\in[a,b]$),并设 $f''(x)>0$, $\forall x\in[a,b]$.

过 xOy 平面上的点$(b,f(b))$作函数 $y=f(x)$ 的图像的切线

$$y=f(b)+f'(b)(x-b)$$

它与横坐标轴 $y=0$ 相交于点$(x_1,0)$,这里 $x_1=b-f(b)/f'(b)$,则有$\xi<x_1<b$.事实上,由于 $f(b)>0$, $f'(b)>0$,所以 $x_1<b$;再者,由于

$$0=f(\xi)=f(b)+f'(b)(\xi-b)+\frac{1}{2}f''(c)(\xi-b)^2$$

这里 $\xi<c<b$,所以

$$f(b)+f'(b)(\xi-b)=-\frac{1}{2}f''(c)(\xi-b)^2<0$$

因此

$$\xi-x_1=\xi-b+\frac{f(b)}{f'(b)}=\frac{1}{f'(b)}[f(b)+f'(b)(\xi-b)]=-\frac{1}{2}\cdot\frac{f''(c)}{f'(b)}(\xi-b)^2<0$$

所以 $\xi<x_1$.

过点$(x_1,f(x_1))$作 $y=f(x)$ 的图像的切线

$$y=f(x_1)+f'(x_1)(x-x_1)$$

与 $y=0$ 交于点$(x_2,0)$, $x_2=x_1-f(x_1)/f'(x_1)$, $\xi<x_2<x_1$.

这个过程一直可以进行下去,可以得到序列$\{x_k\}$,满足

$$x_{k+1}=x_k-\frac{f(x_k)}{f'(x_k)},k=0,1,2,\cdots$$

其中 $x_0=b$,并且 $\xi<\cdots<x_{k+1}<x_k<\cdots<x_1<b$.

以 x_k 作为 $f(x)=0$ 的根 ξ 的近似,有下述误差估计

$$|x_k-\xi|\leqslant\frac{|f(x_k)|}{m},k=1,2,\cdots$$

其中 $m=\min\limits_{x\in[a,b]}|f'(x)|$.事实上,对某个 $\eta\in(\xi,x_k)$,有

$$f(x_k)=f(\xi)+f'(\eta)(x_k-\xi)=f'(\eta)(x_k-\xi)$$

所以

$$x_k-\xi=\frac{f(x_k)}{f'(\eta)}$$

所以

$$|x_k-\xi|=\frac{|f(x_k)|}{|f'(\eta)|}\leqslant\frac{|f(x_k)|}{m}$$

当 $f'(x)>0,f''(x)<0$ 时(对 $\forall x\in[a,b]$),则过点 $(a,f(a))$ 作切线,与 $y=0$ 的交点的横坐标为 $x_1=a-\frac{f(a)}{f'(a)}$,有 $a<x_1<\xi$.相应的序列 $\{x_k\}$ 满足

$$x_{k+1}=x_k-\frac{f(x_k)}{f'(x_k)},k=0,1,2,\cdots$$

其中 $x_0=a$,并且 $a<x_1<x_2<\cdots<x_k<\cdots<\xi$.误差估计亦为

$$|x_k-\xi|\leqslant\frac{|f(x_k)|}{m}$$

$$k=1,2,\cdots;m=\min_{x\in[a,b]}|f'(x)|$$

解法 1 令

$$f(x)=x^5-2$$

由于

$$f(1)=-1<0<30=f(2)$$
$$f'(x)=5x^4>0, \forall x>0$$

所以 $f(x)=0$ 在[1,2]中有唯一的根 $\xi=\sqrt[5]{2}$,也有

$$f''(x)=20x^3>0, \forall x>0$$

由于

$$f(1.2)=(1.2)^5-2=2.488\ 32-2=0.488\ 32>0$$

所以 $1<\xi<1.2$.又

$$f'(1.2)=5\times(1.2)^4=5\times 2.073\ 6=10.368$$

令

$$x_1=1.2-\frac{f(1.2)}{f'(1.2)}=$$
$$1.2-\frac{0.488\ 32}{10.368}\approx$$
$$1.2-0.047=1.153$$

因为

$$f(1.15)=(1.15)^5-2=2.011\ 357\ 187\ 5-2=$$
$$0.011\ 357\ 187\ 5>0$$

所以可令 $x_1=1.15$.因为

$$f'(1.15)=5\times(1.15)^4=5\times 1.749\ 006\ 25=$$
$$8.745\ 031\ 25$$

所以

$$x_2=x_1-\frac{f(x_1)}{f'(x_1)}=1.15-\frac{0.011\ 357\ 187\ 5}{8.745\ 031\ 25}\approx$$
$$1.15-0.001\ 3=1.148\ 7$$

因为

$$f(1.148\ 7)=0.000\ 014\ 2\pm 10^{-7}>0$$

所以 $\xi<1.148\ 7$,取 $x_2=1.148\ 7$.因为

$$f(x_2)=f(\xi)+f'(\eta)(x_2-\xi)=f'(\eta)(x_2-\xi)$$
$$\eta\in(\xi,x_2)$$

所以

$$0<x_2-\xi=\frac{f(x_2)}{f'(\eta)}<\frac{f(x_2)}{f'(1)}<\frac{0.000\ 014\ 3}{5}=$$
$$0.000\ 002\ 86<0.000\ 003$$

(因为 $f'(x)$ 在$[1,1.2]$中单调递增.)所以

$$x_2-0.000\ 003<\xi<x_2$$

即有

$$1.148\ 697<\sqrt[5]{2}<1.148\ 7$$

说明 以 1.2 作为初值算出 $x_1\approx1.153$ 后,由于再用1.153进行以后的计算较烦琐,并且 $f(1.15)>0$,因此可以用 1.15 代替 1.153 作为 x_1 来进行以后的计算.同样,由 $x_1=1.15$ 及递推式 $x_2=x_1-\dfrac{f(x_1)}{f'(x_1)}$ 进行计算时,虽然用 $x_1,f(x_1),f'(x_1)$ 的精确值代入,但只算出$\dfrac{f(x_1)}{f'(x_1)}$ 的近似值,即"粗略"地算出了 x_2.对于 x_2 的值,$f(x_2)>0$,所以 $\xi<x_2$.由于此时 x_2 与所求值 $\xi=\sqrt[5]{2}$ 的误差小于 0.3×10^{-5},已满足要求,因此就此止步.

从上面的说明可知,在中间步骤,都可以只"粗略"计算即可,重要的是最后求 $|x_k-\xi|$ 的估计.

解法 2 令 $f(x)=x^{\frac{1}{5}}$,要计算 $f(2)=2^{\frac{1}{5}}$.

因为当 $x>0$ 时,$f'(x)=\dfrac{x^{-\frac{4}{5}}}{5}>0$,$f''(x)=-\dfrac{4x^{-\frac{9}{5}}}{25}<0$,所以在$(0,+\infty)$内 f 严格单调递增,f'

严格单调递减.

取 $x_0>0$,有

$$f(2)=f(x_0)+f'(x_0)(2-x_0)+\frac{1}{2}f''(\eta)(2-x_0)^2$$

其中 η 位于 2 与 x_0 之间.

因为

$$f''(\eta)=-\frac{4\eta^{-\frac{9}{5}}}{25}<0$$

所以

$$f(2)<f(x_0)+f'(x_0)(2-x_0)$$

因为

$$(1.14)^5\approx 1.92<2<2.01\approx(1.15)^5$$

所以

$$1.14=f((1.14)^5)<f(2)<f((1.15)^5)=1.15$$

令 $x_0=(1.15)^5$,则

$$x_0=2.011\ 3\pm 10^{-4}$$

$$f(x_0)=1.15$$

$$f'(x_0)=\frac{1}{5}x_0^{-\frac{4}{5}}=\frac{1}{5}\cdot\frac{1}{x_0^{\frac{4}{5}}}=\frac{1}{5}\cdot\frac{1}{(f(x_0))^4}=$$

$$\frac{1}{5}\cdot\frac{1}{(1.15)^4}=0.114\ 3\pm 10^{-4}$$

$$2-x_0=-0.011\ 3\pm 10^{-4}$$

又有

$$\left|\frac{1}{2}f''(\eta)(2-x_0)^2\right|=\frac{4}{50}\eta^{-\frac{9}{5}}(2-x_0)^2=$$

$$0.08\eta^{-\frac{9}{5}}(2-x_0)^2$$

因为

$$\left|\frac{1}{2}f''(\eta)(2-x_0)^2\right|<0.08\times(0.011\ 4)^2<$$

$$0.000\ 02$$

$$\left|\frac{1}{2}f''(\eta)(2-x_0)^2\right| > 0.08\times 2^{-\frac{9}{5}}\times(0.011\ 2)^2 >$$
$$0.08\times 2^{-2}\times(0.011\ 2)^2 >$$
$$0.000\ 002$$

而

$$f(x_0)+f'(x_0)(2-x_0)=$$
$$1.15-(0.114\ 3\pm 10^{-4})\times(0.011\ 3\pm 10^{-4})=$$
$$1.15-(0.001\ 3\pm 10^{-4})$$

所以

$$\sqrt[5]{2}=f(2)<1.15-0.001\ 2-0.000\ 002=$$
$$1.148\ 798<1.148\ 8$$
$$\sqrt[5]{2}=f(2)>1.15-0.001\ 4-0.000\ 02=$$
$$1.148\ 58$$

所以

$$1.148\ 58<\sqrt[5]{2}<1.148\ 8$$

解法 3 因为 $2=(1+\frac{1}{3})/(1-\frac{1}{3})$，所以 $2^{\frac{1}{5}}=(1+\frac{1}{3})^{\frac{1}{5}}/(1-\frac{1}{3})^{\frac{1}{5}}$. 令 $f(x)=(1+x)^{\frac{1}{5}}$，则 $2^{\frac{1}{5}}=f(\frac{1}{3})/f(-\frac{1}{3})$.

当 $|x|<1$ 时

$$f(x)=\sum_{k=0}^{\infty}\frac{f^{(k)}(0)}{k!}x^k=$$
$$\sum_{k=0}^{n}\frac{f^{(k)}(0)}{k!}x^k+\frac{f^{(n+1)}(\theta x)}{(n+1)!}x^{n+1}\equiv$$
$$F_n(x)+R_n(x)$$

其中 $\theta=\theta(x)\in(0,1)$.因为

$$f(x)=(1+x)^{\frac{1}{5}}$$

所以

$$f'(x)=\frac{1}{5}(1+x)^{-\frac{4}{5}}$$

$$f^{(k)}(x)=(-1)^{k-1}\frac{4\times 9\times\cdots\times(5k-6)}{5^k}(1+x)^{-k+\frac{1}{5}}$$

$$k=2,3,\cdots$$

因为

$$\left|R_n\left(\frac{1}{3}\right)\right|=\left|\frac{f^{(n+1)}(\theta/3)}{(n+1)!}\left(\frac{1}{3}\right)^{n+1}\right|=$$

$$\left|(-1)^n\frac{4\times 9\times\cdots\times(5n-1)}{5^{n+1}}\times\right.$$

$$\left(1+\frac{\theta}{3}\right)^{-(n+1)+\frac{1}{5}}\times$$

$$\left.\frac{1}{(n+1)!}\left(\frac{1}{3}\right)^{n+1}\right|=$$

$$\frac{4\times 9\times\cdots\times(5n-1)}{3^{n+1}\times 5^{n+1}}\times\frac{1}{(n+1)!}\times$$

$$\left(1+\frac{\theta}{3}\right)^{-(n+1)+\frac{1}{5}}$$

所以

$$\left|R_n\left(\frac{1}{3}\right)\right|<\frac{4\times 9\times\cdots\times(5n-1)}{(n+1)!\ \times 3^{n+1}\times 5^{n+1}}<$$

$$\frac{1}{(n+1)\times 3^{n+1}\times 5}$$

当 $n=5$ 时

$$\left|R_5\left(\frac{1}{3}\right)\right|<\frac{1}{5\times 6\times 3^6}=\frac{1}{21\ 870}<$$

$$0.000\ 045\ 8$$

又

$$\left|R_5\left(\frac{1}{3}\right)\right| > \frac{4\times 9\times 14\times 19\times 24}{3^6\times 5^6}\times\frac{1}{6!}\times\left(\frac{4}{3}\right)^{-6+\frac{1}{5}} > \frac{4\times 9\times 14\times 19\times 24}{4^6\times 5^6\times 6!} > 0.000\ 004\ 9$$

此外，$R_5\left(\frac{1}{3}\right) < 0$.因为

$$\left|R_n\left(-\frac{1}{3}\right)\right| = \left|\frac{f^{(n+1)}(-\theta/3)}{(n+1)!}\left(-\frac{1}{3}\right)^{n+1}\right| = \left|(-1)^n\frac{4\times 9\times\cdots\times(5n-1)}{5^{n+1}}\times\left(1-\frac{\theta}{3}\right)^{-(n+1)+\frac{1}{5}}\times\frac{1}{(n+1)!}\left(-\frac{1}{3}\right)^{n+1}\right| = \frac{4\times 9\times\cdots\times(5n-1)}{3^{n+1}\times 5^{n+1}}\times\frac{1}{(n+1)!}\times\left(1-\frac{\theta}{3}\right)^{-(n+1)+\frac{1}{5}}$$

所以

$$\left|R_7\left(-\frac{1}{3}\right)\right| < \frac{4\times 9\times 14\times\cdots\times 34}{3^8\times 5^8}\times\frac{1}{8!}\times\left(\frac{2}{3}\right)^{-8+\frac{1}{5}} < \frac{4\times 9\times 14\times\cdots\times 34}{2^8\times 5^8\times 8!} < 0.000\ 056\ 3$$

$$\left|R_7\left(-\frac{1}{3}\right)\right| > \frac{4\times 9\times 14\times\cdots\times 34}{3^8\times 5^8\times 8!} > 0.000\ 002\ 19$$

并且 $R_7\left(-\frac{1}{3}\right) < 0$.因为

$$F_5\left(\frac{1}{3}\right)=$$

$$1+\frac{1}{5\times 3}-\frac{4}{2!\ \times 5^2\times 3^2}+\frac{4\times 9}{3!\ \times 5^3\times 3^3}-$$

$$\frac{4\times 9\times 14}{4!\ \times 5^4\times 3^4}+\frac{4\times 9\times 14\times 19}{5!\ \times 5^5\times 3^5}=$$

$$1+\frac{3^3\times 5^5-2\times 3^2(5^4-5^3)-3\times 5^2\times 7+7\times 19}{3^4\times 5^6}=$$

$$1+\frac{74\ 983}{1\ 265\ 625}=1.059\ 24\pm 10^{-5}$$

$$F_7\left(-\frac{1}{3}\right)=$$

$$1-\frac{1}{5\times 3}-\frac{4}{2!\ \times 5^2\times 3^2}-\frac{4\times 9}{3!\ \times 5^3\times 3^3}-$$

$$\frac{4\times 9\times 14}{4!\ \times 5^4\times 3^4}-\frac{4\times 9\times 14\times 19}{5!\ \times 5^5\times 3^5}-$$

$$\frac{4\times 9\times 14\times 19\times 24}{6!\ \times 5^6\times 3^6}-\frac{4\times 9\times 14\times 19\times 24\times 29}{7!\ \times 5^7\times 3^7}=$$

$$1-\frac{2^2(3\times 5\times 7\times 19+19\times 29)}{3^6\times 5^8}-$$

$$\frac{3^3\times 5^5+2\times 3^2(5^4+5^3)+3\times 5^2\times 7+7\times 19}{3^4\times 5^6}=$$

$$0.922\ 12\pm 10^{-5}$$

又因为

$$f\left(\frac{1}{3}\right)=F_5\left(\frac{1}{3}\right)+R_5\left(\frac{1}{3}\right)$$

$$f\left(-\frac{1}{3}\right)=F_7\left(-\frac{1}{3}\right)+R_7\left(-\frac{1}{3}\right)$$

所以

$$f\left(\frac{1}{3}\right)<1.059\ 25-0.000\ 004\ 9=$$

$$1.059\ 245\ 1<1.059\ 3$$

$$f\left(\frac{1}{3}\right)>1.059\ 23-0.000\ 045\ 8=$$

$$1.059\ 184\ 2>1.059\ 1$$

所以

$$f\left(\frac{1}{3}\right)=1.059\ 2\pm 10^{-4}$$

$$f\left(-\frac{1}{3}\right)<0.922\ 13-0.000\ 002\ 19=$$

$$0.922\ 127\ 81<0.922\ 2$$

$$f\left(-\frac{1}{3}\right)>0.922\ 11-0.000\ 056\ 3=$$

$$0.922\ 053\ 7>0.922\ 0$$

所以

$$f\left(-\frac{1}{3}\right)=0.922\ 1\pm 10^{-4}$$

所以

$$2^{\frac{1}{5}}=f\left(\frac{1}{3}\right)\Big/f\left(-\frac{1}{3}\right)<\frac{1.059\ 3}{0.922\ 0}<1.148\ 92$$

$$2^{\frac{1}{5}}>\frac{1.059\ 1}{0.922\ 2}>1.148\ 44$$

即

$$1.148\ 44<\sqrt[5]{2}<1.148\ 92$$

在数学发展的早期，人们普遍认为世界上的所有问题都可以描述为一个数学问题.而一个数学问题也一定可以转化为一个代数方程的求根问题.所以如何求一个多项式方程的根就成了一个极其重要的问题.

§2　一道美国大学物理考题的解法

1977年美国普林斯顿大学的一道物理考题的解答中也用到了Newton迭代法，解法由李晓平老师给出.一般地说，美国的物理试题涉及的数学并不繁难，但却或多或少具有以下三方面的特色：内容新颖，富于“当代感”；思路灵活，涉及面宽广；方法和结论往往简单而实用.一些题分别涉及新兴课题和边沿交叉区域；有不少题是拟题者直接从科研工作中摘取的；再有不少题本身似乎粗糙但却抓住了物理本质，显得“物理味”十足.

题目　一条长为L、线宽度均匀的软绳上端挂在一固定点，下端不固定(图1).

(1) 导出描述此绳在一个平面内做微小横振动的偏微分方程，并由此导出描述振动模式的微分方程.

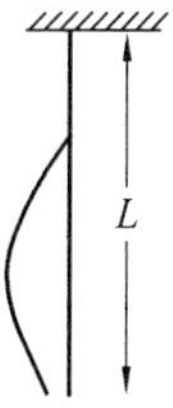

图1

(2) 用标准方法解此微分方程(用幂级数法解，而不是先把此方程变换成Bessel方程再解)，然后用近似数值解法，求出最低简正频率.

解　(1) 由Newton方程解得绳的横振动方程为

$$(Tu_x)_{x+\Delta x}-(Tu_x)_x=\rho\Delta x u_{tt}$$

绳中的张力由重力提供，即

$$T=\int_x^L \rho g\,\mathrm{d}x=\rho g(L-x)$$

代入可得

$$u_{tt}-g\frac{\partial}{\partial x}[(L-x)u_x]=0$$

边界条件为

$$u\mid_{x=0}=0,u\mid_{x=L}=\text{有限}$$

现用分离变量法解,令

$$u=X(x)T(t)$$

代入可得

$$\frac{T''}{gT}=\frac{\frac{\mathrm{d}}{\mathrm{d}x}[(L-x)X']}{X}=-\lambda$$

即

$$\begin{cases}\frac{\mathrm{d}}{\mathrm{d}x}[(L-x)X']+\lambda X=0\\ T''+\lambda gT=0\end{cases}$$

$$\begin{cases}X(0)=0\\ X(L)=\text{有限}\end{cases}$$

(2) 用级数法解关于 X 的常微分方程

$$X''-\frac{1}{L-x}X'+\frac{\lambda}{L-x}X=0$$

$X=L$ 是其正则奇点,可令

$$X=\sum_{K=0}^{\infty}a_K(x-L)^K$$

所以

$$X'=\sum_{K=1}^{\infty}Ka_K(x-L)^{K-1}=\sum_{K=0}^{\infty}(K+1)a_{K+1}(x-L)^K$$

$$X''=\sum_{K=2}^{\infty}K(K-1)a_K(x-L)^{K-2}$$

$$(x-L)X''=\sum_{K=2}^{\infty}K(K-1)a_K(x-L)^{K-1}=$$

$$\sum_{K=1}^{\infty}(K+1)Ka_{K+1}(x-L)^K$$

代入方程$(x-L)X''+X'-\lambda X=0$,得

$$(a_1-\lambda a_0)+\sum_{K=1}^{\infty}[(K+1)Ka_{K+1}+$$
$$(K+1)a_{K+1}-\lambda a_K](x-L)^K=0$$

所以

$$a_1=\lambda a_0=\frac{\lambda}{(1!)^2}a_0$$

$$a_{K+1}=\frac{\lambda}{(K+1)^2}a_K$$

所以

$$a_2=\frac{\lambda}{2^2}a_1=\frac{\lambda^2}{(2!)^2}a_0$$

$$a_3=\frac{\lambda^3}{(3!)^2}a_0$$

$$\vdots$$

$$a_K=\frac{\lambda^K}{(K!)^2}a_0$$

所以

$$X=a_0\sum_{K=0}^{\infty}\frac{\lambda^K}{(K!)^2}(x-L)^K$$

由边界条件 $X(0)=0$,即

$$\sum_{K=0}^{\infty}\frac{(-1)^K}{(K!)^2}(\lambda L)^K=0$$

可确定本征值λ.

以下用 Newton 迭代法求解λ,令

$$f(\lambda L)=\sum_{K=0}^{\infty}\frac{(-1)^K}{(K!)^2}(\lambda L)^K\approx 1-\lambda L+\frac{(\lambda L)^2}{4}$$

$$f'(\lambda L)=-1+\frac{\lambda L}{2}$$

迭代公式为

$$x_{n+1}=x_n-\frac{f(x_n)}{f'(x_n)}$$

可令

$$\lambda L=x$$

令 $x_0=0$,则

$$x_1=-\frac{f(0)}{f'(0)}=1$$

$$x_2=1-\frac{f(1)}{f'(1)}=1.5$$

验证 $f(x_2)=0.06$.

因此 x_2 可以近似认为是最小的一个根,即

$$\lambda L=1.5$$

又 $T(t)$ 的解为

$$T=A\cos\sqrt{\lambda g t}+B\sin\sqrt{\lambda g}\, t$$

所以

$$\omega_{\min}=\sqrt{\lambda_{\min} g}=\sqrt{1.5}\cdot\sqrt{\frac{g}{L}}$$

一位高中生的探索

第 2 章

湖南省长沙市湖南师范大学附属中学高1303班的邹昊轩同学在教师朱修龙的指导下对Newton迭代法有所探索.

他在探究如下问题时，遇到了一个难以求解的一元四次方程.原题如下：

求解曲线 $y=\frac{1}{x}$ 上一点 P 到点 $Q(0,1)$ 距离的最小值.

解题过程中，由两点间距离公式

$$d^2=x^2+\left(\frac{1}{x}-1\right)^2=f(x)$$

求导得

$$f'(x)=\frac{2}{x^3}(x^4+x-1)$$

若令导函数为0，需解方程 $x^4+x-1=0$.这是一个一元四次方程，为高阶方程.

他研究出一种可以求解所有一元四次方程的方法，具体如下：

对任意一元四次方程 $ax^4+bx^3+cx^2+dx+e=0$,各项同时除以 a,得 $x^4+\frac{b}{a}x^3+\frac{c}{a}x^2+\frac{d}{a}x+\frac{e}{a}=0$,若令 $x=y-\frac{b}{4a}$,则所得方程 y 的三次项为

$$-\frac{b}{a}y^3+\frac{b}{a}y^3=0$$

这表明这个一元四次方程无 y 的三次项,即所有一元四次方程可化为如下形式

$$x^4+ax^2+bx+d=0$$

下面求解这种形式的一元四次方程.

令 $x=t+k\mathrm{i}$(i 为虚数单位),则有

$$(t+k\mathrm{i})^4+a(t+k\mathrm{i})^2+b(t+k\mathrm{i})+d=0$$

即

$$t^4-6t^2k^2+k^4+at^2-ak^2+bt+d+(4t^3k-4tk^3+2akt+bk)\mathrm{i}=0$$

取实部为零和虚部为零,即

$$\begin{cases}4t^3k-4tk^3+2akt+bk=0 & (1)\\ t^4-6t^2k^2+k^4+at^2-ak^2+bt+d=0 & (2)\end{cases}$$

由式(1)得

$$k^2=\frac{4t^3+2at+b}{4t} \tag{3}$$

将式(3)代入式(2),即

$$\frac{(4t^3+2at+b)^2}{16t^2}=\frac{3t}{2}(4t^3+2at+b)-t^4+\frac{a}{4t}(4t^3+2at+b)-at^2-bt-d \tag{4}$$

化简可得

$$t^6+\frac{a}{2}t^4+\frac{a^2-4d}{16}t^2-\frac{b^2}{64}=0 \tag{5}$$

令

$$t^2=h$$

即有

$$h^3+\frac{a}{2}h^2+\frac{a^2-4d}{16}h-\frac{b^2}{64}=0 \tag{6}$$

式(6)为一元三次方程，可利用 Cardano 公式求解，这里先给出思路，后文再进行求解．不妨先暂设解得

$$h_1=A\mathrm{e}^{\mathrm{i}\alpha}$$

$$h_2=B\mathrm{e}^{\mathrm{i}\beta}$$

$$h_3=C\mathrm{e}^{\mathrm{i}\gamma}$$

则得到 3 对(6 个)t 值，如下

$$t_1=\sqrt{A}\,\mathrm{e}^{\frac{\mathrm{i}\alpha}{2}}$$

$$t_2=\sqrt{A}\,\mathrm{e}^{\frac{\mathrm{i}\alpha+2\pi}{2}}$$

$$t_3=\sqrt{B}\,\mathrm{e}^{\frac{\mathrm{i}\beta}{2}}$$

$$t_4=\sqrt{B}\,\mathrm{e}^{\frac{\mathrm{i}\beta+2\pi}{2}}$$

$$t_5=\sqrt{C}\,\mathrm{e}^{\frac{\mathrm{i}\gamma}{2}}$$

$$t_6=\sqrt{C}\,\mathrm{e}^{\frac{\mathrm{i}\gamma+2\pi}{2}}$$

如下可使用多种方法求原方程的解．

第一种方法：

考虑 Vieta 定理，取

$$t_1=\sqrt{A}\,\mathrm{e}^{\frac{\mathrm{i}\alpha}{2}}$$

代入式(3)，取

$$k=\left(A\mathrm{e}^{\mathrm{i}\alpha}+\frac{a}{2}+\frac{b}{4\sqrt{A}\,\mathrm{e}^{\frac{\mathrm{i}\alpha}{2}}}\right)^{\frac{1}{2}}$$

由

$$x=t+k\mathrm{i}$$

得

$$x=\sqrt{A}\,\mathrm{e}^{\frac{\mathrm{i}\alpha}{2}}+\left(A\mathrm{e}^{\mathrm{i}\alpha}+\frac{a}{2}+\frac{b}{4\sqrt{A}\,\mathrm{e}^{\frac{\mathrm{i}\alpha}{2}}}\right)^{\frac{1}{2}}\mathrm{i} \tag{7}$$

注意到复数的$\frac{1}{2}$次方有2个根，即式(7)中含有原方程的2个根.

此时有

$$x_1+x_2=2t \tag{8}$$

$$x_1x_2=t^2+k^2 \tag{9}$$

又由Vieta定理

$$x_1+x_2+x_3+x_4=0 \tag{10}$$

$$x_1x_2x_3x_4=d \tag{11}$$

联立式(8)(9)(10)(11)和(3)，得

$$x_3+x_4=-2t \tag{12}$$

$$x_3x_4=\frac{4td}{8t^3+2at+b} \tag{13}$$

可以看出x_3，x_4为以下一元二次方程的2个根

$$x^2+2tx+\frac{4td}{8t^3+2at+b}=0 \tag{14}$$

使用求根公式$x=\frac{-b\pm\sqrt{b^2-4ac}}{2a}$即可求出$x_3$，$x_4$，至此原方程的4个根均已求出.

第二种方法：

在t_1，t_2，…，t_6这6个(3对)t中任意选取一对代入式(3)求得2个根，进一步代入$x=t+k\mathrm{i}$得到4个根，主要步骤与第一种方法前一部分相同，不再重复.

原理是 $x_1+x_2=2t$ 且 $x_3+x_4=-2t$，所以选取一对互为相反数的 t 即可.下文推导求根公式，即使用这种方法.

综上所述，求解一元四次方程的思路已经完备，下面推导求根公式.

首先对于式(6)，借用 Cardano 公式，令

$$h=n-\frac{a}{6}$$

得

$$n^3+\left(\frac{a^2-4d}{16}-\frac{a^2}{12}\right)n+\frac{a^3}{72}-\frac{a^3}{216}-\frac{a(a^2-4d)}{96}-\frac{b^2}{64}=0 \tag{15}$$

令

$$p=\frac{a^2-4d}{16}-\frac{a^2}{12} \tag{16}$$

$$q=\frac{a^3}{72}-\frac{a^3}{216}-\frac{a(a^2-4d)}{96}-\frac{b^2}{64} \tag{17}$$

则由 Cardano 公式知一个根为

$$n=\left(\frac{-q}{2}+\left(\frac{q^2}{4}+\frac{p^3}{27}\right)^{\frac{1}{2}}\right)^{\frac{1}{3}}+\left(\frac{-q}{2}-\left(\frac{q^2}{4}+\frac{p^3}{27}\right)^{\frac{1}{2}}\right)^{\frac{1}{3}}$$

则解式(6)得

$$h=\left(\frac{-q}{2}+\left(\frac{q^2}{4}+\frac{p^3}{27}\right)^{\frac{1}{2}}\right)^{\frac{1}{3}}+\left(\frac{-q}{2}-\left(\frac{q^2}{4}+\frac{p^3}{27}\right)^{\frac{1}{2}}\right)^{\frac{1}{3}}-\frac{a}{6} \tag{18}$$

值得注意的是，这里的开立方根并不严谨，总之取 Cardano 公式的任意一个解就可以，可以选取最简单的解.

取

$$t_1 = h^{\frac{1}{2}} \tag{19}$$

$$t_2 = -h^{\frac{1}{2}} \tag{20}$$

（规定 $t_1 \neq t_2$），并代入式(3)，有

$$k_1 = \left(h + \frac{a}{2} + \frac{b}{4t_1}\right)^{\frac{1}{2}}$$

$$k_2 = -\left(h + \frac{a}{2} + \frac{b}{4t_1}\right)^{\frac{1}{2}}$$

$$k_3 = \left(h + \frac{a}{2} + \frac{b}{4t_2}\right)^{\frac{1}{2}}$$

$$k_4 = -\left(h + \frac{a}{2} + \frac{b}{4t_2}\right)^{\frac{1}{2}} \tag{21}$$

代入 $x = t + k\mathrm{i}$ 即得

$$x_1 = t_1 + k_1\mathrm{i}$$
$$x_2 = t_1 + k_2\mathrm{i}$$
$$x_3 = t_2 + k_3\mathrm{i}$$
$$x_4 = t_2 + k_4\mathrm{i}$$

综上所述，由式(16) ～ (21) 及 $x = t + k\mathrm{i}$ 即可求出原方程的 4 个根.

他经过大量运算，所得成果已经远高于原题，但不妨用原题检验一下该方法.（接下来使用计算器进行估算检验.）

对于 $x^4 + x - 1 = 0$，计算可得：

由式(16) 得

$$p = 0.25$$

由式(17) 得

$$q = \frac{-1}{64}$$

由式(18)得

$$h=0.061\ 5$$

由式(19)得

$$t_1=0.248\ 1$$

由式(20)得

$$t_2=-0.248\ 1$$

由式(21)得

$$k_1=1.033\ 4$$

$$k_2=-1.033\ 4$$

$$k_3=0.972\ 6\mathrm{i}$$

$$k_4=-0.972\ 6\mathrm{i}$$

于是解得

$$\begin{cases}x_1=0.248\ 1+1.033\ 4\mathrm{i}\\x_2=0.248\ 1-1.033\ 4\mathrm{i}\\x_3=-1.220\ 7\\x_4=0.724\ 5\end{cases}$$

使用 CASIO 991 中文版得解为

$$\begin{cases}x_1=0.724\ 491\ 959\\x_2=-1.220\ 744\ 085\\x_3=0.248\ 126\ 062\ 8+1.033\ 982\ 061\mathrm{i}\\x_4=0.248\ 126\ 062\ 8-1.033\ 982\ 061\mathrm{i}\end{cases}$$

显然此公式十分正确.

读者若有兴趣，不妨用盛金公式替换 Cardano 公式.

他通过查阅有关高阶方程求根的历史了解到:16 世纪时，意大利数学家 Tartaglia 和 Cardano 等人发现了一元三次方程的求根公式，Ferrari 找到了四次方程的求根公式.当时数学家们非常乐观，以为马上就可以写出五次方程、六次方程，甚至更高次方程的求根公式了.然而，时光流逝了几百年，谁也找不出这样的求根公式.

大约三百年之后，在1825年，挪威学者Abel终于证明了：一般的一个代数方程，如果方程的次数$n \geqslant 5$，那么此方程不可能用根式求解，即不存在用根式表达的一般五次方程求根公式.这就是著名的Abel定理.这之后又演变出了许多一元四次方程的求根法，包括转换群法、将置换群解法与盛金公式综合等.特别是信息时代的到来使得高阶方程的求解越来越容易，在方程的求解思路上也有飞跃性的进展，并且涉及高级的信息技术.在他看来，迭代法是其中一种简便可行的方法，用计算机的重复计算来获得近似解——其实非常精确，只需要匹配好各项之间的关系就没有太大问题.迭代法往往是由多个方程得到同一个根，但运算量差别很大，有的甚至解不出来.例如$x^4 + x - 1 = 0$，可以先换元$x = \frac{1}{y}$，化为$y = \frac{1}{y^3} + 1$，然后在计算器上输入初始值1，接着输入$\frac{1}{\text{Ans}^3} + 1$并连续按下等号，直到精度满意为止，再根据$x = \frac{1}{y}$即得原方程根.

同时对方程使用二项式定理（消去高阶小量）和迭代法，有时也可以笔算出十分精确的解.迭代法在估算有现实意义的解时体现出了巨大优势.

Bessel 支点问题

第3章

在20世纪60年代的《数学通报》上刊登了一篇刘智敏老师的文章，题为《精确Newton法及其应用》.在该文中利用Newton法解决了一个材料力学中的问题.

§1 引 言

在各种科学实验及工程技术问题中，会遇到大量代数方程和超越方程求根的问题.我们知道，在实际计算中，方程的根总是以有限位数字表示.

求方程的根的方法有很多[1-2]，其中Newton法计算简单，收敛速度也好，被一般科技人员所采用.

Newton法的本质是以切线代替曲线，其计算程序为

$$x_{n+1}=x_n-\frac{f(x_n)}{f'(x_n)} \qquad (1)$$

为了使计算工作量减少，有简化的Newton程序[3]

$$x_{n+1}=x_n-\frac{f(x_n)}{f'(x_0)} \tag{2}$$

在泛函分析中，为了加速收敛，还有将 Newton 程序改进的 Chebyshev 程序及切双曲线程序[4]，它们都是精确 Newton 法的计算程序，为了深入了解其中的内容，要求具备泛函知识.下面我们准备用简单的数学分析方法导出精确的 Newton 法并讨论 Chebyshev 程序的实际应用.

§2　精确的 Newton 法

设函数 $f(x)$ 在区间 $[a,b]$ 上满足：

(1) $f(a)f(b)<0$；

(2) f',f'',f''' 存在，则由连续函数的性质知，存在 $\xi\in(a,b)$，使 $f(\xi)=0$.

按 Taylor 公式将函数在端点 b 展开(图 1)，得

$$f(x)=f(b)+f'(b)(x-b)+\frac{1}{2!}f''(b)(x-b)^2+\frac{1}{3!}f'''(c)(x-b)^3,c\in(x,b)$$

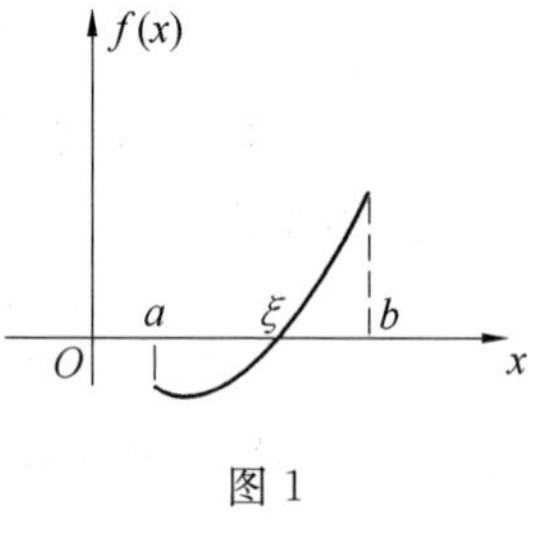

图 1

令 $x=\xi$,则

$$f(\xi)=f(b)+f'(b)(\xi-b)+\frac{1}{2!}f''(b)(\xi-b)^2+\frac{1}{3!}f'''(c)(\xi-b)^3=0 \tag{3}$$

舍去三次项,则得 ξ 的近似值 x_1 应满足方程

$$f(b)+f'(b)(x_1-b)+\frac{1}{2}f''(b)(x_1-b)^2=0 \tag{4}$$

解得

$$x_1-b=-\frac{1}{f'(b)}\left[f(b)+\frac{1}{2}f''(b)(x_1-b)^2\right]$$

取 Newton 法公式 $x_1-b=-\frac{1}{f'(b)}f(b)$ 代入等式右端,得自 b 起求根趋近公式

$$x_1-b=-\frac{1}{f'(b)}\left[f(b)+\frac{1}{2}\frac{f^2(b)}{(f'(b))^2}f''(b)\right]=-\frac{f(b)}{f'(b)}\left[1+\frac{1}{2}\frac{f''(b)}{f'(b)}\frac{f(b)}{f'(b)}\right] \tag{5}$$

如果将 $f(x)$ 在 a 点展开,那么同样可得自 a 起求根趋近公式

$$x_1-a=-\frac{f(a)}{f'(a)}\left[1+\frac{1}{2}\frac{f''(a)}{f'(a)}\frac{f(a)}{f'(a)}\right] \tag{6}$$

反复利用式(5)或(6),就得到

$$x_{n+1}=x_n-\frac{f(x_n)}{f'(x_n)}\left[1+\frac{1}{2}\frac{f''(x_n)}{f'(x_n)}\frac{f(x_n)}{f'(x_n)}\right] \tag{7}$$

这就是 Chebyshev 程序.

如果将式(4)化成

$$f(b)+(x_1-b)\left[f'(b)+\frac{1}{2}f''(b)(x_1-b)\right]=0$$

那么

$$x_1-b=-\frac{f(b)}{f'(b)+\frac{1}{2}f''(b)(x_1-b)}$$

取 Newton 法公式 $x_1-b=-\frac{1}{f'(b)}f(b)$ 代入等式右端得

$$x_1-b=-\frac{f(b)}{f'(b)-\frac{1}{2}f''(b)\frac{f(b)}{f'(b)}}$$

所以

$$x_1=b-\frac{f(b)}{f'(b)-\frac{1}{2}f''(b)\frac{f(b)}{f'(b)}}$$

这样,就得到程序

$$x_{n+1}=x_n-\frac{f(x_n)}{f'(x_n)\left[1-\frac{1}{2}\frac{f''(x_n)}{f'(x_n)}\frac{f(x_n)}{f'(x_n)}\right]} \tag{8}$$

它的本质是以 x_n 处与 $f(x)$ 二阶相切的双曲线代替曲线 $f(x)$[4],故此程序称作切双曲线程序.

§3 精确 Newton 程序的应用

由于 Chebyshev 程序比切双曲线程序简单些,下面我们就进一步讨论 Chebyshev 程序在实际求根中的应用.虽然此法比 Newton 法计算量大些,但收敛速度加快不少,且若采取合理的计算方法(如下面计算实例),则计算量增大得也不多,所以在实际问题中,它已被采用.

不追求收敛条件的普遍性，下面讨论在一些实用情况下，Chebyshev 程序的收敛．为和 Newton 法比较，以 x_1' 表示首次用 Newton 法得出的近似根．

仍设 $f(x)$ 在区间 $[a,b]$ 上满足：

(1) $f(a)f(b)<0$；

(2) f'，f''，f''' 存在，

则有如下情况：

情况 1（图 2）：

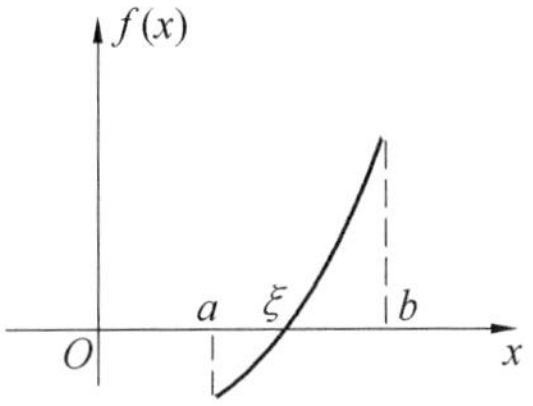

图 2

若在 $[a,b]$ 上有 $f'>0$，$f''>0$，$f'''<0$，自 b 开始利用程序，则

$$\xi<x_1<x_1'<b;\ x_n\downarrow\xi$$

情况 2（图 3）：

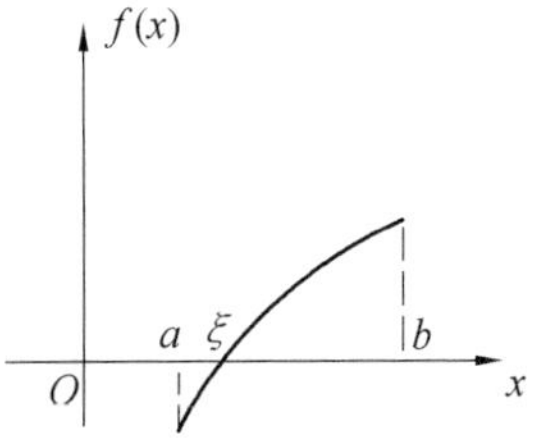

图 3

若在 $[a,b]$ 上有 $f'>0$，$f''<0$，$f'''<0$，自 a 开始利用程序，则

$$\xi > x_1 > x_1' > a ; x_n \uparrow \xi$$

情况 3(图 4)：

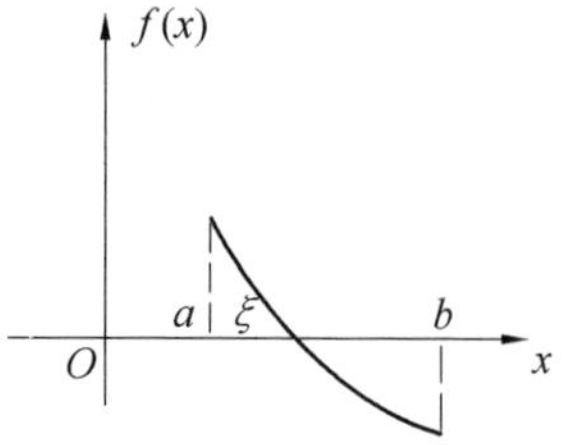

图 4

若在$[a,b]$上有 $f'<0,f''>0,f'''>0$,自 a 开始利用程序,则

$$\xi > x_1 > x_1' > a ; x_n \uparrow \xi$$

情况 4(图 5)：

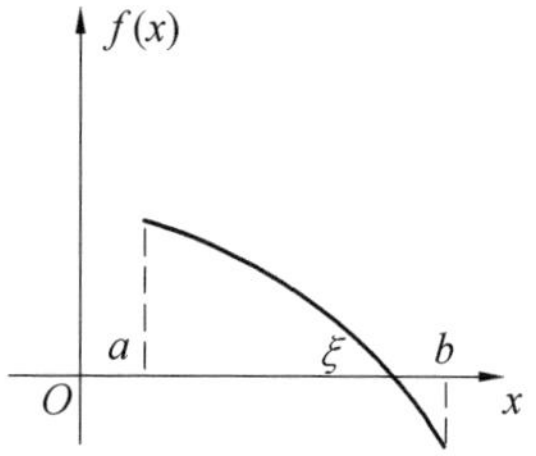

图 5

若在$[a,b]$上有 $f'<0,f''<0,f'''>0$,自 b 开始利用程序,则

$$\xi < x_1 < x_1' < b ; x_n \downarrow \xi$$

为了证明,比较式(3) 和(4),得

$$f'(b)(\xi - x_1) + \frac{1}{2}f''(b)\left[(\xi - b)^2 - \frac{f^2(b)}{(f'(b))^2}\right] + \frac{1}{3!}f'''(c)(\xi - b)^3 = 0$$

$$\xi - x_1 = -\frac{1}{2}\frac{f''(b)}{f'(b)}\left[(\xi - b)^2 - \frac{f^2(b)}{(f'(b))^2}\right] - \frac{1}{3!}\frac{f'''(c)}{f'(b)}(\xi - b)^3 \tag{9}$$

类似可得

$$\xi - x_1 = -\frac{1}{2}\frac{f''(a)}{f'(a)}\left[(\xi - a)^2 - \frac{f^2(a)}{(f'(a))^2}\right] - \frac{1}{3!}\frac{f'''(c)}{f'(a)}(\xi - a)^3 \tag{10}$$

现证情况 1：

由式(5)，因为 $f(b) > 0, f'(b) > 0, f''(b) > 0$，故$\frac{1}{2}\frac{f''(b)}{f'(b)}\frac{f(b)}{f'(b)} > 0, \frac{f(b)}{f'(b)} > 0$.从而 $x_1 - b < 0$.

因为由 Newton 法得

$$x'_1 - b = -\frac{f(b)}{f'(b)}$$

所以

$$x_1 < x'_1 < b$$

我们再看式(9)，由 Newton 法，对情况 1，我们知道[1]，它也自 b 开始利用 Newton 程序，且 $x'_n \downarrow \xi$（x'_n 表示用 n 次 Newton 法后得到的近似根），现有

$$\frac{f^2(b)}{(f'(b))^2} = (x'_1 - b)^2$$

所以

$$(\xi - b)^2 - \frac{f^2(b)}{(f'(b))^2} > 0$$

注意到 $f'(b) > 0, f''' < 0, \xi - b < 0$，则由式(9) 得

$$\xi - x_1 < 0$$

所以

$$\xi < x_1 < x_1' < b$$

对情况 4 亦可同上讨论，证明 $\xi < x_1 < x_1' < b$.

对情况 2、情况 3，按式(6) 及(10) 同上类似讨论，可以证明

$$\xi > x_1 > x_1' > a$$

在使用程序(7) 时，上面的 b(或 a) 相当于 x_n，而 x_1 相当于 x_{n+1}，故知 x_n 单调递减(或增) 且有下(或上) 界.

下面证明：若 $x_n \to \beta$，则 $\beta = \xi$.

因为

$$x_{n+1} = x_n - \frac{f(x_n)}{f'(x_n)}\left[1 + \frac{1}{2}\frac{f''(x_n)}{f'(x_n)}\frac{f(x_n)}{f'(x_n)}\right]$$

由 f, f', f'' 连续，取极根

$$\beta = \beta - \frac{f(\beta)}{f'(\beta)}\left[1 + \frac{1}{2}\frac{f''(\beta)}{f'(\beta)}\frac{f(\beta)}{f'(\beta)}\right]$$

所以

$$\frac{f(\beta)}{f'(\beta)}\left[1 + \frac{1}{2}\frac{f''(\beta)}{f'(\beta)}\frac{f(\beta)}{f'(\beta)}\right] = 0$$

若

$$1 + \frac{1}{2}\frac{f''(\beta)}{f'(\beta)}\frac{f(\beta)}{f'(\beta)} = 0$$

则

$$f(\beta)f''(\beta) = -2(f'(\beta))^2$$

但对上面四种情况中的任一种都有 $f(\beta)f''(\beta) > 0$，故不可能.从而

$$\frac{f(\beta)}{f'(\beta)} = 0$$

所以

$$f(\beta) = 0$$

对于上面四种情况，显然根在(a,b)内是唯一的，而$\beta=\xi$，这就证明了$x_n\downarrow$（或$\uparrow$）ξ.

若不是以上四种情况（$f'>0,f''>0,f'''>0$；$f'>0,f''<0,f'''>0$；$f'<0,f''>0,f'''<0$；$f'<0,f''<0,f'''<0$），则将$f(x)$展开为三次Taylor公式，由于后两项可以互相抵消，故直接用Newton法收敛亦很快.

在实际问题中，需要一定精确度的根，下面就讨论一下，如何来估算根的精确度和决定程序中各x_n应取的位数.

1.程序过程中位数的决定.

当已知x_n的精确度，采用式(7)决定x_{n+1}时，要取多少位？

由式(9)或(10)知

$$x_{n+1}-\xi=\frac{1}{2}\frac{f''(x_n)}{f'(x_n)}\left[(x_n-\xi)^2-\frac{f^2(x_n)}{(f'(x_n))^2}\right]+\frac{1}{3!}\frac{f'''(c)}{f'(x_n)}(\xi-x_n)^3 \tag{11}$$

首先，我们来估算右端第一项.把$f(x)$展开至二阶Taylor公式，可得

$$\xi-x_n=-\frac{1}{f'(x_n)}\left\{f(x_n)+\frac{1}{2}f''(c_2)(\xi-x_n)^2\right\}$$

c_2在ξ与x_n之间.

所以

$$(\xi-x_n)^2-\frac{f^2(x_n)}{(f'(x_n))^2}=$$

$$\frac{1}{(f'(x_n))^2}[f(x_n)f''(c_2)(\xi-x_n)^2+$$

$$\frac{1}{4}(f''(c_2))^2(\xi - x_n)^4]$$

将 $f(b)$ 按 Newton 法公式代入，得

$$(\xi - x_n)^2 - \frac{f^2(x_n)}{(f'(x_n))^2} =$$

$$\frac{1}{(f'(x_n))^2}[-f'(x_n)f''(c_2)(\xi - x_n)^3 + o((\xi - x_n)^3)]$$

而

$$-\frac{1}{2}\frac{f''(x_n)}{f'(x_n)}\left[(\xi - x_n)^2 - \frac{f^2(x_n)}{(f'(x_n))^2}\right] =$$

$$-\left[-\frac{f''(x_n)f''(c_2)}{2(f'(x_n))^2}(\xi - x_n)^3 + o((\xi - x_n)^3)\right]$$

若记

$$m_1 = \inf_{x\in[a,b]} |f'(x)|$$

$$M_2 = \sup_{x\in[a,b]} |f''(x)|$$

$$M_3 = \sup_{x\in[a,b]} |f'''(x)|$$

则由式(11) 可得精确至三阶的估算式

$$|x_{n+1} - \xi| \leqslant \left(\frac{1}{6}\frac{M_3}{m_1} + \frac{M_2^2}{2m_1^2}\right)|x_n - \xi|^3 \quad (12)$$

它用来决定 x_{n+1} 的位数，并可粗略估算 x_{n+1} 的精确度.

我们知道，Newton 程序精确度的估算可采用[1]

$$|x_{n+1} - \xi| \leqslant \frac{M_2}{2m_1}|x_n - \xi|^2$$

故知精确 Newton 程序较 Newton 程序收敛快.

2.精确度估算.

由式(12) 可粗略估算 x_n 的精确度(因估算它时忽略了一些高次项)，在 x_n 快满足预定对根要求的精确度时，要准确估算 x_n 的精确度以决定是否再用程

序.由

$$f(x_n)=f'(c_1)(x_n-\xi)$$

c_1 在 x_n 与 ξ 之间,可得

$$|x_n-\xi|\leqslant\frac{|f(x_n)|}{m_1}$$

这可用作精确度估算式.

§4 Bessel 支点问题

将一长度量具(尺)对称水平地支承于两支点上(图 6),要使尺的原长(曲线长)与挠曲后尺的水平投影长的差最小,问支点距离 l 应为多少?

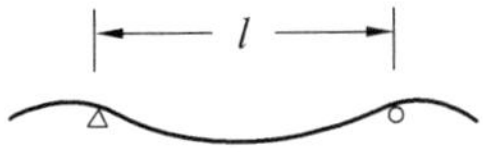

图 6

解 由材料力学可得 l 应满足的方程为[5]

$$\left(\frac{l}{L}\right)^4-40\left(\frac{l}{L}\right)^3+70\left(\frac{l}{L}\right)^2-15=0$$

L 为尺的原长.故问题变为求解 Bessel 方程

$$f(x)=x^4-40x^3+70x^2-15=0,x\in[0,1]$$

求其各阶导数

$$f'(x)=4x^3-120x^2+140x$$
$$f''(x)=12x^2-240x+140$$
$$f'''(x)=24x-240$$
$$f^{(4)}(x)=24$$

先绘出上面函数图形以大致确定根的位置,由于次数低的多项式易于绘出,故由 f''' 至 f 绘出它们的图形

($x\in[0,1]$),绘图时利用该函数的导数图形积分及该函数 0,1 处的函数值,即可迅速绘出其示意图.

由图 7 及粗算知原方程的根 $\xi\in[0.5,0.6]$,在 $[0.5,0.6]$ 上 $f(x)$ 满足情况 1.

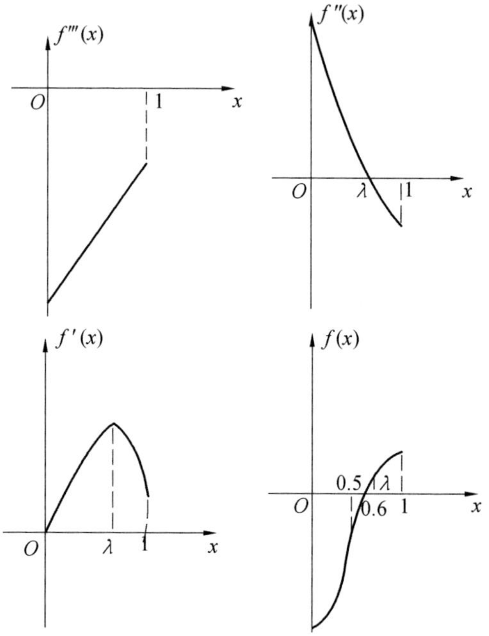

图 7

现在我们自 $b=x_0=0.6$ 开始利用精确 Newton 程序(7),有

$$x_{n+1}=x_n-\frac{f(x_n)}{f'(x_n)}\left[1+\frac{1}{2}\frac{f''(x_n)}{f'(x_n)}\frac{f(x_n)}{f'(x_n)}\right]$$

由 Horner 程序可算出

$$f(0.6)=1.689\ 6$$

$$f'(0.6)=41.664$$
$$f''(0.6)=0.32$$

而 $m_1=40.5, 0.5<x<0.6$，故知

$$|b-\xi|=\theta_0\leqslant\frac{1.6896}{40.5}\approx 0.042$$

且

$$x_1=0.6-\frac{1.6896}{41.664}\left(1+\frac{1}{2}\times\frac{0.32}{41.664}\times\frac{1.6896}{41.664}\right)$$

因括号内外都有 $\frac{f}{f'}$，故先算出 $\frac{1.6896}{41.664}\approx 0.040553$.

$$x_1\approx 0.6-0.040553\left(1+\frac{0.32}{41.664}\times 0.020277\right)\approx$$
$$0.6-0.040553(1+0.000156)$$

为计算方便起见，由 x_n 计算 x_{n+1} 时，如上 $\frac{1}{2}\frac{f''(x_n)}{f'(x_n)}\times\frac{f(x_n)}{f'(x_n)}$ 可化成百分之几（且可用计算尺），以作为 $\frac{f(x_n)}{f'(x_n)}$ 的改正数，这样

$$x_1\approx 0.6-0.040559=0.559441$$

x_1 应取多少位呢？对 $x\in[0.5,0.6]$ 知

$$m_1=f'(0.5)=40.5$$
$$M_2=f''(0.5)=83$$
$$M_3=|f'''(0.5)|=228$$

所以

$$|x_1-\xi|=\theta_1\leqslant\left(\frac{1}{6}\times\frac{228}{40.5}+\frac{1}{2}\times\frac{83^2}{40.5^2}\right)\theta_0^3\approx$$
$$(0.94+2.10)\theta_0^3=0.000225$$

故可取 $x_1=0.5594$.

若用 Newton 法，则

$$x'_1=0.6-\frac{1.689\ 6}{41.664}\approx 0.559$$

而

$$\theta'_1\leqslant\frac{83}{2\times 40.5}\theta_0^2\approx 0.001\ 81$$

可见 x_1 比 x'_1 准确得多!

继续利用精确 Newton 程序

$$x_2=0.559\ 4-\frac{0.000\ 824\ 373}{41.464\ 805\ 298}\times \left(1+\frac{9.499\ 140\ 32}{41.464\ 805\ 298}\times\frac{1}{2}\times\frac{0.000\ 824\ 373}{41.464\ 805\ 298}\right)$$

注意新的精确估计

$$\theta_1\leqslant\frac{0.000\ 824}{40.5}\approx 20.3\times 10^{-6}$$

而

$$\theta_2\leqslant 3.04(20.3\times 10^{-6})^3\approx 2.54\times 10^{-14}$$

故取

$$x_2=0.559\ 4-0.000\ 019\ 881\ 3=0.559\ 380\ 118\ 7$$

满足$\frac{l}{L}=0.559\ 380\ 118\ 7$的支点称为Bessel支点.

参考文献

[1] 菲赫金哥尔茨.微积分学教程:第一卷第一分册[M].北京:高等教育出版社,1956.

[2] 中国科学院计算技术研究所.计算方法讲义[M].北京:科学出版社,1958.

[3] 胡祖炽.计算方法[M].北京:高等教育出版社,1958.

[4] 关肇直.泛函分析讲义[M].北京:高等教育出版社,1958.

第二编

中国古代数学思想与 Newton 迭代法

戴煦、项名达、夏鸾翔对迭代法的研究①

第4章

内蒙古师范大学的王荣彬、郭世荣两位教授 1992 年通过对宋元以前的开方术及清代数学家戴煦等人的开方法和解数字方程法的分析研究，探讨了他们在迭代法方面的研究工作.他们认为戴煦在中算史上首先使用了迭代法；项名达和夏鸾翔沿着这个方向继续深入研究，并取得了一些成果.他们在不了解外国工作的情况下，给出了几种开方和解数字方程的迭代程序，独立地得到了解数字方程的 Newton-Raphson 迭代法.这是 19 世纪中算史上的重要成果.

所谓迭代法，就是利用递推公式或循环算法构造序列以求问题的近似解的方法，也叫逐步逼近法.由于这种算法的逻辑结构简单，因而成为逼近论和计算数学中的常用方法，并在计算机算法中

① 本章摘编自《自然科学史研究》，1992，11(3)：209-216.

大显身手.在西方数学史上,迭代法首先出现在求解方程的近似解问题中,最早是 Newton 所创,故又叫 Newton-Raphson 法.我国清代的几位数学家也对迭代法进行过研究,他们使用传统的算法,在不引入微积分的情况下,得到了与 Newton 法等价的迭代程序.

中国传统数学中开方运算和解数字方程都暗含着迭代法.众所周知,开方与解数字方程的本质是相同的,宋元以前中算家在这一领域一直保持着世界领先地位.虽然宋元以前的开方法及数字方程解法没有直接运用迭代程序,但其试商过程中却暗含着 Newton-Raphson 法的基本原理,只是早期的中算家可能并未明确地意识到这一点.

中国古代的开方程序同时具有解数字方程的意义.它包括以下三个步骤:(1) 在倍根变换的基础上,估计商数的第一位数;(2) 根据议商进行减根变换;(3) 求次商,重复运算.其中次商多为以“定法”(或“方”)约实而得.这种“以方约实”的求次商法正和 Newton-Raphson 法的思想一致.例如,在《九章算术》中的开平方和开立方术就是这样.设要求 N 的立方根,按照开立方程序,可逐步获得 $f(x)=x^3-N=0$ 的逐次近似值.设 x_i 为 $f(x)=0$ 的一个根的第 i 个近似值,则有

$$x_i=x_{i-1}+\frac{N-x_{i-1}^3}{3x_{i-1}^2}\left(=x_{i-1}-\frac{f(x_{i-1})}{f'(x_{i-1})}\right) \quad (1)$$

式(1) 和 Newton-Raphson 的程序一致.

宋元时期的数学家,如刘益、贾宪、秦九韶、李冶

和朱世杰等，均对开方和解数字方程做出过贡献[①].他们把《九章算术》的开方法发展成为增乘开方法，并扩展到了高次方程上.但是求次商的“议根”方法始终如一，都不自觉地运用了 Newton-Raphson 的基本原理.

不过，必须指出，《九章算术》及宋元的数学家们在求得方程的根的整数部分后，如遇奇零部分，则多采取所谓的“命分法”或“以面命之”来处理，而不采用式(1)继续逼近.唯有刘徽曾使用继续求“微商”的方法.综观古代算家的开方术，可知他们实质上还没有认识到用迭代法开方或解方程的数学方法，只是不自觉地使用了它.

到了清代，戴煦、项名达和夏鸾翔等人的工作与前人不同，他们自觉研究了迭代法.

§1　戴煦的迭代法

19 世纪中期，我国数学家项名达、戴煦、夏鸾翔之间建立了良好的师友关系.戴煦在数学方面的工作是十分突出的，他与项名达共同研究了二项式的展开式，获得了很好的结果.他对数方面的工作在中算史上有突出的地位[②]，对三角函数的无穷级数展开式方面的研究引人注目.他还采用了递归方法，对 Euler 数进

---

① 钱宝琮:《增乘开方法的历史发展》《宋元数学史论文集》，科学出版社，1985 年，第 36 ～ 59 页.

② 何绍庚:《项名达对二项式展开式研究的贡献》《自然科学史研究》1982 年第 2 期，第 104 ～ 114 页；李兆华:《戴煦关于对数研究的贡献》《自然科学史研究》1985 年第 4 期，第 353 ～ 362 页.

行了研究[①],并定义了一种与 Euler 数相匹配的特殊函数(被称为"戴煦数"[②]),以及其他一系列的"戴煦系列数"[③].他的迭代法与开平方相联系,是他为研究对数而做的预备工作.

1845 ～ 1852 年间,戴煦完成《对数简法》二卷(1845 年)、《续对数简法》一卷(1846 年)、《外切密率》四卷(1852 年)和《假数测圆》二卷(1852 年),总名为《求表捷术》.他的迭代法是这一系列工作的开始,载于《对数简法》之首.清朝初期《数理精蕴》下编卷 38 讨论了对数表的制作问题,其中主要介绍了用递次开方求对数的方法.在下式中

$$\frac{a^{\frac{1}{2^n}}-1}{\lg a^{\frac{1}{2^n}}}=\frac{1}{\mu} \tag{2}$$

令 $a=10$,$n=54$,求得 μ,称为对数根或模.再由

$$\lg a=2^n\mu(a^{\frac{1}{2^n}}-1) \tag{3}$$

可求得任一正数 a 的对数.此法需做大量的开方运算,正如戴煦指出的那样:此法"乃以真数十开方五十四次,三十三位,以假数折半五十四次,…… 布算极繁,甚至经旬累月而不能竟求一数."[④] 所以,寻找一种有

---

① 郭世荣,罗见今:《戴煦对欧拉数的研究》《自然科学史研究》1987 年第 4 期,第 362 ～ 371 页.

② 罗见今:《戴煦数》《内蒙古师范大学学报》(自然科学版)1987 年第 2 期,第 18 ～ 22 页.罗见今:《与欧拉数相匹配的特殊函数 —— 戴煦数》《数学史研究文集》第一辑(1990 年),内蒙古大学出版社及九章出版社,第 131 ～ 139 页.

③ 王荣彬:《论戴煦的数学成就》,内蒙古师范大学硕士学位论文,1991 年.

④ 戴煦:《对数简法》序.

效且又便捷的开方方法,是改进《数理精蕴》求对数法的关键.为达此目的,戴煦在《对数简法》中首先讨论"开方七术",其中前六术讨论用迭代法简化开方计算的问题.第七术是与《数理精蕴》下编卷38中的"开方比较法"相似的算法.下面就通过分析戴煦的开方法来说明他的迭代法.

第一术:已知 $N(>0)$,取 a 为 $\sqrt{N}$ 的过剩近似值,则有 $N=a^2-r$,及

$$\sqrt{N}=(a^2-r)^{\frac{1}{2}}=a-\left(\frac{r}{2a}+\frac{1\cdot r^2}{2\cdot 4a^3}+\frac{1\cdot 3r^3}{2\cdot 4\cdot 6a^5}+\cdots\right) \tag{4}$$

计算式(4)的前若干项便得到 $\sqrt{N}$ 的一个近似值.此式就是戴煦的二项式开平方的级数展开式.当 r 较大时,式(4)的"降位"较慢,即收敛速度较慢.如 $N=10$ 时,$a=4$,$r=6$,为获得 $\sqrt{10}$ 的五位有效数字需计算式(4)右端的前11项,若求多位,多至数十百数.因此戴煦又立第二术,以解决这个问题.

第二术:先用式(4)求得 $\sqrt{N}$ 的一个近似值 a_1,再以 a_1 代替 a,有 $r_1=a_1^2-N$,把 a_1,r_1 代入式(4)得

$$\sqrt{N}=(a_1^2-r_1)^{\frac{1}{2}}=a_1-\left(\frac{r_1}{2a_1}+\frac{1}{2\cdot 4}\frac{r_1^2}{a_1^3}+\frac{1\cdot 3}{2\cdot 4\cdot 6}\frac{r_1^3}{a_1^5}+\cdots\right) \tag{5}$$

因 $a_1<a$,有 $r_1<r$,所以式(5)比式(4)"降位"快.仍

以求 $\sqrt{10}$ 为例，先用式(4) 计算前 11 项得 $a_1 = 3.1623$，再用式(5) 计算前 4 项得 16 位数字

$$\sqrt{10} \approx 3.162\ 277\ 660\ 168\ 379$$

显然，第二术是由式(4) 迭代一次而得.

第三术：术曰："以方积较初商实，取稍大者，以其根为第一数.依前术求得第二数，再求第三数之首位，并入第二数，以减第一数，所得取前二位，尾位下不论满五未满，咸进一算.再为第一数，自乘，内减方积，得减余数.依前术求第二数，再求第三数之首位，并入第二数，以减第一数，取前四位，尾位下进一算.再为第一数，如是递求至应求位数而止.得所求方根." 这里"第几数" 即是公式(5) 中的第几项，"初商实" 即 N，"方积" 即某整数的平方，"方积" 即 N.此术可表述如下：

按第一术的方法取 a_0 和 r_0，截取式(4) 的前三项得

$$a_1 = \varphi(a_0) = a_0 - \frac{r_0}{2a_0} - \frac{r_0^2}{2 \cdot 4a_0^3} \tag{6}$$

$\varphi(a_0)$ 即为 $\sqrt{N}$ 的一个近似值.再把 a_1 和 $r_1 = a_1^2 - N$ 代入式(6)，有

$$a_2 = \varphi(a_1) = a_1 - \frac{r_1}{2a_1} - \frac{r_1^2}{2 \cdot 4a_1^3}$$

重复上述过程，得

$$a_n = \varphi(a_{n-1}) = a_{n-1} - \frac{r_{n-1}}{2a_{n-1}} - \frac{r_{n-1}^2}{2 \cdot 4a_{n-1}^3} \tag{7}$$

则 $a_0, a_1, a_2, \cdots, a_n$ 是 $\sqrt{N}$ 的一串不同精确度的近似值，且 $a_i > a_{i+1}$.这是一个迭代过程，其迭代函数为

$$\varphi(x) = x - \frac{x^2 - N}{2x} - \frac{(x^2 - N)^2}{2 \cdot 4 \cdot x^3} \tag{8}$$

这个过程是收敛的，因为

$$\varphi'(x)=1-\frac{3x^4+2Nx^2+3N^2}{8x^4}$$

考虑到 $x^2>N$，则 $\varphi'(x)$ 的第二项小于 1. 所以存在 $0<q<1$ 使得 $\varphi'(x)\leqslant q<1$，故 $\varphi(x)$ 满足收敛条件. 实际上 $\varphi(x)$ 的右端即是式(4) 的前三项. 应该指出，在实际计算时，为方便计算，戴煦每次仅计算出式(7) 的前两项和第三项的首位有效数字，且在第 $i-1$ 次迭代时(即求 a_i)，取 2^i 位数字，然后尾位进一. 这样对收敛速度略有一点影响，但大大减少了计算量.

在造对数表时，戴煦需要将 10 连续开方 21 次. 当把 10 开方两次后，根的首位即为 1，开方五次后根即出现 1 后带"空位"(即 0) 的情况，开方八次后又出现单 1 带多位空位. 如仍用第三术，则按戴煦原法应取 $a_0=2$，此时，$r_0(=a_0^2-N)$ 太大，"降位" 缓慢. 于是戴煦又立开方第四、五、六术.

第四术：若 $N=1+\alpha_1$，$1\leqslant\alpha_1<1$，则有 $\alpha_1=N-1$，取

$$a_0=1+\left(\frac{\alpha_1}{2}+0.1\right)$$

再按第三术迭代求根.

为了简化计算，戴煦只取 α_1 的首位数字入算，使得 a_0 最多只有三位数，为了确保 $a_0^2>N$，又增加一个修正值 0.1.

第五术：若 $N=1+\alpha_2$，$0.01\leqslant\alpha_2<0.1$，则取

$$a_0=1+\left(\frac{\alpha_2}{2}+0.01\right)$$

(其中 α_2 仅取前两位有效数字入算) 再如第三术迭代.

第六术：若 $N=1+\alpha$，$0<\alpha<10^{-\gamma}$，$\gamma\geqslant 0$，令

$N^2=1+\beta$,取

$$a_0=1+\left(\frac{\alpha}{2}-\frac{\beta/2-\alpha}{4}\right)$$

$0<\beta<10^{-\gamma}$,再如第三术迭代.

注意到$\frac{\beta}{2}-\alpha=\frac{\alpha^2}{2}$,则有

$$a_0=1+\frac{\alpha}{2}-\frac{\alpha^2}{2\cdot 4}$$

这相当于在式(8) 中取 $x=1$,即

$$a_0=\varphi(1)=1-\frac{1-(1+\alpha)}{2}-\frac{[1-(1+\alpha)]^2}{2\cdot 4}=$$

$$1+\frac{\alpha}{2}-\frac{\alpha^2}{2\cdot 4}$$

事实上,第四、五术是第六术的特例,而第六术又是第三术的特例,只是就不同情况取不同的初始值 a_0,而使式(7) 的收敛速度加快.这说明戴煦对式(7) 的收敛速度与 a_0 的关系已有了明确的认识.若记 $A\approx\frac{x_2-x_1}{x_1-x_0}$,则一个收敛迭代的收敛速度与 A^i 相当.

综上所述,戴煦已明确构造了一个递归公式去逼近开方不尽的方根,这在中算史上是一种崭新的数学思想方法,我们把由式(8) 所决定的迭代法暂时称为“戴煦迭代法”.

§2 项名达的迭代法

项名达与戴煦是同乡,也是朋友.他们的合作十分成功.项名达去世时有未定稿遗书《象数一原》,经戴煦

补成.受戴煦式(5)的影响,项名达得到了开诸乘方捷术,同时,后者的工作也反过来影响了前者.他们共同推广了式(5),得到以下四式

$$A^{\frac{1}{n}}=(a^n-r)^{\frac{1}{n}}=a\left(1-\frac{r}{a^n}\right)^{\frac{1}{n}}= a\left[1-\frac{1}{n}\cdot\frac{r}{a^n}-\frac{n-1}{2!\ n^2}\cdot\frac{r^2}{a^{2n}}-\frac{(n-1)(2n-1)}{3!\ n^3}\cdot\frac{r^3}{a^{3n}}-\cdots\right] \tag{9}$$

$$A^{\frac{1}{n}}=(a^n+r)^{\frac{1}{n}}=a\left(1-\frac{r}{A}\right)^{-\frac{1}{n}}= a\left[1+\frac{1}{n}\cdot\frac{r}{A}+\frac{n+1}{2!\ n^2}\cdot\frac{r^2}{A^2}+\frac{(n+1)(2n+1)}{3!\ n^3}\cdot\frac{r^3}{A^3}+\cdots\right] \tag{10}$$

$$A^{\frac{1}{n}}=(a^n+r)^{\frac{1}{n}}=a\left(1+\frac{r}{a^n}\right)^{\frac{1}{n}}= a\left[1+\frac{1}{n}\cdot\frac{r}{a^n}-\frac{n-1}{2!\ n^2}\cdot\frac{r^2}{a^{2n}}+\frac{(n-1)(2n-1)}{3!\ n^3}\cdot\frac{r^3}{a^{3n}}-\cdots\right] \tag{11}$$

$$A^{\frac{1}{n}}=(a^n-r)^{\frac{1}{n}}=a\left(1+\frac{r}{A}\right)^{-\frac{1}{n}}= a\left[1-\frac{1}{n}\cdot\frac{r}{A}+\frac{n+1}{2!\ n^2}\cdot\frac{r^2}{A^2}-\frac{(n+1)(2n+1)}{3!\ n^3}\cdot\frac{r^3}{A^3}+\cdots\right] \tag{12}$$

其中称 a 为借根,a^n 为借积,r 为减积.这里式(10) 为项名达式,式(11) 为戴煦式,式(9) 和式(12) 则由他们

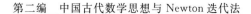

共同获得.戴煦把这些式子写进了《续对数简法》,项名达则由此编成《开诸乘方捷术》.基于上述研究成果,项名达给出了开高次方的迭代式①:

(1) 已知 A,若求 $A^{\frac{1}{n}}$,取 $a_0^n > A$,则有

$$a_1 = \frac{[(n-1)a_0^n + A]a_0}{na_0^n}$$

$$\vdots$$

$$a_k = \frac{[(n-1)a_{k-1}^n + A]a_{k-1}}{na_{k-1}^n} \tag{13}$$

$a_1,\cdots,a_k$ 即是 $A^{\frac{1}{n}}$ 的一组不同精度的过剩近似值.迭代公式(9)是收敛的.迭代函数

$$\varphi(x) = \frac{[(n-1)x^n + A]x}{nx^n}$$

满足

$$\varphi'(x) = \frac{[(n-1)(n+1)x^n + A]nx^n - n^2x^{n-1}[(n-1)x^n + A]x}{n^2x^{2n}} = \frac{n-1}{n}\cdot\frac{x^n - A}{x^n} < 1$$

(2) 为求 $A^{\frac{1}{n}}$,若取 $a_0^n < A$,则有

$$a_1 = \frac{[(n+1)A - a_0^n]a_0}{nA}$$

$$\vdots$$

$$a_k = \frac{[(n+1)A - a_{k-1}^n]a_{k-1}}{nA} \tag{14}$$

其中 $a_1,\cdots,a_k$ 是 $A^{\frac{1}{n}}$ 的一串不足近似值:“自小而大,

---

① 项名达:《开诸乘方捷术》第三、四术,下学庵算学本.

纵极大,必微小于本根.”迭代式(14)也是收敛的.

注意到,在式(13)中

$$a_k=\frac{[(n-1)a_{k-1}^n+A]a_{k-1}}{na_{k-1}^n}=$$

$$a_{k-1}\left(1-\frac{r_{k-1}}{na_{k-1}^n}\right) \tag{13'}$$

其中 $r_{k-1}=a_{k-1}^n-A$,式(14)中 a_k 可化为

$$a_k=\frac{[(n+1)A-a_{k-1}^n]a_{k-1}}{nA}=$$

$$a_{k-1}\left(1+\frac{r_{k-1}}{nA}\right) \tag{14'}$$

其中 $r_{k-1}=A-a_{k-1}^n$,可见式(13′)和式(14′)分别是式(9)和(10)的前两项,显然,这与戴煦迭代法一脉相承.实际上,项名达的迭代法是对戴煦迭代法的直接推广.

§3　夏鸾翔的迭代法

夏鸾翔的《少广缒凿》可以说是一部用迭代法开方及求高次方程数值解的专著.书中包括开方“捷术”共十四术,其中开平方二术,开诸乘方四术,解高次方程(天元开诸乘方)八术①.以上诸术可归结为四类,用现代符号表示如下:

1.开平方捷术.

已知 N,求 $\sqrt{N}$.取一数 a_1 作为 $\sqrt{N}$ 的第一个近

① 夏鸾翔:《少广缒凿》《邹徵君遗书》.

似值,若定义

$$a_{2n}=\frac{N}{a_{2n-1}}$$

$$a_{2n+1}=\frac{a_{2n}+a_{2n-1}}{2}$$

则 $a_1,\cdots,a_n$ 是 $\sqrt{N}$ 的一串近似值,且 $|a_{n-1}^2-N|>|a_n^2-N|$.

2.开诸乘方捷术.

已知 N,求 $\sqrt[k]{N}$.设 b^k 略大于 N,则 b^k 称为外积,b 称为外根.反之若 b^k 略小于 N,则 b^k 称为内积,b 称为内根.任取 a_1,可利用迭代式

$$a_n=\frac{N-a_{n-1}^k}{\Delta}+a_{n-1} \tag{15}$$

或

$$a_n=(-1)^n\frac{N-a_{n-1}^k}{\Delta}+a_{n-1} \tag{16}$$

逐步逼近 $\sqrt[k]{N}$,其中 $\Delta=((b_+)^k-b^k)_-$①,当 b^k 为外积时,用式(15);当 b^k 为内积时,用式(16).夏鸾翔指出,若令 $\Delta=(b_-)^{k+1}$,则迭代收敛更快.

3.开天元诸乘方捷术(一至五).

设有 $a_0x^n+a_1x^{n-1}+\cdots+a_{n-1}x+N=0$,简记作 $f(x)+N=0$,欲求其根 x_0.若 $b>x_0$,则 $f(b)$ 称为外积,b 称为外根.令

$$\Delta=(f(b_+)-f(b))_-$$

取 x_1 为 x_0 的第一近似值,用迭代公式

① 为了能够准确地表述夏鸾翔的原意,这里我们用 x_+ 和 x_- 表示将 x 的最末一位数加或减 1,不论 x 是否是整数.下同.

$$x_n = \frac{f(x_{n-1}) + N}{\Delta} + x_{n-1} \tag{17}$$

或

$$x_n = (-1)^n \frac{f(x_{n-1}) + N}{\Delta} + x_{n-1} \tag{18}$$

逐步逼近 x_0.为了加快收敛速度,夏鸾翔又对 Δ 做了修正,以 x_{n-1} 代替 Δ 中的 b.

4.开天元诸乘方捷术(六、七).

若 $\sum_{i=1}^{n} C_i x^{n-i} + C = 0$,求根 x_0.令

$$x_1 = \frac{C}{\sum_{i=1}^{n} C_i}, \cdots, x_n = \frac{C}{\sum_{i=1}^{n} C_i x_{n-1}^{n-i}} \tag{19}$$

若 C_1 特别大,则令

$$\begin{cases} x_1 = \frac{C}{C_1} \\ x_2 = \frac{\sum_{i=2}^{n} C_i x_1^{n-i} + C}{C_1} \\ \vdots \\ x_n = \frac{\sum_{i=2}^{n} C_i x_{n-1}^{n-i} + C}{C_1} \end{cases} \tag{20}$$

$x_1, x_2, \cdots, x_n$ 是 x_0 的逐步逼近值.

其中,第一类利用了几何与算术平均的思想.第二、三类的思想一致.考虑到 Δ 与 $f'(x)$ 等价,可知它

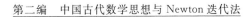

们实质上与 Newton-Raphson 一致[①].第四类是宋元时期解数字方程中某些试商法的反映.

夏鸾翔早期从师于项名达,并得到了戴煦的指导和帮助.《少广缒凿》是夏鸾翔在 1850 年前后完成的[②].而当时项名达、戴煦研究二项式定理和迭代法已取得了成果.考虑到夏鸾翔著作的内容和特点,可以断定其工作是项名达、戴煦工作的继续和深入.他对迭代法的认识比他的老师们更明确、更深刻.

迭代法在西方也起源于求数字方程的解,Newton 最先对此做出了贡献.他的理论见《流数法》(*Method of Fluxions*,1671) 和《运用无穷多项方程的分析学》(*De Analysi per Aequationes Numero Terminorum Infinitas*,1669) 两书中.他以求解 $y^3-2y-5=0$ 为例说明了他的方法[③]:

首先估根,得 $2<y<3$,于是令 $y=2+p$,代入原方程,得

$$p^3+6p^2+10p-1=0$$

再以新方程的常数项和一次项估得

$$p=0.1+q$$

代入新方程得

$$q^3-6.3q^2+11.23q+0.061=0$$

以同样方式得

$$q=-0.0054+r$$

① 刘洁民:《晚清著名数学家夏鸾翔》《中国科技史料》1986 年第 4 期,第 27 ~ 32 页.

② 同 ①.

③ F.Cajori, *A History of Mathematics*, Second Edition, New York, 1926, pp.202-203.

代入关于 q 的新方程中,再求得 $r=-0.000\ 048\ 53$.将上述结果反推回去得 $y=2.094\ 055\ 147$.

由于 Newton 的著作发表较晚,这个方法首先发表于 Wallis 的《代数》(*Algebra*,1685) 中.1690 年,Raphson 在《通用方程分析》(*Analysis Aequationum Universalis*) 中改进了 Newton 法.他与 Newton 的不同点在于:他每次估值后把新值代入原方程,而不用新方程.例如,在前例中,以 $y=2.1+q$ 代入原方程,而不用

$$p^3+6p^2+10p-1=0$$

再以 $y=2.094\ 6+r$ 代入原方程,等等.

这种方法的现代形式是用 $x-\dfrac{f(x)}{f'(x)}$ 作为方程的新的近似解.上述介绍说明 Newton 还没有得到这种形式.Raphson 的方法与此相同,但是,他把 $f(x)$ 和 $f'(x)$ 写成多项式形式.之后又有许多人研究过数字方程的解法.1740 年,T.Simpson 把 Newton-Raphson 法用于解超越方程;1826 年,G.Dandelin 给出了可以完全使用此法的条件.

通过对中算家的迭代法的考察,可以获得下述结论:第一,中国传统的解数字方程法在程序上和数学原理上与 Newton 本人给出的方法相似,其议商过程与 Newton 在《流数法》中的论述相一致.但是,他们对迭代法的认识是不自觉的.第二,戴煦和项名达的迭代法主要是利用二项展开式的前几项来逐次逼近真值.第三,夏鸾翔所用的迭代函数有三种形式,其中最主要的一种与改进后的 Raphson 的方法一致.

总之,清代的数学家戴煦、项名达和夏鸾翔等人

对迭代法做了研究和应用,独立地得到了几种迭代格式.其中,戴煦的工作尤为重要,不仅在中算史上有首创之功,而且对别人的工作也产生了影响.

一种古代的中国算法——盈不足术与 Newton 迭代算法的比较[①]

第 5 章

中国科学院力学研究所的何吉欢教授 2002 年详细地讨论了大约在公元前二世纪广泛流行的一种中国算法.这种算法在西方被称作双假设法.他强调指出双假设法是中国算法的一种译版.他首次给出了中国算法与 Newton 迭代算法之间的联系,如果引入了导数的概念,那么中国算法可以非常方便地转化为 Newton 迭代算法.他提出了一种改进的中国算法,并给出了中国算法在非线性振动方程中的应用.

① 本章摘编自《应用数学和力学》,2002,23(12):1255-1259.

§1 九章算术简介

西方对中国的古代数学几乎一无所知，在一些非常有名的关于古代数学史的专著中，很少或几乎没有介绍中国古代数学史的伟大成就的[1-3].何吉欢教授感到一种强烈的责任感，觉得非常有必要向不懂汉语的西方学者介绍一些中国的古代巨著，本章将主要介绍《九章算术》中的一种非常有名的算法，即盈不足术.《九章算术》，顾名思义，是由九章组成的，即方田、粟米、衰分、少广、商功、均输、盈不足、方程和勾股.《九章算术》是最古老、影响最广的一部巨著，它共有 246 个问题，并给出详细的计算过程，但是没有给出严密的数学证明.

正如西方学者 Dauben[4] 提出的那样，《九章算术》可以看成东方的《几何原本》.Euclid 的《几何原本》是西方数学的"圣经"，同样《九章算术》也领导了中国数学界两千年以上！但是它的作者和创作年代现在很难精确考证，有一种传统的说法：《九章算术》是在公元前 27 世纪即在黄帝时代完成的.但该书成于公元前 213 年是不争的事实.在公元前 213 年，秦始皇的焚书运动把几乎所有的学术书刊都烧掉了，《九章算术》也毁在其中.原版《九章算术》现在不复存在，现在的版本是后来的数学家通过回忆记载下来的.很多书中的内容在公元前 213 年以前就被广泛应用，如勾股定理在公元前 1100 年被广泛应用于工程问题（见《周髀算经》）.

§2　盈不足术

《九章算术》中的第七章是“盈不足术”，这是求解方程的一种最古老的方法.为了说明该方法的基本思想，我们考虑该章的第一个例子：

今有共买物，人出 8，盈 3；人出 7，不足 4.问人数、物价各几何？

其求解过程为(图 1)：

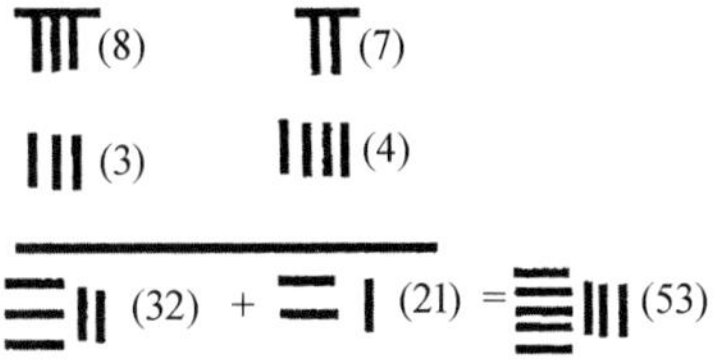

图 1　中国古代盈不足术的图解法

(1) 把出率(8) 和(7) 放在第一行；

(2) 把盈数(3) 和不足数(4) 放在出率下面；

(3) 计算维积(交差积) 得(32) 和(21)，得和为(53)；

(4) 不足数减去盈为 $4-3=1$；

(5) 从而得物价为$\frac{53}{1}=53$.

用现代数学的观点，盈不足术可以表示为：

设 x_1 和 x_2 为两个近似物价，R_1 和 R_2 分别为盈或不足数，则物价为

$$x=\frac{x_2R_1-x_1R_2}{R_1-R_2} \tag{1}$$

人数为

$$y=\frac{R_1+R_2}{|x_1-x_2|} \tag{2}$$

正如白尚恕[5] 指出的那样，在隋唐时期盈不足术在中东广泛流传，最早的阿拉伯算术书是由 Al-Khowarizmi 在公元 825 年写的，英文中的算术 (algorithm) 一词来自他的名字，他应该对《九章算术》和其他中国古代巨著很了解，并把盈不足术称为中国方法(Khitai Method).Khitai 指 China，类似的写法有 Khatai，Chatayn，Chataain，等等.

人们普遍认为中国算法是通过古代著名的意大利数学家 Leonardo Fibonacci 传给西方的，据记载[2] Fibonacci 随他的父亲周游了埃及、西西里、希腊和叙利亚，这次周游使他接触了东方和阿拉伯的计算方法.在 1202 年，即他回家后不久他就出版了著名的《算经》(*Liber Abaci*)，该书也介绍了盈不足术，并把这种方法称为 De Regulis el-Chatayn，即中国规则.这个名字来自中东，在那里中国算法称为 Hisab al-Chataain，这里 Chataain 指 China.该书中的一些例子、算法和中国古代数学巨著中的完全一样.如来自 4 世纪的《孙子算经》中的一例：

今有物不知其数，三三数之胜二，五五数之胜三，七七数之胜二，问物几何？

该问题的解题方法就是数论中的中国剩余定理.

在 Fibonacci 的《算经》中阿拉伯语 De Regulis el-Chatayn 或 De Regulis el-Chataieyn 被译成拉丁文 Duarum Falsarum Posicionum Regula.所以在西方这种方法被称作双假定方法(method of double false position)，这实际上是《九章算术》中的盈不足术，即中国算法，它起源于中国是毫无疑问的，这正如钱宝琮[6] 指出的那样.可惜的是很多西方人认为这种方法起源于印度，并被阿拉伯人所掌握.所以何吉欢建议把双假设法改称中国算法或中国方法.

§3　中国算法与 Newton 迭代算法

考虑方程

$$f(x)=0 \tag{3}$$

设 x_1 和 x_2 为方程的两个近似解，于是我们得残量 $f(x_1)$ 和 $f(x_2)$，应用中国算法，我们可得

$$x_3=\frac{x_2 f(x_1)-x_1 f(x_2)}{f(x_1)-f(x_2)} \tag{4}$$

在《九章算术》中给出了在下列情况下的一些不等式：(1) 双盈，即 $f(x_1)>0$ 和 $f(x_2)>0$；(2) 双亏，即 $f(x_1)<0$ 和 $f(x_2)<0$；(3) 一盈一亏，即 $f(x_1)f(x_2)<0$.

上述算法可以根据不等式的性质确定更合适的两个数 (x_1,x_2) 或 (x_2,x_3)，再进行计算确定更精确的近似解.

为了与 Newton 迭代算法比较，我们把式(4)写成如下形式

$$x_3=\frac{x_2 f(x_1)-x_1 f(x_2)}{f(x_1)-f(x_2)}=$$

$$x_1-\frac{f(x_1)(x_1-x_2)}{f(x_1)-f(x_2)} \tag{5}$$

如果引入导数 $f'(x_1)$，把它定义为

$$f'(x_1)=\frac{f(x_1)-f(x_2)}{x_1-x_2} \tag{6}$$

那么我们可得

$$x=x_1-\frac{f(x_1)}{f'(x_1)} \tag{7}$$

这就是著名的 Newton 迭代算法！当两个近似值（x_1 和 x_2）位于真解的两侧时，即 $f(x_1)\cdot f(x_2)<0$，中国算法比 Newton 迭代算法具有更大的优越性，Newton 迭代算法的更进一步的发展可参考文献[7][8].

§4 中国算法的改进

中国算法可以看成是通过两个近似解的线性近似方法，如图 2 所示.

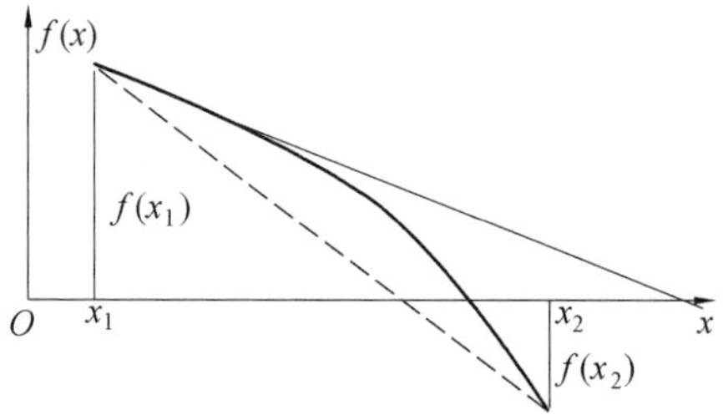

图 2　中国算法与 Newton 迭代算法的比较

为了提高中国算法的精确度，我们用三点（x_1，x_2，x_3），而不用两点（x_1，x_2），用抛物线拟合该曲线，我们得近似解为

$$x=\frac{x_1f_2f_3}{(f_1-f_2)(f_1-f_3)}+$$

$$\frac{x_2 f_1 f_3}{(f_2-f_1)(f_2-f_3)}+$$

$$\frac{x_3 f_1 f_2}{(f_3-f_1)(f_3-f_2)} \tag{8}$$

式中 $f_i=f(x_i)$.

§5 中国算法在非线性振动方程中的应用

本章首先猜想中国算法可能应用于求解非线性振动方程的角频率.我们考虑 Duffing 方程

$$R(u)=u''+u+\varepsilon u=0 \tag{9}$$

其初始条件为 $u(0)=A$ 和 $u'(0)=0$.

如果我们选 $u(t)=A\cos\omega t$ 作为试函数,并把它作为方程(9)的近似解.当 $\omega_1^2=1$ 时,得残量 $R_1(t,\varepsilon)=\varepsilon A\cos t$;当 $\omega_2^2=\omega^2$ 时,得残量 $R_2(t,\varepsilon)=(-\omega^2+1)\cdot A\cos\omega t+\varepsilon A\cos\omega t$.何吉欢大胆提出以下猜想:非线性振动方程的角频率的平方可用中国算法求得,即

$$\omega^2=\frac{\omega_1^2 R_2(t_0,\varepsilon)-\omega_2^2 R_1(t_0,\varepsilon)}{R_2(t_0,\varepsilon)-R_1(t_0,\varepsilon)} \tag{10}$$

通常我们令 $t_0=0$.

对于 Duffing 方程,我们得

$$\omega^2=\frac{\omega_1^2 R_2(0,\varepsilon)-\omega_2^2 R_1(0,\varepsilon)}{R_2(0,\varepsilon)-R_1(0,\varepsilon)}=$$

$$\frac{(1-\omega^2)A+\varepsilon A^3-\varepsilon\omega^2 A^3}{(1-\omega^2)A}=$$

$$1+\varepsilon A^2 \tag{11}$$

于是其近似周期可写成

$$T=\frac{2\pi}{\sqrt{1+\varepsilon A^2}} \tag{12}$$

其精确周期为

$$T_{ex}=\frac{4}{\sqrt{1+\varepsilon A^2}}\int_0^{\frac{\pi}{2}}\frac{dx}{\sqrt{1-k\sin^2 x}},k=\frac{\varepsilon A^2}{2(1+\varepsilon A^2)} \tag{13}$$

当 ε 很小时，近似周期与精确周期的比较见表 1. 很明显本章的理论能给出很好的近似，想一想我们的试函数 $u=A\cos\omega t$ 是多么的简单.

表 1　近似周期与精确周期的比较

εA^2	0	0.042	0.087	0.136	0.190	0.25
T_{ex}（精确周期）	6.283	6.187	6.088	5.986	5.879	5.767
T 式(10)	6.283	6.155	6.026 4	5.895	5.760	5.620

有趣的是在本理论中我们没有小参数假设，所以得到的解可能对所有的 ε 都有效. 当 $\varepsilon\to\infty$ 时，我们有

$$\lim_{\varepsilon\to\infty}\frac{T_{ex}}{T}=\frac{2}{\pi}\int_0^{\frac{\pi}{2}}\frac{dx}{\sqrt{1-0.5\sin^2 x}}=$$

$$\frac{2}{\pi}\times 1.685\ 75=1.073 \tag{14}$$

因此我们得到的解对所有的 ε 都一致有效. 当 $\varepsilon\to\infty$ 时，7.3% 的误差是相当理想的！

当然为了提高精确度，我们可以改进试函数，设试函数为

$$u=(A-B)\cos\omega t+B\cos 3\omega t \tag{15}$$

当 $\omega_1^2=1$ 时，我们得残量 $R_1(0,\varepsilon)=\omega A^3$；当 $\omega_2^2=\omega^2$ 时，其残量为

$$R_2(0,\varepsilon)=(-\omega^2+1)(A-B)+(-9\omega^2+1)B+\varepsilon A^3=(-\omega^2+1)A-8B\omega^2+\varepsilon A^3$$

应用式(10),我们得

$$\omega^2=\frac{\omega_1^2R_2(0,\varepsilon)-\omega_2^2R_1(0,\varepsilon)}{R_2(0,\varepsilon)-R_1(0,\varepsilon)}=\frac{(1-\omega^2)A-8B\omega^2+\varepsilon A^3-\varepsilon\omega^2A^3}{(1-\omega^2)A-8B\omega^2}=1+\frac{\varepsilon A^3(1-\omega^2)}{(1-\omega^2)A-8B\omega^2} \tag{16}$$

通过简单的运算,我们得

$$\omega=\sqrt{\frac{2A+8B+\varepsilon A^3-\sqrt{(2A+8B+\varepsilon A^3)^2-4A(1+\varepsilon A^2)}}{2(A+8B)}} \tag{17}$$

式中 B 为一自由参数,它可以用加权残余法来确定.得到的式(17) 与变分迭代算法[9]、同伦摄动算法[10] 以及其他近似方法[11] 得到的结果非常相似.

中国是四大文明古国之一.古代的中国数学家为人类科学进步做出了巨大的贡献.《九章算术》是中国数学的“圣经”,完全可以与 Euclid 的《几何原本》相媲美.本章指出西方所谓的双假设法实际上是中国古代的盈不足术,它是由阿拉伯数学家 Al-Khowarizmi 和意大利数学家 Fibonacci 传到西方的,因此何吉欢建议把该方法称为中国算法.

参考文献

[1] KLINE M. Mathematical Thought From Ancient to Modern Times [M]. New York: Oxford University Press,1972.

[2] EVES H. An Introduction to the Histroy of Mathematics [M]. 5th Ed. New York: CBS College Publishing, 1983.

[3] EVES H. Great Moments in Mathematics[M]. New York: The Mathematical Association of America, 1983.

[4] DAUBEN J W. Ancient Chinese mathematics: the Jiu zhang Suanshu vs Euclid's Elements: Aspects of pro of and the linguistic limits of knowledge[J]. Internat J Engrg Sci, 1998, 36(12/14): 1339-1359.

[5] 白尚恕.《九章算术》注释[M].北京:科学出版社,1983.

[6] 钱宝琮.中国数学史[M].北京:科学出版社,1992.

[7] HE J H. Improvement of Newton iteration method[J]. International Journal of Nonlinear Science and Numerical Simulation, 2000, 1(3): 239-240.

[8] HE J H. Newton-like iteration method for solving algebraic equations[J]. Communications in Nonl Sci & Num Simulation, 1998, 3(2): 106-109.

[9] HE J H. Variational iteration method: a kind of nonlinear analytical technique: some examples[J]. Internat J Non-Linear Mech, 1999, 34(4): 699-708.

[10] HE J H. Homotopy perturbation technique[J]. Computer Methods in Applied Mechancis and Engineering, 1999, 178 (3/4): 257-262.

[11] HE J H. A review on some new recently developed nonlinear analytical techniques[J]. International Journal of Nonlinear Sciences and Numerical Simulation, 2000, 1(1): 51-70.

[12] 李文林.数学珍宝[M].北京:科学出版社,1998.

第三编

解高次方程的 Newton 迭代法

高次代数方程的数值解

第6章

物理和其他科学技术中的各种问题常常归结到求方程式的根，而且这些方程式往往都是高次的.我们知道，不存在一种方法能求出高于四次方程的根的准确解.另外，在实际应用中只要能获得具有预先给定的准确度的近似值就足够了.本章的目的在于讲述适用于实际计算的求方程式的根的各种近似方法.

§1 根的位置

在讲述求根的近似方法之前，先复习一下高中课程中讲过的关于根分布在怎样的界限内的知识，对我们后面讨论求方程式的根的近似方法是有用处的.

先叙述两个求方程式正根上界的方法.

(1) 设实系数方程式

$$f(x)=a_0x^n+a_1x^{n-1}+\cdots+a_n=0 \qquad (1)$$

的最高次项的系数 a_0 是正的(否则,以 -1 相乘两端),$k\geqslant 1$ 是它的第一个负系数的下标,B 为所有负系数的绝对值的最大值,那么

$$R=1+\sqrt[k]{\frac{B}{a_0}} \qquad (2)$$

是方程式(1) 的正根上界.

(2) 设式(1) 的最高次项的系数 $a_0>0$,如果 $x=\alpha$ 时,方程本身及其各阶导数 $f'(x),f''(x),\cdots,f^{(n)}(x)$ 都取正值,那么数 α 为式(1) 的正根上界.

例 1 求方程

$$f(x)=x^4-5x^2+6x-8=0$$

的正根上界.

方法 1:此处 $k=2$ 和 $B=8$,由式(2) 得到它的正根上界大致为 4.

方法 2:它的各阶导数为

$$f'(x)=4x^3-10x+6$$
$$f''(x)=12x^2-10$$
$$f'''(x)=24x$$
$$f^{(4)}(x)=24$$

当 $x=2$ 时,它们皆为正,因此方程的正根上界为 2.由例 1 可见,方法 2 比方法 1 准确一些.

现在来讲述实根定位的 Sturm 方法.

设 $f(x)=0$ 是实系数的方程式.假定 $f(x)$ 不含重因子,即 $f(x)$ 和 $f'(x)$ 彼此互质.使用辗转相除法于 $f(x)$ 和 $f'(x)$ 后,我们有函数列

$$\begin{cases} f(x)=g(x)f'(x)-f_1(x) \\ f'(x)=g_1(x)f_1(x)-f_2(x) \\ \quad\vdots \\ f_{m-2}(x)=g_{m-1}(x)f_{m-1}(x)-f_m(x) \end{cases} \tag{3}$$

式中 $f_m(x)$ 表示方程 $f(x)$ 和导数 $f'(x)$ 的最高因式.式(3)具有下列性质,并称它为 $f(x)$ 的 Sturm 函数列.

(a) 任何两个相邻的函数没有公共根.

(b) 若 α 是 $f_k(x)$ 的实根,则 $f_k(x)$ 的相邻函数 $f_{k-1}(x)$ 和 $f_{k+1}(x)$ 在 $x=\alpha$ 处不同号.

(c) 若 x 增加时,经过函数列中某一函数($f(x)$ 和 $f_m(x)$ 除外)的实根,则函数列(3)变号不受影响.

(d) 当 x 经过 $f(x)$ 的实根时,则 $f(x)$ 和 $f'(x)$ 之间的变号减少一个.

这样一来,我们有实根定位的 Sturm 方法:

设 a 和 b 不是 $f(x)$ 的根.$f(x)$ 在区间 $[a,b]$ 上实根的个数等于 x 由 a 变到 b 时,$f(x)$ 的 Sturm 函数列所减少的变号数.

事实上,若 x 增加时经过 Sturm 函数列($f(x)$ 和 $f_m(x)$ 除外)某函数的实根,则由性质(c)知 Sturm 函数列的变号数保持不变.若 x 经过 $f(x)$ 的实根,则由性质(d)知 $f(x)$ 和 $f'(x)$ 之间的变号数减少一个.从而整个 Sturm 函数列的变号数减少一个.因此,当 x 从 a 增至 b 时,变号数减少的数目等于区间 $[a,b]$ 中所含 $f(x)$ 的实根的个数.

例 2　试求方程式

$$f(x)=5x^5-14.32x^4+4.53x^3-15.39x^2-9.86x+23.97=0$$

的实根的个数.

作出 $f(x)$ 的 Sturm 函数列

$$f(x)=5x^5-14.32x^4+4.53x^3-15.39x^2-9.86x+23.97$$

$$f'(x)=25x^4-57.28x^3+13.59x^2-30.78x-9.86$$

$$f_1(x)=4.750x^3+7.677x^2+11.414x-22.84$$

$$f_2(x)=-111.40x^2-324.17x+479.58$$

$$f_3(x)=-49.75x+49.30$$

$$f_4(x)=-48.95$$

求出这个函数列在 $x=+\infty$ 和 $x=-\infty$ 的变号数(表 1)：

表 1

	$f(x)$	$f'(x)$	$f_1(x)$	$f_2(x)$	$f_3(x)$	$f_4(x)$	变号数目	
$-\infty$	$-$	$+$	$-$	$-$	$+$	$-$	4	减少 3
$+\infty$	$+$	$+$	$+$	$-$	$-$	$-$	1	

由此可见，$f(x)=0$ 有三个实根在区间$(-\infty,+\infty)$中.用求实根上界的第二种方法，不难求出它的实根上界等于 3，应用 Sturm 方法得(表 2)：

表 2

	$f(x)$	$f'(x)$	$f_1(x)$	$f_2(x)$	$f_3(x)$	$f_4(x)$	变号数目	
-1	$-$	$+$	$-$	$+$	$+$	$-$	4	减少 1
0	$+$	$-$	$-$	$+$	$+$	$-$	3	减少 1
1	$-$	$-$	$+$	$+$	$-$	$-$	2	
2	$-$	$-$	$+$	$-$	$-$	$-$	2	减少 1
3	$+$	$+$	$+$	$-$	$-$	$-$	1	

由此推出，$f(x)=0$ 的三个实根位置是：$-1\leqslant x\leqslant 0$，

$0 \leqslant x \leqslant 1, 2 \leqslant x \leqslant 3$.

知道实根位于哪个区间后，就能用古典的隔离法求出根的近似值.设已知 $f(x)$ 有一实根在某区间上，我们平分该区间，得两个区间，其中必有一个区间有 $f(x)$ 的根.再分这个新区间，又得两个区间，其中必有一个区间有 $f(x)$ 的根.再继续上面的做法，我们就得到一系列分点 $a_1, a_2, \cdots, a_n$(图 1)，这些点逼近于方程式 $f(x)=0$ 的根 α.这就是根的隔离法.

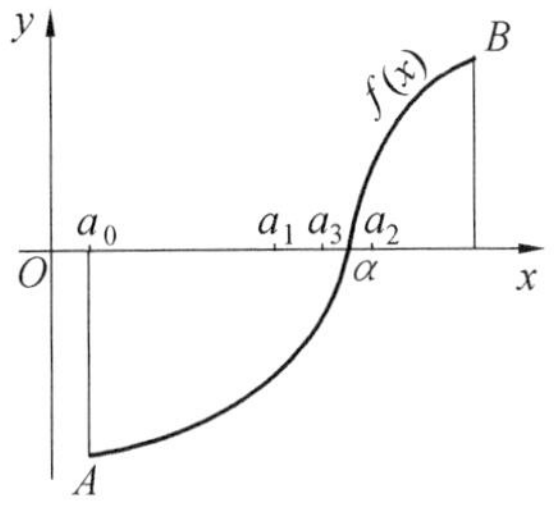

图 1

§2 迭 代 法

1.普通的迭代法.

将已知方程

$$f(x)=0$$

改写为

$$x=\varphi(x) \tag{4}$$

应用前节所讲的方法，能求出根的粗糙近似值 x_0，我们把 x_0 代入式(4) 的右端，就得到较好的近似值

$$x_1=\varphi(x_0)$$

一些近似值是

$$x_{i+1}=\varphi(x_i), i=1,2,\cdots$$

先来看一看它的几何意义.从式(4)的写法,可看出求方程 $f(x)=0$ 的根归结为找直线 $y=x$ 和曲线 $y=\varphi(x)$ 的交点 B 的横坐标 α.设初始近似 x_0 是曲线 $y=\varphi(x)$ 上点 A_0 的横坐标,计算出 $\varphi(x_0)$ 就确定了 A_0 的纵坐标.同时水平直线 $y=\varphi(x_0)$ 和直线 $y=x$ 相交于点 A_0',其横坐标等于 $x_1=\varphi(x_0)$.计算出 $\varphi(x_1)$ 后就得到垂线 $x=x_1$ 和曲线 $y=\varphi(x)$ 的交点 $A_1[x_1, \varphi(x_1)]$,如此继续下去,得点列 $A_0, A_1, A_2, \cdots$(图 2).从图可见,点列 $A_0, A_1, A_2, \cdots$ 不一定逼近于交点 B,也就是说迭代过程未必收敛(图 2(a) 和(b) 表示收敛;图 2(c) 和(d) 表示发散).于是我们证明,如果在根的附近 $|\varphi'(x)|<1$,则迭代过程是收敛的.

事实上,从式(4)减去迭代公式,我们有

$$x-x_i=\varphi(x)-\varphi(x_{i-1})$$

由中值定理,有

$$\varphi(x)-\varphi(x_{i-1})=(x-x_{i-1})\varphi'(\xi_{i-1})$$

$$x_{i-1}\leqslant\xi_{i-1}\leqslant x$$

于是

$$x-x_i=(x-x_{i-1})\varphi'(\xi_{i-1})$$

由此等式令 $i=n$,并记 $M=\max\limits_{i\geqslant 0}|\varphi'(\xi_i)|$,就得

$$|x-x_n|=|(x-x_0)\varphi'(\xi_0)\varphi'(\xi_1)\cdots\varphi'(\xi_{n-1})|\leqslant |x-x_0|M^n$$

由假定 $M<1$,所以当 $n\to+\infty$ 时,$|x-x_n|\to 0$.这就证明了我们的断言.

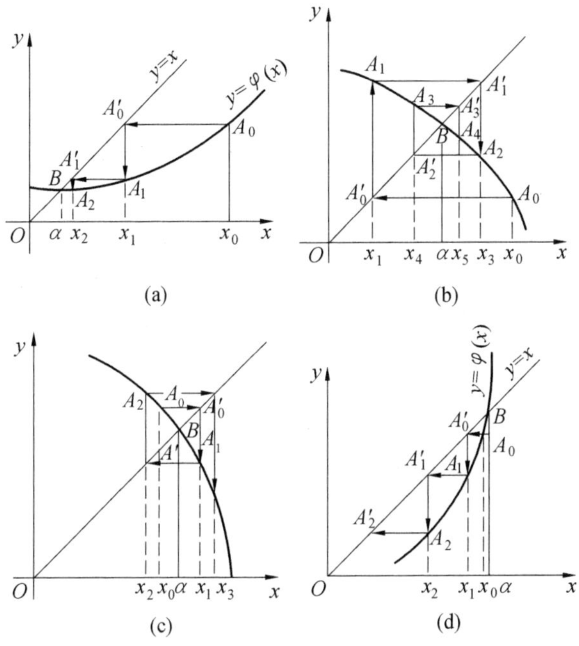

图 2

例 3　求方程

$$2x - \lg x = 7$$

的实根.

把原方程改写成

$$x = \frac{1}{2}(\lg x + 7)$$

由曲线 $y_1 = 2x - 7$ 和 $y_2 = \lg x$ 的交点得其粗糙的近似值 3.8,取这个值作为初始近似,于是按迭代公式得

$$x_1 = \frac{1}{2}(\lg 3.8 + 7) = 3.79$$

$$x_2 = \frac{1}{2}(\lg 3.79 + 7) = 3.789\ 3$$

$$x_3 = \frac{1}{2}(\lg 3.789\ 3 + 7) = 3.789\ 3$$

第二和第三近似完全一致.这就可作为方程的具有五位有效数字的近似根.

2.线性插入法.

该方法是用曲线的弦与横坐标的交点 x_i 来逼近曲线与横坐标轴的交点 α,即方程式的根(图 3).

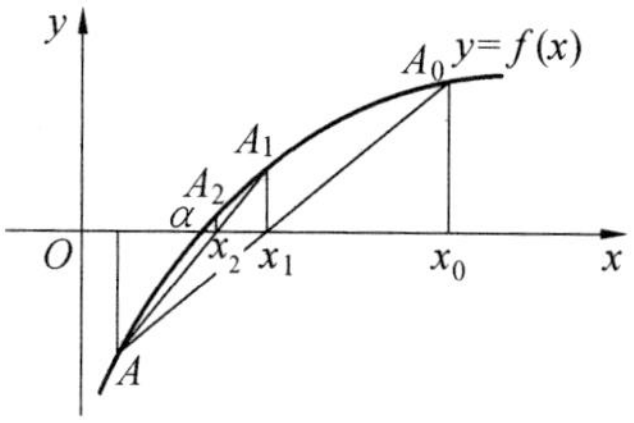

图 3

弦 A_0A 的方程为

$$\frac{y - f(\alpha)}{f(x_0) - f(\alpha)} = \frac{x - \alpha}{x_0 - \alpha}$$

令 $y=0$,得 x_1 的值

$$x_1 = x_0 - \frac{(\alpha - x_0)f(x_0)}{f(\alpha) - f(x_0)} = \alpha - \frac{(x_0 - \alpha)f(\alpha)}{f(\alpha) - f(x_0)}$$

以后各点 x_i 的值为

$$x_i = x_{i-1} - \frac{(\alpha - x_{i-1})}{f(\alpha) - f(x_{i-1})}f(x_{i-1}) \tag{5}$$

这就是求近似根的线性插入公式.

3.Newton 公式.

若将上述的弦用切线来代替(图 4),于是由式(5)容易推出著名的 Newton 公式

$$x_i = x_{i-1} - \frac{f(x_{i-1})}{f'(x_{i-1})} \tag{6}$$

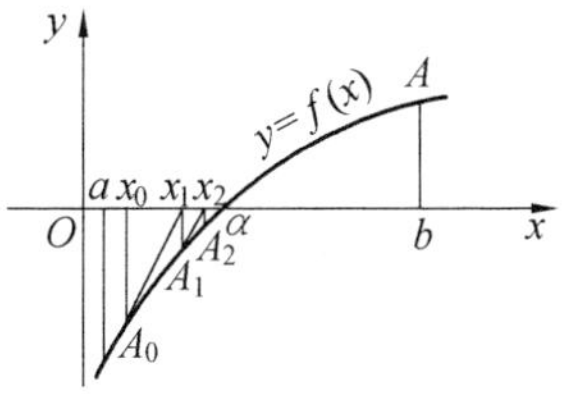

图 4

设 $f(x)=0$ 的根在 $[a,b]$ 上,取 x_0 为根的近似值,h 是这样的值,使

$$f(x_0+h)=0$$

按 Taylor 级数展开该函数,并把 h^2 项以上略去,得

$$f(x_0)+hf'(x_0)=0$$

或

$$h=-\frac{f(x_0)}{f'(x_0)}$$

改正过的根的值为

$$x_1=x_0+h=x_0-\frac{f(x_0)}{f'(x_0)}$$

重复这种过程我们就有

$$x_i = x_{i-1} - \frac{f(x_{i-1})}{f'(x_{i-1})}$$

我们又得到了 Newton 公式.这种迭代公式可以看作是普通迭代的特殊情形,此处 $\varphi(x)=x-\frac{f(x)}{f'(x)}$,因此,如果在根的近旁 $f'(x)\neq 0$ 及 $|\varphi'(x)|=$

$\left|\frac{f(x)f''(x)}{[f'(x)]^2}\right|<1$,那么 Newton 公式收敛.如果曲线 $y=f(x)$ 在 $x=x_0$ 和 $x=\alpha$ 附近有凹点或弯曲,那么迭代过程可能不收敛于 $x=\alpha$(图 5).如果 $f'(x)$ 和 $f''(x)$ 在区间 $[x_0,\alpha]$ 上不变号,$f(x_0)$ 和 $f''(x_0)$ 同号,那么 $y=f(x)$ 凹向 x 轴,并且迭代过程收敛于 α,而且每次近似都在区间 $[x_0,\alpha]$ 上(图 4).如果 $f(x_0)$ 和 $f''(x_0)$ 反号,那么迭代过程未必收敛(图 5).如果第一近似 x_1 在 α 的另一端,而 $f'(x)$ 和 $f''(x)$ 在区间 $[x_1,\alpha]$ 内不变号,那么迭代过程仍可收敛(图 6).

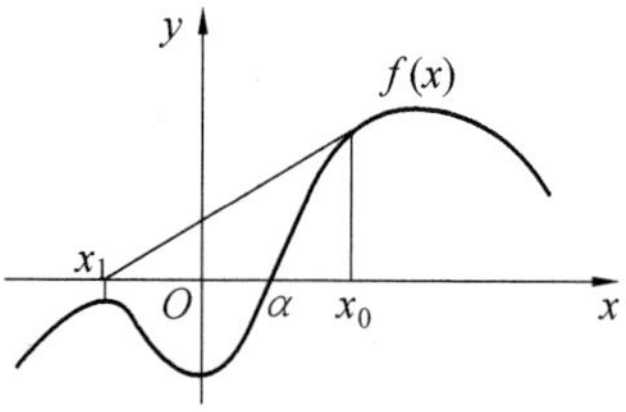

图 5

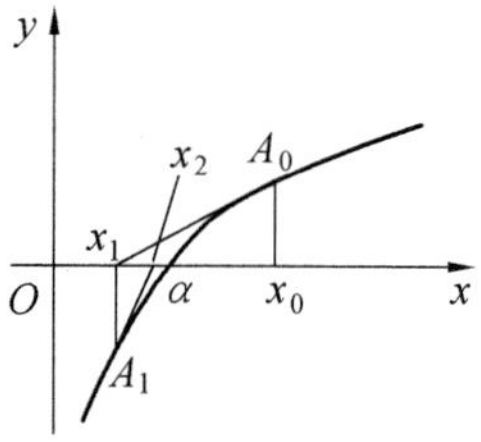

图 6

必须指出,若 $x=\alpha$ 是 $f(x)=0$ 的重根,则 Newton 公式不能使用,因为这时在 α 的近旁 $f'(x)$ 接近于零.

在实际计算中,无论是笔算或是编制程序,为了计算 Newton 公式中的 $f(x)$ 和 $f'(x)$ 采用 Horner 方案是很方便的.设 x_i 是某一近似:$a_0,a_1,a_2,\cdots,a_n$ 是 $f(x)$ 的系数,那么 Horner 方案的计算如下:

$$\begin{array}{cccccc|c}
a_0 & a_1 & a_2 & \cdots & a_{n-1} & a_n & x_i \\
 & a_0x_i & b_1x_i & \cdots & b_{n-2}x_i & b_{n-1}x_i & \\
\hline
a_0 & a_1+a_0x_i=b_1 & b_2 & \cdots & b_{n-1} & b_n=f(x_i) & \\
 & a_0x_i & c_1x_i & \cdots & c_{n-2}x_i & & \\
\hline
a_0 & b_1+a_0x_i=c_1 & c_2 & \cdots & c_{n-1}=f'(x_i) & &
\end{array}$$

在什么时候迭代过程可以终止了呢?在实际计算中,当两相邻的迭代之差的绝对值小于预先给定的准确度时,我们就认为最后这次迭代出的近似值就是所要求的值.

例 4 求 $f(x)=x^3-6.144x^2+11.432x-6.288=0$ 的一个实根,容易求出(用§1的方法)在[3,4]中有一实根.我们取 $x_0=3$ 作为初始近似,第一近似计算如下:

$$\begin{array}{cccc|c}
1 & -6.144 & 11.432 & -6.288 & 3 \\
 & 3 & -9.432 & 6 & \\
\hline
1 & -3.144 & 2.000 & -0.288=f(x_0) & \\
 & 3 & -0.432 & & \\
\hline
 & -0.144 & 1.568=f'(x_0) & &
\end{array}$$

于是 $x_1=x_0-\dfrac{f(x_0)}{f'(x_0)}=3+\dfrac{0.288}{1.568}\approx 3.184$.第二近似计算如下:

1	−6.144	11.432	−6.288	| 3.184
	3.184	−9.425	6.390	
1	−2.960	2.007	$-0.102=f(x_1)$	
	3.184	0.713		
	0.224	$2.720=f'(x)$		

于是 $x_2=x_1-\dfrac{f(x_1)}{f'(x_1)}=3.184-\dfrac{0.102}{2.710}\approx 3.147$.继续上述的计算过程,我们能计算出第三近似和第四近似都是3.144.因此,3.144可以作为 $f(x)=0$ 的具有四位有效数字的近似根.

§3 方程组的情形

我们研究两个变数的两个方程的情形,即

$$\begin{cases}\varphi_1(x,y)=0\\ \varphi_2(x,y)=0\end{cases} \tag{7}$$

1.Newton 方法.

设 x_0,y_0 是方程(7)的一对近似根,而 h,k 是它们的矫正值,使

$$\begin{cases}\varphi_1(x_0+h,y_0+k)=0\\ \varphi_2(x_0+h,y_0+k)=0\end{cases}$$

按二元函数的 Taylor 公式展开该式,并将其平方项以上忽略掉后,我们有

$$\varphi_1(x_0,y_0)+h\left(\frac{\partial\varphi_1}{\partial x}\right)_0+k\left(\frac{\partial\varphi_1}{\partial y}\right)_0=0$$

$$\varphi_2(x_0,y_0)+h\left(\frac{\partial\varphi_2}{\partial x}\right)_0+k\left(\frac{\partial\varphi_2}{\partial y}\right)_0=0$$

对 h,k 解这组方程,我们得到

$$h=\frac{\Delta_1}{D},k=\frac{\Delta_2}{D} \tag{8}$$

其中

$$D=\begin{vmatrix} \left(\frac{\partial\varphi_1}{\partial x}\right)_0 & \left(\frac{\partial\varphi_1}{\partial y}\right)_0 \\ \left(\frac{\partial\varphi_2}{\partial x}\right)_0 & \left(\frac{\partial\varphi_2}{\partial y}\right)_0 \end{vmatrix}$$

$$\Delta_1=\begin{vmatrix} -\varphi_1(x_0,y_0) & \left(\frac{\partial\varphi_1}{\partial y}\right)_0 \\ -\varphi_2(x_0,y_0) & \left(\frac{\partial\varphi_2}{\partial y}\right)_0 \end{vmatrix}$$

$$\Delta_2=\begin{vmatrix} \left(\frac{\partial\varphi_1}{\partial x}\right)_0 & -\varphi_1(x_0,y_0) \\ \left(\frac{\partial\varphi_2}{\partial x}\right)_0 & -\varphi_2(x_0,y_0) \end{vmatrix}$$

矫正过的近似值是

$$x_1=x_0+\frac{\Delta_1}{D}$$

$$y_1=y_0+\frac{\Delta_2}{D}$$

重复这个过程,就可得到所要求的近似值.从矫正公式(8)中看到:若 $D=0$,则 Newton 公式不能用.我们就采用迭代公式.

2.迭代法.

我们把原方程(7)改写成

$$\begin{cases} x=F_1(x,y) \\ y=F_2(x,y) \end{cases}$$

如果 x_0,y_0 是方程(7)的一对根的近似值,那么我们

要求的各次近似用下列迭代公式得到

$$\begin{cases} x_i = F_1(x_{i-1}, y_{i-1}) \\ y_i = F_2(x_i, y_{i-1}) \end{cases} \tag{9}$$

易证,如果根的近旁不等式

$$\left|\frac{\partial F_1}{\partial x}\right| + \left|\frac{\partial F_2}{\partial x}\right| < 1$$

和

$$\left|\frac{\partial F_1}{\partial y}\right| + \left|\frac{\partial F_2}{\partial y}\right| < 1$$

成立,那么公式(9)收敛.

例 5 求方程组

$$\begin{cases} \varphi_1(x, y) = x + 3\lg x - y^2 = 0 \\ \varphi_2(x, y) = 2x^2 - xy - 5x + 1 = 0 \end{cases}$$

的根.

解 (1)Newton 法的使用.

容易求出

$$\frac{\partial \varphi_1}{\partial x} = 1 + \frac{3M}{x}, M = 0.434\ 29$$

$$\frac{\partial \varphi_1}{\partial y} = -2y$$

$$\frac{\partial \varphi_2}{\partial x} = 4x - y - 5$$

$$\frac{\partial \varphi_2}{\partial y} = -x$$

我们取 $x_0 = 3.4, y_0 = 2.2$ 作为初始近似,那么

$$\varphi_1(x_0, y_0) = 0.154\ 5$$

$$\varphi_2(x_0, y_0) = -0.72$$

$$\left(\frac{\partial \varphi_1}{\partial x}\right)_0 = 1.383$$

$$\left(\frac{\partial \varphi_1}{\partial y}\right)_0 = -4.4$$

$$\left(\frac{\partial \varphi_2}{\partial x}\right)_0 = 6.4$$

$$\left(\frac{\partial \varphi_2}{\partial y}\right)_0 = -3.4$$

将这些值代入矫正公式(8)可得

$$h_1 = 0.157$$

$$k_1 = 0.085$$

从而我们有

$$x_1 = 3.4 + 0.157 = 3.557$$

$$y_1 = 2.285$$

同样又可得

$$\varphi_1(x_1, y_1) = -0.011$$

$$\varphi_2(x_1, y_1) = 0.394\ 5$$

$$\left(\frac{\partial \varphi_1}{\partial x}\right)_1 = 1.367$$

$$\left(\frac{\partial \varphi_1}{\partial y}\right)_1 = -4.57$$

$$\left(\frac{\partial \varphi_2}{\partial x}\right)_1 = 6.943$$

$$\left(\frac{\partial \varphi_2}{\partial y}\right)_1 = -3.557$$

再将这些值代入矫正公式(8),求得

$$h_2 = -0.068\ 5$$

$$k_2 = -0.022\ 9$$

从而有

$$x_2 = 3.488\ 5$$

$$y_2 = 2.262\ 1$$

重复这个过程,我们有

$$h_3 = -0.001\ 3$$

$$k_3 = -0.000\ 561$$

所以第三近似是

$$x_3 = 3.487\ 2$$

$$y_3 = 2.261\ 5$$

这些值小数点后四位都是正确的.

(2) 迭代公式的使用.

我们将原方程改写成

$$x = \sqrt{\frac{x(y+5)-1}{2}}$$

$$y = \sqrt{x + 3\lg x}$$

仍以 $x_0 = 3.4$, $y_0 = 2.2$ 作为初始近似,我们就可以逐次地算出下列各次近似

$$x_1 = \sqrt{\frac{3.4(2.2+5)-1}{2}} = 3.426$$

$$y_1 = \sqrt{3.426 + 3\lg 3.426} = 2.243$$

$$x_2 = \sqrt{\frac{3.426(2.243+5)-1}{2}} = 3.451$$

$$y_2 = \sqrt{3.451 + 3\lg 3.451} = 2.250\ 5$$

$$x_3 = 3.466$$

$$y_3 = 2.255$$

$$x_4 = 3.475$$

$$y_4 = 2.258$$

$$x_5 = 3.480$$

$$y_5 = 2.259$$

$$x_6 = 3.483$$

$$y_6 = 2.260$$

由此可见,迭代过程的收敛速度很慢.六次迭代以后只得到三位有效数字.而 Newton 公式三次迭代后就得到了五位有效数字.

§4　Lobachevskiĭ 方法

用上面所讲的迭代法求方程 $f(x)=0$ 的根,首先必须知道根的所在范围.Lobachevskiĭ 方法可以直接求出所有根的近似值(包括复根),而不必预先知道根的所在范围.必须指出,对求最大根用这种方法特别方便.但是这种方法具有复杂的计算的缺点.

Lobachevskiĭ 方法在于,把原方程式变换成另一个方程式,使这个方程的根是原方程根的平方.重复这个过程 k 次,我们就能得到一个方程,其根为原方程根的 2^k 次方,从根与系数的关系式能求出原方程根的近似值,使这些值都达到所要求的准确度.

假定方程

$$f(x)=x^n+a_1x^{n-1}+a_2x^{n-2}+\cdots+a_n=0 \tag{10}$$

有 n 个根 $\alpha_1,\alpha_2,\cdots,\alpha_n$,于是我们有

$$f(x)=(x-\alpha_1)(x-\alpha_2)\cdots(x-\alpha_n) \tag{11}$$

我们以具有 n 个根 $-\alpha_1,-\alpha_2,-\alpha_3,\cdots,-\alpha_n$ 的方程

$$(-1)^nf(-x)=x^n-a_1x^{n-1}+a_2x^{n-2}+\cdots+(-1)^na_n$$

乘式(10),并以 x 代换 x^2,我们就得到有 n 个根 α_1^2,

$\alpha_2^2,\cdots,\alpha_n^2$ 的方程

$$(-1)^n f(-x)f(x)=f_2(x)=$$
$$x^n+a'_1x^{n-1}+a'_2x^{n-2}+\cdots+a'_n$$

其系数由公式

$$a'_k=a_k^2-2a_{k-1}a_{k+1}+2a_{k-2}a_{k+2}-2a_{k-3}a_{k+3}+\cdots \tag{12}$$

(其中 $a_0=1$) 来决定.同样过程经 k 次变换后,就得到有 n 个根 $\alpha_1^m,\alpha_2^m,\cdots,\alpha_n^m$ 的方程

$$f(x^m)=f_m(x)=x^n+A_1x^{n-1}+A_2x^{n-2}+\cdots+A_n \tag{13}$$

其中 $m=2^k$.从而我们有

$$\begin{cases}A_1=\alpha_1^m+\alpha_2^m+\cdots+\alpha_n^m\\ A_2=(\alpha_1\alpha_2)^m+(\alpha_1\alpha_3)^m+\cdots+(\alpha_{n-1}\alpha_n)^m\\ \quad\vdots\\ A_n=(\alpha_1\alpha_2\cdots\alpha_n)^m\end{cases} \tag{14}$$

或改写为

$$\begin{cases}A_1=\alpha_1^m\left[1+\left(\dfrac{\alpha_2}{\alpha_1}\right)^m+\left(\dfrac{\alpha_3}{\alpha_1}\right)^m+\cdots+\left(\dfrac{\alpha_n}{\alpha_1}\right)^m\right]\\ A_2=(\alpha_1\alpha_2)^m\left[1+\left(\dfrac{\alpha_3}{\alpha_2}\right)^m+\left(\dfrac{\alpha_4}{\alpha_2}\right)^m+\cdots+\left(\dfrac{\alpha_n\alpha_{n-1}}{\alpha_1\alpha_2}\right)^m\right]\\ \quad\vdots\\ A_n=(\alpha_1\alpha_2\cdots\alpha_n)^m\end{cases} \tag{15}$$

我们假定方程(10) 有 n 个不同的实根,且设

$$|\alpha_1|>|\alpha_2|>|\alpha_3|>\cdots>|\alpha_{n-1}|>|\alpha_n|$$

从这样的假定中我们推出

$$\left|\frac{\alpha_i}{\alpha_k}\right| < 1, i > k; i = 2, 3, \cdots, n; k = 1, 2, \cdots, n-1$$

当 k 充分大时，式(15) 的各式中从第二项起可以忽略不计，于是我们有

$$A_1 = \alpha_1^m$$

$$A_2 = (\alpha_1\alpha_2)^m$$

$$\vdots$$

$$A_n = (\alpha_1\alpha_2\cdots\alpha_n)^m$$

从此易算出根的近似值

$$\alpha_1 = \sqrt[m]{A_1}$$

$$\alpha_2 = \sqrt[m]{\frac{A_2}{A_1}}$$

$$\alpha_3 = \sqrt[m]{\frac{A_3}{A_2}}$$

$$\vdots$$

$$\alpha_n = \sqrt[m]{\frac{A_n}{A_{n-1}}} \tag{16}$$

要变换多少次才结束呢？我们认为如变换后方程的系数等于被变换方程各对应项系数的平方时即可终止.若将变换后方程的系数和被变换方程的系数都取对数，则变换后方程的系数将等于被变换方程对应项系数的 2 倍.

例 6 求方程

$$x^4 - 10x^3 + 35x^2 - 50x + 24 = 0$$

的所有实根.

根据式(12) 计算各次变换的系数，并列表如下

(表 3):

表 3

	A_0	A_1	A_2	A_3	A_4
f	1.00	1.00×10^1	3.50×10^1	5.00×10^1	2.40×10^1
f_2	1.00	3.00×10^1	2.73×10^2	8.20×10^2	5.76×10^2
f_4	1.00	3.54×10^2	2.65×10^4	3.58×10^5	3.32×10^5
f_8	1.00	7.23×10^4	4.49×10^8	1.11×10^{11}	1.10×10^{11}
f_{16}	1.00	4.33×10^9	1.86×10^{17}	1.22×10^{22}	1.21×10^{22}
f_{32}	1.00	1.84×10^{19}	3.45×10^{34}	1.49×10^{44}	1.46×10^{44}

从该表的第五次变换 f_{32} 的系数根据公式(16),再利用对数表就可算出原方程式的实根为

$$\alpha_1=4,\alpha_2=3,\alpha_3=2,\alpha_4=1$$

现在我们假定方程(10) 有一对复根

$$\alpha_2=\rho(\cos\varphi+\mathrm{i}\sin\varphi)$$

$$\alpha_3=\rho(\cos\varphi-\mathrm{i}\sin\varphi)$$

那么

$$\alpha_2^m=\rho^m[\cos m\varphi+\mathrm{i}\sin m\varphi]$$

$$\alpha_3^m=\rho^m[\cos m\varphi-\mathrm{i}\sin m\varphi]$$

和

$$\alpha_2^m+\alpha_3^m=2\rho^m\cos m\varphi$$

$$(\alpha_2\alpha_3)^m=\rho^{2m}$$

假定其余的根是实的,而且有不等式

$$|\alpha_1|>|\rho|>|\alpha_4|>|\alpha_5|>\cdots>|\alpha_n|$$

这时,式(15) 可以改写为

$$A_1=\alpha_1^m\left[1+2\left(\frac{\rho}{\alpha_1}\right)^m\cos m\varphi+\left(\frac{\alpha_4}{\alpha_1}\right)^m+\cdots\right]$$

$$A_2=(\alpha_1\rho)^m\left[2\cos m\varphi+\left(\frac{\alpha_4}{\rho}\right)^m+\left(\frac{\alpha_5}{\rho}\right)^m+\cdots\right]$$

$$\vdots$$

$$A_n=(\alpha_1\alpha_2\cdots\alpha_n)^m$$

当 m 充分大时，我们有

$$A_1=\alpha_1^m$$

$$A_2=2\alpha_1^m\rho^m\cos m\varphi$$

$$A_3=(\alpha_1\rho^2)^m$$

$$\vdots$$

$$A_n=(\alpha_1\rho^2\alpha_4\cdots\alpha_n)^m$$

由此可见，A_2 随着 m 的改变而改变，时而变正，时而变负，而其他的都不变号.这就意味着有复根 α_2，α_3 存在.此时我们有

$$\alpha_1=\sqrt[m]{A_1}$$

$$\rho=\sqrt[2m]{\frac{A_3}{A_1}}$$

$$\alpha_4=\sqrt[m]{\frac{A_4}{A_3}}$$

$$\vdots$$

$$\alpha_n=\sqrt[m]{\frac{A_n}{A_{n-1}}}\tag{17}$$

由此能计算出 α_2 和 α_3 的模 ρ 和 α_1，α_4，…，α_n.现在来确定 α_2 和 α_3 的辐角.根据原方程我们有

$$-a_1=\alpha_1+2\rho\cos\varphi+\alpha_4+\cdots+\alpha_n$$

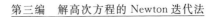

由此式容易得出辐角 φ.

同样,我们能求出具有两对复根

$$\alpha_2, \alpha_3 = \rho_1(\cos\varphi_1 \pm \mathrm{i}\sin\varphi_1)$$

$$\alpha_i, \alpha_{i+1} = \rho_2(\cos\varphi_2 \pm \mathrm{i}\sin\varphi_2)$$

的模 ρ_1 和 ρ_2 及其他实根 $\alpha_1, \alpha_4, \cdots, \alpha_{i-1}, \alpha_{i+2}, \cdots, \alpha_n$.而辐角 φ_1 和 φ_2 的决定如下:

令 $x = \dfrac{1}{y}$,代入方程(10),得新方程

$$y^n + \frac{a_{n-1}}{a_n}y^{n-1} + \cdots + \frac{a_2}{a_n}y^2 + \frac{a_1}{a_n}y + \frac{1}{a_n} = 0$$

该方程的根是 $\dfrac{1}{\alpha_1}, \dfrac{1}{\rho_1}(\cos\varphi_1 \pm \mathrm{i}\sin\varphi_1), \dfrac{1}{\alpha_4}, \cdots, \dfrac{1}{\alpha_{i-1}}$, $\dfrac{1}{\rho_2}(\cos\varphi_2 \pm \mathrm{i}\sin\varphi_2), \dfrac{1}{\alpha_{i+2}}, \cdots, \dfrac{1}{\alpha_n}$.因而有

$$-\frac{a_{n-1}}{a_n} = \frac{1}{\alpha_1} + \frac{2}{\rho_1}\cos\varphi_1 + \frac{1}{\alpha_4} + \frac{1}{\alpha_5} + \cdots + \frac{1}{\alpha_{i-1}} + \frac{2}{\rho_2}\cos\varphi_2 + \frac{1}{\alpha_{i+2}} + \cdots + \frac{1}{\alpha_n} \tag{18}$$

另外,我们有

$$-a_1 = \alpha_1 + 2\rho_1\cos\varphi_1 + \alpha_4 + \cdots + \alpha_{i-1} + 2\rho_2\cos\varphi_2 + \cdots + \alpha_n \tag{19}$$

由式(18)和(19)可以解出 φ_1 和 φ_2.

例 7 求方程

$$f(x) = x^3 - x - 1 = 0$$

的所有根.

根据式(12)计算各次变换的系数,并列表如下(表 4):

表 4

	A_0	A_1	A_2	A_3
f	1	0	-1	1
f_2	1	2	1	1
f_4	1	2	-3	1
f_8	1	10	5	1
f_{16}	1	9	5	1
f_{32}	1	8 090	-165	1
f_{64}	1	65 448 430	11 045	1

从该表可以看到各次变换后，系数 A_2 的符号不定，因此可以断定有一对复根 α_2 和 α_3.根据公式(17)，利用对数表容易计算出

$$\alpha_1 \approx 1.324\ 7$$

$$\rho \approx 0.868\ 84$$

从而

$$\cos\varphi = -\frac{1.324\ 7}{2\times 0.868\ 8} \approx -0.662\ 4$$

$$\sin\varphi = \sqrt{1-(-0.662\ 4)^2} \approx 0.562\ 2$$

因此我们得方程的所有根

$$\alpha_1 = 1.324\ 7$$

$$\alpha_2, \alpha_3 = -0.662\ 4 \pm 0.562\ 2\mathrm{i}$$

§5　重　　根

假定方程(10)有 n 重根 α，这时方程的右边可以写为

$$f(x) = (x-\alpha)^n \varphi(x)$$

求 $f(x)$ 的导数，我们有

$$f'(x)=n(x-\alpha)^{n-1}\varphi(x)+(x-\alpha)^{n}\varphi'(x)$$

由此可见 $f'(x)=0$ 有 $n-1$ 重根 α，因此方程的根将是 $f(x)$ 和 $f'(x)$ 的最高因式的根.

例 8 求

$$f(x)=x^4-6x^2+8x-3=0$$

的根.

它的导数为

$$f'(x)=4x^3-12x+8$$

求 $f(x)$ 和 $\frac{1}{4}f'(x)$ 的最高因式

1	0	3	2	1	0	−6	8	−3	x
				1		−3	2		
						−3	+6	−3	

最高因式 $x^2-2x+1=0$ 的根是 $x_1=1, x_2=1$，因此 1 是 $f'(x)$ 的二重根，从而是 $f(x)$ 的三重根.易得第四个根是 -3.

§6 劈因子法

1.林士谔提出了求复根(或实根)的劈因子法，其实质如下：

我们取初始二次因式 $x^2+x_1x+x_2$，其中 $x_1=\frac{a_{n-1}}{a_{n-2}}, x_2=\frac{a_n}{a_{n-2}}$，除 $f(x)=a_0x^n+a_1x^{n-1}+a_2x^{n-2}+\cdots+a_n$，我们有

$$f(x)=(x^{n-2}+p_1x^{n-3}+p_2x^{n-4}+\cdots+$$

$$p_{n-2})(x^2+x_1x+x_2)+$$
$$r_1x+r_2=0 \tag{20}$$

比较两边同次项的系数,我们有

$$\begin{cases} a_0=1 \\ a_1=p_1+x_1 \\ a_2=p_2+p_1x_1+x_2 \\ a_3=p_3+p_2x_1+p_1x_2 \\ \quad\vdots \\ a_{n-2}=p_{n-2}+p_{n-3}x_1+p_{n-4}x_2 \\ a_{n-1}=r_1+p_{n-2}x_1+p_{n-3}x_2 \\ a_n=r_2+p_{n-2}x_2 \end{cases} \tag{21}$$

引用递推公式

$$p_k=a_k-p_{k-1}x_1-p_{k-2}x_2 \tag{22}$$

令 $p_0=1$ 和 $p_{-1}=0$.于是当 $k=1,2,\cdots,n-2$ 时,由公式(22) 可以求出系数 p_i,而当 $k=n-1$ 和 $k=n$ 时,得到

$$r_1=a_{n-1}-p_{n-2}x_1-p_{n-3}x_2$$
$$r_2=a_n-p_{n-2}x_2$$

由式(20) 可见,如果 $r_1=r_2=0$,那么 $f(x)$ 已分成两个因子.而且从 $x^2+x_1x+x_2$ 容易求出 $f(x)=0$ 的一对根.实际上,未必这样会令人满意.那么我们就用满足

$$a_{n-1}-p_{n-2}x_1^{(1)}-p_{n-3}x_2^{(1)}=0$$
$$a_n-p_{n-2}x_2^{(1)}=0$$

的值 $x_1^{(1)}$ 和 $x_2^{(1)}$ 作 $f(x)$ 的因子进一步的近似表示系数.

$$x_1^{(1)}=\frac{a_{n-1}}{p_{n-2}}-\frac{p_{n-3}x_2^{(1)}}{p_{n-2}}$$

$$x_2^{(1)}=\frac{a_n}{p_{n-2}}$$

第二次近似因子为 $x^2+x_1^{(1)}x+x_2^{(1)}$，再用这个因子进行同样的讨论，又可得第三次因子 $x^2+x_1^{(2)}x+x_2^{(2)}$. 如此进行下去，如果余项的系数 $r_1\to 0, r_2\to 0$，那么，这种过程收敛.

例 9　求方程

$$f(x)=x^4+10.65x^3+89x^2+15.5x+27=0$$

的根.

假定第一近似因子是 $x^2+x_1x+x_2$，其中 $x_1=\frac{15.5}{89}=0.174$，$x_2=\frac{27}{89}=0.304$. 利用综合除法

1	0.174	0.304	1	10.65	89	15.5	27	$x^2+10.476x+86.9$
			1	0.174	0.304			
				10.476	88.696	15.5		
				10.476	1.8	3.18		
					86.9	12.32	27	
					86.9	15.10	26.4	
						−2.78	0.6	

得到

$$\begin{aligned}f(x)=&(x^2+10.476x+86.9)(x^2+\\&0.174x+0.304)-2.78x+\\&0.60=0\end{aligned}$$

其中 $n=4$，$p_{n-3}=p_1=10.476$，$p_{n-2}=p_2=86.9$，可以算出

$$x_2^{(1)}=\frac{a_4}{p_2}=\frac{27}{86.9}=0.311$$

$$x_1^{(1)}=\frac{a_3-x_2p_1}{86.9}=\frac{12.32}{86.9}=0.142$$

于是得第二次近似因子 $x^2+0.142x+0.311$，再用综合除法

1　0.142　0.311	1	10.65	89	15.5	27	$x^2+10.51x+87.2$
	1	0.142	0.311			
		10.51	88.69	15.5		
		10.51	1.49	3.27		
			87.2	12.23	27	
			87.2	12.36	27.1	
				-0.13	-0.10	

得到

$$f(x)=(x^2+10.51x+87.2)(x^2+0.142x+0.311)-0.13x-0.1=0$$

从此易得第三次近似因子为 $x^2+0.140\ 5x+0.310$.再用综合除法得

$$f(x)=(x^2+10.509\ 5x+87.21)(x^2+0.140\ 5x+0.310)-0.06x=0$$

余项很小，我们把它忽略掉，就求出方程的近似根

$$-5.255\pm \mathrm{i}7.72$$

和

$$-0.070\ 25\pm \mathrm{i}0.552$$

2.赵访熊提出了一个较简便的方法：

假定式(20)中的 $r_1\neq 0, r_2\neq 0$，要求两个这样的矫正值 $\Delta x_1, \Delta x_2$，使二次因式 $x^2+(x_1+\Delta x_1)x+x_2+\Delta x_2$ 正好除尽 $f(x)$，也就是要对应的增量

$$r_1(x_1+\Delta x_1, x_2+\Delta x_2)=0$$
$$r_2(x_1+\Delta x_1, x_2+\Delta x_2)=0$$

因 $\Delta x_1, \Delta x_2$ 很小，用 Taylor 公式展开，并忽略平方项以上，我们有

$$\begin{cases} r_1+\dfrac{\partial r_1}{\partial x_1}\Delta x_1+\dfrac{\partial r_1}{\partial x_2}\Delta x_2=0 \\ r_2+\dfrac{\partial r_2}{\partial x_1}\Delta x_1+\dfrac{\partial r_2}{\partial x_2}\Delta x_2=0 \end{cases} \tag{23}$$

求出 r_1 和 r_2 对 x_1 和 x_2 的微分后，就可解出 Δx_1 和 Δx_2.我们将式(21) 对 x_1 微分，得

$$\begin{cases} 1=-\dfrac{\partial p_1}{\partial x_1} \\ p_1=-\dfrac{\partial p_2}{\partial x_1}+x_1 \\ p_2=-\dfrac{\partial p_3}{\partial x_1}-\dfrac{\partial p_2}{\partial x_1}x_1+x_2 \\ p_3=-\dfrac{\partial p_4}{\partial x_1}-\dfrac{\partial p_3}{\partial x_1}x_1+\dfrac{\partial p_2}{\partial x_1}x_2 \\ \quad\vdots \\ p_{n-3}=-\dfrac{\partial p_{n-2}}{\partial x_1}-\dfrac{\partial p_{n-3}}{\partial x_1}x_1-\dfrac{\partial p_{n-4}}{\partial x_1}x_2 \\ p_{n-2}=-\dfrac{\partial r_1}{\partial x_1}-\dfrac{\partial p_{n-2}}{\partial x_1}x_1-\dfrac{\partial p_{n-3}}{\partial x_1}x_2 \\ 0=-\dfrac{\partial r_2}{\partial x_1}-\dfrac{\partial p_{n-2}}{\partial x_1}x_2 \end{cases} \tag{24}$$

将式(21) 和(24) 进行比较，就知道 $x^2+x_1x+x_2$ 用综合除法除 $x^{n-1}+p_1x^{n-2}+p_2x^{n-3}+\cdots+p_{n-2}x$ 即得商的系数 $\left(1,-\dfrac{\partial p_2}{\partial x},-\dfrac{\partial p_3}{\partial x_1},\cdots,-\dfrac{\partial p_{n-2}}{\partial x_1}\right)$ 及余式的系

数$\left(-\frac{\partial r_1}{\partial x_1}, -\frac{\partial r_2}{\partial x_1}\right)$.再将式(21) 对 x_2 微分后,得

$$\begin{cases} p_0 = 1 \\ p_1 = -\frac{\partial p_3}{\partial x_2} + x_1 \\ p_2 = -\frac{\partial p_4}{\partial x_2} - \frac{\partial p_3}{\partial x_2} + x_2 \\ \quad \vdots \\ p_{n-4} = -\frac{\partial p_{n-2}}{\partial x_2} - \frac{\partial p_{n-3}}{\partial x_2} x_1 - \frac{\partial p_{n-4}}{\partial x_2} x_2 \\ p_{n-3} = -\frac{\partial r_1}{\partial x_2} - \frac{\partial p_{n-2}}{\partial x_2} x_1 - \frac{\partial p_{n-3}}{\partial x_2} x_2 \\ p_{n-2} = -\frac{\partial r_2}{\partial x_2} - \frac{\partial p_{n-2}}{\partial x_2} x_2 \end{cases} \tag{25}$$

将式(25) 和(21) 进行比较,就知道 $x^2 + x_1 x + x_2$ 用综合除法除 $x^{n-2} + p_1 x^{n-3} + \cdots + p_{n-2}$ 即得商的系数 $\left(1, -\frac{\partial p_3}{\partial x_2}, -\frac{\partial p_4}{\partial x_2}, \cdots, -\frac{\partial p_{n-2}}{\partial x_2}\right)$ 及余式的系数 $\left(-\frac{\partial r_1}{\partial x_2}, -\frac{\partial r_2}{\partial x_2}\right)$.故在以 $x^2 + x_1 x + x_2$ 用综合除法除 $x^{n-1} + p_1 x^{n-2} + p_2 x^{n-3} + \cdots + p_{n-2} x$ 的计算过程中就可选出所要的四个系数$\frac{\partial r_1}{\partial x_1}, \frac{\partial r_1}{\partial x_2}, \frac{\partial r_2}{\partial x_1}$ 和$\frac{\partial r_2}{\partial x_2}$.

例 10　分解 $x^4 + 2x^3 + 5x^2 + 3x + 4$ 为两个二次式的积,我们取 $x^2 + \frac{3}{5}x + \frac{4}{5}$ 为首次近似二次式,作两次综合除法:

1 0.6 0.8	1	2	5	3	4	1 1.4 3.36
	1	0.6	0.8			
		1.4	4.2	3		
		1.4	0.84	1.12		
			3.36	1.88	4	
			3.36	2.016	2.668	
		$(r_1, r_2) \rightarrow$		−0.136	1.332	

1 0.6 0.8	1	1.4	3.36	0	1 0.8
	1	0.6	0.8		
$\left(-\frac{\partial r_1}{\partial x_2}, -\frac{\partial r_2}{\partial x_2}\right) \rightarrow$		0.8	2.56	0	
		0.8	0.48	0.64	
$\left(-\frac{\partial r_1}{\partial x_1}, -\frac{\partial r_2}{\partial x_1}\right) \rightarrow$			2.08	−0.64	

由此根据式(23) 我们有

$$2.08\Delta x_1 + 0.8\Delta x_2 = -0.136$$

$$-0.64\Delta x_1 + 2.56\Delta x_2 = 1.332$$

解出 $\Delta x_1 = -0.243, \Delta x_2 = 0.46$.从而 $x_1^{(1)} = x_1 + \Delta x_1 = 0.357$ 和 $x_2^{(1)} = 1.26$.第二近似因式是 $x^2 + 0.357x + 1.26$.用相同方法可算出第三近似因式 $x^2 + 0.275x + 1.206$.计算出的第四近似因式是 $x^2 + 0.278\ 34x + 1.206\ 87$.

§7　Routh　判　定

在力学的运动稳定理论中经常碰到这样的问题，n 次代数方程的所有根是否都在复平面的左边，也就是说，是否所有根的实部都是负的.Routh 判定可以解决这个问题.

Routh 判定.给定方程式

$$f(x)=a_0x^n+a_1x^{n-1}+\cdots+a_n=0$$

我们令 $x=\mathrm{i}t$，则

$$f(x)=f(\mathrm{i}t)=F_1(t)+\mathrm{i}F_2(t)$$

利用辗转相除法则可写出 Sturm 函数列：$f_1(x)=(-1)^{\frac{n}{2}}F_1(x)$，$f_2(x)=(-1)^{\frac{n}{2}-1}F_2(x)$（此处 n 为偶数.若 n 为奇数，则 $f_1(x)=(-1)^{\frac{n-1}{2}}F_2(x)$，$f_2(x)=(-1)^{\frac{n-1}{2}}F_1(x)$），$f_3(x)$，$f_4(x)$，…，其中

$$f_1(x)=a_0x^n-a_2x^{n-2}+a_4x^{n-4}-\cdots$$

$$f_2(x)=a_1x^{n-1}-a_3x^{n-3}+a_5x^{n-5}-\cdots$$

$$f_3(x)=\frac{a_0x}{a_1}f_2(x)-f_1(x)-b_1x^{n-2}-b_2x^{n-4}+b_3x^{n-6}-\cdots$$

$$f_4(x)=\frac{a_1x}{b_1}f_3(x)-f_2(x)=c_1x^{n-3}-c_2x^{n-5}+c_3x^{n-7}-\cdots$$

$$f_5(x)=\frac{b_1x}{c_1}f_4(x)-f_3(x)=d_1x^{n-4}-d_2x^{n-6}+\cdots$$

$$\vdots$$

从演算中可得

$$b_1=\frac{a_1a_2-a_0a_3}{a_1}$$

$$b_2=\frac{a_1a_4-a_0a_5}{a_1}$$

$$b_3=\frac{a_1a_6-a_0a_7}{a_1}$$

$$\vdots$$

$$c_1=\frac{b_1a_3-a_1b_2}{b_1}$$

$$c_2=\frac{b_1a_5-a_1b_3}{b_1}$$

$$\vdots$$

$$d_1=\frac{c_1b_2-b_1c_2}{c_1}$$

$$d_2=\frac{c_1b_3-b_1c_3}{c_1}$$

$$\vdots$$

如果 $a_0,a_1,b_1,c_1,d_1,\cdots$(即 Sturm 函数列的每个函数的首项的系数)同号并且不为 0 时，那么方程 $f(x)=0$ 的根都位于复平面的左边.

我们列出便于计算的表格：

$$\begin{matrix} a_0 & a_2 & a_4 & a_6 & \cdots \\ a_1 & a_3 & a_5 & a_7 & \cdots \\ b_1 & b_2 & b_3 & \cdots & \\ c_1 & c_2 & c_3 & \cdots & \\ d_1 & d_2 & d_3 & \cdots & \end{matrix}$$

表中前两行是已知的，其他各行数可由前两行数算出来.第 i 行、第 j 列的数可由下面法则算出来：它等于第

$i-2$ 行、第 $j+1$ 列的数乘第 $i-1$ 行、第 1 列的数，减去第 $i-1$ 行、第 $j+1$ 列的数乘第 $i-2$ 行、第 1 列的数后，再用第 $i-1$ 行、第 1 列的数去除.

若上表第 1 列的数同号并且不为 0，则 $f(x)=0$ 的根都位于复平面的左边.

例 11　试确定

$$f(x)=x^4+10.65x^3+89x^2+15.5x+27=0$$

的根是否都在复平面的左边.

我们考察下表：

1	89	27
10.65	15.5	
87.545	27	
2.216		

表中第一列的数全为正，故 $f(x)=0$ 的根全位于复平面的左边.这与 §6 中的结果一致.

求复数根的 Newton 法①

第 7 章

§1 引 言

代数方程 $f(x)=0$ 的实数根的逐步接近法已有多种，其中计算简单且收敛最快的是用 Newton 公式

$$x_2=x_1-\frac{f(x_1)}{f'(x_1)}$$

代数方程 $f(x)=0$ 的复数根的逐步接近法也已有多种，在根的附近收敛最快的逐步接近法仍是 Newton 法.

在本章中，清华大学的赵访熊教授早在 1955 年就在《数学学报》中讨论了 Newton 公式

$$X_2=X_1-\frac{f(X_1)}{f'(X_1)}$$

的收敛问题，说明它的物理意义，并证明每个根有一个单调收敛圆. 在赵访熊教授文章的第二部分，他还介绍了将 n 次多项式劈成二次式与 $n-2$ 次式的积

① 本章摘编自《数学学报》，1955，5(2)：137-147.

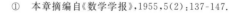

的 Newton 法，推出计算方法并证明在单复数根附近的收敛性与 Newton 公式相当. 当根的模很小时，Newton 法的近似公式就是林士谔的逐步接近公式.在赵访熊教授文章的第三部分，他通过具体例题说明用这种方法求复数根比用其他方法较为省事且准确.

§2　Newton 公式的收敛问题

给定可微函数 $W=f(z)$，从与复数根 z_1 充分接近的试值 X_1 可以计算出 $f(X_1)$ 及 $f'(X_1)\neq 0$.求零点或求根 $z_1=X_1+\mathrm{d}z$ 的问题是求 $\mathrm{d}z$ 使与 $\mathrm{d}z$ 对应的差分 Δf 满足

$$\Delta f+f(X_1)=0$$

Newton 法是以微分 $\mathrm{d}f=f'(X_1)\mathrm{d}z$ 代替差分 Δf 的方法.以 $\mathrm{d}f$ 代替 Δf 即得 Newton 公式

$$X_2=X_1+\mathrm{d}z=X_1-\frac{f(X_1)}{f'(X_1)}=$$

$$X_1-\frac{W_1}{W_1'} \tag{1}$$

由式(1)可得

$$X_2-z_1=(X_1-z_1)-\frac{W_1}{W_1'}$$

即

$$\frac{X_2-z_1}{X_1-z_1}=\frac{W_1'(X_1-z_1)-W_1}{W_1'(X_1-z_1)} \tag{2}$$

设 z_1 为 $f(z)$ 的 m 重根，并设 X_1 已在 $f(z)$ 在 z_1 的 Taylor 级数的收敛圆内，则有

$$W_1=\sum_{k=0}^{\infty}\frac{f^{(m+k)}(z_1)}{(m+k)!}(X_1-z_1)^{m+k}$$

$$W_1'(X_1-z_1)=\sum_{k=0}^{\infty}\frac{f^{(m+k)}(z_1)(m+k)}{(m+k)!}(X_1-z_1)^{m+k}$$

代入式(2) 即得

$$\frac{X_2-z_1}{X_1-z_1}\sim\frac{m-1}{m}+\frac{1}{m+1}\frac{f^{(m+1)}(z_1)}{f^{(m)}(z_1)}(X_1-z_1) \tag{3}$$

当 z_1 为单根时,即当 $m=1$ 时,我们有

$$\frac{X_2-z_1}{X_1-z_1}\sim\frac{f''(z_1)}{2f'(z_1)}(X_1-z_1) \tag{4}$$

当 $m>1$ 时,则有

$$\frac{X_2-z_1}{X_1-z_1}\sim\frac{m-1}{m} \tag{5}$$

公式(4) 说明用 Newton 公式接近单根时,收敛得很快,式(5) 说明用 Newton 公式接近重根时,收敛得很慢,所以在接近 m 重根时,Newton 公式(1) 需要被修改成

$$X_2=X_1-m\frac{W_1}{W_1'} \tag{6}$$

做此修改后,在 m 重根附近我们有

$$\frac{X_2-z_1}{X_1-z_1}\sim\frac{f^{(m+1)}(z_1)}{m(m+1)f^{(m)}(z_1)}(X_1-z_1)$$

所以用式(6) 接近 m 重根时也有很好的收敛性.

用斜量法[1] 可以说明式(6) 的几何意义.

令 $\rho=|W|^{\frac{1}{m}}$,则斜量法接近公式是

$$X_2=X_1-\frac{\rho_1\nabla\rho_1}{\nabla\rho_1\cdot\nabla\rho_1}=$$

$$X_1 - m\frac{W_1}{W_1'}$$

这就是修改后的 Newton 公式(6).几何意义:考虑曲面 $\rho = |W|^{\frac{1}{m}}$,这个曲面在 m 重根附近近似于圆锥面,所以用斜量法来接近这个根就有很好的收敛性.

§3 多项式的根的收敛圆

设有多项式 $f(z)=(z-z_1)(z-z_2)\cdots(z-z_n)$,取对数后微分即得

$$\frac{f'(z)}{f(z)}=\sum_{k=1}^{n}\frac{1}{z-z_k}$$

由 Newton 公式(1) 有

$$X_2 = X_1 + \frac{1}{R(X_1)}$$

其中

$$R(X_1)=\sum_{k=1}^{n}\frac{1}{z_k - X_1}$$

令

$$U_k = \frac{1}{\overline{z_k - X_1}}$$

那么

$$\bar{R}=\sum_{k=1}^{n}U_k$$

U_k 的方向与从 X_1 到 z_k 的矢量的方向相同,其模是 $z_k - X_1$ 的模的倒数.设有单位质点固定在单根处,在质量为 m 个单位的质点固定在 m 重的重根处,再设质点间的吸力与质量积成正比而与距离成反比,比例

系数均为 1,那么 $\bar{R}(X_1)$ 就可看作在点 X_1 的单位质点所受的吸力的合成力.Newton 公式内的增量

$$dz = X_2 - X_1 = \frac{1}{R}$$

的方向与合成力 $\bar{R}$ 的方向相同,其模是合成力的模的倒数.

设以一部分根为顶点作凸多边形使此多边形内已包含所有的根,那么很明显这个力场在此多边形外一定没有平衡点.$f'(z)$ 的根就是这个力场的平衡点.这就证明了 $f'(z)$ 的根一定被完全包含在此凸多边形内.我们选试值 X_1 时应当避免 $f'(z)$ 的根,这个关于 $f'(z)$ 的根的位置的定理对于选 X_1 是有些帮助的.

设 z_1 是多项式的 m 重根,现在我们讨论在什么条件下可以保证单调收敛性,也就是说保证

$$|X_2 - z_1| < |X_1 - z_1|$$

由式(6),我们有

$$\frac{X_2 - z_1}{X_1 - z_1} = \frac{\sum_{k=1}^{n} \frac{X_1 - z_1}{X_1 - z_k} - m}{\sum_{k=1}^{n} \frac{X_1 - z_1}{X_1 - z_k}} = \frac{\sum_{k=m+1}^{n} \frac{X_1 - z_1}{X_1 - z_k}}{m + \sum_{k=m+1}^{n} \frac{X_1 - z_1}{X_1 - z_k}}$$

令 δ 为从 z_1 到其他根 $z_{m+1},\cdots,z_n$ 的距离的最短者,再设从 X_1 到 z_1 的距离 $h = |X_1 - z_1|$ 已小于 δ,那么我们就有

$$|X_1 - z_k| = |(X_1 - z_1) - (z_k - z_1)| > \delta - h$$

$$\frac{|X_2 - z_1|}{|X_1 - z_1|} \leqslant \frac{\dfrac{(n-m)h}{\delta - h}}{m - \dfrac{(n-m)h}{\delta - h}} = \frac{(n-m)h}{m\delta - nh}$$

要保证 $|X_2 - z_1| < |X_1 - z_1|$，只要使

$$(n-m)h < m\delta - nh$$

即使 h 满足

$$h < \frac{m\delta}{2n-m} = \rho_m$$

这证明了以 m 重根 z_1 为中心、ρ_m 为半径的圆内各 X_1 所对应的 X_2 一定离 z_1 更近，而且保证 X_3 离 z_1 更近于 X_2…….我们称这个圆为 z_1 的单调收敛圆.每一个根有一个单调收敛圆.单根的单调收敛圆的收敛半径不小于 $\rho_1 = \dfrac{\delta}{2n-1}$.

用 Newton 公式需要计算出 $f(X_1)$ 及 $f'(X_1)$，如果能编好复数的乘幂表：$z, z^2, \cdots, z^n$，计算 $f(X_1)$ 及 $f'(X_1)$ 就没有多大困难了.

§4　劈因子的 Newton 法

以二次式 $x(z)$ 除 n 次式 $f(z)$，即得 $n-2$ 次商式 $P(z)$ 及一次余式 $r(z)$，有

$$f(z) = P(z)x(z) + r(z) \tag{7}$$

其中

$$x(z) = z^2 + x_1 z + x_2$$

$$f(z)=z^n+a_1z^{n-1}+\cdots+a_{n-1}z+a_n$$
$$P(z)=z^{n-2}+P_1z^{n-3}+\cdots+P_{n-3}z+P_{n-2}$$
$$r(z)=r_1z+r_2$$

用综合除法求出商式及余式的系数最为方便.被除式系数$(1,a_1,\cdots,a_n)$，除式系数$(1,x_1,x_2)$，商式系数$(1,P_1,P_2,\cdots,P_{n-2})$及余式系数$(r_1,r_2)$之间的关系是

$$\begin{cases}a_0=1\\a_1=P_1+x_1\\a_2=P_2+P_1x_1+x_2\\a_3=P_3+P_2x_1+P_1x_2\\\quad\vdots\\a_{n-2}=P_{n-2}+P_{n-3}x_1+P_{n-4}x_2\\a_{n-1}=r_1+P_{n-2}x_1+P_{n-3}x_2\\a_n=r_2+P_{n-2}x_2\end{cases}\tag{8}$$

设$(r_1,r_2)=(0,0)$，则 $f(z)$ 已劈成两个因式 $x(z)$ 及 $P(z)$.从 $x(z)=0$ 可得 $f(z)$ 的一对根.我们假设$(r_1,r_2)\neq(0,0)$，那么求二次因式

$$z^2+(x_1+\mathrm{d}x_1)z+(x_2+\mathrm{d}x_2)$$

的问题就是定出 $\mathrm{d}x_1$ 及 $\mathrm{d}x_2$，使对应的增量或差分 Δr_1 及 Δr_2 满足

$$\begin{cases}\Delta r_1+r_1=0\\\Delta r_2+r_2=0\end{cases}\tag{9}$$

Newton 法是在上式内把比较容易计算的微分 $\mathrm{d}r_1$ 及 $\mathrm{d}r_2$ 依次代替比较难计算的差分 Δr_1 及 Δr_2 的逐步接近法.Newton 法求出的是二次因式系数的近似值

$$x_1+\mathrm{d}x_1,x_2+\mathrm{d}x_2$$

其中 $\mathrm{d}x_1$ 及 $\mathrm{d}x_2$ 满足式(9)的近似方程

$$\begin{cases} dr_1 + r_1 = \dfrac{\partial r_1}{\partial x_1}dx_1 + \dfrac{\partial r_1}{\partial x_2}dx_2 + r_1 = 0 \\ dr_2 + r_2 = \dfrac{\partial r_2}{\partial x_1}dx_1 + \dfrac{\partial r_2}{\partial x_2}dx_2 + r_2 = 0 \end{cases}$$

求出 r_1 及 r_2 对于 x_1 及 x_2 的偏微商后就可从上列联立方程解出 dx_1 及 dx_2.令 $\nabla = \left(\dfrac{\partial}{\partial x_1}, \dfrac{\partial}{\partial x_2}\right)$,我们需要求出 ∇r_1 及 ∇r_2.

我们的问题是把给定的 n 次式分解成二次式及 $n-2$ 次式的积.因此在式(8)内,a_K 是固定的,x_1 及 x_2 是两个自变数,P_K 及 r_K 都是 x_1 及 x_2 的函数.把式(8)对 x_1 及 x_2 微分,注意

$$\begin{cases} \nabla x_1 = (1,0) \\ \nabla x_2 = (0,1) \end{cases}$$

第一方程微分后的结果是 $0=0$,其他是下列 n 个方程

$$\begin{cases} \nabla P_1 + (1,0) = 0 \\ \nabla P_2 + x_1 \nabla P_1 + (P_1, 1) = 0 \\ \nabla P_3 + x_1 \nabla P_2 + x_2 \nabla P_1 + (P_2, P_1) = 0 \\ \vdots \\ \nabla P_{n-2} + x_1 \nabla P_{n-3} + x_2 \nabla P_{n-4} + (P_{n-3}, P_{n-4}) = 0 \\ \nabla r_1 + x_1 \nabla P_{n-2} + x_2 \nabla P_{n-3} + (P_{n-2}, P_{n-3}) = 0 \\ \nabla r_2 + x_2 \nabla P_{n-2} + (0, P_{n-2}) = 0 \end{cases} \tag{10}$$

将上式与式(8)比较,就知道:以$(1, x_1, x_2)$用综合除法除$(1, P_1, \cdots, P_{n-2})$,即得商式系数数列

$$\left(1, -\frac{\partial P_3}{\partial x_2}, -\frac{\partial P_4}{\partial x_2}, \cdots, -\frac{\partial P_{n-2}}{\partial x_2}\right)$$

及余式系数数列

$$\left(R_1 = -\frac{\partial r_1}{\partial x_2}, R_2 = -\frac{\partial r_2}{\partial x_2}\right)$$

以$(1,x_1,x_2)$用综合除法除$(1,P_1,\cdots,P_{n-2},0)$，即得商式系数数列

$$\left(1,-\frac{\partial P_2}{\partial x_1},-\frac{\partial P_3}{\partial x_1},\cdots,-\frac{\partial P_{n-2}}{\partial x_1}\right)$$

及余式系数数列

$$\left(S_1=-\frac{\partial r_1}{\partial x_1},S_2=-\frac{\partial r_2}{\partial x_1}\right)$$

因此在以$(1,x_1,x_2)$用综合除法除

$$(1,P_1,P_2,\cdots,P_{n-2},0)$$

的演算内就可挑出我们要求的四个系数：S_1 及 S_2 在最下面一行，R_1 及 R_2 在最下面第三行.所求的 $\mathrm{d}x_1$ 及 $\mathrm{d}x_2$ 是下列方程组的解

$$\begin{cases}S_1\mathrm{d}x_1+R_1\mathrm{d}x_2=r_1\\ S_2\mathrm{d}x_1+R_2\mathrm{d}x_2=r_2\end{cases}\tag{11}$$

§5　Newton 法的收敛问题

我们已有两种不同的 Newton 法去逐步接近多项式的复数根.第一种方法是用 Newton 公式(1) 直接计算出

$$\mathrm{d}z=-\frac{f(X_1)}{f'(X_1)}$$

第二种方法是试一个二次式

$$z^2+x_1z+x_2$$

用综合除法求出 r_1,r_2,S_1,S_2,R_1,R_2，再从下列方程组

$$\begin{cases}S_1\mathrm{d}x_1+R_1\mathrm{d}x_2=r_1\\ S_2\mathrm{d}x_1+R_2\mathrm{d}x_2=r_2\end{cases}$$

定出 $\mathrm{d}x_1$ 及 $\mathrm{d}x_2$.较好的二次式是

$$z^2+(x_1+\mathrm{d}x_1)z+(x_2+\mathrm{d}x_2)$$

在本节内我们将证明在复数根(非实数根)附近,这两种方法收敛得一样快,我们说这两种方法有相当的收敛性.

设 z_1 是多项式 $f(z)$ 的一个复数根(非实数根),z_1 及 $\bar{z}_1$ 所满足的二次方程是

$$z^2+a_1z+a_2=0$$

那么我们有

$$2z_1+a_1=2z_1-z_1-\bar{z}_1=z_1-\bar{z}_1\neq 0 \tag{12}$$

以试验二次式 $z^2+x_1z+x_2$ 除多项式 $f(z)$,即得

$$f(z)=(z^2+x_1z+x_2)P(z)+(r_1z+r_2)$$

设 X_1 是 $z^2+x_1z+x_2=0$ 的一个根,则有

$$f(X_1)=r_1X_1+r_2$$

$$f'(X_1)=r_1+(2X_1+x_1)P(X_1)$$

Newton 公式所定出的

$$\mathrm{d}z=-\frac{f(X_1)}{f'(X_1)}=-\frac{r_1X_1+r_2}{r_1+(2X_1+x_1)P(X_1)} \tag{13}$$

微分 z 及 x_1,x_2 之间的关系为 $z^2+x_1z+x_2=0$,即得

$$\mathrm{d}z=-\frac{X_1\mathrm{d}x_1+\mathrm{d}x_2}{2X_1+x_1} \tag{14}$$

从式(13)及(14)可得

$$\frac{X_1\mathrm{d}x_1+\mathrm{d}x_2}{2X_1+x_1}=\frac{r_1X_1+r_2}{r_1+(2X_1+x_1)P(X_1)} \tag{15}$$

这是Newton公式所定出的 $\mathrm{d}x_1$ 及 $\mathrm{d}x_2$ 与 x_1,x_2,r_1,r_2 之间的关系.当 X_1 接近于复数根 z_1 时,$2X_1+x_1$ 趋向极限值 $2z_1+a_1\neq 0$,$P(X_1)$ 趋向极限值 $P(z_1)\neq 0$(我们假设 z_1 不是复根),而 r_1 趋向极限值零,所以式(15)的近似方程是

$$P(X_1)(X_1\mathrm{d}x_1+\mathrm{d}x_2)=r_1X_1+r_2 \qquad (16)$$

因 $P(X_1)=R_1X_1+R_2$，其中(R_1,R_2)是以$(1,x_1,x_2)$除$(1,P_1,\cdots,P_{n-2})$的余式系数，所以式(16)可以写成

$$(R_1X_1+R_2)(X_1\mathrm{d}x_1+\mathrm{d}x_2)=r_1X_1+r_2 \qquad (17)$$

即

$$(R_1X_1^2+R_2X_1)\mathrm{d}x_1+(R_1X_1+R_2)\mathrm{d}x_2=r_1X_1+r_2$$

因为

$$X_1^2=-x_1X_1-x_2$$

所以

$$[(R_2-x_1R_1)\mathrm{d}x_1+R_1\mathrm{d}x_2-r_1]X_1+ \\ [-x_2R_1\mathrm{d}x_1+R_2\mathrm{d}x_2-r_2]=0$$

因为 X_1 并非实数，所以有

$$\begin{cases}(R_2-x_1R_1)\mathrm{d}x_1+R_1\mathrm{d}x_2=r_1\\ -x_2R_1\mathrm{d}x_1+R_2\mathrm{d}x_2=r_2\end{cases}$$

这就是劈因子 Newton 法定 $\mathrm{d}x_1$ 及 $\mathrm{d}x_2$ 的方程组(11).

这样我们就证明：当 X_1 趋向于一个非实数单根 z_1 时，Newton 公式定出的$(\mathrm{d}x_1,\mathrm{d}x_2)$趋向于劈因子的 Newton 法定出的$(\mathrm{d}x_1,\mathrm{d}x_2)$，因此在非实数单根 z_1 的充分小邻域内，这两种方法有一样好的收敛性.

当 X_1 趋向一个 m 重的重根 z_1 时，Newton 公式内 $f(X_1)$ 应换成 $mf(X_1)$.因 $f(X_1)=r_1X_1+r_2$，所以 Newton 法内(r_1,r_2)应换成(mr_1,mr_2)，从式(11)定出的$(\mathrm{d}x_1,\mathrm{d}x_2)$也应增加到 m 倍.做此修正后，用 Newton 法接近 m 重的重根时也有很好的收敛性.

当 x_1 及 x_2 充分小时，我们就有下列近似公式

$$\begin{cases}\nabla r_1\sim(-P_{n-2},-P_{n-3})\\ \nabla r_2\sim(0,-P_{n-2})\end{cases}$$

利用 ∇r_1 及 ∇r_2 的近似值，则 $\mathrm{d}x_1$ 及 $\mathrm{d}x_2$ 满足

$$\begin{cases}P_{n-2}\mathrm{d}x_1+P_{n-3}\mathrm{d}x_2=r_1\\ P_{n-2}\mathrm{d}x_2=r_2\end{cases} \qquad (18)$$

由式(8) 我们有

$$\begin{cases}P_{n-2}x_1+P_{n-3}x_2=a_{n-1}-r_1\\P_{n-2}x_2=a_n-r_2\end{cases}\tag{19}$$

令新二次式的系数为

$$x'_1=x_1+\mathrm{d}x_1$$

$$x'_2=x_2+\mathrm{d}x_2$$

把式(18) 及(19) 的对应的方程加起来,即得

$$\begin{cases}P_{n-2}x'_1+P_{n-3}x'_2=a_{n-1}\\P_{n-2}x'_2=a_n\end{cases}$$

解得

$$\begin{cases}x'_2=\dfrac{a_n}{P_{n-2}}\\x'_1=\dfrac{a_{n-1}}{P_{n-2}}-\dfrac{P_{n-3}}{P_{n-2}}x'_2\end{cases}\tag{20}$$

这就是林士谔[2] 的修正后的逐步接近公式.

例 1　分解 $z^4+2z^3+5z^2+3z+4$ 为两个二次式的积.

以尾部二次式 $z^2+\frac{3}{5}z+\frac{4}{5}$ 为首次试验二次式.

做两次综合除法如下:

	1,	1.4,	3.36		
1,　0.6,　0.8)	1,	2,	5,	3,	4
	1,	0.6,	0.8		
		1.4,	4.2	3	
		1.4,	0.84,	1.12	
			3.36,	1.88,	4
			3.36,	2.016,	2.668
最后挑出 (r_1,r_2) →				−0.136,	1.332

$$
\begin{array}{rrrr|rrrr}
 & & & & 1, & 0.8 & & \\
\cline{5-8}
 & 1, & 0.6, & 0.8 & 1, & 1.4, & 3.36, & 0 \\
 & & & & 1, & 0.6, & 0.8 & \\
\cline{5-8}
\text{其次挑出} & (R_1,R_2) & \to & & & 0.8, & 2.56, & 0 \\
 & & & & & 0.8, & 0.48, & 0.64 \\
\cline{6-8}
 & \text{首先挑出} & (S_1,S_2) & \to & & 2.08, & -0.64 &
\end{array}
$$

把 (S_1,S_2)，(R_1,R_2) 及 (r_1,r_2) 挑出，写出 dx_1 及 dx_2 所满足的联立方程

$$
\left.\begin{array}{rr}
2.08, & -0.64 \\
0.8, & 2.56 \\
\hline
-0.136, & 1.332
\end{array}\right\}
\begin{array}{l} dx_1 \\ dx_2 \\ \\ \end{array}
$$

解出

$$dx_1=\frac{-1.413}{5.836\ 8}\approx -0.242$$

$$dx_2=\frac{2.684}{5.836\ 8}\approx 0.46$$

$$x'_1=0.357$$

$$x'_2=1.26$$

第二次的试验二次式是 $z^2+0.357z+1.26$.这个例题的答案是

$$z^4+2z^3+5z^2+3z+4=$$
$$(z^2+0.278z+1.207)(z^2+1.722z+3.314)$$

Gorodesky 用几何方法估计出的二次式是

$$z^2+0.4z+1.25$$

我们的第二次试验二次式比高氏估计稍近于所欲接近的二次因式.用同法可算出我们的第三次试验二次式

$$z^2 + 0.275z + 1.206$$

这已经很接近于所求的二次因式.再做一次计算就可以求得二次因式,准到三位小数.我们计算出的第四次二次式是

$$z^2 + 0.278\ 34z + 1.206\ 87$$

这就是我们要求的一个二次因式,其他二次因子仍可用综合除法求出.

另一种方法是以头部二次式 $z^2 + 2z + 5$ 为首次试验二次式.用同法可计算出第二次二次式

$$z^2 + 1.72z + 3.64$$

及第三次二次式

$$z^2 + 1.702z + 3.317$$

这些就是逐步接近第二个因式 $z^2 + 1.722z + 3.314$ 的一列二次式.

例 2 分解 $z^4 + z^2 + z + 1$ 为两个二次式的积.首次试验二次式仍是尾部二次式

$$z^2 + z + 1$$

计算出第二次二次式

$$z^2 + z + \frac{1}{2}$$

第三次二次式

$$z^2 + 1.1z + 0.65$$

第四次二次式

$$z^2 + 1.094\ 84z + 0.642\ 63$$

答案是

$$(z^4 + z^2 + z + 1) = (z^2 + 1.094\ 84z + 0.642\ 63) \cdot (z^2 - 1.094\ 84z + 1.556\ 04)$$

两个同时求多项式零点的3阶 Newton 型迭代法①

第8章

华南农业大学的罗文、张昕两位教授2013年构造了两个同时求多项式零点的Newton型并行迭代法，同时证明它们的收敛性，证明其收敛阶为3，并讨论其初始条件，最后给出数值例子.

假设 $f(x)=a_0x^n+a_1x^{n-1}+\cdots+a_n(a_0=1)$ 是一个首项系数为1的 n 次复系数多项式，其零点为 $\xi_i(i=1,2,\cdots,n)$.求多项式零点的一个最经典、最常用的迭代方法是由 Schröder 提出的，后来称为 Newton 迭代法[1]，其迭代公式为 $\hat{x}=x-\frac{f(x)}{f'(x)}$.近年来，已有许多学者对Newton 迭代公式进行分析修正，得到新

① 本章摘编自《湖南理工学院学报（自然科学版）》，2013，26(4)：8-12，17.

的结果,并构造出具有更高阶的迭代公式[2-4].本章基于零点原理构造出两个新的Newton型并行迭代公式.

本章 §2 给出新的迭代公式的构造方法,§3 对其收敛性进行分析,得出其收敛阶为 3,§4 讨论了其初始条件,最后给出的数值例子说明该迭代公式具有较高的计算效率.为了方便,本章在没做特别说明的情况下,一律用$\sum$,$\sum\limits_{j\neq i}$ 表示$\sum\limits_{j=1}^{n}$,$\sum\limits_{j\neq i}^{n}$.

§1 迭代公式的构造

对多项式 $f(x)$ 做运算,可以得到

$$\begin{cases}\dfrac{f'(x)}{f(x)}=\sum\dfrac{1}{x-\xi_j}\\ -\left(\dfrac{f'(x)}{f(x)}\right)'=\dfrac{f'(x)^2-f(x)f''(x)}{f(x)^2}=\\ \qquad\qquad\sum\dfrac{1}{(x-\xi_j)^2},j=1,2,\cdots,n\end{cases}\tag{1}$$

设 $x_1,x_2,x_3,\cdots,x_n$ 是多项式 $f(x)$ 的零点 $\xi_1,\cdots,\xi_n$ 的近似迭代值,则对点 $x=x_i(i=1,2,\cdots,n)$,我们如下定义

$$\begin{cases}\delta_{\lambda,i}=\dfrac{f^{(\lambda)}(x_i)}{f(x_i)}\\ \sum\limits_{\lambda,i}=\sum\limits_{j\neq i}\dfrac{1}{(x_i-\xi_j)^{\lambda}}\\ S_{\lambda,i}=\sum\limits_{j\neq i}\dfrac{1}{(x_i-x_j)^{\lambda}},\lambda\in\{1,2\}\end{cases}\tag{2}$$

$$\begin{cases}\delta_{1,i}=\dfrac{1}{\varepsilon_i}+\sum_{1,i}\\ \delta_{2,i}=\delta_{1,i}^2-\dfrac{1}{\varepsilon_i^2}-\sum_{2,i}\end{cases}\tag{3}$$

$$\begin{cases}\varepsilon_i=x_i-\xi_i\\ \varepsilon=\max\limits_{1\leqslant i\leqslant n}|\varepsilon_i|\\ u_i=\dfrac{1}{\delta_{1,i}}=\dfrac{f(x_i)}{f'(x_i)}\\ s_i=\delta_{2,i}=\dfrac{f''(x_i)}{f(x_i)},i=1,2,\cdots,n\end{cases}\tag{4}$$

由式(3)可以得到

$$\varepsilon_i=\frac{\delta_{1,i}-\sum_{1,i}}{\delta_{1,i}^2-\delta_{2,i}-\sum_{2,i}}=\frac{1}{\delta_{1,i}-\sum_{1,i}},i=1,2,\cdots,n\tag{5}$$

再由式(5),可以得到

$$x_i-\frac{1}{\delta_{1,i}}-\frac{\delta_{2,i}+\sum_{2,i}-\frac{1}{2}(\delta_{2,i}+\sum_{2,i}+\sum_{1,i}^2)}{\delta_{1,i}(\delta_{1,i}-\sum_{1,i})^2}=$$

$$x_i-\frac{1}{\delta_{1,i}}-\frac{\delta_{2,i}+\sum_{2,i}-\sum_{1,i}^2}{2\delta_{1,i}(\delta_{1,i}-\sum_{1,i})^2}=$$

$$x_i-\frac{1}{\delta_{1,i}}-\frac{\delta_{2,i}+\sum_{2,i}-\delta_{1,i}\sum_{1,i}}{\delta_{1,i}(\delta_{1,i}^2-\delta_{2,i}-\sum_{2,i})}=$$

$$x_i-\frac{\delta_{1,i}-\sum_{1,i}}{\delta_{1,i}^2-\delta_{2,i}-\sum_{2,i}}=$$

$$x_i-\frac{1}{\delta_{1,i}-\sum_{1,i}}=x_i-\varepsilon_i=$$

$$x_i-(x_i-\xi_i)=\xi_i,i=1,2,\cdots,n \tag{6}$$

对于式(6),我们可以得到如下 4 个式子成立

$$\begin{cases}\xi_i=x_i-\dfrac{1}{\delta_{1,i}-\sum_{1,i}}\\ \xi_i=x_i-\dfrac{\delta_{1,i}-\sum_{1,i}}{\delta_{1,i}^2-\delta_{2,i}-\sum_{2,i}}\\ \xi_i=x_i-\dfrac{1}{\delta_{1,i}}-\dfrac{\delta_{2,i}+\sum_{2,i}-\delta_{1,i}\sum_{1,i}}{\delta_{1,i}(\delta_{1,i}^2-\delta_{2,i}-\sum_{2,i})}\\ \xi_i=x_i-\dfrac{1}{\delta_{1,i}}-\dfrac{\delta_{2,i}+\sum_{2,i}-\sum_{1,i}^2}{2\delta_{1,i}(\delta_{1,i}-\sum_{1,i})^2}\end{cases} \tag{7}$$

若 $x_i=x_i^k(k\in\mathbf{N};i=1,2,\cdots,n)$ 是 $f(x)$ 的零点 ξ_i 在第 k 次迭代的近似值,则在式(7)中,用 x'_i 替换等式左边的 ξ_i,用 ξ_i 替换等式右边的 $\sum_{\lambda,i}(\lambda\in\{1,2\})$,我们就可以得到以下的 4 个迭代公式

$$x'_i=x_i-\frac{u_i}{1-S_{1,i}u_i},3\text{ 阶的 Ehrlich 迭代方法}^{[2]} \tag{8}$$

$$x'_i=x_i-u_i\cdot\frac{1-u_iS_{1,i}}{1-u_i^2s_i-u_i^2S_{2,i}},i\in\{1,2,\cdots,n\} \tag{9}$$

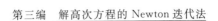

$$x_i' = x_i - u_i - u_i^2 \frac{u_i s_i + u_i S_{2,i} - S_{1,i}}{1 - u_i^2 s_i - u_i^2 S_{2,i}}, i \in \{1, 2, \cdots, n\} \tag{10}$$

$$x_i' = x_i - u_i - u_i^3 \frac{s_i + S_{2,i} - S_{1,i}^2}{2(1 - S_{1,i} u_i)^2} \tag{11}$$

其中 $x'_i = x_i^{k+1}$ 是 ξ_i 的第 $k+1$ 次近似值，$x_i = x_i^k, x_j = x_j^k$.

§2 收敛性分析

定义 $\varepsilon_i = x_i - \xi_i, \varepsilon_i' = x_i' - \xi_i, \varepsilon = \max\{|\varepsilon_i|\}, \varepsilon = O(|\varepsilon_i|)$.

定理 1 若 $x_1^{(0)}, x_2^{(0)}, \cdots, x_n^{(0)}$ 是多项式 $f(x)$ 的零点 $\xi_1, \cdots, \xi_n$ 的近似初始迭代值，则式(9) 和(10) 的迭代方法是 3 阶收敛的.

证 从式(3)～(5) 和(6)，我们可以得到

$$\begin{cases} \sum_{2,i} - S_{2,i} = \sum_{j \neq i} \left(\frac{1}{(x_i - \xi_j)^2} - \frac{1}{(x_i - x_j)^2} \right) = \\ \qquad \sum_{j \neq i} \frac{\varepsilon_j (2x_i - x_j - \xi_j)}{(x_i - \xi_j)^2 (x_i - x_j)^2} = \\ \qquad O(\varepsilon_j) \\ \sum_{1,i} - S_{1,i} = \sum_{j \neq i} \left(\frac{1}{x_i - \xi_j} - \frac{1}{x_i - x_j} \right) = \\ \qquad \sum_{j \neq i} \frac{\varepsilon_j}{(x_i - \xi_j)(x_i - x_j)} = \\ \qquad O(\varepsilon_j) \end{cases} \tag{12}$$

对于式(9)有

$$\varepsilon_i'=\varepsilon_i-\frac{\delta_{1,i}-S_{1,i}}{\delta_{1,i}^2-\delta_{2,i}-S_{2,i}}=$$

$$\frac{\delta_{1,i}^2\varepsilon_i-\delta_{2,i}\varepsilon_i-S_{2,i}\varepsilon_i-\delta_{1,i}+S_{1,i}}{\delta_{1,i}^2-\delta_{2,i}-S_{2,i}}=$$

$$\frac{\sum\limits_{2,i}\varepsilon_i-S_{2,i}\varepsilon_i-\sum\limits_{1,i}+S_{1,i}}{\sum\limits_{2,i}-S_{2,i}-\frac{1}{\varepsilon_i^2}}=$$

$$\varepsilon_i^2\frac{\varepsilon_i(\sum\limits_{2,i}-S_{2,i})-(\sum\limits_{1,i}-S_{1,i})}{\sum\limits_{2,i}\varepsilon_i^2-S_{2,i}\varepsilon_i^2-1}\tag{13}$$

综上可得

$$\varepsilon_i'=\varepsilon_i^2\frac{\varepsilon_i O(\varepsilon_j)-O(\varepsilon_j)}{\sum\limits_{2,i}\varepsilon_i^2-S_{2,i}\varepsilon_i^2-1}$$

则

$$|\varepsilon_i'|=O(\varepsilon^3)$$

对于式(10)有

$$\varepsilon_i'=\varepsilon_i-\frac{1}{\delta_{1,i}}-\frac{\delta_{2,i}+S_{2,i}-\delta_{1,i}S_{1,i}}{\delta_{1,i}(\delta_{1,i}^2-\delta_{2,i}-S_{2,i})}=$$

$$\frac{\varepsilon_i\delta_{1,i}(\sum\limits_{2,i}+\frac{1}{\varepsilon_i^2}-S_{2,i})-\delta_{1,i}^2+\delta_{1,i}S_{1,i}}{\delta_{1,i}(\sum\limits_{2,i}+\frac{1}{\varepsilon_i^2}-S_{2,i})}=$$

$$\frac{(1+\sum\limits_{1,i}\varepsilon_i)(\sum\limits_{2,i}-S_{2,i})\varepsilon_i^3+\sum\limits_{1,i}S_{1,i}\varepsilon_i^3-\sum\limits_{1,i}^{2}\varepsilon_i^3+\varepsilon_i^2(S_{1,i}-\sum\limits_{1,i})}{(1+\sum\limits_{1,i}\varepsilon_i)(1+\sum\limits_{2,i}\varepsilon_i^2-S_{2,i}\varepsilon_i^2)}\tag{14}$$

综上可得

$$\varepsilon_i' = \frac{(1+\sum_{1,i}\varepsilon_i)(\sum_{2,i} - S_{2,i})\varepsilon_i^3 + \sum_{1,i} S_{1,i}\varepsilon_i^3 - \sum_{1,i}^{2}\varepsilon_i^3 + \varepsilon_i^2 O(\varepsilon_j)}{(1+\sum_{1,i}\varepsilon_i)(1+\sum_{2,i}\varepsilon_i^2 - S_{2,i}\varepsilon_i^2)}$$

则

$$|\varepsilon_i'| = O(\varepsilon^3)$$

因此,迭代公式(9)和(10)是3阶收敛的.

§3 收敛的初始条件

定义 $d = \min_{1\leqslant i,j\leqslant n, j\neq i} |\xi_i - \xi_j|$,$\varepsilon^{(k)} = \max_{1\leqslant i\leqslant n} |\varepsilon_i^{(k)}| = \max_{1\leqslant i\leqslant n} |x_i^{(k)} - \xi_i|$,令 $q = \frac{n+1}{d}$.

定理2 如果 $\varepsilon^{(0)} < \frac{1}{q}$ 成立,那么迭代公式(9)收敛且有

$$\varepsilon < \frac{1}{q}$$

$$\left|\sum_{2,i} - S_{2,i}\right| \leqslant \frac{2}{d^2}$$

$$\left|\sum_{1,i} - S_{1,i}\right| \leqslant \frac{1}{d}$$

证 对于 $k=0$,有

$$|x_i^{(0)} - \xi_j| \geqslant |\xi_i - \xi_j| - |x_i^{(0)} - \xi_i| \geqslant d - \frac{1}{q} = d - \frac{d}{n+1} = \frac{n}{q}$$

$$|x_i^{(0)} - x_j^{(0)}| \geqslant |x_j^{(0)} - \xi_j| - |x_i^{(0)} - \xi_i| \geqslant \frac{n}{q} - \frac{1}{q} = \frac{n-1}{q}$$

$$\left|\sum_{1,i}^{(0)}\right|\leqslant\left|\sum_{j\neq i}\frac{1}{x_i^{(0)}-\xi_j}\right|\leqslant\frac{(n-1)q}{n}$$

则由式(12) 和(13) 可得

$$\left|\sum_{2,i}^{(0)}-S_{2,i}^{(0)}\right|=\left|\sum_{j\neq i}\left(\frac{1}{(x_i^{(0)}-\xi_j)^2}-\frac{1}{(x_i^{(0)}-x_j^{(0)})}\right)\right|\leqslant$$

$$(n-1)\left[\frac{q^2}{(n-1)^2}-\frac{q^2}{n^2}\right]=$$

$$\frac{(2n-1)q^2}{(n-1)n^2}$$

$$\left|\sum_{1,i}^{(0)}-S_{1,i}^{(0)}\right|=\left|\sum_{j\neq i}\left(\frac{1}{x_i^{(0)}-\xi_j}-\frac{1}{x_i^{(0)}-x_j^{(0)}}\right)\right|\leqslant$$

$$(n-1)\left(\frac{q}{n-1}-\frac{q}{n}\right)=\frac{q}{n}$$

$$|\varepsilon_i^{(1)}|=|\varepsilon^{(0)}|\left|\frac{(\varepsilon_i^{(0)})^2\left(\sum\limits_{2,i}^{(0)}-S_{2,i}^{(0)}\right)-\left(\sum\limits_{1,i}^{(0)}-S_{1,i}^{(0)}\right)\varepsilon_i^{(0)}}{\sum\limits_{2,i}^{(0)}(\varepsilon_i^{(0)})^2-S_{2,i}^{(0)}(\varepsilon_i^{(0)})^2-1}\right|\leqslant$$

$$|\varepsilon^{(0)}|\frac{|\varepsilon^{(0)}|^2\left|\sum\limits_{2,i}^{(0)}-S_{2,i}^{(0)}\right|+\left|\sum\limits_{1,i}^{(0)}-S_{1,i}^{(0)}\right||\varepsilon^{(0)}|}{1-\left|(\varepsilon^{(0)})^2\left|\sum\limits_{2,i}^{(0)}-S_{2,i}^{(0)}\right|\right|}\leqslant$$

$$|\varepsilon^{(0)}|\frac{\frac{1}{q^2}\cdot\frac{(2n-1)q^2}{(n-1)n^2}+\frac{q}{n}\cdot\frac{1}{q}}{1-\left|\frac{1}{q^2}\cdot\frac{(2n-1)q^2}{(n-1)n^2}\right|}=$$

$$|\varepsilon^{(0)}|\frac{n^2+n-1}{n^3-n^2-2n+1}\leqslant$$

$$|\varepsilon^{(0)}|\frac{3^2+3-1}{3^3-3^2-2\cdot 3+1}=$$

$$\frac{11}{13}|\varepsilon^{(0)}|$$

则 $|\varepsilon^{(1)}| \leqslant \frac{11}{13}|\varepsilon^{(0)}|$.

如果 $\varepsilon^{(0)} < q^{-1}$,那么 $\varepsilon^{(1)} < q^{-1}$.由数学归纳法的原理可得 $\varepsilon^{(k)} < q^{-1}$，且 $\varepsilon^{(k)} \leqslant \left(\frac{11}{13}\right)^k \varepsilon^{(0)}$，则有 $\lim\limits_{k\to\infty} \varepsilon^{(k)} = 0$.故迭代公式(9)收敛.

类似于 $k=0$ 的情况,我们有

$$\left|\sum_{2,i}^{(k)} - S_{2,i}^{(k)}\right| = \left|\sum_{j\neq i}\left(\frac{1}{(x_i^{(k)}-\xi_j)^2} - \frac{1}{(x_i^{(k)}-x_j^{(k)})^2}\right)\right| \leqslant (n-1)\left[\frac{q^2}{(n-1)^2} - \frac{q^2}{n^2}\right] = \frac{(2n-1)q^2}{(n-1)n^2}$$

$$\left|\sum_{1,i}^{(k)} - S_{1,i}^{(k)}\right| = \left|\sum_{j\neq i}\left(\frac{1}{x_i^{(k)}-\xi_j} - \frac{1}{x_i^{(k)}-x_j^{(k)}}\right)\right| \leqslant (n-1)\left(\frac{q}{n-1} - \frac{q}{n}\right) = \frac{q}{n}$$

由数学归纳法原理可得

$$\varepsilon^{(k+1)} < q^{-1}$$

$$\left|\sum_{2,i}^{(k+1)} - S_{2,i}^{(k+1)}\right| \leqslant \frac{(2n-1)q^2}{(n-1)n^2}$$

$$\left|\sum_{1,i}^{(k+1)} - S_{1,i}^{(k+1)}\right| \leqslant \frac{q}{n}$$

因此可证得

$$\varepsilon < q^{-1}$$

$$\left|\sum_{2,i} - S_{2,i}\right| \leqslant \frac{(2n-1)q^2}{(n-1)n^2} = \frac{(2n-1)(n+1)^2}{(n-1)n^2}\cdot\frac{1}{d^2} \leqslant \lim_{n\to\infty}\frac{(2n-1)(n+1)^2}{(n-1)n^2}\cdot\frac{1}{d^2} =$$

$$\frac{2}{d^2}$$

$$\left|\sum_{1,i}-S_{1,i}\right|\leqslant\frac{q}{n}=\frac{n+1}{n}\cdot\frac{1}{d}\leqslant$$

$$\lim_{n\to\infty}\frac{n+1}{n}\cdot\frac{1}{d}=\frac{1}{d}$$

下面令 $p=\frac{2(n-1)+1}{d}$.

定理 3　如果 $\varepsilon^{(0)}<\frac{1}{p}$ 成立，那么迭代公式(10)是收敛的，且有

$$\varepsilon<\frac{1}{p}$$

$$\left|\sum_{2,i}-S_{2,i}\right|\leqslant\frac{1}{d^2}$$

$$\left|\sum_{1,i}-S_{1,i}\right|\leqslant\frac{1}{2d}$$

证　对于 $k=0$，有

$$|x_i^{(0)}-\xi_j|\geqslant|\xi_i-\xi_j|-|x_i^{(0)}-\xi_i|\geqslant$$

$$d-\frac{1}{p}=d-\frac{d}{2(n-1)+1}=$$

$$\frac{2(n-1)}{p}$$

$$|x_i^{(0)}-x_j^{(0)}|\geqslant|x_j^{(0)}-\xi_i|-|x_i^{(0)}-\xi_i|\geqslant$$

$$\frac{2(n-1)}{p}-\frac{1}{p}=$$

$$\frac{2(n-1)-1}{p}$$

$$\left|\sum_{1,i}^{(0)}\right|\leqslant\left|\sum_{j\neq i}\frac{1}{x_i^{(0)}-\xi_j}\right|\leqslant\frac{p}{2}$$

则由式(12)和(14)可得

$$\left|\sum_{2,i}^{(0)} - S_{2,i}^{(0)}\right| = \left|\sum_{j\neq i}\left(\frac{1}{(x_i^{(0)}-\xi_j)^2} - \frac{1}{(x_i^{(0)}-x_j^{(0)})^2}\right)\right| \leqslant$$

$$(n-1)\left[\frac{p^2}{(2(n-1)-1)^2} - \frac{p^2}{4(n-1)^2}\right] =$$

$$\frac{(4n-5)p^2}{4(n-1)(2n-3)^2}$$

$$\left|\sum_{1,i}^{(0)} - S_{1,i}^{(0)}\right| = \left|\sum_{j\neq i}\left(\frac{1}{x_i^{(0)}-\xi_j} - \frac{1}{x_i^{(0)}-x_j^{(0)}}\right)\right| \leqslant$$

$$(n-1)\left(\frac{p}{2(n-1)-1} - \frac{p}{2(n-1)}\right) =$$

$$\frac{p}{2(2n-3)}$$

$$|\varepsilon_i^{(1)}| = |\varepsilon^{(0)}| \cdot$$

$$\left|\frac{(\varepsilon^{(0)})^2(1+\sum_{1,i}^{(0)}\varepsilon^{(0)})(\sum_{2,i}^{(0)} - S_{2,i}^{(0)}) - (\varepsilon^{(0)})^2\sum_{1,i}^{(0)}(\sum_{1,i}^{(0)} - S_{1,i}^{(0)}) - (\sum_{1,i}^{(0)} - S_{1,i}^{(0)})(\varepsilon^{(0)})}{(1+\sum_{1,i}^{(0)}\varepsilon^{(0)})(1+\sum_{2,i}^{(0)}(\varepsilon^{(0)})^2 - S_{2,i}^{(0)}(\varepsilon^{(0)})^2)}\right| \leqslant$$

$$|\varepsilon^{(0)}| \cdot$$

$$\frac{|\varepsilon^{(0)}|^2(1+|\sum_{1,i}^{(0)}||\varepsilon^{(0)}|)|\sum_{2,i}^{(0)} - S_{2,i}^{(0)}| + |\varepsilon^{(0)}|^2|\sum_{1,i}^{(0)}||\sum_{1,i}^{(0)} - S_{1,i}^{(0)}| + |\sum_{1,i}^{(0)} - S_{1,i}^{(0)}||\varepsilon^{(0)}|}{(1-|\sum_{1,i}^{(0)}||\varepsilon^{(0)}||1-|\sum_{2,i}^{(0)} - S_{2,i}^{(0)}||(\varepsilon^{(0)})^2|)} \leqslant$$

$$|\varepsilon^{(0)}| \cdot$$

$$\frac{\frac{1}{q^2}\cdot\left(1+\frac{p}{2}\cdot\frac{1}{p}\right)\cdot\frac{(4n-5)p^2}{4(n-1)(2n-3)^2} + \frac{1}{p^2}\cdot\frac{p}{2}\cdot\frac{p}{2(2n-3)} + \frac{1}{p}\cdot\frac{p}{2(2n-3)}}{\left(1-\frac{p}{2}\cdot\frac{1}{p}\right)\left(1-\frac{1}{p^2}\cdot\frac{(4n-5)p^2}{4(n-1)(2n-3)^2}\right)} \leqslant$$

$$|\varepsilon^{(0)}| \cdot \frac{12n^2-18n+3}{16n^3-64n^2+80n-31} \leqslant$$

$$|\varepsilon^{(0)}| \cdot \frac{12\cdot 3^2-18\cdot 3+3}{16\cdot 3^3-64\cdot 3^2+80\cdot 3-31} =$$

$\frac{57}{65}|\varepsilon^{(0)}|$

则 $|\varepsilon^{(1)}|\leqslant\frac{57}{65}|\varepsilon^{(0)}|$.

如果 $\varepsilon^{(0)}<p^{-1}$，那么 $\varepsilon^{(1)}<p^{-1}$，由数学归纳法原理可以得到 $\varepsilon^{(k)}<p^{-1}$ 且 $\varepsilon^{(k)}\leqslant\left(\frac{57}{65}\right)^k\varepsilon^{(0)}$，则 $\lim\limits_{k\to\infty}\varepsilon^{(k)}=0$.故迭代公式(10)收敛.

类似于 $k=0$ 的情况，我们有

$$\left|\sum_{2,i}^{(k)}-S_{2,i}^{(k)}\right|=\left|\sum_{j\neq i}\left(\frac{1}{(x_i^{(k)}-\xi_j)^2}-\frac{1}{(x_i^{(k)}-x_j^{(k)})^2}\right)\right|\leqslant(n-1)\left[\frac{p^2}{(2(n-1)-1)^2}-\frac{p^2}{4(n-1)^2}\right]=\frac{(4n-5)p^2}{4(n-1)(2n-3)^2}$$

$$\left|\sum_{1,i}^{(k)}-S_{1,i}^{(k)}\right|=\left|\sum_{j\neq i}\left(\frac{1}{x_i^{(k)}-\xi_j}-\frac{1}{x_i^{(k)}-x_j^{(k)}}\right)\right|\leqslant(n-1)\left(\frac{p}{2(n-1)-1}-\frac{p}{2(n-1)}\right)=\frac{p}{2(2n-3)}$$

由数学归纳法原理可得

$$\varepsilon^{(k+1)}<p^{-1}$$

$$\left|\sum_{2,i}^{(k+1)}-S_{2,i}^{(k+1)}\right|\leqslant\frac{(4n-5)p^2}{4(n-1)(2n-3)^2}$$

$$\left|\sum_{1,i}^{(k+1)}-S_{1,i}^{(k+1)}\right|\leqslant\frac{p}{2(2n-3)}$$

因此可证得

$$\varepsilon < p^{-1}$$

$$\left| \sum_{2,i} - S_{2,i} \right| \leqslant \frac{(4n-5)p^2}{4(n-1)(2n-3)^2} =$$

$$\frac{(4n-5)(2n-1)^2}{4(n-1)(2n-3)^2} \cdot \frac{1}{d^2} \leqslant$$

$$\lim_{n\to\infty} \frac{(4n-5)(2n-1)^2}{4(n-1)(2n-3)^2} \cdot \frac{1}{d^2} =$$

$$\frac{1}{d^2}$$

$$\left| \sum_{1,i} - S_{1,i} \right| \leqslant \frac{p}{2(2n-3)} = \frac{(2n-1)}{2(2n-3)} \cdot \frac{1}{d} \leqslant$$

$$\lim_{n\to\infty} \frac{(2n-1)}{2(2n-3)} \cdot \frac{1}{d} =$$

$$\frac{1}{2d}$$

例　设 $f(z)=z^5-z^4-6z^3+6z^2+25z-25$，其零点为 $\xi_1=1, \xi_2=-2+\mathrm{i}, \xi_3=-2-\mathrm{i}, \xi_4=2+\mathrm{i}, \xi_5=2-\mathrm{i}$，选取的初始值为 $z_1^{(0)}=0.85-0.15\mathrm{i}, z_2^{(0)}=-1.85+1.15\mathrm{i}, z_3^{(0)}=-1.95-1.25\mathrm{i}, z_4^{(0)}=1.85+1.15\mathrm{i}, z_5^{(0)}=1.90-1.20\mathrm{i}$.

假设 $e^{(k)}=\| z_i^{(k)}-\xi_i \|_E=\left(\sum_{i=1}^{n} | x_i^k-\xi_i |^2\right)^{\frac{1}{2}}$，则通过计算可得 $e^{(0)}=0.500$，计算 $e^{(k)}(k=1,2,3)$ 的结果见表 1，其中 $A(-q)$ 表示 $A\times 10^{-q}$.

该数值例子的计算结果很好地验证了本章得到的迭代公式(9)和(10)具有较高的计算效率.

表 1　数值结果

方法	$e^{(1)}$	$e^{(2)}$	$e^{(3)}$
(2.9)	1.02(−02)	2.10(−07)	1.86(−21)
(2.10)	1.39(−02)	4.77(−07)	1.99(−20)

参考文献

[1] SCHRÖDER E. Über unendlich viele algorithmen zur auflösung der gleichungen[J]. Math. Ann, 1870(2):317-365.

[2] EHRLICH L W. A modified Newton method for polynomial[J]. Comm. ACM, 1967(10):107-108.

[3] PETKOVLC M S, RANCIC L, MILOSEVIC M R. On the new fourth-order methods for the simultaneous approximation of polynomial zeros[J]. Journal of Computational and Applied Mathematics, 2011(235):4059-4075

[4] PETKOVIC M S, MILOSEVIC M R, MILOSEVIC D M. Efficient methods for the inclusion of polynomial zeros[J]. Appl. Math. Comput, 2011(217):7636-7652.

第四编

多点导迭代及 Newton 迭代的收敛性

多点导迭代方法——一种新的迭代思想

第9章

杭州大学数学系的黄强教授1990年在《数学的实践与认识》杂志上发表了一篇论文,从几何解释出发,运用多点迭代和有记忆的单点迭代知识,给出一种尽量多地利用已有信息、加快迭代速度的新方法(暂称为"多点导迭代方法").它的意义不仅在于方法本身,更重要的是,它提供了一种解决这类问题的新的思想方法,以启发人们进行更深入的思考.

一般地说,多点迭代方法是指,利用多点迭代函数 $\varphi_{k+1}=\varphi(x_k,\omega_1(x_k),\cdots,\omega_n(x_k)),k=0,1,2,\cdots,n\geqslant 1$ 求得函数 $f(x)$ 的近似零点的方法.它的优点是收敛速度较快,因为这里的 x_{k+1} 不仅依赖关于 x 的新信息,而且还依赖关于 $\omega_1(x_k),\omega_2(x_k),\cdots,\omega_n(x_k)$ 的新信息,其中 $\omega_j(x)$ 是依赖于函数 f 及其导数 f' 的函数.

§1　与问题有关的信息

定义 1　称 $\varphi(x)$ 为 p 阶迭代函数，如果由 $\varphi(x)$ 产生的序列 $\{x_k\}$ 收敛于 α，令 $\varepsilon_k = x_k - \alpha$，且存在实数 p 和非零常数 c，使 $\dfrac{|\varepsilon_{k+1}|}{|\varepsilon_k|^p} \to c(k \to \infty)$ 成立.

引理 1　设 $\varphi(x)$ 是单点迭代函数，$\varphi^{(p)}(x)$ 在方程 $x=\varphi(x)$ 的根 α 的邻域内连续，则 $\varphi(x)$ 是 p 阶迭代函数的充要条件是 $\varphi(\alpha)=\alpha$，$\varphi^{(k)}(\alpha)=0$，$k=1,2,\cdots,p-1$，$\varphi^{(p)}(\alpha) \neq 0$，且有 $\dfrac{\varepsilon_{k+1}}{\varepsilon_k^p} \to \dfrac{\varphi^{(p)}(\alpha)}{p!}(k \to \infty)$.

利用 $\varphi(x)$ 在点 α 的 Taylor 展开式及其他有关性质，即可得到引理 1 的证明(参见[1] 的 pp.193-195).

引理 2　设 $\varphi(x)$ 是 p 阶迭代函数，则

$$\psi(x)=\varphi(x)-\frac{f(\varphi(x))}{f'(x)}$$

是 $p+1$ 阶迭代函数.

该引理的证明参见[1] 的 pp.227-228.

推论 1　迭代函数

$$\varphi_3(x)=\omega(x)-\frac{f(\omega(x))}{f'(x)} \tag{1}$$

是三阶迭代函数，其中，$\omega(x)=x-u(x)$，$u(x)=\dfrac{f(x)}{f'(x)}$.

证　因为 $\omega(x)=x-u(x)$ 是 Newton 迭代函数，于是由 Newton 迭代函数的性质($\varphi''(\alpha) \neq 0$) 知，$\varphi(x)$

是二阶迭代函数. 所以由引理 2, $\varphi_3(x)=\omega(x)-\frac{f(\omega(x))}{f'(x)}$ 是三阶迭代函数.证毕.

引理 3　多点迭代函数

$$\varphi(x)=x-u(x)\left\{\frac{f(x-u(x))-f(x)}{2f(x-u(x))-f(x)}\right\} \tag{2}$$

是四阶迭代函数,其中 $u(x)=\frac{f(x)}{f'(x)}$.

证　设 $f(\alpha)=0$,所以 $u(\alpha)=0$,且

$$u'(\alpha)=\left.\frac{[f'(x)]^2-f(x)f''(x)}{[f'(x)]^2}\right|_{x=\alpha}=1$$

因为 $\varphi(\alpha)=\alpha$,所以

$$\varphi'(\alpha)=\left\{1-u'(x)\cdot\left[\frac{f(x-u(x))-f(x)}{2f(x-u(x))-f(x)}\right]-\right.$$

$$\left.\left. u(x)\cdot\left[\frac{f(x-u(x))-f(x)}{2f(x-u(x))-f(x)}\right]'\right\}\right|_{x=\alpha}=0$$

同理可证 $\varphi^{(2)}(\alpha)=\varphi^{(3)}(\alpha)=0$,而 $\varphi^{(4)}(\alpha)\neq 0$.于是由引理 1 知,$\varphi(x)$ 是四阶迭代函数.

比较引理 3 和推论 1,不难发现,虽然利用了相同的关于 $f(x)$ 和 $f'(x)$ 的信息,但式(2) 的收敛阶比式(1) 的收敛阶大 1.这是为什么? 这可以从它们的几何解释中略知一二.

如图 1 所示,当以 x 为初值时,各点的坐标为

$$A(x,f(x)),B(\omega(x),0),C\left(\omega(x)-\frac{f(\omega(x))}{f'(x)},0\right)$$

$$D\left(x-u(x)\left(\frac{f(\omega(x))-f(x)}{2f(\omega(x))-f(x)}\right),0\right)$$

$$P\left(x-\frac{u(x)}{2},\frac{f(x)}{2}\right),Q(\omega(x),f(\omega(x)))$$

其中 P 是 AB 的中点.在几何学上,由式(1) 迭代得到

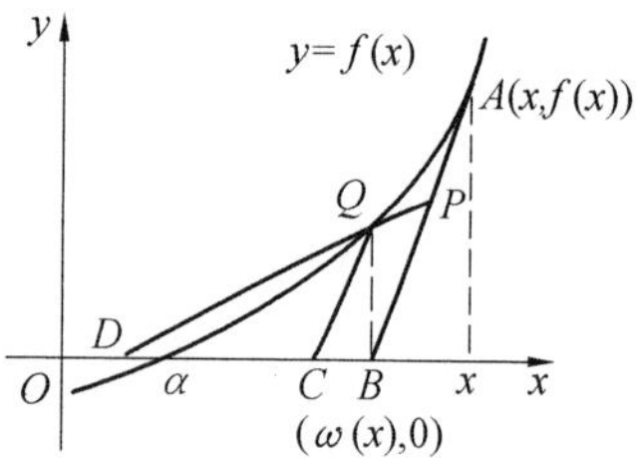

图 1

点 C，而由式(2)迭代得到 PQ 延长线与 x 轴的交点 D. 在这之中不同的是斜率. QC 与 PD 的斜率是不同的. 可见，适当地改变斜率(导数)可以加快收敛速度.

§2　多点导迭代方法

为了更加直观起见，先来看看多点迭代法的几何意义，如图 2 所示. 设 $f(x)$ 满足下述条件

$$f(x) \in C^2[a,b], f(a) \cdot f(b) < 0$$
$$f'(x) \neq 0, f''(x) \text{ 在}[a,b]\text{ 上保号} \tag{3}$$

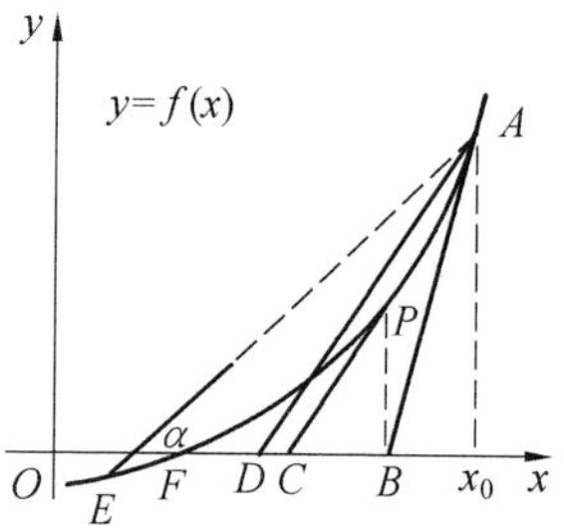

图 2

当选定初值为 x_0(仅 $f(x_0)f''(x)>0$)，作点 A 的切

线交 x 轴于 $B(\omega(x_0),0)$，图中 AD 平行于 PC(点 P 的切线)．这时，用点 P 的导数 $f'(\omega(x_0))$ 代替点 A 的导数 $f'(x_0)$，而仍用点 A 的迭代形式得到点 D 的坐标 $\left(x_0-\dfrac{f(x_0)}{f'(\omega(x_0))},0\right)$．再对点 D 重复点 B 的过程，于是得到多点导迭代公式

$$x_{k+1}=\delta(x_k)=x_0-\frac{f(x_0)}{f'(x_k)} \tag{4}$$

其中，$x_k\in[a,b]$，$k=0,1,2,\cdots$．

设 $f(\alpha)=0$，如果在迭代过程中出现类似于图中 AE 的直线，则需看 $f(x_k)$ 与 $f(x_{k+1})$．若两者异号，则用公式 $x_{k+2}=\dfrac{1}{2}(x_{k+1}+x_k)$ 继续迭代过程，直到 $|\varepsilon_{k+1}|=|x_{k+1}-\alpha|$ 满足精度要求为止．可见，多点导迭代法是有记忆的单点迭代法与多点迭代法的有机组合，因而无须满足 $\delta(\alpha)=\alpha$．这是本方法的特殊之处．

下面对上述事实，从理论上加以严格证明．

定理　试证由多点导迭代法式(4)产生的序列 $\{x_n\}$ 必收敛于 α，这里 $x_n\in[a,b]$，$f(\alpha)=0$．

证　(1) 若恰好 $\alpha=\delta(x_k)=x_0-\dfrac{f(x_0)}{f'(x_k)}$，则定理成立．

(2) 在未出现 $f(x_{k+1})$ 与 $f(x_k)$ 异号之前用方法(4)，有

$$x_{n+1}=\delta(x_n)=x_0-\frac{f(x_0)}{f'(x_n)}$$

由条件(3)，可知 $\{x_0\}$ 是单调的．如图 2 的情形 $\{x_n\}$ 是

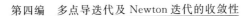

单调递减的.因此必存在 k,使 $k(x_{k+1})\leqslant 0$.若 $f(x_{k+1})=0$,则 $x_{k+1}=\alpha$.若 $f(x_{k+1})<0$,则归到式(4).

(3) 当 $f(x_{k+1})$ 与 $f(x_k)$ 出现异号时,用 $x_{m+2}=\frac{1}{2}(x_{m+1}+x_m)$ 继续迭代,这时 $\alpha\in[x_{k+1},x_k]$.所以

$$|\alpha-x_{m+2}|=\left|\frac{1}{2}[(\alpha-x_{m+1})+(\alpha-x_m)]\right|\leqslant \frac{1}{2}|x_m-x_{m+1}|$$

$$m=k,k+1,\cdots$$

从而

$$|\alpha-x_{m+2}|\leqslant\frac{1}{2}|x_m-x_{m+1}|\leqslant \frac{1}{2^{m-k+1}}|x_k-x_{k+1}|\to 0,m\to\infty$$

所以 $\{x_n\}$ 收敛于 α.

推论 当用式(1)和(2)作为 $\delta(x)$ 时,即

$$\delta_3(x)=x-u(x)-\frac{f(x-u(x))}{f'(x)}$$

$$\delta_4(x)=x-u(x)\left[\frac{f(x-u(x))-f(x)}{2f(x-u(x))-f(x)}\right]$$

时,定理仍然成立.

多点导迭代方法可以被广泛应用,特别是编成数学软件后,用计算机求解方程效果显著.不仅如此,更重要的是它为人们提供了一种新的迭代思想,拓宽了人们的思路.

参考文献

[1] 曹志浩.矩阵计算和方程求根[M].北京:人民教育出版社,1979.

[2] 斯图尔特 G W.矩阵计算引论[M].王国荣,译.上海:上海科学技术出版社,1980.

关于多点导迭代方法的收敛性①

第10章

甘肃教育学院数学系的陈新一教授1996年通过具体例子说明,按黄强的迭代方法所构造的序列$\{x_n\}$一般不收敛于$\alpha(f(\alpha)=0)$.

第9章中运用多点迭代和有记忆的单点迭代知识,给出了一种迭代方法"多点导迭代方法",其方法如下:

设$f(x)$满足下述条件

$$f(x)\in C^2[a,b]$$

$$f(a)\cdot f(b)<0$$

$$f'(x)\neq 0$$

$f''(x)$在$[a,b]$上保号

选定初值x_0(仅$f(x_0)f''(x)>0$),多点导迭代公式

$$x_{k+1}=x_0-\frac{f(x_0)}{f'(x_k)}$$

① 本章摘编自《数学的实践与认识》,1996,26(4):349-350.

其中 $x_k \in [a,b], k=0,1,2,\cdots$.

当 $f(x_k)$ 与 $f(x_{k+1})$ 异号时，用公式

$$x_{k+2}=\frac{1}{2}(x_{k+1}+x_k)$$

继续迭代过程，直到 $|\varepsilon_{k+1}|=|x_{k+1}-\alpha|$ 满足精度要求为止（$f(\alpha)=0$）.

但是这样构造出来的序列 $\{x_n\}$ 一般说来是不收敛于 α 的.

例　求 $f(x)\equiv x^3-2x-5=0$ 在区间 $(1,3)$ 内的一个实根（$f(x)$ 有一个精确到十二位有效数字的实根 $\alpha=2.094\ 551\ 481\ 54$）.

取 $x_0=3$，用上述多点导迭代方法计算结果列表如下（表 1）：

表 1

迭代次数 n	x_n	$x_n-\alpha$
0	3	
1	2.360 000 000	0.265
2	1.912 215 816	-0.182
3	2.136 107 908	0.416×10^{-1}
4	2.024 161 862	-0.704×10^{-1}
5	2.080 134 885	-0.144×10^{-1}
6	2.052 148 374	-0.424×10^{-1}
7	2.066 141 630	-0.284×10^{-1}
8	2.059 145 002	-0.354×10^{-1}

（在计算中，$f(x_1)$ 与 $f(x_2)$ 异号，改用公式 $x_{k+2}=\frac{1}{2}(x_{k+1}+x_k)$ 继续迭代过程.）

由此表容易看出，$|x_k-\alpha|>|x_5-\alpha|,k\geqslant 6$，可见序列$\{x_n\}$不收敛于$\alpha$.因此第 9 章中的定理是不成立的.第 9 章中的定理在证明中用到了不等式

$$\left|\frac{1}{2}[(\alpha-x_{m+1})+(\alpha-x_m)]\right|\leqslant$$

$$\frac{1}{2}|x_m-x_{m+1}|$$

$$m=k,k+1,\cdots$$

但这个不等式只有当α落在每一个以x_m及x_{m+1}为端点的闭区间上时才成立.而上述的迭代法只保证$\alpha\in[x_{k+1},x_k]$，并没有保证α一定落在以x_m与$x_{m+1}(m=k+1,k+2,\cdots)$为端点的闭区间上.因此第 9 章中的定理证明中的(3)以后的证明一般说来是不成立的.故多点导迭代一般是不收敛的.

关于广义 Newton 法的收敛性问题①

第 11 章

上海大学数学系的张建军、王德人两位教授 1999 年在较弱的条件下，证明了B－可微方程组的广义 Newton 法的局部超线性收敛性，为该算法直接应用于非线性规划问题、变分不等问题以及非线性互补问题等提供了理论依据，并且还给出了广义 Newton 法付诸实践的具体策略.数值结果表明，算法是行之有效的.

§1 引 言

非光滑方程组

$$F(x)=0, F:D\subseteq \mathbf{R}^n\rightarrow \mathbf{R}^n \quad (1)$$

作为研究非线性互补问题、变分不等式、

① 本章摘编自《应用数学学报》，1999，22(4)：513-521.

非线性规划以及其他非线性最优化问题的统一框架而受到重视.因此,对于它的求解方法,自 20 世纪 80 年代初期开始,就有许多研究.特别地,当 F 为 $B-$ 可微映射时,文献[1] 研究了一类基于 $B-$ 导数的广义 Newton 法

$$\begin{cases} x^{k+1}=x^k+d_k & (2) \\ F(x^k)+BF(x^k)d_k=0 & (3) \end{cases}, k=0,1,2,\cdots$$

其中 $BF(\cdot)$ 为映射 F 的 $B-$ 导数.对于非光滑方程组而言,这是一类颇为经典且又重要的算法.文献[1] 中 F 于解 x^* 处有非奇异的强 $F-$ 导数 $\nabla F(x^*)$ 的条件下,证明了式(2)(3) 的适定性与局部超线性收敛性.我们认为,这个收敛性条件是过于强了些,似可放宽.本章就是在较弱的条件下,证明了广义 Newton 法式(2) 和(3) 的适定性与局部超线性收敛性,从而使该算法能顺利地应用于上面所提到的一些重要的规划问题,并获得了良好的数值效果.

§2 若干概念与性质

关于映射 $F:D\subseteq \mathbf{R}^n \to \mathbf{R}^n$ 的 $B-$ 导数概念,是由 Robinson 引进的,其定义是:

定义 1[1-2] 映射 $F:D\subseteq \mathbf{R}^n \to \mathbf{R}^n$ 在点 $x\in D$ 处为 $B-$ 可微,若存在正齐次映射 $BF(x)$,使

$$\lim_{v\to 0}\frac{F(x+v)-F(x)-BF(x)v}{\|v\|}=0$$

$$\forall v\in \mathbf{R}^n$$

成立,则称 $BF(x)$ 为 F 在 x 处的 $B-$ 导数.

所谓正齐次映射是指对所有 $\lambda \geqslant 0$ 和 $\forall v \in \mathbf{R}^n$,有

$$BF(x)(\lambda v)=\lambda BF(x)v$$

成立.

Shapiro[3] 证明了在有限维空间 $\mathbf{R}^n$ 中,局部 Lipschitz 映射 F 在点 x 处的 B — 导数概念等价于方向导数,且

$$F'(x,v)=BF(x)v$$

成立.

定义 2[2] 映射 $F:D\subseteq \mathbf{R}^n \to \mathbf{R}^n$ 在点 $x\in D$ 处有强 B — 导数,若 F 在 x 处的 B — 导数 $BF(x)$ 存在,且满足

$$\lim_{y\to x,z\to x}[F(y)-F(z)-(BF(x)(y-x)-BF(x)(z-x))]/\| y-z\| =0$$

显然,这是对 B — 可微概念的加强,但它并不隐含映射 F 的 F — 导数存在.

定义 3[4] 映射 $F:\mathbf{R}^n \to \mathbf{R}^n$ 称为在点 $x\in \mathbf{R}^n$ 处是半光滑的,如果 F 在 x 处局部 Lipschitz 连续,且对任何 $h\in \mathbf{R}^n$,有极限 $\lim\limits_{\substack{v\in \partial F(x+th')\\ h'\to h,t\downarrow 0}}\{Vh'\}$ 存在.

半光滑概念,最早由 Mifflin[5] 引入,Qi 和 Sun 推广了此概念[4],并且基于广义 Jacobi 给出了一种 Newton 法的非光滑变形,同时在半光滑的条件下证明了算法的局部超线性收敛性.这是一个对映射光滑性要求较弱的研究结果.

本章为了更深入研究广义 Newton 法式(2) 和(3) 的收敛性,对映射 F 引进了一种新的更弱的可微性概念,同时获得了新概念与强 B — 可微和半光滑概念之

间的若干关系.

定义 4 映射 $F:D\subseteq\mathbf{R}^n\to\mathbf{R}^n$ 称为在点 $x^*\in D$ 处是拟强 $B-$可微的,如果

$$\lim_{x\to x^*}\frac{\|F(x)-F(x^*)+BF(x)(x^*-x)\|}{\|x-x^*\|}=0$$

成立.

容易看出,拟强 $B-$可微性不同于文献[2]的强 $B-$可微概念.例如函数$\min\{x^{\frac{1}{3}}+x,2x\}$在点 1 处是拟强 $B-$可微的,但不是强 $B-$可微的.而且,我们可以进一步证明:

引理 1 设映射 $F:D\subseteq\mathbf{R}^n\to\mathbf{R}^n$ 在点 x^* 处为强 $B-$可微,则 F 在点 x^* 处是拟强 $B-$可微的.

证 由强 $B-$可微的定义,可得

$$\lim_{x\to x^*,t\downarrow 0}\frac{\|F(x+t(x^*-x))-F(x)+tBF(x^*)(x-x^*)\|}{\|t(x-x^*)\|}=$$

$$\lim_{x\to x^*,t\downarrow 0}\frac{\|F(x+t(x^*-x))-F(x)-(BF(x^*)(1-t)(x-x^*)-BF(x^*)(x-x^*))\|}{\|x+t(x-x^*)-x\|}=$$

$$0$$

故有

$$\lim_{x\to x^*}\frac{\|BF(x)(x^*-x)+BF(x^*)(x-x^*)\|}{\|x-x^*\|}=$$

$$\lim_{x\to x^*,t\downarrow 0}\|F(x+t(x^*-x))-F(x)+tBF(x^*)(x-x^*)\|/\|t(x-x^*)=0$$

于是可得

$$\lim_{x\to x^*,t\downarrow 0}\frac{\|F(x)+BF(x)(x^*-x)-F(x^*)\|}{\|x-x^*\|}\leqslant$$

$$\lim_{x\to x^*}\frac{\|F(x)-F(x^*)-BF(x^*)(x-x^*)\|}{\|x-x^*\|}+$$

$$\lim_{x\to x^*}\frac{\|BF(x)(x^*-x)+BF(x^*)(x-x^*)\|}{\|x-x^*\|}=0$$

引理2　设 $F:D\subseteq\mathbf{R}^n\to\mathbf{R}^n$ 为 $B-$可微映射.若 F 在点 $x^*\in D$ 处为半光滑,则 F 在点 x^* 处为拟强 $B-$可微.

证　由假定易知,存在 $V\in\partial F(x)$,有

$$BF(x)(x^*-x)=V(x^*-x)$$

因此,对于 V,有

$$\|F(x)+BF(x)(x^*-x)-F(x^*)\|\leqslant$$
$$\|F(x)-F(x^*)-BF(x^*)(x-x^*)\|+$$
$$\|BF(x^*)(x-x^*)-V(x-x^*)\|$$

成立.

利用文献[4]中的引理2.2及定理2.3,即可得

$$\lim_{x\to x^*}\frac{\|F(x)+BF(x)(x^*-x)-F(x^*)\|}{\|x-x^*\|}=0$$

引理得证.

§3　广义 Newton 方程组解的存在唯一性

对于 $B-$可微方程组(1)的广义 Newton 法的适定性,取决于对一切 k,广义 Newton 方程组(3)解的存在唯一性.为此,我们应用了文献[6]中的一个引理:

引理3[6]　设 $\Omega=\{x\mid\|x\|<r\}\subseteq\mathbf{R}^n$,映射 $f:\Omega\subseteq\mathbf{R}^n\to\mathbf{R}^n$ 连续且 $0\notin f(\partial\Omega)$,并对所有 $x\in\partial\Omega$,有

$$\frac{f(x)}{\|f(x)\|}\neq\frac{f(-x)}{\|f(-x)\|}\tag{4}$$

成立,则度数 $\deg(f;\Omega;0)$ 是奇数.

由此,我们可以证明下述定理:

定理1(存在唯一性)　设映射 $F:D\subseteq\mathbf{R}^n\to\mathbf{R}^n$ 在

式(1)的解 $x^* \in D$ 的某邻域 $S \subseteq D$ 上为 B - 可微，且存在正常数 $\eta > 0$，使

$$\| BF(x)u - BF(x)v \| \geqslant \eta \| u - v \|$$
$$\forall x \in S; \forall u, v \in \mathbf{R}^n \tag{5}$$

成立，则对任何 $x \in S$ 及任何 $y \in \mathbf{R}^n$，方程组

$$y + BF(x)d = 0 \tag{6}$$

存在唯一解 d^*.

证 给定 $r > 0$，令 $\Omega = \{x \mid \| x \| < r\}$. 由式(5)即知 $BF(x)$ 是 Ω 上的一一映射. 于是由 $BF(x)0 = 0$ 可得 $BF(x)(\partial\Omega) \neq 0$. 今构造映射

$$H(d,t) = BF(x)\left(\frac{d}{1+t}\right) - BF(x)\left(\frac{-td}{1+t}\right)$$
$$\forall x \in S; d \in \Omega; t \in [0,1]$$

容易看出，映射 $H: \Omega \times [0,1] \to \mathbf{R}^n$ 为连续映射，且当 $d \in \partial\Omega, t \in [0,1]$ 时，由 $d \neq 0$，可知

$$\frac{d}{1+t} \neq \frac{-td}{1+t}$$

因此，$0 \notin H(\partial\Omega, t), t \in [0,1]$. 于是由 Brouwer 度的同伦不变性，得

$$\deg(H(d,0);\Omega;0) = \deg(H(d,1);\Omega;0)$$

其中 $H(d,0) = BF(x)d, H(d,1) = BF(x)(\frac{d}{2}) - BF(x)(-\frac{d}{2})$，且映射 $H(d,1)$ 满足引理 3，故 $\deg(H(d,1);\Omega;0)$ 为奇数，于是有

$$\deg(BF(x)d;\Omega;0) = \deg(H(d,0);\Omega;0) \neq 0$$

又由于 $\mathbf{R}^n \backslash BF(x)(\partial\Omega)$ 为开集，且 $0 \in \mathbf{R}^n \backslash BF(x)(\partial\Omega)$，则总存在充分大的正常数 λ，使得

$\| -\frac{y}{\lambda} \|$ 充分小，此时 $\deg(BF(x)d;\Omega;-\frac{y}{\lambda})$ 有意义，同时

$$\deg\left(BF(x)d;\Omega;-\frac{y}{\lambda}\right)=\deg(BF(x)d;\Omega;0)\neq 0$$

成立，故方程组

$$BF(x)d=-\frac{y}{\lambda}$$

在 Ω 上有解存在.又由 B－导数的正奇性，即知方程组(6) 有解.

今设 $d_1,d_2,d_1\neq d_2$ 都是方程组(6) 的解，则有

$$y+BF(x)d_1=0$$

$$y+BF(x)d_2=0$$

由此可得

$$BF(x)d_1-BF(x)d_2=0$$

这与条件(5) 矛盾，表明方程组(6) 的解不可能多于一个，解的唯一性得证.

上述定理是获得广义 Newton 法适定性的基础，这在随后的收敛性证明中容易看到.定理 1 中条件(5) 是一个相当于映射 $BF(x)$ 的正则性假设，而且，若映射 F 存在非奇异的强 F－导数 $\nabla F(x)$，则条件(5) 自然成立，因此，定理 1 的条件明显弱于文献[1] 的结果.

§4　广义 Newton 法的收敛性

关于广义 Newton 法的局部超线性收敛性，我们得到了下面定理：

定理 2(局部收敛性)　设 $F:D\subseteq \mathbf{R}^n\to\mathbf{R}^n$ 是模为 $L>0$ 的局部 Lipschitz 函数,且满足:

(1)F 在 x^* 的某邻域 $S\subseteq D$ 内 $B-$可微,其中 $F(x^*)=0$;

(2) 存在 $\eta>0$,使对所有 $x\in S$,有

$$\| BF(x)u-BF(x)v\| \geqslant \eta \| u-v\|,\forall u,v\in \mathbf{R}^n \tag{7}$$

(3)F 在 x^* 处拟强 $B-$可微,则存在 x^* 的邻域 $U\subseteq S$,使对任何 $x^0\in U$,由广义 Newton 法产生的序列$\{x^k\}$线性收敛于 x^*.若映射 F 满足

$$\| F(x)+BF(x)(x^*-x)-F(x^*)\| \leqslant C\| x-x^*\|^2,\forall x\in U;C>0 \tag{8}$$

则序列$\{x^k\}$平方收敛于 x^*.

证　因为 F 在 x^* 处拟强 $B-$可微,则对任何 $\varepsilon\in(0,1)$,存在 x^* 的邻域 $U\subseteq S$,使

$$\| F(x)+BF(x)(x^*-x)-F(x^*)\| \leqslant \eta\varepsilon\| x-x^*\|,\forall x\in U \tag{9}$$

因此,对任意 $x^0\in U$,有

$$\| F(x^0)+BF(x^0)(x^*-x^0)-F(x^*)\| \leqslant \eta\varepsilon\| x^0-x^*\| \tag{10}$$

又由式(7) 及定理 1,可知存在 x^1 满足

$$F(x^0)+BF(x^0)(x^1-x^0)=0 \tag{11}$$

改写式(11) 为

$$BF(x^0)(x^1-x^0)-BF(x^0)(x^*-x^0)=-(F(x^0)+BF(x^0)(x^*-x^0)-F(x^*))$$

再由不等式(7) 和(10),即得

$$\| x^1 - x^* \| \leqslant \varepsilon \| x^0 - x^* \|$$

由此可知 $x^1 \in U$.

设已得 $x^l \in U, l=0,1,\cdots,k$，则由式(7) 及定理 1 知存在 x^{k+1} 满足

$$F(x^k) + BF(x^k)(x^{k+1} - x^k) = 0$$

或

$$BF(x^k)(x^{k+1} - x^k) - BF(x^k)(x^* - x^k) = \\ -(F(x^k) + BF(x^k)(x^* - x^k) - F(x^k)) \tag{12}$$

于是，由式(7)(9) 及(12) 可得不等式

$$\| x^{k+1} - x^* \| \leqslant \varepsilon \| x^k - x^* \|$$

即 $x^{k+1} \in U$. 从而由归纳法可知，对一切 k，由广义 Newton 法式(2) 和(3) 产生的序列 $\{x^k\} \subseteq U$，且线性收敛于 x^*.

另外，若对式(12) 取范数并利用式(7) 及(8)，则容易得到不等式

$$\| x^{k+1} - x^* \| \leqslant \widetilde{C} \| x^k - x^* \|^2, \widetilde{C} = \frac{C}{\eta}$$

此即表明广义 Newton 法产生的序列 $\{x^k\}$ 具有平方收敛性，至此定理证毕.

由定理 2 的条件容易看到，它不需要映射 F 在 x^* 处有非奇异的强 F — 导数存在，而代之以更弱的条件，这些条件又正好为非线性互补问题、变分不等问题以及非线性规划问题等一些重要的规划问题所形成的 B — 可微方程组所满足，从而为广义 Newton 法直接应用于这些问题提供了理论依据，这就是本章结果的意义所在.

§5 应　用

这里我们以非线性互补问题 NCP(f)

$$\boldsymbol{x} \geqslant \mathbf{0};f(\boldsymbol{x}) \geqslant \mathbf{0};\boldsymbol{x}^{\mathrm{T}} f(\boldsymbol{x}) = \mathbf{0} \tag{13}$$

作为上述理论的应用实例,以说明所得结果的有效性.

为此,我们假设问题(13) 中的映射 $f:\mathbf{R}^n \to \mathbf{R}^n$ 为连续 F — 可微映射. 问题(13) 的求解等价于非线性方程

$$H(\boldsymbol{x}) = \min\{\boldsymbol{x}, f(\boldsymbol{x})\} = \mathbf{0} \tag{14}$$

的求解,且容易证明映射 $H:\mathbf{R}^n \to \mathbf{R}^n$ 处处 B — 可微,其 B — 导数为

$$(BH(\boldsymbol{x})\boldsymbol{v})_i = \begin{cases} \nabla f_i^{\mathrm{T}}(\boldsymbol{x})\boldsymbol{v}, i \in \alpha(\boldsymbol{x}) \\ \min\{\nabla f_i^{\mathrm{T}}(\boldsymbol{x})\boldsymbol{v}, \boldsymbol{e}_i^{\mathrm{T}}\boldsymbol{v}\}, i \in \beta(\boldsymbol{x}) \\ \boldsymbol{e}_i^{\mathrm{T}}\boldsymbol{v}, i \in \gamma(\boldsymbol{x}) \end{cases} \tag{15}$$

其中 $\boldsymbol{e}_i^{\mathrm{T}} = (0, \cdots, 0, \underset{i}{1}, \cdots, 0)$,$\boldsymbol{v} \in \mathbf{R}^n$,而

$$\alpha(\boldsymbol{x}) = \{i \mid f_i(\boldsymbol{x}) < x_i\}$$
$$\beta(\boldsymbol{x}) = \{i \mid f_i(\boldsymbol{x}) = x_i\}$$
$$\gamma(\boldsymbol{x}) = \{i \mid f_i(\boldsymbol{x}) > x_i\}$$

由表达式(15) 看出,若 $\beta(\boldsymbol{x}) = \varnothing$,则 H 在 $\boldsymbol{x}$ 处是 F — 可微的;若 $\beta(\boldsymbol{x}) \neq \varnothing$,则当且仅当 $\nabla f_i(\boldsymbol{x}) = \boldsymbol{e}_i$,$i \in \beta(\boldsymbol{x})$ 成立时,映射 H 在 $\boldsymbol{x}$ 处是 F — 可微的.

进一步可以证明,无论 $\beta(\boldsymbol{x})$ 是否为空集,映射 H 在式(14) 的解 $\boldsymbol{x}^*$ 处是拟强 B — 可微的.

定理 3　设映射 $f:\mathbf{R}^n \to \mathbf{R}^n$ 为 F — 可微,且其导数 ∇f Lipschitz 连续,即存在常数 $L > 0$ 满足

$$\|\nabla f(\boldsymbol{x})-\nabla f(\boldsymbol{y})\|\leqslant L\|\boldsymbol{x}-\boldsymbol{y}\|,\forall \boldsymbol{x},\boldsymbol{y}\in \mathbf{R}^n$$

则式(14)中的映射 H 在(14)的解 $\boldsymbol{x}^*$ 处,有

$$\|H(\boldsymbol{x})+BH(\boldsymbol{x})(\boldsymbol{x}^*-\boldsymbol{x})-H(\boldsymbol{x}^*)\|= O(\|\boldsymbol{x}-\boldsymbol{x}^*\|^2)$$

证　首先,由极限的性质,知存在 $\boldsymbol{x}^*$ 的邻域 $S(\boldsymbol{x}^*,r)=\{\boldsymbol{x}\mid\|\boldsymbol{x}-\boldsymbol{x}^*\|<r\}$,使对 $\forall\boldsymbol{x}\in S(\boldsymbol{x}^*,r)$,有

$$\begin{cases}\alpha(\boldsymbol{x})=\alpha(\boldsymbol{x}^*)\cup(\alpha(\boldsymbol{x})\cap\beta(\boldsymbol{x}^*))\\ \gamma(\boldsymbol{x})=\gamma(\boldsymbol{x}^*)\cup(\gamma(\boldsymbol{x})\cap\beta(\boldsymbol{x}^*))\\ \beta(\boldsymbol{x})\subseteq\beta(\boldsymbol{x}^*)\end{cases}$$

于是,对任意 $x\in S(\boldsymbol{x}^*,r)$,有如下估计:

(1) 若 $i\in\alpha(\boldsymbol{x}^*)$,则

$$|(H(\boldsymbol{x})+BH(\boldsymbol{x})(\boldsymbol{x}^*-\boldsymbol{x})-H(\boldsymbol{x}^*))_i|= |f_i(\boldsymbol{x})+\nabla f_i(\boldsymbol{x})^{\mathrm{T}}(\boldsymbol{x}^*-\boldsymbol{x})-f_i(\boldsymbol{x}^*)|\leqslant \frac{1}{2}\|\boldsymbol{x}-\boldsymbol{x}^*\|^2$$

(2) 若 $i\in\gamma(\boldsymbol{x}^*)$,则

$$|(H(\boldsymbol{x})+BH(\boldsymbol{x})(\boldsymbol{x}^*-\boldsymbol{x})-H(\boldsymbol{x}^*))_i|= |x_i+\boldsymbol{e}_i^{\mathrm{T}}(\boldsymbol{x}^*-\boldsymbol{x})-x_i^*|=0$$

(3) 若 $i\in\beta(\boldsymbol{x}^*)$,则:

(a) 若 $f_i(\boldsymbol{x})\leqslant x_i$,则

$$|(H(\boldsymbol{x})+BH(\boldsymbol{x})(\boldsymbol{x}^*-\boldsymbol{x})-H(\boldsymbol{x}^*))_i|= |f_i(\boldsymbol{x})+\nabla f_i(\boldsymbol{x})^{\mathrm{T}}(\boldsymbol{x}^*-\boldsymbol{x})-f_i(\boldsymbol{x}^*)|\leqslant \frac{1}{2}\|\boldsymbol{x}^*-\boldsymbol{x}\|^2$$

(b) 若 $f_i(\boldsymbol{x})\geqslant x_i$,则

$$|(H(\boldsymbol{x})+BH(\boldsymbol{x})(\boldsymbol{x}^*-\boldsymbol{x})-H(\boldsymbol{x}^*))_i|= |x_i+\boldsymbol{e}_i^{\mathrm{T}}(\boldsymbol{x}^*-\boldsymbol{x})-x_i^*|=0$$

综合(1) ～ (3) 的估计，即可得到不等式

$$\| H(\boldsymbol{x}) + BH(\boldsymbol{x})(\boldsymbol{x}^* - \boldsymbol{x}) - H(\boldsymbol{x}^*) \| \leqslant \frac{\sqrt{n}}{2} L \| \boldsymbol{x} - \boldsymbol{x}^* \|^2$$

由此定理得证.我们即得到下面定理：

定理 4　设映射 $f:\mathbf{R}^n \to \mathbf{R}^n$ 为 $F-$可微，且其导数 ∇f Lipschitz 连续.若存在式(14) 的解 $\boldsymbol{x}^*$ 的邻域 S 及常数 $\eta > 0$，使映射 H 满足

$$\| BH(\boldsymbol{x})\boldsymbol{u} - BH(\boldsymbol{x})\boldsymbol{v} \| \geqslant \eta \| \boldsymbol{u} - \boldsymbol{v} \|$$

$$\forall \boldsymbol{x} \in S; \forall \boldsymbol{u}, \boldsymbol{v} \in \mathbf{R}^n$$

则对任意初始 $\boldsymbol{x}^0 \in S$，由广义 Newton 法求解式(14) 所产生的序列 $\{\boldsymbol{x}^k\} \subseteq S$ 适定，且平方收敛于 $\boldsymbol{x}^*$，亦即平方收敛于 NCP(f) 的解.

由于式(14) 中的映射 H 在其解 $\boldsymbol{x}^*$ 处不存在强 $F-$导数，因此文献[1] 中关于广义 Newton 法的适定性与局部超线性收敛条件都不能满足，从而在理论上不能将广义 Newton 法直接应用于问题(14)，这应该说是文献[1] 在理论上的缺陷，本章定理 1 和定理 2 正好弥补了这种缺陷，使广义 Newton 法更具有应用的普遍性.

从理论上讲，本章结果有其先进性，但从实际应用而言，广义 Newton 法本身有其不足之处，原因是它的子问题(3) 的非线性性，亦就是说它的每一迭代步需要求解一非线性方程组.这从形式上看不如文献[4] 研究的算法那样简便，因为文献[4] 中算法的子问题为一线性方程组，但是该子问题的形成是基于广义 Jacobi 矩阵，确定它亦是有困难的，应该说各有利弊.

本章为了使广义 Newton 法方便地应用于实际问

题中，我们设计了一类求解式(1)的不精确广义 Newton-Broyden 方法：

对于 $k=0,1,\cdots$，计算

$$\boldsymbol{x}^{k+1}=\boldsymbol{x}^{k}+\boldsymbol{z}^{k,l_k}$$

对于 $l=0,1,\cdots,l_k$，计算

$$\begin{cases}\boldsymbol{z}^{k,l+1}=\boldsymbol{z}^{k,l}\\ B_{k,l+1}=B_{k,l}+\dfrac{(\boldsymbol{y}^{k,l}-B_{k,l}\boldsymbol{s}^{k,l})}{(\boldsymbol{s}^{k,l},\boldsymbol{s}^{k,l})}(\boldsymbol{s}^{k,l})^{\mathrm{T}}\\ \boldsymbol{s}^{k,l}=\boldsymbol{z}^{k,l+1}-\boldsymbol{z}^{k,l}\\ \boldsymbol{y}^{k,l}=G(\boldsymbol{x}^{k},\boldsymbol{z}^{k,l+1})-G(\boldsymbol{x}^{k},\boldsymbol{z}^{k,l})\end{cases}$$

使满足 $\|F(\boldsymbol{x}^{*})+BF(\boldsymbol{x}^{*})\boldsymbol{z}^{k,l_k}\|\leqslant\alpha_k\|F(\boldsymbol{x}^{k})\|$，其中 α_k 为满足算法收敛准则的序列，而

$$G(\boldsymbol{x},\boldsymbol{z})=F(\boldsymbol{x})+BF(\boldsymbol{x})\boldsymbol{z}$$

这是一类具嵌套形式的迭代法，其外层迭代为广义 Newton 法，而内层迭代为 Broyden 算法，在相似于定理 2 的条件下，可以证明该算法的收敛性.现在我们用广义 Newton-Broyden 方法，计算下述问题

$$\boldsymbol{x}\geqslant\boldsymbol{0};f(\boldsymbol{x})\geqslant\boldsymbol{0};\boldsymbol{x}^{\mathrm{T}}f(\boldsymbol{x})=\boldsymbol{0}\qquad(16)$$

其中

$$f(x)=\begin{bmatrix}3x_1^2+2x_1x_2+2x_2^2+x_3+3x_4-6\\ 2x_1^2+x_1+x_2^2+10x_3+2x_4-2\\ 3x_1^2+x_1x_2+2x_2^2+2x_3+9x_4-9\\ x_1^2+3x_2^2+2x_3+3x_4-3\end{bmatrix}$$

问题(16)有一退化解(D)$\boldsymbol{x}_{\mathrm{D}}^{*\mathrm{T}}=\left[\dfrac{\sqrt{6}}{2},0,0,0.5\right]$和一个非退化解(ND)$\boldsymbol{x}_{\mathrm{ND}}^{*\mathrm{T}}=[1,0,3,0]$，我们分别利用 Broyden 方法和广义 Newton-Broyden 方法计算了问题(16)，并比较了算法的效果，如下表(表 1)：

表 1

起点	Broyden 方法[7]	不精确方法(N-B)		
		γ	外部迭代	内部迭代
(0,0,0,0)	23(ND)	1	14(ND)	42
(3,3,3,3)	44(ND)	0.1	12(D)	51
(5,5,5,5)	41(ND)	1	20(D)	58
(100,100,100,100)	50(ND)	1	21(D)	97
(−2,−2,−2,−2)	失败	1	51(D)	168
(1,0,1,0)	失败	0.1	5(ND)	32
(10,0,10,0)	51(ND)	1	11(ND)	20
(1,0,0,0)	17(ND)	1	5(ND)	13
(10,0,0,0)	47(ND)	1	13(ND)	27
(0,10,10,0)	46(D)	0.1	23(D)	125
(1,−1,−1,1)	26(ND)	0.1	7(D)	16
(−1,1,1,−1)	764(ND)	1	12(D)	41
(10,−10,−10,10)	157(ND)	1	10(ND)	24
(1,−1,1,−1)	失败	1	4(ND)	10
(10,−10,10,−10)	49(ND)	1	13(ND)	22
(−3,−3,−3,−3)	失败	0.1	22(D)	78
(−5,−5,−5,−5)	86(ND)	1	51(D)	168
(−7,−7,−7,−7)	失败	1	51(D)	168
(−100,−100,−100,−100)	194(ND)	1	51(D)	168
(−100,0,0,0)	63(ND)	1	11(D)	28
(0,−100,0,0)	78(ND)	1	11(D)	30
(0,0,−100,−100)	962(D)	0.5	14(D)	40
(0,−10,−10,0)	失败	1	7(D)	14
(−10,0,0,−10)	失败	1	9(ND)	15
(0,1,1,0)	130(D)	1	23(D)	72

表中数据表明不精确广义 Newton-Broyden 方法的效果是明显的.

关于问题(13) 的另一类等价形式

$$G(\boldsymbol{x})=f(\boldsymbol{x}^{+})+\boldsymbol{x}^{-}=\mathbf{0} \tag{17}$$

的应用,可以相似地得到,因为我们同样可以证明映射 G 在解 $\boldsymbol{x}^{*}$ 处为拟强 B — 可微,因此广义 Newton 法同样可以直接应用于式(17).

参 考 文 献

[1] PANG J S.Newton's method for B-differentiable equations[J]. Math. Oper. Res., 1990,15:311-341.

[2] ROBINSON S M. An implicit theorem for a class of nonsmooth functions[J]. Math. Oper. Res., 1991, 16:293-309.

[3] SHAPIRO A. On concepts of directional differentiablity[J]. JOTA,1990,66:477-487.

[4] QI L, SUN J. A nonsmooth version of ewton's method[J]. Math. Prog., 1993,58:353-367.

[5] MIFFLIN R. Semismooth and semiconvex functions in constrained optimization[J]. SIAM J. Coutr. Opt., 1997, 15:957-972.

[6] ZEIDLER E. Nonlinear functional analysis and applications, I: fixed-point theorems[M]. New York: Springer-Verlag, 1986.

[7] IP C M, KYPARISIS J. Local convergence of Quasi-Newton method for B-differentiable equations[J]. Math. Prog., 1992,56:71-89.

[8] XIAO B, HARKER P T. A nonsmooth newton method for variational inequalities, I: thoery[J]. Math. Prog., 1994, 65:151-194.

[9] HARKER P T, XIAO B. Newton's method for the nonlinear complementariy problem: a B-differentiable equation approach[J]. Math. Prog., 1990,48:339-357.

修正的三次收敛的 Newton 迭代法[①]

第 12 章

江南大学理学院的张荣、薛国民两位教授2005年给出了Newton迭代法的两种修正形式,证明了它们都是三阶收敛的,给出的相互比较的数值例子有力地说明了这一点.

§1　引　　言

数值计算中的 Newton 迭代法

$$x_{n+1}=x_n-\frac{f(x_n)}{f'(x_n)},n=0,1,2,\cdots \tag{1}$$

是求解非线性方程 $f(x)=0$ 的一种重要的迭代方法.

定义[1]　令 $x_0,x_1,x_2,\cdots$ 是收敛于 a 的序列,并令 $e_n=x_n-a$.若存在数

① 本章摘编自《大学数学》,2005,21(1):80-82.

p 及常数 $C \neq 0$，使得 $\lim\limits_{n\to\infty} \dfrac{|e_{n+1}|}{|e_n|^p} = C$，则称 p 为序列的收敛阶，称 C 为渐进误差常数.对于 $p=1,2,3$ 分别称为线性、二次或者三次收敛，也称 $e_{n+1}=Ce_n^p+O(e_n^{p+1})$ 为误差方程.

当 $f(a)=0$，但 $f'(a)\neq 0$ 时，Newton 迭代法(1)为二阶收敛[2].

张荣、薛国民两位教授给出了 Newton 迭代法(1)的两种修正形式，证明了它们都是三阶收敛的，并给出了相互比较的数值例子.

§2 修正的 Newton 迭代法

微分中值公式 $f(x)-f(x_n)=f'(\xi)(x-x_n)$，其中 ξ 在 x 与 x_n 之间.Newton 迭代法(NF)是以微分 $f'(x_n)(x-x_n)$ 代替公式中 $f'(\xi)(x-x_n)$ 导出的.

(1) 修正的 Newton 迭代法 Ⅰ(XNF Ⅰ)：

以 $f'\left(\dfrac{x_n+x}{2}\right)(x-x_n)$ 代替 $f'(\xi)(x-x_n)$ 得到

$$x_{n+1}=x_n-\frac{f(x_n)}{f'(x_{n+1}^*)},n=0,1,2,\cdots \tag{2}$$

其中

$$x_{n+1}^*=x_n-\frac{f(x_n)}{2f'(x_n)}$$

(2) 修正的 Newton 迭代法 Ⅱ(XNF Ⅱ)：

以 $\dfrac{f'(x_n)+f'(x)}{2}(x-x_n)$ 代替 $f'(\xi)(x-x_n)$

得到

$$x_{n+1}=x_n-\frac{2f(x_n)}{f'(x_n)+f'(x_{n+1}^*)},n=0,1,2,\cdots \tag{3}$$

其中

$$x_{n+1}^*=x_n-\frac{f(x_n)}{f'(x_n)}$$

§3　收敛性分析

定理　设 $f(x):I\to\mathbf{R}$ 在开区间 I 内具有直到 4 阶的导数，若 $a\in I$ 是 $f(x)=0$ 的单根，且 x_0 充分靠近 a，则由式(2) 和(3) 定义的修正的 Newton 迭代法的误差方程分别为

$$e_{n+1}=\left(-\frac{1}{2}C_2^2+C_3\right)e_n^3+o(e_n^3) \tag{4}$$

$$e_{n+1}=\left(C_2^2+\frac{1}{2}C_3\right)e_n^3+o(e_n^3) \tag{5}$$

其中 $e_n=x_n-a,C_k=(1/k!)f^{(k)}(a)/f'(a),k=2,3$.

证　将 $f(x)$ 在 a 处作 Taylor 展开，则

$$\begin{aligned}f(x_n)=f(a+e_n)=f(a)+f'(a)e_n+\\ \frac{1}{2!}f''(a)e_n^2+\frac{1}{3!}f'''(a)e_n^3+o(e_n^3)=\\ f'(a)[e_n+C_2e_n^2+C_3e_n^3+o(e_n^3)]\end{aligned}$$

$$f'(x_n)=f'(a)[1+2C_2e_n+3C_3e_n^2+o(e_n^2)]$$

对方法 Ⅰ，有

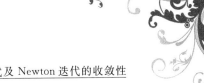

$$x_{n+1}^{*}=x_n-\frac{f(x_n)}{2f'(x_n)}=a+\frac{1}{2}e_n+\frac{1}{2}C_2e_n^2-(C_2^2-C_3)e_n^3+o(e_n^3)$$

$$f'(x_{n+1}^{*})=f'(a)\left[1+C_2e_n+\frac{1}{2}C_2^2e_n^2-(C_2^3-C_2C_3)e_n^3+o(e_n^3)\right]$$

$$x_{n+1}=x_n-\frac{f(x_n)}{f'(x_{n+1}^{*})}=a+\left(-\frac{1}{2}C_2^2+C_3\right)e_n^3+o(e_n^3)$$

$$e_{n+1}=\left(-\frac{1}{2}C_2^2+C_3\right)e_n^3+o(e_n^3)$$

对方法 Ⅱ,类似地可得

$$e_{n+1}=\left(C_2^2+\frac{1}{2}C_3\right)e_n^3+o(e_n^3)$$

§4　数值结果

分别用 Newton 迭代法和两种修正的 Newton 迭代法求解下列非线性方程 $f(x)=0$,结果见表 1.

本章给出了 Newton 迭代法的两种修正形式,并证明了它们都是三阶收敛的,给出的数值结果也有力地说明了新方法收敛更快,此外文中给出的修正的 Newton 迭代法不同于 Newton 法的其他高阶修正形式,迭代时不需要计算高阶导数.

表 1　三种方法的迭代次数比较(精确到小数点后 15 位)

函数 $f(x)$	x_0	迭代次数			根
		NF	XNFⅠ	XNFⅡ	
(1) x^3+4x^2-10	-2	NaN	24	11	1.365 230 013 414 48
	-1	26	11	11	
	-0.5	133	12	8	
	-0.3	55	20	8	
	0.3	10	7	7	
	0.5	9	6	6	
	1	7	5	5	
	2	7	5	5	
(2) $\sin^2 x-x^2+1$	1	8	6	6	1.404 491 648 216 21
	3	8	6	5	
(3) x^2-e^x-3x+2	2	7	5	6	0.257 530 285 439 771
	3	8	6	6	
(4) $xe^{x^2}-\sin^2 x+3\cos x+5$	-2	8	5	5	-1.207 647 827 130 13
(5) $x\sin^2 x+e^{x^2\sin x\cos x}-28$	5	9	5	5	4.824 589 317 315 26
(6) $e^{x^2+7x-30}-1$	3.5	11	8	8	3
	3.25	8	5	5	

参考文献

[1] 包雪松.数值方法[M].北京:高等教育出版社,1990.

[2] 何旭初,苏煜诚,包雪松.计算数学简明教程[M].上海:人民教育出版社,1981.

第13章 论某些迭代过程的收敛性

俄罗斯数学家 Г.С.萨列霍夫、М.А.梅尔特维佐娃在 20 世纪初发表的论文里给出有关研究 Newton 过程及其各种推广的收敛性的文章的概述.研究非线性泛函方程新迭代过程的收敛性,并考察它在代数的、超越的和非线性积分方程的近似解上的应用.

§1 Cauchy 的结果

Cauchy 曾阐明代数或超越方程

$$f(x)=0 \tag{1}$$

的根的近似决定性.

设 x_0 是这个方程的根的近似值,则第二近似值等于 $x_1=x_0+\delta$,其中 δ 是模充分小并由方程

$$f(x_0)+\delta f'(x_0)\approx 0 \tag{2}$$

所决定的数.

为了估计近似的程度,Cauchy 证明了下列定理.

定理 1　若

$$\max_{x_0 \geqslant x \geqslant x_0+2\delta} f''(x) = B$$

$$f'(x_0) > 2B\delta$$

则方程(1) 有唯一实根在区间$(x_0, x_0+2\delta)$内.

定理 2　若满足条件

$$\max_{x_0 \geqslant x \geqslant x_0+2\delta} f'(x) = A$$

$$\frac{2B\delta}{A} < 1 \text{ 和 } \sigma < \frac{B}{2A}\delta^2$$

其中

$$\sigma = -\frac{f(x_1)}{f'(x_1)}$$

$$x_1 = x_0 + \delta$$

则方程(1) 有唯一实根在区间$(x_1, x_1+2\delta)$内.

因此,若给出方程(1) 的实根的近似值 x_0,则可借助 Newton 算式

$$x_k = x_{k-1} - \frac{f(x_{k-1})}{f'(x_{k-1})}$$

得到新值并指出根所在的范围.

§2　Maksimovič 的结果

Maksimovič 考察了方程

$$f(x) = 0 \tag{3}$$

其中 $f(x)$ 是实变数 x 的连续,有穷并单值的函数.设 x^* 是方程(3) 的单根,x_0 是充分接近 x^* 并使方程

$$f'(x) = 0 \tag{4}$$

在 x_0 和 x^* 之间无根的量.为了得到近似公式,展开差

x^*-x_0 为 Euler 级数

$$x^*-x_0=-f(x_0)\left(\frac{\mathrm{d}x}{\mathrm{d}y}\right)_{x=x_0}+\frac{[f(x_0)]^2}{2!}\left(\frac{\mathrm{d}^2x}{\mathrm{d}y^2}\right)_{x=x_0}+\cdots+(-1)^n\frac{[f(x_0)]^n}{n!}\left(\frac{\mathrm{d}^nx}{\mathrm{d}y^n}\right)_{x=x_0}+R_{n+1} \tag{5}$$

其中 $f(x)=y$，又

$$R_{n+1}=(-1)^{n+1}\frac{[f(x_0)]^{n+1}}{(n+1)!}\left(\frac{\mathrm{d}^{n+1}x}{\mathrm{d}y^{n+1}}\right)_{x=\xi}$$

$$\xi=x_0+\theta(x^*-x_0),0\leqslant\theta\leqslant 1$$

之后 Maksimovič 研究根的一些近似公式，它们是限于在项数有限的 Euler 公式里所得到的.

若以 $F(x_0)$ 表示 Euler 级数当 $n\leqslant N$ 时的 n 项和，其中 N 是具有这样性质的最大的数，在 $f(x)$ 的阶数不超过 $N+1$ 的导数中，在含根 x^* 的某个区间里，偶数阶导数具有 $f(x)$ 的符号，而奇数阶导数与 $f'(x)$ 异号，则 $\lim\limits_{k\to\infty}x_k=x^*$ 存在，其中 $x_k=x_{k-1}+F(x_{k-1})(k=0,1,\cdots)$，且 x_k 在 x_{k-1} 与 x^* 之间.

§3 E.Schröder 的结果

E.Schröder 研究了代数或超越方程

$$f(z)=0 \tag{6}$$

的根的某些逐步近似法的收敛性.

设 $f(z)$ 是某复变数单值可微函数.问题在于求这

样的函数 $F(z)$，使方程

$$z_1 = F(z_0) \tag{7}$$

恒给出点 z_1，根 x^* 接近于它比接近于最初所取的点 z_0 更近些.继续这个过程，应得

$$\lim_{n\to\infty} z_n = z^*$$

研究这个过程的收敛性时，E.Schröder 证明了下列定理.

定理 3 若 z^* 是方程 $f(z)=0$ 的根，而在含点 z^* 的域内，$F(z)$ 单值且连续，$F(z^*)=z^*$，$|F'(z^*)|<1$，则

$$\lim_{n\to\infty} z_n = z^*$$

在这种情形里，收敛是线性的，即

$$z_{n+1} - z^* = C_1(z_n - z^*) + C_2(z_n - z^*)^2 + \cdots$$

若 $F^{(1)}(z^*)=0,\cdots,F^{\omega-1}(z^*)=0$，而 $|F^{\omega}(z^*)|<1$，则收敛是 ω 阶的，即 $z_{n+1}-z^*=C_{\omega}(z_n-z^*)^{\omega}+\cdots$.特别地，若令 $F(z)=z-\dfrac{f(z)}{f'(z)}$，则可从定理 3 中推出 Newton 算式的收敛条件. 若令 $F(z)=z-\dfrac{f(z)f'(z)}{f'^2(z)-f(z)f''(z)}$，则得恒以平方速度收敛的算式.

§4 G.Faber 的结果

G.Faber 的研究是从事于方程

$$f(z)=0 \tag{8}$$

的求解，其中 $f(z)$ 是复变数的解析函数.

设 z_1 是任意实数或复数.

考察序列

$$\begin{cases} z_2 = z_1 - \dfrac{f(z_1)}{f'(z_1)} \\ \quad\vdots \\ z_i = z_{i-1} - \dfrac{f(z_{i-1})}{f'(z_{i-1})} \end{cases} \tag{9}$$

为了确立 Newton 法的收敛性,作商

$$\frac{z_{n+1}-z_n}{z_n-z_{n-1}} = \frac{f(z_n)}{f'(z_n)} : \frac{f(z_{n-1})}{f'(z_{n-1})} = \frac{f\left(z_{n-1}-\dfrac{f(z_{n-1})}{f'(z_{n-1})}\right)}{f'\left(z_{n-1}-\dfrac{f(z_{n-1})}{f'(z_{n-1})}\right)} : \frac{f(z_{n-1})}{f'(z_{n-1})}$$

G.Faber 把复变数函数的 Darboux 中值定理应用于这个商.这时

$$\frac{f\left(z_{n-1}-\dfrac{f(z_{n-1})}{f'(z_{n-1})}\right)}{f'\left(z_{n-1}-\dfrac{f(z_{n-1})}{f'(z_{n-1})}\right)} = \frac{f(z_{n-1})}{f'(z_{n-1})} - \lambda\frac{f(z_{n-1})}{f'(z_{n-1})}\cdot \left[1-\frac{f\left(z_{n-1}-\theta\dfrac{f(z_{n-1})}{f'(z_{n-1})}\right)f'\left(z_{n-1}-\theta\dfrac{f(z_{n-1})}{f'(z_{n-1})}\right)}{f'\left(z_{n-1}-\theta\dfrac{f(z_{n-1})}{f'(z_{n-1})}\right)^2}-1\right] - \frac{f(z_{n-1})}{f'(z_{n-1})}$$

其中 $|\lambda| \leqslant 1, 0 \leqslant \theta \leqslant 1$.

因此

$$\frac{u_{n+1}}{u_n} = \frac{z_{n+1}-z_n}{z_n-z_{n-1}} =$$

$$\lambda \frac{f(z_{n-1}+\theta(z_n-z_{n-1}))f'(z_{n-1}+\theta(z_n-z_{n-1}))}{[f'(z_{n-1}+\theta(z_n-z_{n-1}))]^2}$$

根据 D'Alembert 收敛判定准则推出,若

$$\lim_{n\to\infty}\left|\frac{u_{n+1}}{u_n}\right|<1$$

则无穷级数 $\sum_{n=1}^{\infty}u_n$ 绝对收敛.

G.Faber 证明,若存在这样的正数 $\alpha<1$,使在以半径

$$R=\frac{1}{1-\alpha}\left|\frac{f(z_1)}{f'(z_1)}\right|$$

绕点 z_1 所作的圆 K 内,满足不等式 $\left|\frac{f(z)f''(z)}{[f'(z)]^2}\right|<\alpha$,则从第一近似 z_1 开始,Newton 过程收敛于方程(8)在 K 内的根.关于收敛于方程的根的速度可叙述如下:设 z^* 是 α 阶的根,即 $f(z)=a(z-z^*)^{\alpha}+\cdots$.若 z^* 是解析函数 $f(z)$ 的分支的正则点且 $\alpha>\frac{1}{2}$,则绕点 z^* 有确定的圆存在,使 Newton 过程在这个圆内收敛于 z^*.若 $\alpha\neq 1$,则级数 $\sum_{n=1}^{\infty}\frac{(\alpha-1)^n}{\alpha^n}$ 的收敛速度 α 越接近于1,收敛越好;若 $\alpha=1$,则级数 $\sum_{n=1}^{\infty}\frac{(\alpha-1)^n}{\alpha^n}$ 收敛比某几何级数更强.

§5 Ostrowski 的结果

Ostrowski 考察方程

$$f(x)=0 \tag{10}$$

其中 $f(x)$ 是连续函数,并作逐步近似

$$\begin{cases} x_2 = x_1 + Cf(x_1) \\ \quad\vdots \\ x_{n+1} = x_n + Cf(x_n) \end{cases} \tag{11}$$

其中 C 是某正常数,$x_1 \subseteq [A, B]$,和

$$\begin{cases} x_2 = x_1 - Cf(x_1) \\ \quad\vdots \\ x_{n+1} = x_n - Cf(x_n) \end{cases} \tag{12}$$

证明了下列关于序列式(11)和(12)收敛于方程(10)的根的定理.

定理 4 若 $f(x_1) > 0$ 且由式(11)所决定的一切数 x_n 总小于或等于 B,则序列 $\{x_n\}$ 递增收敛于极限 x^*,它是方程(10)在 $(x_1, B]$ 内较小的根.

定理 5 若 $f(x_1) < 0$ 且由式(12)所决定的一切数 x_n 总等于或大于 A,则序列 x_n 递减收敛于极限 x^*,它是方程(10)在 $[A, x_1)$ 内最大的根.

下列定理给出过程(11)收敛于方程(10)的根的速度.

定理 6 若在和定理 4,定理 5 同样的假设下,异于零的 $f'(x^*)$ 存在,则

$$\frac{x^* - x_{n+1}}{x^* - x_n} \to 1 - C \mid f(x^*) \mid$$

$$\frac{x^* - x_{n+1}}{x_{n+1} - x_n} \to \frac{1}{C \mid f'(x^*) \mid} - 1$$

对于 Newton 算式,证明了下列定理.

定理 7 若 $f(x)$ 定义在含 x_0 的某闭区间 I 内,而 $f''(x)$ 在 I 内不变号,又

$$f(x_0) f''(x_0) > 0$$

$$f(x_0)f(b) < 0$$

$$x_0 \geqslant b$$

则方程(10)在 I 内有唯一根 x^*,而 $f'(x)$ 在 (x_0, x^*) 内总异于零,且序列

$$x_{n+1} = x_n - \frac{f(x_n)}{f'(x_n)} \tag{13}$$

收敛于 x^*.

定理 8　若满足条件:$f(x)$ 在点 x_0 连续,$f'(x)$ 在 $I = [x_0, x_0 + 2h]$ 内连续,其中

$$h = -\frac{f(x_0)}{f'(x_0)} \neq 0$$

$$\sup_{x \subseteq I} | f''(x) | < M$$

$$2M | h | \leqslant | f'(x_0) |$$

则方程(10)在 I 内有唯一根 x^*,序列(13)收敛于它.

上面的结果也可推广到复变数解析函数.

§6　Kantorovič,Grave 等的结果

Kantorovič 把 Newton 法推广到一般非线性泛函方程

$$P(x) = 0 \tag{14}$$

其中假定化 Banach 型空间 X 为同型空间 Y 的运算 P 是二次可微的.

设 x_0 是解的初始近似,则

$$P(x) \approx P(x_0) + P'(x_0)(x - x_0) = 0 \tag{15}$$

这个方程的解 x_1 就给出根的新近似值.若运算 $P'(x_0)$ 有逆运算

$$[P'(x_0)]^{-1} \subseteq (Y \to X)$$

则

$$x_1 = x_0 - [P'(x_0)]^{-1} P(x_0) \tag{16}$$

仿此

$$x_{n+1} = x_n - [P'(x_n)]^{-1} P(x_n) \tag{17}$$

定理 9　设满足下列条件：

(1) 对于元素 x_0—— 初始近似，运算 $P'(x_0) \subseteq (X \to Y)$ 有逆运算 $\Gamma_0 = [P'(x_0)]^{-1}$，且

$$\| \Gamma_0 \| \leqslant B_0 \tag{18}$$

(2) 元素 x_0 近似地满足方程(14)，且

$$\| \Gamma_0 P(x_0) \| \leqslant \eta_0 \tag{19}$$

(3) 二阶导运算 $P''(x)$ 在不等式(19) 所决定的域内有界

$$\| P''(x) \| \leqslant K \tag{20}$$

(4) 常量 B_0, η_0, K 满足不等式

$$h_0 = B_0 \eta_0 K \leqslant \frac{1}{2} \tag{21}$$

则方程(14) 有解 x^*，它在不等式

$$\| x - x_0 \| \leqslant N(h_0) \eta_0 = \frac{1 - \sqrt{1 - 2h_0}}{h_0} \eta_0 \tag{22}$$

所决定的 x_0 的邻域内.同时，Newton 过程的逐步近似 x_n 收敛于 x^*，并用不等式

$$\| x_n - x^* \| \leqslant \frac{1}{2^{n-1}} (2h_0)^{2^n - 1} \eta_0 \tag{23}$$

估计收敛速度.

下列定理给出解的唯一性.

定理 10　设满足条件(1) ～ (4)，所不同的是不等式(20) 在由不等式

$$\| x - x_0 \| < L(h_0)\eta_0 = \frac{1+\sqrt{1-2h_0}}{h_0}\eta_0 \quad (24)$$

所决定的域内满足,则方程(14)的解在域(24)内是唯一的.

Kantorovič 又考察了修正 Newton 过程,在这个过程里,逐步近似用下列形式

$$x'_{n+1} = x'_n - [P'(x_0)]^{-1} P(x'_n) \quad (25)$$

逐个地表示出.

对于这种情形,Kantorovič 证明了下列定理.

定理 11 当定理 9 的条件满足,又 $h_0 < \frac{1}{2}$ 时,修正 Newton 过程以由不等式

$$\| x'_n - x^* \| \leqslant q^{n-1} \| x'_1 - x^* \| \quad (26)$$

所决定的速度收敛于解 $\lim\limits_{n\to\infty} x'_n = x^*$,其中 $q = 1 - \sqrt{1-2h_0} < 1$.Grave 给了略为不同样式的修正 Newton 过程,即逐步近似用公式

$$x_{n+1} = x_n - Q\frac{P(x_n)}{P'(x_n)} \quad (27)$$

推导,其中 $0 < Q < 1$,又 $P(x)=0$ 是代数或超越方程.

Kantorovič 又把这个过程推广到非线性泛函方程,并指明了在定理 9 的条件下,推广的 Grave 过程收敛于方程 $P(x)=0$ 的解.

特别地,对于非线性积分方程的情形,从定理 9 中推出这样的推理.

设有非线性积分方程

$$x(s) = \int_0^1 K(s,t,x(t))\mathrm{d}t \quad (28)$$

其中 K 是它的主目元的连续函数,则 $x_1(s)$ 由线性积

分方程

$$x_1(s)-x_0(s)-\int_0^1 K'_x(s,t,x_0(t))(x_1(t)-x_0(t))\mathrm{d}t=\varepsilon_0(s) \qquad (29)$$

决定,其中

$$\varepsilon_0(s)=\int_0^1 K(s,t,x_0(t))\mathrm{d}t-x_0(s)$$

若把运算 $P(x)=x(s)-\int_0^1 K(s,t,x(t))\mathrm{d}t$ 看成从 C 到 C[①] 的运算,则下列定理决定过程的收敛性.

定理 12　若满足条件:

(1) 对于初值 $x_0(s)$,核 $K'_x(s,t,x_0(t))=\overline{K}(s,t)$ 有豫解式 $G(s,t)$,且 $\int_0^1 |G(s,t)|\mathrm{d}t\leqslant B,0\leqslant s\leqslant 1$;

(2) $|\varepsilon_0(s)|=|x_0(s)-\int_a^b K(s,t,x_0(t))\mathrm{d}t|\leqslant\overline{\eta}$;

(3) 在式(22) 所决定的域内,$|K''_{u^2}(s,t,u)|\leqslant K$;

(4) $h=(B+1)^2\overline{\eta}K\leqslant\frac{1}{2}$,则对于积分方程(28),带有初值 $x_0(s)$ 的 Newton 过程收敛于这个方程的解,这个解存在并位于域 $|x^*(s)-x_0(s)|\leqslant N(h)(B+1)\overline{\eta}$ 内,且在域 $|x^*(s)-x_0(s)|\leqslant L(h)(B+1)\overline{\eta}$ 内是唯一的.

若把运算 $P(x)=x(s)-\int_0^1 K(s,t,x(t))\mathrm{d}t$ 看成从 L^2 到 L^2[②] 的运算,则下列定理正确.

---

① C 是连续函数空间.

② L^2 是平方可积函数的空间.

定理 13 当满足条件：

(1)$\int_0^1 [x_0(s)-\int_0^1 K(s,t,x_0(t))\mathrm{d}t]^2\mathrm{d}s \leqslant \bar{\eta}^2$；

(2) 不等式 $\max \dfrac{|\lambda_n|}{|1-\lambda_n|} \leqslant B$，其中 λ_n 是核 $K''_x(s,t,x_0(t))=\overline{\overline{K}}(s,t)$ 的固有值，若后者是对称的，又 $\max\sqrt{\dfrac{\lambda_n}{|1-\lambda_n|}} \leqslant B$，其中 λ_n 是在一般情形内

$$\overline{K}(s,t)=\overline{\overline{K}}(s,t)+\overline{\overline{K}}(t,s)-\int_0^1 \overline{\overline{K}}(u,s)\overline{\overline{K}}(u,t)\mathrm{d}u$$

的固有值；

(3) 对于 u 的一切有限值，$|K''_{u^2}(s,t,u)| \leqslant K$；

(4)$h=B^2\bar{\eta}K \leqslant \dfrac{1}{2}$，方程有解，它可用 Newton 过程求出.

对于非线性积分方程的情形，Д.М.萨加杰斯基依康托罗维奇的建议，但在更严格的条件下($h_0 \leqslant \dfrac{1}{10}$)，研究了 Newton 过程的收敛性.

И.П.牟索夫斯基赫借助于 Newton 过程，对方程左边的导算子在某球内每点有依范数一致有界的逆算子的情形内，考察了非线性泛函方程的解的问题.

设 X 和 Y 是完备线性赋范空间，又 $P(x)$ 是从空间 X 到 Y 中的算子.考察方程 $P(x)=0$，其中 $P(x)$ 假定是在弗雷协意义下二次可微的函数. 又设 $H=\sum_{k=0}^{\infty}\left(\dfrac{h_0}{2}\right)^{2k-1}$，其中数 $h_0<2$.

这时下列定理成立.

定理 14　设满足下列条件：

(1) 元素 x_0 近似地满足方程，即

$$\| P(x_0) \| \leqslant \eta_0 \tag{30}$$

(2) 线性算子 $P'(x)$ 在球

$$\| x - x_0 \| \leqslant HB\eta_0 \tag{31}$$

内的每点有逆算子 $\Gamma_x = [P'(x)]^{-1}$，且对这个球的任一切点

$$\| \Gamma_x \| \leqslant B \tag{32}$$

(3) 在域式(31)内

$$\| P''(x) \| \leqslant K \tag{33}$$

(4)

$$B^2 K\eta_0 = h_0 < 2 \tag{34}$$

则在球(31)内方程(14)有解 x^*，它可从 x_0 开始用 Newton 过程求出.同时，收敛速度决定于不等式

$$\| x_n - x^* \| \leqslant HB\eta_0 \left(\frac{h_0}{2}\right)^{2n-1} \tag{35}$$

牟索夫斯基赫又证明了下列两个定理.

定理 15　设

$$P(x) = 0$$

有解 x^*，其中 $P(x)$ 是二次可微的实函数，且

$$| x^* - x_0 | \leqslant r \tag{36}$$

其中 x_0 是初始近似，$r > 0$.假设

$$P(x_0)P'(x_0) > 0 \text{ 或 } P(x_0)P'(x_0) < 0 \tag{37}$$

又不等式

$$| [P'(x)]^{-1} | \leqslant B, \ | P''(x) | \leqslant K \tag{38}$$

对闭区间

$$\left[x_0 - \left(1 + \frac{1}{2}l\right)r, x_0\right], \left[x_0, x_0 + \left(1 + \frac{1}{2}l\right)r\right] \tag{39}$$

上的一切点满足，同时常数 B,K,r 受制于条件

$$l=BKr\leqslant 2 \tag{40}$$

则 Newton 序列

$$x_{n+1}=x_n-[P'(x_n)]^{-1}P(x_n),n=0,1,\cdots \tag{41}$$

收敛于方程(14) 在闭区间(39) 内的唯一解 x^*.

定理 16 设

$$P(x_0)P'(x_0)>0 \text{ 或 } P(x_0)P'(x_0)<0$$

又设在闭区间

$$[x_0-\lambda,x_0] \text{ 或 } [x_0,x_0+\lambda] \tag{42}$$

内 $P''(x)$ 存在，并对闭区间(42) 内的 x，条件

$$|[P'(x)]^{-1}|\leqslant B$$

$$|P(x_0)|\leqslant \eta$$

$$|P''(x)|\leqslant K$$

满足.若 $\lambda\geqslant B\eta$，则方程(14) 有唯一解 x^*，且序列(41) 收敛于它.

§7 波得维格的结果

波得维格在他自己的文章里首先给出某种序列的收敛速度的下列定义.

收敛序列 $x_1,\cdots,x_n\to X$ 叫作按阶 g 收敛，若极限

$$\lim\frac{d_{n+1}}{d_n^g}=c\neq 0$$

存在，其中 $d_n=x_n-X$.

为了确定收敛的阶，必须按 d_n 的幂展开 d_{n+1} 成级数.这个展开式的首项 cd_n^g 决定阶 g 和系数 c.又设

$f(x)$ 有 p 重根 X，有

$$f(x)=(x-X)^p g(x) \tag{43}$$

其中 $g(X)\neq 0$，则在 p 重根的邻域内，推广的 Newton 公式是

$$x_{n+1}=x_n-p\frac{f(x_n)}{f'(x_n)} \tag{44}$$

考察迭代

$$x_{n+1}=x_n-a\frac{f(x_n)}{f'(x_n)} \tag{45}$$

其中 a 是某任意常数.

为了研究序列 $x_1,\cdots,x_n\to X$ 的收敛特征，波得维格利用式(43) 和(45)，依 $d_n=X_n-X$ 的幂展开 $g(x)$，则 $d_{n+1}=\left(1-\frac{a}{p}\right)d_n+\frac{a}{p^2}\cdot\frac{g'(X)}{g(X)}d_n^2+\cdots$.由此推出：

(1) 在 p 重根的邻域内，公式(45) 给出仅当 $a=p$ 时平方收敛于根的序列(若它一般地收敛)，p 越大，收敛越好.

(2) 当 $a\neq p$ 时，序列线性收敛.

(3) 当 $a=1$ 时，收敛仅在单根附近是平方的，并在重根附近是线性的.

不要求知道根的重数 p 时，选择有 $f(x)$ 的一切单根而没有别的根的函数，得恒给出平方收敛的公式.这个公式就是$\frac{f(x)}{f'(x)}$.这时式(45) 由 $a=1$ 给出

$$x_{n+1}=x_n-\frac{f(x)f'(x)}{f'^2(x)-f(x)f''(x)} \tag{46}$$

考察迭代

$$x_{n+1}=x_n-\frac{f(x)f'(x)}{f'^2(x)-af(x)f''(x)} \tag{47}$$

对于

$$f(x)=(x-X)^p g(X)$$

的情形，与上面一样，由收敛特征的研究给出

$$d_{n+1}=c_1 d_n+c_2 d_n^2+\cdots$$

其中

$$c_1=-\frac{(p-1)(a-1)}{(p+a-ap)}$$

$$c_2=-\frac{(a+ap-p)g'(X)}{p(a+p-ap)g^2(X)}$$

因此得下列结果：

(1) 因 $a=1$ 和 $c_1=0$，公式(46) 恒给出平方收敛. 重数 p 的增加使收敛性改善.

(2) 在单根的情形内，带任意 a 的公式(47) 恒给出平方收敛.

(3) 当 $a=\frac{1}{2}$ 时，式(47) 给出在单根情形内具有 $c_3=-\frac{1}{2}\cdot\frac{g''(X)}{g(X)}+\left[\frac{g'(X)}{g(X)}\right]^2$ 的立方收敛，并在重根情形内仅给出具有 $c=\frac{p-1}{p+1}$ 的线性收敛.

M.拉格尔给出了仅适用于全是实根的代数方程的方法.逐步近似决定于公式

$$x_{k+1}=x_k-\frac{nf(x_k)}{f'(x_k)\pm[H(x_k)]^{\frac{1}{2}}} \tag{48}$$

其中 n 是方程 $f(x)=0$ 的次数，又

$$H(x) \equiv (n-1)^2 f'^2(x) - n(n-1)f(x)f''(x)$$

是函数 $f(x)$ 的黑斯共变式.

M.拉格尔证明了下列事实:

(1) 式(48) 对任意 x_1 恒收敛;

(2) 平方根 $\pm[H(x_k)]^{\frac{1}{2}}$ 分别给出收敛序列

$$x_1, x'_2, x'_3, \cdots \to X'$$

$$x_1, x''_2, x''_3, \cdots \to X''$$

其中 X' 是位于 x_1 左边的最近的根,而 X'' 是位于 x_1 右边的最近的根;

(3) 收敛在单根情形内是立方的,在重根情形内是线性的;

(4) 为了在 p 重根情形内得到立方收敛,必须换 $H(x_k)$ 为 $aH(x_k)$,其中 $a=\frac{n-p}{p(n-1)}$.

此后,范得尔柯尔布特证明了,若方程至少有一个重数大于或等于 p 的根,则所提到的公式,其中 $H(x)$ 换成 $aH(x)$,将仅从 x_1 左边和它的右边逼近于两个重数大于或等于 p 的根,遗漏重数小于 p 的根.在 p 重根的情形内,收敛是立方的,而在重数大于 p 时是线性的.

波得维格提出了问题:决定某函数 $F(x)$,使 x_1, $x_2, \cdots, x_k, \cdots$ 是 n 阶收敛序列,且 $x_{k+1}=F(x_k)$.这样的函数是

$$F(x)=x-f(x)r+\frac{1}{2}f^2(x)Pr-$$

$$\frac{1}{6}f^3(x)P^2r+\cdots+$$

$$\frac{(-1)^{n-1}}{(n-1)!}f^{(n-1)}P^{n-2}r-$$
$$f^{(n)}(x)g_n(x)$$

其中 $P=rD$，$r=\dfrac{1}{f'(x)}$，$D=\dfrac{\mathrm{d}}{\mathrm{d}x}$，$g_n(x)$ 是任意函数．因此，若 X 是单根，则收敛是 n 阶的．

§8　A.Π.多莫黎亚得的结果

对于推广 Newton 公式，A.Π.多莫黎亚得得到下列形式．

设 x_0 是代数或超越方程

$$f(x)=0 \tag{49}$$

的未知根 x^* 的近似值，且

$$x^*=x_0+\alpha\approx x_0 \tag{50}$$

即 α 是近似等式 $x^*\approx x_0$ 的误差．因 $f(x_0+\alpha)=0$，故等式

$$\begin{aligned}x^*=&x_0+\alpha+cf(x_0+\alpha)=\\&x_0+\alpha+c\left[f(x_0)+f'(x_0)\alpha+\frac{f''(\xi)}{2!}\alpha^2\right]=\\&x_0+cf(x_0)+\alpha[1+cf'(x_0)]+\\&c\frac{f''(\xi)}{2!}\alpha^2,x_0<\xi<x^*\end{aligned} \tag{51}$$

对常数 c 的任意值正确．

若取

$$c=-\frac{1}{f'(x_0)} \tag{52}$$

则

$$x^*=x_0-\frac{f(x_0)}{f'(x_0)}-\frac{f''(\xi)}{2f'(x_0)}\alpha^2=$$
$$x_1+\alpha_1\approx x_1 \tag{53}$$

其中 $x_1=x_0-\dfrac{f(x_0)}{f'(x_0)}$ 是未知根的新近似值，而

$$\alpha_1=-\frac{f''(\xi)}{2f'(x_0)}\alpha^2 \tag{54}$$

是近似等式 $x^*\approx x_1$ 的误差.

若把等式(50)写成形式

$$x^*=x_0+\alpha+(c_1+c_2\alpha)f(x_0+\alpha)=$$
$$x_0+\alpha+(c_1+c_2\alpha)\Big[f(x_0)+$$
$$f'(x_0)\alpha+\frac{f''(x_0)}{2!}\alpha^2+$$
$$\frac{f'''(\xi)}{3!}\alpha^3\Big] \tag{55}$$

或引进记号

$$f(x_0)=F$$
$$f'(x_0)=F'$$
$$\frac{f''(x_0)}{2!}=F''$$
$$\frac{f'''(\xi)}{3!}=F'''(\xi) \tag{56}$$

写成形式

$$x^*=x_0+c_1F+\alpha[1+c_1F'+c_2F]+$$

$$\alpha^2[c_1F''+c_2F']+$$
$$\alpha^3[c_1F'''(\xi)+c_2F'']+$$
$$\alpha^4c_2F'''(\xi) \tag{57}$$

则选择 c_1 和 c_2 使 α 和 α^2 的系数变成零后,得等式

$$x^*=x_0-\frac{FF'}{F'^2-FF''}+\frac{\alpha^3[F''^2-F'F'''(\xi)]+\alpha^4F''F'''(\xi)}{F'^2-FF''} \tag{58}$$

或

$$x^*=x_1^*+\alpha_1^*\approx x_1^* \tag{59}$$

其中

$$x_1^*=x_0-\frac{FF'}{F'^2-FF''}=x_0-\frac{2f(x_0)f'(x_0)}{2[f'(x_0)]^2-f(x_0)f''(x_0)} \tag{60}$$

且

$$\alpha_1^*=\frac{\alpha^3[F''^2-F'F'''(\xi)]+\alpha^4F''F'''(\xi)}{F'^2-FF''} \tag{61}$$

若取等式(55)型内 $f(x_0+\alpha)$ 的因子为形式 $c_1+c_2\alpha+c_3\alpha^2$,则可得

$$x^*=x_1^{**}+\alpha_1^{**}\approx x_1^{**} \tag{62}$$

其中

$$x_1^{**}=x_0-\frac{F\begin{vmatrix}F' & F\\ F'' & F'\end{vmatrix}}{\begin{vmatrix}F' & F & 0\\ F'' & F' & F\\ F''' & F'' & F'\end{vmatrix}} \tag{63}$$

而 α_1^{**} 依赖于 α^4，α^5 和 α^6.可用公式(53) 和(61) 估计未知根的近似值 x_1 和 x_1^* 的误差的上界.已知 $|\alpha|<j$(其中 $j=0.1$ 或 $j=0.01$) 时，首先决定包含 $f''(\xi)$ 或 $f'''(\xi)$ 的界，再由公式(53) 或(61) 求 $|\alpha_1|$ 或 $|\alpha_1^*|$ 的上界.

一类改进的 Ostrowski 方法①

第 14 章

§1 引 言

求解非线性方程是数值计算中一个非常重要的问题，浙江师范大学数理与信息工程学院的于双红、何国龙两位教授 2011 年考虑了求解非线性方程 $f(x)=0$ 单根的迭代法，其中 $f:D\subseteq\mathbf{R}\to\mathbf{R}$ 是一个单值非线性函数，D 为实数域上的一个开区间.

2 阶收敛的 Newton 法是解非线性方程最重要且最基础的方法之一，其效率指数为 1.414，迭代形式为

$$x_{n+1}=x_n-\frac{f(x_n)}{f'(x_n)}$$

为更快、更精确地求得非线性方程的近似解，在 Newton 法的基础上做了一系列的改进，得到一些著名的方法.例如

① 本章摘编自《浙江师范大学学报（自然科学版）》，2011，34(4)：385-392.

Jarratt 方法[1-2]、Chebyshev-Halley 方法[3] 和 Ostrowski 方法[4-11]，4 阶收敛的 Ostrowski 方法要求计算 2 个函数值和 1 个一阶导数值，其效率指数为1.587，迭代形式为

$$\begin{cases} y_n = x_n - \dfrac{f(x_n)}{f'(x_n)} \\ x_{n+1} = y_n - \dfrac{f(x_n)}{f(x_n) - 2f(y_n)} \dfrac{f(y_n)}{f'(x_n)} \end{cases}$$

文献[5] 和文献[6] 分别得到一类收敛阶为 6 的 Ostrowski 改进方法，其效率指数为 1.565，迭代形式分别为

$$\begin{cases} y_n = x_n - \dfrac{f(x_n)}{f'(x_n)} \\ z_n = y_n - \dfrac{f(x_n)}{f(x_n) - 2f(y_n)} \dfrac{f(y_n)}{f'(x_n)} \\ x_{n+1} = z_n - \dfrac{f(x_n) + \beta f(y_n)}{f(x_n) + (\beta - 2)f(y_n)} \dfrac{f(z_n)}{f'(x_n)} \end{cases}$$

和

$$\begin{cases} y_n = x_n - \dfrac{f(x_n)}{f'(x_n)} \\ z_n = y_n - \dfrac{f(x_n)}{f(x_n) - 2f(y_n)} \dfrac{f(y_n)}{f'(x_n)} \\ x_{n+1} = z_n - H(u_n) \dfrac{f(z_n)}{f'(x_n)} \end{cases}$$

其中，$\beta \in \mathbf{R}$；$u_n = \dfrac{f(y_n)}{f(x_n)}$；$H(t)$ 满足 $H(0) = 1, H'(0) = 2$.

文献[7] 提出了一类收敛阶为 7 的改进的

Ostrowski 方法,效率指数为 1.627,迭代形式为

$$\begin{cases} y_n = x_n - \dfrac{f(x_n)}{f'(x_n)} \\ z_n = x_n - (1 + H_2(x_n, y_n)) \dfrac{f(x_n)}{f'(x_n)} \\ x_{n+1} = z_n - ((1 + H_2(x_n, y_n))^2 + H_\beta(y_n, z_n)) \dfrac{f(z_n)}{f'(x_n)} \end{cases}$$

其中,$H_2(x_n, y_n) = \dfrac{f(y_n)}{f(x_n) - 2f(y_n)}$;$H_\beta(y_n, z_n) = \dfrac{f(z_n)}{f(y_n) - \beta f(z_n)}$,$\beta \in \mathbf{R}$.

文献[8] 提出了收敛阶为 8 的改进的 Ostrowski 方法,其效率指数为 1.682,迭代形式为

$$\begin{cases} y_n = x_n - \dfrac{f(x_n)}{f'(x_n)} \\ z_n = x_n - (1 + H_2(x_n, y_n)) \dfrac{f(x_n)}{f'(x_n)} \\ x_{n+1} = z_n - ((1 + H_2(x_n, y_n))^2 + \\ \qquad (1 + 4H_2(x_n, y_n)) H_\beta(y_n, z_n)) \dfrac{f(z_n)}{f'(x_n)} \end{cases} \tag{1}$$

式(1) 中,$H_2(x_n, y_n) = \dfrac{f(y_n)}{f(x_n) - 2f(y_n)}$;$H_\beta(y_n, z_n) = \dfrac{f(z_n)}{f(y_n) - \beta f(z_n)}$,$\beta \in \mathbf{R}$.

文献[10] 提出了收敛阶为 8 的改进的 Ostrowski 方法,迭代形式为

$$\begin{cases} y_n = x_n - \dfrac{f(x_n)}{f'(x_n)} \\ z_n = y_n - u\dfrac{f(x_n)}{f'(x_n)} \\ x_{n+1} = z_n - \lambda\dfrac{f(z_n)}{f'(x_n)} \end{cases} \tag{2}$$

式(2)中

$$\lambda = u^2 + u_1(2 - u_1 + 2u) + u_2$$

$$u = \frac{f(y_n)}{f(x_n) - 2f(y_n)}$$

$$u_1 = \frac{f(y_n)}{f(y_n) - 2f(z_n)}; u_2 = \frac{f(z_n)}{f(y_n) - \beta f(z_n)}, \beta \in \mathbf{R}$$

文献[11]也提出了收敛阶为 8 的改进方法，迭代形式为

$$\begin{cases} y_n = x_n - \dfrac{f(x_n)}{f'(x_n)} \\ z_n = y_n - \dfrac{f(x_n)}{f(x_n) - 2f(y_n)}\dfrac{f(y_n)}{f'(x_n)} \\ x_{n+1} = z_n - W(u_n)\dfrac{f[x_n, y_n]}{f[x_n, z_n]f[y_n, z_n]}f(z_n) \end{cases}$$

其中，$f[x_0, x_1, \cdots, x_k]$ 是 $k+1$ 个节点的差分；$u_n = \dfrac{f(z_n)}{f(x_n)}$；$W(t)$ 满足 $W(0)=1, W'(0)=1$.

本章提出的一类新的改进 Ostrowski 方法，每一步迭代只需求 3 个函数值和 1 个一阶导数值，并从理论上、试验中证明新方法的收敛阶为 8.

§2　相关概念

定义 1[12]　设 α 是充分光滑函数 $f:D\subseteq \mathbf{R}\to\mathbf{R}$ 的单根，D 是开区间，并假设迭代序列 $\{x_n\}(n=0,1,2,\cdots)$ 收敛于 α，且存在 $p\geqslant 1$ 及常数 $C>0$，使得当 $k\geqslant k_0$ 时，$\| x_{n+1}-\alpha \| \leqslant C\| x_n-\alpha \|^p$，则称序列 $\{x_n\}$ 至少 p 阶收敛，称 C 为渐近误差常数. 当 $p=1$，$0<\alpha<1$ 时，称序列 $\{x_n\}$ 至少线性收敛；当 $p=2$，$\alpha>0$ 时，称序列 $\{x_n\}$ 至少平方收敛. 设 $e_n=x_n-\alpha$，则称关系式 $e_{n+1}=Ce_n^p+O(e_n^{p+1})$ 为误差方程，称 p 为收敛阶.

定义 2[12]　若一个收敛于 α 的序列 $\{x_i\}_{i\in\mathbf{N}}$ 的收敛阶为 p，每迭代一步的工作量为 w，则称 $e=p^{1/w}$ 为效率指数.

定义 3[12]　设 $x_{n+1},x_n,x_{n-1}(n=1,2,\cdots)$ 是根 α 附近的 3 个连续的迭代值，则收敛阶近似地表示为

$$\mathrm{COC}\approx\frac{\ln|(x_{i+1}-\alpha)/(x_i-\alpha)|}{\ln|(x_i-\alpha)/(x_{i-1}-\alpha)|}$$

§3　主要结果

本章主要考虑如下迭代式

$$\begin{cases}y_n=x_n-\dfrac{f(x_n)}{f'(x_n)}\\ z_n=y_n-\dfrac{f(y_n)}{f(x_n)-2f(y_n)}\dfrac{f(x_n)}{f'(x_n)}\\ x_{n+1}=z_n-W(\lambda_n,v_n)\dfrac{f[x_n,y_n]}{f[x_n,z_n]f[y_n,z_n]}f(z_n)\end{cases}\tag{3}$$

式(3)中

$$\lambda_n = \frac{f(z_n)}{f(x_n)}; v_n = \frac{f(y_n)}{f(x_n)} \qquad (4)$$

定理 1 设函数 $f: D \subseteq \mathbf{R} \to \mathbf{R}$ 有单根 $\alpha \in D, D$ 为开区间，$f(x_n)$ 在 α 附近足够光滑，$W(t,s)$ 是满足 $W(0,0) = 1, W_t(0,0) = 1, W_s(0,0) = 0, |W_u(0,0)| < \infty,$ $|W_{ts}(0,0)| = |W_{st}(0,0)| < \infty, |W_{ss}(0,0)| < \infty$ 的实函数，则由式(3)和(4)定义的迭代方法的收敛阶为 8.

证 令 $e_n = x_n - \alpha, A_j = \dfrac{f^j(\alpha)}{j! \, f'(\alpha)}, j = 1, 2,$ $3, \cdots$. 因 α 是单根，$f(x)$ 是充分光滑函数，将 $f(x_n)$ 和 $f'(x_n)$ 在 α 处 Taylor 展开，得

$$f(x_n) = f'(\alpha)(e_n + A_2 e_n^2 + A_3 e_n^3 + A_4 e_n^4 + \qquad$$
$$A_5 e_n^5 + A_6 e_n^6 + O(e_n^7)) \qquad (5)$$
$$f'(x_n) = f'(\alpha)(1 + 2A_2 e_n + 3A_3 e_n^2 + 4A_4 e_n^3 + \qquad$$
$$5A_5 e_n^4 + 6A_6 e_n^5 + O(e_n^6)) \qquad (6)$$

经 Maple 计算得

$$\frac{f(x_n)}{f'(x_n)} = (-5A_6 + 13A_2 A_5 + 17A_4 A_3 - 28A_4 A_2^2 - \qquad$$
$$33A_2 A_3^2 + 52A_3 A_2^3 - 16A_2^5)e_n^6 + \qquad$$
$$(-4A_5 + 10A_2 A_4 + 6A_3^2 - \qquad$$
$$20A_3 A_2^2 + 8A_2^4)e_n^5 + \qquad$$
$$(-3A_4 + 7A_2 A_3 - 4A_2^3)e_n^4 + \qquad$$
$$(-2A_3 + 2A_2^2)e_n^3 - A_2 e_n^2 + e_n + O(e_n^7) \qquad$$
$$(7)$$

将 $f(y_n)$ 在 α 处 Taylor 展开，得

$$f(y_n) = f'(\alpha)(A_2 e_n^2 + (2A_3 - 2A_2^2)e_n^3 + \qquad$$

$$(3A_4-7A_2A_3+5A_2^3)e_n^4+(4A_5-10A_2A_4-6A_3^2+24A_3A_2^2-12A_2^4)e_n^5+(5A_6-13A_2A_5-17A_4A_3+34A_4A_2^2+37A_2A_3^2-73A_3A_2^2+28A_2^5)e_n^6+O(e_n^7)) \tag{8}$$

由式(5)～(8)得

$$\frac{f(y_n)}{f(x_n)}=A_2e_n+(2A_3-3A_2^2)e_n^2+(3A_4-10A_2A_3+8A_2^3)e_n^3+O(e_n^4) \tag{9}$$

$$\frac{f(x_n)-f(y_n)}{x_n-y_n}=f'(\alpha)(1+A_2e_n+(A_3+A_2^2)e_n^2+(A_4-2A_2^3+3A_2A_3)e_n^3+(A_5-8A_3A_2^2+4A_2^4+4A_2A_4+2A_3^2)e_n^4+(A_6+5A_2A_5-8A_2^5+5A_4A_3-11A_4A_2^2-9A_2A_3^2+20A_3A_2^3)e_n^5+O(e_n^6))$$

$$\frac{f(y_n)}{f(x_n)-2f(y_n)}=A_2e_n+(2A_3-A_2^2)e_n^2+(3A_4-2A_2A_3)e_n^3+(4A_5-2A_2A_4-3A_3A_2^2+2A_2^4)e_n^4+(-4A_2^5-2A_2A_5+2A_4A_3-5A_4A_2^2-9A_2A_3^2+14A_3A_2^3+5A_6)e_n^5+O(e_n^6)$$

则

$$z_n = \alpha + M_1 e_n^4 + M_2 e_n^5 + M_3 e_n^6 + O(e_n^7) \quad (10)$$

式(10)中，$M_1 := A_2^3 - A_2 A_3$；$M_2 := 8A_3 A_2^2 - 4A_2^4 - 2A_3^2 - 2A_2 A_4$；$M_3 := -3A_2 A_5 - 7A_4 A_3 + 18A_2 A_3^2 - 30A_3 A_2^3 + 10A_2^5 + 12A_4 A_2^2$. 将 $f(z_n)$ 在 α 处 Taylor 展开，得

$$f(z_n) = f'(\alpha)(M_1 e_n^4 + M_2 e_n^5 + M_3 e_n^6 + O(e_n^7)) \quad (11)$$

因而

$$\frac{f(x_n) - f(z_n)}{x_n - z_n} = f'(\alpha)(1 + A_2 e_n + A_3 e_n^2 + A_4 e_n^3 + (A_5 + A_2^4 - A_3 A_2^2) e_n^4 + (A_6 - 4A_2^5 + 9A_3 A_2^3 - 2A_4 A_2^2 - 3A_2 A_3^2) e_n^5 + O(e_n^6))$$

$$\frac{f(y_n) - f(z_n)}{y_n - z_n} = f'(\alpha)(1 + A_2^2 e_n^2 + (2A_2 A_3 - 2A_2^3) e_n^3 + (3A_2 A_4 - 7A_3 A_2^2 + 5A_2^4) e_n^4 + O(e_n^5))$$

$$\frac{f(z_n)}{f(x_n)} = (A_2^3 - A_2 A_3) e_n^3 + L_1 e_n^4 + L_2 e_n^5 + O(e_n^6)$$

其中，$L_1 := 9A_3 A_2^2 - 5A_2^4 - 2A_3^2 - 2A_2 A_4$；$L_2 := -3A_2 A_5 - 7A_4 A_3 + 21A_2 A_3^2 - 40A_3 A_2^3 + 15A_2^3 + 14A_4 A_2^2$，从而

$$\frac{f[x_n, y_n]}{f[x_n, z_n] f[y_n, z_n]} f(z_n) = M_1 e_n^4 + M_2 e_n^5 + M_3 e_n^6 + M_4 e_n^7 + O(e_n^8) \quad (12)$$

式(12)中，$M_4 := -A_2^2 A_3^2 + 2A_2^4 A_3 - A_2^6$. 将 $W(\lambda_n$，

v_n) 在(0,0) 处 Taylor 展开,得

$$W(\lambda_n, v_n) = W(0,0) + W_t(0,0)\lambda_n + W_s(0,0)v_n = W(0,0) + W_t(0,0)(M_1 e_n^3 + L_1 e_n^4 + L_2 e_n^5) + W_s(0,0)(A_2 e_n + (2A_3 - 3A_2^2)e_n^2 + (3A_4 - 10A_2A_3 + 8A_2^3)e_n^3 + O(e_n^4)) \tag{13}$$

由式(10) ~ (13) 可得

$$z_n - W(\lambda_n, v_n)\frac{f[x_n, y_n]}{f[x_n, z_n]f[y_n, z_n]}f(z_n) = \alpha + [1 - W(0,0)]M_1 e_n^4 + [M_2 - W(0,0)M_2 - W_s(0,0)A_2M_1]e_n^5 + [M_3 - W(0,0)M_3 - W_s(0,0)A_2M_2]e_n^6 + [-W(0,0)M_4 - W_t(0,0)M_1^2]e_n^7 + [W_t(0,0)(M_1M_2 + L_1 + M_1)]e_n^8 + O(e_n^9) \tag{14}$$

令 $W(0,0) = 1, W_s(0,0) = 0, W_t(0,0) = 1$,则式(14) 变为

$$z_n - W(\lambda_n, v_n)\frac{f[x_n, y_n]}{f[x_n, z_n]f[y_n, z_n]}f(z_n) = \alpha + (M_1M_2 + L_1 + M_1)e_n^8 + O(e_n^9)$$

即

$$e_{n+1} = (M_1M_2 + L_1 + M_1)e_n^8 + O(e_n^9)$$

定理 1 证毕.

由定理 1,可以将式(3) 进一步一般化,得到迭代式

$$\begin{cases} y_n = x_n - \dfrac{f(x_n)}{f'(x_n)} \\ z_n = y_n - H(v_n)\dfrac{f(x_n)}{f'(x_n)} \\ x_{n+1} = z_n - W(\lambda_n, v_n)\dfrac{f[x_n, y_n]}{f[x_n, z_n]f[y_n, z_n]}f(z_n) \end{cases} \tag{15}$$

式(15) 中 λ_n, v_n 的意义与式(4) 相同.

定理 2　设函数 $f: D \subseteq \mathbf{R} \to \mathbf{R}$ 有单根 $\alpha \in D$，D 为开区间，$f(x_n)$ 在 α 附近足够光滑，$H(u)$ 是满足 $H(0)=0, H'(0)=1, H''(0)=4, H^{(3)}(0)=24$ 的实函数，$W(t,s)$ 是满足 $W(0,0)=1, W_t(0,0)=1, W_s(0,0)=0, |W_{tt}(0,0)|<\infty, |W_{ts}(0,0)|=|W_{st}(0,0)|<\infty, |W_{ss}(0,0)|<\infty$ 的实函数，则由式(15) 定义的迭代方法的收敛阶为 8.

证　将 $H(v_n)$ 在 0 处 Taylor 展开，得

$$H(v_n) = H(0) + H'(0)v_n + \frac{H''(0)}{2}v_n^2 + \frac{H^{(3)}(0)}{6}v_n^3 + O(v_n^4) \tag{16}$$

则

$$z_n = y_n - H(v_n)\frac{f(x_n)}{f'(x_n)} = x_n - \frac{f(x_n)}{f'(x_n)} - \left[H(0) + H'(0)v_n + \frac{H''(0)}{2}v_n^2 + \frac{H^{(3)}(0)}{6}v_n^3\right]\frac{f(x_n)}{f'(x_n)} =$$

$$x_n - \left[1 + H(0) + H'(0)v_n + \frac{H''(0)}{2}v_n^2 + \frac{H^{(3)}(0)}{6}v_n^3\right]\frac{f(x_n)}{f'(x_n)} \tag{17}$$

将式(9)代入式(17)得

$$z_n = x_n - \left\{1 + H(0) + H'(0)[A_2e_n + (2A_3 - 3A_2^2)e_n^2 + (3A_4 - 10A_2A_3 + 8A_2^3)e_n^3] + \frac{H''(0)}{2}[A_2^2e_n^2 + 2A_2(2A_3 - 3A_2^2)e_n^3] + \frac{H^{(3)}(0)}{6}A_2^3e_n^3\right\}\frac{f(x_n)}{f'(x_n)} \tag{18}$$

化简式(18)得

$$z_n = \alpha - H(0)e_n + [A_2 + H(0)A_2 - H'(0)A_2]e_n^2 + \left\{\left[4H'(0) - \frac{H''(0)}{2} - 2 - 2H(0)\right]A_2^2 + [-2H'(0) + 2 + 2H(0)]A_3\right\}e_n^3 + O(e_n^4)$$

令 $H(0)=0, H'(0)=1, H''(0)=4$，则 $z_n = \alpha + LX$，其中

$$LX = \left(-A_2A_3 + 5A_2^3 - \frac{H^{(3)}(0)}{6}A_2^3\right)e_n^4 + \left(4A_5 - 4A_2A_4 - 2A_3^2 + 5A_3A_2^2 - 6A_2^4 + \frac{H^{(3)}(0)}{6}A_2^4\right)e_n^5 + (4A_2A_5 - 19A_2^2A_4 - 24A_2A_3^2 + 31A_3A_2^3 - 4A_2^5 + 12A_3A_4 + \frac{H^{(3)}(0)}{3}A_2^5)e_n^6 + O(e_n^7) \tag{19}$$

因此

$$\frac{f[x_n,y_n]}{f[x_n,z_n]f[y_n,z_n]}f(z_n)=$$
$$LX+(-5A_2^6+\frac{H^{(3)}(0)}{6}A_2^6+$$
$$6A_2^4A_3-\frac{H^{(3)}(0)}{6}A_2^4A_3-A_2^2A_3^2)e_n^7+$$
$$O(e_n^8) \tag{20}$$

$$\frac{f(z_n)}{f(x_n)}=\left(-A_2A_3+5A_2^3-\frac{H^{(3)}(0)}{6}A_2^3\right)e_n^3+$$
$$\left(4A_5-4A_2A_4-2A_3^2+6A_3A_2^2-\right.$$
$$\left.11A_2^4+\frac{H^{(3)}(0)}{3}A_2^4\right)e_n^4+$$
$$\left(-15A_4A_2^2-21A_2A_3^2+20A_3A_2^3+\right.$$
$$7A_2^5+12A_4A_3+\frac{H^{(3)}(0)}{2}A_2^3A_3-$$
$$\left.2\frac{H^{(3)}(0)}{3}A_2^5\right)e_n^5+$$
$$O(e_n^6) \tag{21}$$

由式(9)(20)和(21)可得

$$x_{n+1}=\alpha+\gamma_1e_n^4+\gamma_2e_n^5+\gamma_3e_n^6+\gamma_4e_n^7+O(e_n^8)$$

其中

$$\gamma_1=(1-W(0,0))\delta_1$$
$$\gamma_2=(1-W(0,0))\delta_2-W_s(0,0)A_2\delta_1$$
$$\gamma_3=(1-W(0,0))\delta_3-W_s(0,0)A_2\delta_4$$
$$\gamma_4=-W(0,0)(-5A_2^6+\frac{H^{(3)}(0)}{6}A_2^6+$$

$$6A_3A_2^4 - \frac{H^{(3)}(0)}{6}A_2^4A_3 - A_3^2A_2^2) -$$

$$W_s(0,0)A_2(-\delta_3 + 31A_3A_2^3 + 12A_3A_4) -$$

$$W_s(0,0)(2A_3 - 3A_2^2)\delta_2 -$$

$$(W_s(0,0)(3A_4 - 10A_2A_3 + 8A_2^3) +$$

$$W_t(0,0)\delta_1)\delta_1 \tag{22}$$

$$\delta_1 = -A_2A_3 + 5A_2^3 - \frac{H^{(3)}(0)}{6}A_2^3$$

$$\delta_2 = 4A_5 - 4A_2A_4 - 2A_3^2 + 5A_3A_2^2 - 6A_2^4 +$$

$$\frac{H^{(3)}(0)}{6}A_2^4$$

$$\delta_3 = 4A_2^5 - \frac{H^{(3)}(0)}{3}A_2^3A_3 + \frac{H^{(3)}(0)}{3}A_2^5 -$$

$$4A_2A_5 + 24A_2A_3^2 + 19A_2^2A_4$$

$$\delta_4 = 18A_3A_2^2 - 4A_3^2 - \frac{H^{(3)}(0)}{3}A_2^3A_3 -$$

$$4A_2A_4 + 2\frac{H^{(3)}(0)}{3}A_2^4 + 4A_5 - 21A_2^4$$

令 $\gamma_1 = 0, \gamma_2 = 0, \gamma_3 = 0, \gamma_4 = 0$，则

$$W(0,0) = 1$$

$$W_s(0,0) = 0$$

$$W_t(0,0) = 1$$

$$H^{(3)}(0) = 24$$

$$e_{n+1} = (8A_2A_3A_5 - 8A_4A_3A_2^2 - 4A_2A_3^3 +$$

$$15A_2^3A_3^2 - 16A_2^5A_3 - 8A_2^3A_5 +$$

$$8A_4A_2^4 + 5A_2^7)e_n^8$$

定理 2 证毕.

例 1　取 $W(t,s):=1+t+\alpha ts$，则

$$\begin{cases} y_n=x_n-\dfrac{f(x_n)}{f'(x_n)} \\ z_n=y_n-\dfrac{f(y_n)}{f(x_n)-2f(y_n)}\dfrac{f(x_n)}{f'(x_n)} \\ x_{n+1}=z_n-\left(1+\dfrac{f(z_n)}{f(x_n)}+\right. \\ \qquad \left.\alpha\dfrac{f(z_n)}{f(x_n)}\dfrac{f(y_n)}{f(x_n)}\right)\dfrac{f[x_n,y_n]}{f[x_n,z_n]f[y_n,z_n]}f(z_n) \end{cases} \tag{23}$$

式(23)中，$\alpha\in\mathbf{R}$，误差方程为

$$e_{n+1}=(2\alpha A_2^5A_3+5A_3^2A_2^3+4A_2^7-9A_3A_2^5-A_3A_4A_2^2+A_2^4A_4-\alpha A_2^7-\alpha A_2^3A_3^2)e_n^8+O(e_n^9)$$

例 2[11]　取 $W(t,s):=1+t+\alpha t^2$，则

$$\begin{cases} y_n=x_n-\dfrac{f(x_n)}{f'(x_n)} \\ z_n=y_n-\dfrac{f(y_n)}{f(x_n)-2f(y_n)}\dfrac{f(x_n)}{f'(x_n)} \\ x_{n+1}=z_n-\left(1+\dfrac{f(z_n)}{f(x_n)}+\right. \\ \qquad \left.\alpha\left(\dfrac{f(z_n)}{f(x_n)}\right)^2\right)\dfrac{f[x_n,y_n]}{f[x_n,z_n]f[y_n,z_n]}f(z_n) \end{cases} \tag{24}$$

式(24)中，$\alpha\in\mathbf{R}$，误差方程为

$$e_{n+1}=(-A_3A_4A_2^2+4A_2^7+5A_3^2A_2^3+A_2^4A_4-9A_3A_2^5)e_n^8+O(e_n^9)$$

例 3　取 $W(s,t):=1+\dfrac{t}{1+s}$，则

$$
\begin{cases}
y_n = x_n - \dfrac{f(x_n)}{f'(x_n)} \\
z_n = y_n - \dfrac{f(y_n)}{f(x_n) - 2f(y_n)} \dfrac{f(x_n)}{f'(x_n)} \\
x_{n+1} = z_n - \left(1 + \dfrac{f(z_n)}{f(x_n) + f(y_n)}\right) \\
\qquad \dfrac{f[x_n, y_n]}{f[x_n, z_n] f[y_n, z_n]} f(z_n)
\end{cases}
\tag{25}
$$

误差方程为

$$
e_{n+1} = (-11A_3A_2^5 + A_2^4A_4 + 5A_2^7 + 6A_3^2A_2^3 - A_3A_4A_2^2)e_n^8 + O(e_n^9)
$$

由式(3)(4)和(15)定义的方法每一步迭代需要计算3个函数值和1个一阶导数值，根据定义2，新定义的迭代方法的效率指数是 $8^{1/4} \approx 1.682$，均高于 Ostrowski 方法的效率指数 $4^{\frac{1}{3}} \approx 1.587$，6 阶改进方法[4-6]的效率指数 $6^{1/4} \approx 1.565$ 及 7 阶的改进方法[7]效率指数 $7^{1/4} \approx 1.627$.

参考文献

[1] KOU J S, LI Y T. An improvement of the Jarratt method[J]. Applied Mathematics and Computation, 2007, 189(2): 1816-1821.

[2] REN H M, WU Q B, BI W H. New variants of Jarratt's method with sixth-order convergence[J]. Numer Algor, 2009, 52(4): 585-603.

[3] LI Y T, ZHANG P Y, LI Y Y. Some new variants of Chebyshev-Halley methods free from second derivative[J]. International Journal of Nonlinear Science, 2010, 9(2): 201-206.

[4] MIQUEL G, JOSÉ LUIS D B. An improvement to Ostrowski root-finding method[J]. Applied Mathematics and Computation,2006,173(1):450-456.

[5] SHARMA J R, GUHA R K. A family of modified Ostrowski methods with accelerated sixth-order convergence[J]. Applied Mathematics and Computation,2007,190(1):111-115.

[6] CHANGBUM C, YOONMEE H. Some sixth-order variants of Ostrowski root-finding methods[J]. Applied Mathematics and Computation,2007,193(2):389-394.

[7] KOU J S, LI Y T, WANG X H. Some variants of Ostrowski's method with seventh-order convergence[J]. Journal of Computational and Applied Mathematics, 2007, 209(2):153-159.

[8] KOU J S, WANG X H. Some improvements of Ostrowski's method[J]. Applied Mathematics Letters, 2010,23(1):92-96.

[9] KOU J S. Some new root-finding methods with eighth-order convergence[J]. Sci Math Roumanie Tome, 2010,53(2):113-143.

[10] ZHANG G F, ZHANG Y X. New family of eighth-order methods for nonlinear equation[J]. COMPEL., 2009, 28(6):1418-1427.

[11] SHARMA J R, SHARMA J N. A new family of modified Ostrowski's methods with accelerated eighth order convergence[J]. Numer Algor, 2010, 54:445-458.

[12] BURDEN R L, FAIRES J D, REYNOLDS A C. Numerical analysis[M]. Boston:Prindle Weber Schmidt,1981.

第 15 章 非精确 Newton 法的一个 Kantorovich 型半局部收敛定理①

§1 引言

本章将研究逼近方程

$$F(X)=0 \tag{1}$$

的求解问题.式(1)中,F 是定义在开凸集 $D\subseteq X\to Y$ 上的可导算子,X,Y 为 Banach 空间.

通过解一些特定方程可以解决实际应用中的很多难题,比如动力系统中有关均差和导数的数学模型,它们的解通常代表着系统的稳定状态.除少数特例外,一般可以通过迭代法解决这些问题,即从某个或某几个初始点开始,产生一个逼近方程解的迭代序列,用以逼近所求的解.而迭代方法拥有相似的递推

① 本章摘编自《浙江师范大学学报》(自然科学版),2014,37(4):388-393.

结构,所以可以在广义的大框架下进行讨论.

浙江师范大学数理与信息工程学院的徐秀斌、何蒙、包振威三位教授 2014 年研究了非精确 Newton 法(INNA):给定初始值 x_0,执行以下步骤:

(1) 设 r_n 为残差,x_n 为迭代值,解出 s_n,使其满足

$$F'(x_n)s_n=-F(x_n)+r_n \tag{2}$$

(2)$x_{n+1}=x_n+s_n$.

(3) 若满足误差控制条件,则程序停止;否则,令 $n=n+1$,返回步骤(1).

其中,$\{r_n\}\subseteq Y$,且通常由序列$\{x_n\}$决定.若 $r_n=0$,则得到 Newton 迭代法

$$x_{n+1}=x_n-F'(x_n)^{-1}F(x_n),\ n\geqslant 0,x_0\in D \tag{3}$$

非精确 Newton 法在多种条件下的局部和半局部收敛性已被广泛研究[1-9].文献[9] 利用以下残差控制式(4)(5) 及 Lipschitz 条件(6),分析了非精确 Newton 法的收敛性

$$\| F'(x_0)^{-1}r_n \| \leqslant \eta_n \| F'(x_0)^{-1}F(x_n) \|^{1+\beta} \tag{4}$$

$$\eta_n\leqslant\eta \tag{5}$$

式(4) 和(5) 中,$\{\eta_n\}$ 为一个序列;$\eta\geqslant 0,\beta\geqslant 0$.

$$\| F'(x_0)^{-1}[F(x)-F(y)] \| \leqslant\gamma \| x-y \| \tag{6}$$

式(6) 中,$\gamma>0;x,y\in D$.

文献[2] 在式(6) 的基础上增加了中心 Lipschitz 条件

$$\| F'(x_0)^{-1}[F(x)-F(x_0)] \| \leqslant\gamma_0 \| x-x_0 \| \tag{7}$$

式(7) 中 $\gamma_0\leqslant\gamma$,得到了比文献[9] 更加精确的误差估计.文献[5] 使用了条件

$\| A(x_0)^{-1}(F(y) - F(x) - F'(x)(y - x)) \| \leqslant v(x,y) \| y - x \|^{\beta}, \beta \geqslant 1$

证明了 Newton 类方法的半局部收敛性.本章受文献[5]的启发,引入条件

$\| F'(x_0)^{-1}(F(y) - F(x) - F'(x)(y - x)) \| \leqslant \gamma \| y - x \|^{s}, s \geqslant 2$

证明了非精确 Newton 法的半局部收敛性.

§2 半局部收敛性分析

先给出引理.

引理 1 设 $\gamma_0 > 0, \gamma > 0, \eta \geqslant 0, \beta \geqslant 1, s \geqslant 2$,记

$$\lambda = \eta^{\frac{1}{1+\beta}}, \mu = 1 + \lambda, a = \mu\gamma, b = \eta\mu^{-\beta} \tag{8}$$

$$\delta = \frac{2a(\mu\alpha)^{s-2}}{\sqrt{a^2((\mu\alpha)^{s-2})^2 + 4\gamma_0} + a(\mu\alpha)^{s-2}} \tag{9}$$

再定义函数

$$f(t) = b(1-\delta)t^{\beta} + 2\gamma_0 t - 2(1-\delta) \tag{10}$$

$$g(t) = at^{s-2} + \gamma_0\delta t + bt^{\beta} - \delta \tag{11}$$

则 $f(t), g(t)$ 在 $(0, \frac{1}{\gamma_0})$ 上各有单根,分别记为 p, p_1.

证 由式(10)知

$$f(0) = -2(1-\delta) < 0$$

$$f\left(\frac{1}{\gamma_0}\right) = \frac{b(1-\delta)}{\gamma_0^{\beta}} + 2\delta > 0$$

故由介值定理知,存在 $p \in (0, \frac{1}{\gamma_0})$,使得 $f(p) = 0$.又因为

$$f'(t)=b(1-\delta)\beta t^{\beta-1}+2\gamma_0>0,t\geqslant 0$$

所以，$f(t)$ 在$(0,\frac{1}{\gamma_0})$ 内严格单调递增，p 的单根性和唯一性得证.由式(11) 知

$$g(0)=-\delta<0$$

$$g\left(\frac{1}{\gamma_0}\right)=\frac{a}{\gamma_0^{s-2}}+\frac{b}{\gamma_0^{\beta}}>0$$

因此，由介值定理知，存在 $p_1\in(0,\frac{1}{\gamma_0})$，使得 $g(p_1)=0$.又因为

$$g'(t)=a(s-2)t^{s-3}+\gamma_0\delta+b\beta t^{\beta-1}>0,t\geqslant 0$$

所以，$g(t)$ 在$(0,\frac{1}{\gamma_0})$ 内严格单调递增，p_1 的单根性和唯一性得证.引理 1 证毕.

为得到半局部收敛定理，还需要下面的引理：

引理 2　(1) 当$\beta\geqslant 1$时，设存在参数$\gamma_0>0,\gamma>0(\gamma_0\leqslant\gamma),\alpha>0,\eta\geqslant 0$，满足

$$p_0=\frac{1}{\mu}\min\{p,p_1\}\tag{12}$$

$$\alpha\leqslant p_0\tag{13}$$

则序列

$$t_0=0$$

$$t_1=\mu\alpha$$

$$t_{n+2}=t_{n+1}+\frac{a(t_{n+1}-t_n)^s+b(t_{n+1}-t_n)^{\beta+1}}{1-\gamma_0 t_{n+1}}\tag{14}$$

非减，且有上界 t^{**}，收敛到它的上确界 $t^*\in[0,t^{**}]$，其中

$$t^{**}=\frac{\mu\alpha}{1-\delta}\tag{15}$$

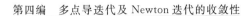

μ,a,b 如式(8) 所定义.

同时,误差估计式为

$$0 \leqslant t_{n+1} - t_n \leqslant \delta(t_n - t_{n-1}) \leqslant \cdots \leqslant \delta^n \mu\alpha \quad (16)$$

(2) 当 $\beta \in [0,1)$ 时,假设存在 $d \in (0,1)$,满足

$$a(\mu\alpha)^{s-1} + b(\mu\alpha)^{\beta} + \frac{\gamma_0 d}{1-d}\mu\alpha \leqslant d$$

则用 d 代替式(15) 和(16) 中的 δ,(1) 中的结论仍然成立.

证 (1) 用数学归纳法证明

$$\frac{a(t_{n+1}-t_n)^{s-1} + b(t_{n+1}-t_n)^{\beta}}{1-\gamma_0 t_{n+1}} \leqslant \delta \quad (17)$$

$$\gamma_0 t_{n+1} < 1 \quad (18)$$

以及式(16) 对任意的 $n \geqslant 0$ 均成立.

当选择恰当的 α 时,式(17) 和(18) 对 $n=0$ 显然成立,而式(16) 对 $n=0$ 也显然成立.现假设式(16) ~ (18) 对 $n \leqslant k-1$($k \geqslant 1$ 为一个固定的整数) 成立,则由式(14) 知

$$t_{k+1} - t_k = \frac{a(t_k - t_{k-1})^s + b(t_k - t_{k-1})^{\beta+1}}{1-\gamma_0 t_k} \quad (19)$$

利用式(19) 及上述假设得

$$0 \leqslant t_{k+1} - t_k \leqslant \delta(t_k - t_{k-1}) \leqslant \cdots \leqslant \delta^k \mu\alpha \quad (20)$$

即式(16) 对 $n=k$ 成立.进而,由式(15) 和(20) 得

$$\begin{aligned}\gamma_0 t_{k+1} &= \gamma_0(t_{k+1} - t_k + t_k - t_{k-1} + \cdots + t_1 - t_0) \leqslant \\ &\gamma_0(\delta^k + \delta^{k-1} + \cdots + 1)\mu\alpha = \\ &\frac{1-\delta^{k+1}}{1-\delta}\gamma_0\mu\alpha \leqslant \frac{\gamma_0\mu\alpha}{1-\delta}\end{aligned} \quad (21)$$

再由式(10) 知

$$f\left(\frac{1-\delta}{\gamma_0}\right) = \frac{b(1-\delta)^{\beta+1}}{\gamma_0^{\beta}} > 0$$

由引理 1 得 $p < \dfrac{1-\delta}{\gamma_0}$,由式(12) 和(13) 知

$$\gamma_0\mu\alpha \leqslant \gamma_0\mu p_0 \leqslant \gamma_0 p < 1-\delta \tag{22}$$

再联系(21) 知,式(18) 对 $n=k$ 的情形成立.

下面证式(17) 对 $n=k$ 成立,即证

$$\frac{a(t_{k+1}-t_k)^{s-1}+b(t_{k+1}-t_k)^{\beta}}{1-\gamma_0 t_{k+1}} \leqslant \delta$$

上式可写为

$$a(t_{k+1}-t_k)^{s-1}+b(t_{k+1}-t_k)^{\beta}+\gamma_0 t_{k+1}\delta-\delta \leqslant 0$$

结合式(20) 和(21),即证明

$$\begin{aligned}&a(\delta^k\mu\alpha)^{s-1}+b(\delta^k\mu\alpha)^{\beta}+\\&\gamma_0\delta(\delta^k+\delta^{k-1}+\cdots+1)\mu\alpha-\delta \leqslant 0\end{aligned} \tag{23}$$

由于 $k \geqslant 1, s \geqslant 2, \beta \geqslant 1$ 且 $\delta < 1$,所以式(23) 等价于

$$\begin{aligned}&a\delta^k(\mu\alpha)^{s-1}+b\delta(\mu\alpha)^{\beta}+\\&\gamma_0\delta(\delta^k+\delta^{k-1}+\cdots+1)\mu\alpha-\delta \leqslant 0\end{aligned} \tag{24}$$

为证式(24),需要建立定义在[0,1) 上的函数列

$$\begin{aligned}h_k(t)=&a(\mu\alpha)^{s-1}t^{k-1}+\gamma_0(1+t+\cdots+t^k)\mu\alpha+\\&b(\mu\alpha)^{\beta}-1, k \geqslant 1\end{aligned}$$

由于

$$\begin{aligned}h_k(t)=&a(\mu\alpha)^{s-1}t^{k-1}-a(\mu\alpha)^{s-1}t^{k-2}+\\&a(\mu\alpha)^{s-1}t^{k-2}+\\&\gamma_0(1+t+\cdots+t^k)\mu\alpha+\\&b(\mu\alpha)^{\beta}-1=\\&h_{k-1}(t)+h(t)t^{k-2}\mu\alpha\end{aligned} \tag{25}$$

式(25) 中,$h(t)=a(\mu\alpha)^{s-2}t-a(\mu\alpha)^{s-2}+\gamma_0 t^2$,所以 $h(t)$ 有唯一正根 δ,其中,δ 如式(9) 所示.在式(25) 中令 $t=\delta$,则

$$h_k(\delta)=h_{k-1}(\delta)=\cdots=h_1(\delta)$$

因此,只需证明

$$h_1(\delta)=a(\mu\alpha)^{s-1}+\gamma_0(1+\delta)\mu\alpha+ b(\mu\alpha)^{\beta}-1\leqslant 0 \tag{26}$$

利用式(11) 中 $g(t)$ 的定义及式(13) 有

$$g(\mu\alpha)=a(\mu\alpha)^{s-2}+\gamma_0\delta(\mu\alpha)+b(\mu\alpha)^{\beta}-\delta\leqslant g(p_1)=0 \tag{27}$$

故由式(22) 和(27) 知

$$h_1(\delta)=g(\mu\alpha)+[\gamma_0\mu\alpha-(1-\delta)]<0$$

所以,式(26) 成立.

综上所述,式(16) ～ (18) 对 $n\geqslant 0$ 均成立,所以序列$\{t_k\}$ 有界非减且收敛于上确界 t^*.

(2) 用 d 代替式(17)(18) 和(23) 中的 δ,即可得(1) 中的结论仍然成立.引理 2 证毕.

§3 半局部收敛定理

为叙述方便起见,引入($H\beta$) 条件:假设式(4) 和(5) 成立,且当 $\beta\geqslant 1$ 时,有

$$\alpha\leqslant p^*:=\begin{cases}\dfrac{1}{\mu}\min\{p,p_1,\mu\eta^{-\frac{1}{1+\beta}}\},\eta>0\\ p_0,\eta=0\end{cases} \tag{28}$$

当 $\beta\in[0,1)$ 时,存在 $d\in(0,1)$,满足

$$a(\mu\alpha)^{s-1}+b(\mu\alpha)^{\beta}+\frac{r_0 d}{1-d}\mu\alpha\leqslant d$$

$$\alpha\leqslant\eta^{-\frac{1}{1+\beta}},\eta>0$$

下面介绍非精确 Newton 法的半局部收敛定理.

定理 1 设 D 是 X 的开凸子集,$F:D\subseteq X\rightarrow Y$ 是

Fréchet 可导的非线性算子.假设条件($H\beta$)成立,且存在初始点$x_0\in D,\alpha>0,\gamma_0>0,\gamma>0(\gamma_0\leqslant\gamma)$,对于所有的$x,y\in D$有

$$F'(x_0)^{-1}\in L(Y,X)$$

$$\|F'(x_0)^{-1}F(x_0)\|\leqslant\alpha \tag{29}$$

$$\|F'(x_0)^{-1}(F'(x)-F'(x_0))\|\leqslant \gamma_0\|x-x_0\| \tag{30}$$

$$\|F'(x_0)^{-1}(F(y)-F(x)-F'(x)(y-x))\|\leqslant \gamma\|y-x\|^s \tag{31}$$

$$\overline{U}(x_0,t^*)=\{x\in X\mid \|x-x_0\|\leqslant t^*\}\subseteq D$$

其中,t^* 如引理 2 所定义,则由非精确 Newton 法产生的序列$\{x_n\}$在闭球$\overline{U}(x_0,t^*)$内,且收敛到方程$F(x)=0$在D中的解$x^*\in\overline{U}(x_0,t^*)$.对于所有的$n\geqslant 0$,有

$$\|x_n-x^*\|\leqslant t^*-t_n \tag{32}$$

证 首先用数学归纳法证明

$$\frac{\mu}{1-\gamma_0 t_n}\|F'(x_0)^{-1}F(x_n)\|\leqslant t_{n+1}-t_n \tag{33}$$

$$\|x_{n+1}-x_n\|\leqslant t_{n+1}-t_n \tag{34}$$

$$\overline{U}(x_{n+1},t^*-t_{n+1})\subseteq\overline{U}(x_n,t^*-t_n) \tag{35}$$

由α,μ及t_1的定义知,式(33)对$n=0$成立.由(INNA)、式(8)(14)(29)和条件($H\beta$)有

$$\begin{aligned}\|x_1-x_0\|&=\|-F'(x_0)^{-1}F(x_0)+F'(x_0)^{-1}r_0\|\leqslant\\&\|-F'(x_0)^{-1}F(x_0)\|+\\&\|F'(x_0)^{-1}r_0\|\leqslant\\&\alpha+\eta\alpha^{1+\beta}\leqslant\\&\alpha(1+\eta^{\frac{1}{1+\beta}})=\\&\mu\alpha=t_1-t_0\end{aligned} \tag{36}$$

即式(34)对 $n=0$ 成立.令 $z\in\overline{U}(x_1,t^*-t_1)$,则

$$\begin{aligned}\|z-x_0\| &\leqslant \|z-x_1\|+\|x_1-x_0\|\leqslant\\ &t^*-t_1+t_1-t_0=\\ &t^*-t_0\end{aligned}$$

表明 $z\in\overline{U}(x_0,t^*-t_0)$,即式(35)对 $n=0$ 成立.

下面假设式(33)~(35)对 $n\leqslant k$(k 为固定的整数)成立,则

$$\begin{aligned}\|x_{k+1}-x_0\| &\leqslant \sum_{i=1}^{k+1}\|x_i-x_{i-1}\|\leqslant\\ &\sum_{i=1}^{k+1}(t_i-t_{i-1})=\\ &t_{k+1}\leqslant t^*\end{aligned}$$

$$\begin{aligned}&\|x_k+\theta(x_{k+1}-x_k)-x_0\|\leqslant\\ &t_k+\theta(t_{k+1}-t_k)\leqslant\\ &t^*,\theta\in[0,1]\end{aligned}$$

由式(30)(21)和(22)得

$$\begin{aligned}&\|F'(x_0)^{-1}[F'(x_{k+1})-F'(x_0)]\|\leqslant\\ &\gamma_0\|x_{k+1}-x_0\|\leqslant\\ &\gamma_0 t_{k+1}\leqslant\gamma_0 t^*<1\end{aligned}\tag{37}$$

由式(37)及 Banach 引理知 $F'(x_{k+1})^{-1}$ 存在,故

$$\|F'(x_{k+1})^{-1}F(x_0)\|\leqslant\frac{1}{1-\gamma_0 t_{k+1}}\tag{38}$$

由(INNA)可以得到

$$\begin{aligned}F(x_{k+1})=&F(x_{k+1})-F(x_k)-\\ &F'(x_k)(x_{k+1}-x_k)+r_k\end{aligned}$$

于是

$$\begin{aligned}&\|F'(x_0)^{-1}F(x_{k+1})\|\leqslant\\ &\|F'(x_0)^{-1}(F(x_{k+1})-\end{aligned}$$

$$F(x_k)-F'(x_k)(x_{k+1}-x_k))\| +$$
$$\| F'(x_0)^{-1}r_k \| \tag{39}$$

由式(31) 和(34) 知

$$\| F'(x_0)^{-1}(F(x_{k+1})-F(x_k)-F'(x_k)(x_{k+1}-x_k))\| \leqslant$$
$$\gamma \| x_{k+1}-x_k \|^s \leqslant$$
$$\gamma(t_{k+1}-t_k)^s \tag{40}$$

由式(4)(5) 及(33) 有

$$\| F'(x_0)^{-1}r_k \| \leqslant \eta \| F'(x_0)^{-1}F(x_k) \|^{1+\beta} \leqslant$$
$$\eta(\mu^{-1}(t_{k+1}-t_k))^{1+\beta} =$$
$$\eta\mu^{-(1+\beta)}(t_{k+1}-t_k)^{1+\beta} \tag{41}$$

利用式(39) ～ (41) 得

$$\frac{\mu}{1-\gamma_0 t_{k+1}} \| F'(x_0)^{-1}F(x_{k+1}) \| \leqslant$$
$$\frac{\mu}{1-\gamma_0 t_{k+1}}[\gamma(t_{k+1}-t_k)^s +$$
$$\eta\mu^{-(1+\beta)}(t_{k+1}-t_k)^{1+\beta}] =$$
$$t_{k+2}-t_{k+1} \tag{42}$$

即式(33) 对 $n=k+1$ 成立.

下面证明

$$\eta \| F'(x_0)^{-1}F(x_{k+1}) \|^{1+\beta} \leqslant$$
$$\lambda \| F'(x_0)^{-1}F(x_{k+1}) \| \tag{43}$$

由式(42) 和条件($H\beta$) 知

$$\| F'(x_0)^{-1}F(x_{k+1}) \| \leqslant \mu^{-1}(t_{k+2}-t_{k+1}) \leqslant$$
$$\mu^{-1}t_1=\alpha \leqslant \left(\frac{\lambda}{\eta}\right)^{\frac{1}{\beta}}, \beta>0, \eta>0 \tag{44}$$

即式(43) 成立. 进而，由(INNA)、式(4)(5)(8)(38)(42) 和(43) 得到

$$\| x_{k+2}-x_{k+1} \| = \| [F'(x_{k+1})^{-1}F'(x_0)] \cdot$$

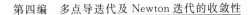

$$[F'(x_0)^{-1}(F(x_{k+1})+r_{k+1})]\| \leqslant$$
$$\frac{1}{1-\gamma_0 t_{k+1}}(\|F'(x_0)^{-1}F(x_{k+1})\|+$$
$$\eta\|F'(x_0)^{-1}F(x_{k+1})\|^{1+\beta})\leqslant$$
$$\frac{1}{1-\gamma_0 t_{k+1}}(1+\lambda)\cdot$$
$$\|F'(x_0)^{-1}F(x_{k+1})\|\leqslant$$
$$t_{k+2}-t_{k+1} \tag{45}$$

即说明式(34) 对 $n=k+1$ 成立.

这样,对 $\forall z\in\overline{U}(x_{k+2},t^*-t_{k+2})$ 有

$$\|z-x_{k+1}\|\leqslant\|z-x_{k+2}\|+\|x_{k+2}-x_{k+1}\|\leqslant$$
$$t^*-t_{k+2}+t_{k+2}-t_{k+1}=$$
$$t^*-t_{k+1}$$

即式(35) 对 $n=k+1$ 成立.

引理 2、式(34) 和(35) 表明在 Banach 空间 X 中,$\{x_n\}$ 是 Cauchy 序列,并且收敛到某个 $x^*\in\overline{U}(x_0,t^*)$,在式(44) 中令 $k\to\infty$,得到 $F(x^*)=0$.

最后,利用优序列相关技巧可由式(34) 推出式(32).定理 2 证毕.

参考文献

[1] DEMBO R S, EISENSTAT S C, STEIHAUG T. Inexact Newton methods[J].Numer Anal, 1982,19(2):400-408.

[2] ARGYROS I K, REN H M. Kantorovich-type semilocal convergence analysis for inexact Newton methods[J]. Comput Appl Math, 2011,235(9):2993-3005.

[3] GUO X P. On semilocal convergence of inexact Newton methods[J]. Comput Math, 2007,25(2):231-242.

[4] ARGYROS I K. The Newton-Kantorovich method under

mild differentiablility conditions and the Ptâk error estimates[J]. Mh Math, 1990,109(3):175-193.

[5] ARGYROS I K, HILOUT S. Majorizing sequences for iterative procedures in Banach spaces[J]. Journal of Complexity, 2012,28(5/6):562-581.

[6] ARGYROS I K, HILOUT S. Weak convergence conditions for Inexact Newton-type methods[J]. Appl Math Comput, 2011,218(6):1-10.

[7] ARGYROS I K, KHATTRI S K. Weaker Kantorovich type criteria for inexact Newton methods[J]. Comput Appl Math, 2014,261(9):103-117.

[8] SHEN W P, LI C. Convergence criterion of inexact methods for operators with Hölder continuous derivatives[J]. Taiwanses Journal of Math, 2008, 12(7):1865-1882.

[9] SHEN W P, LI C. Kantorovich-type convergence criterion for inexact Newton methods[J]. Appl Numer Math, 2009, 59(7):1599-1611.

非精确 Newton 法的半局部收敛性①

第 16 章

§1 引 言

Banach 空间中非线性算子方程

$$f(x)=0 \quad (1)$$

的求解问题在数学理论及应用领域上有着较为广泛的应用.其中,f 是从实的或复的 Banach 空间 X 的某个凸区域 D 到同型空间 Y 的连续 Fréchet 可微的非线性算子.通常在求解非线性方程(1)时,最常用的方法是 Newton 法,具体的迭代公式为

$$x_{n+1}=x_n-f'(x_n)^{-1}f(x_n) \quad (2)$$

关于 Newton 法的收敛性分析通常可以分为两种类型:局部收敛性分析和半局部收敛性分析.局部收敛性分析是指

① 本章摘编自《浙江师范大学学报》(自然科学版),2014,37(1):34-41.

先假设方程(1) 的解 x^* 存在，然后找到以 x^* 为球心的一个邻域 D，使得式(2) 产生的序列在 D 内收敛[1-2].半局部收敛性分析则在没有假定方程组解存在的情况下，只根据初始近似 x_0 满足的局部条件，就可以确保迭代序列的收敛性[1-4].在 Newton 法的半局部收敛性分析所得的结果中，最为著名的是 Kantorovich 定理[5]，它为有界的二阶可导算子 f'' 或者一阶可导 Lipschitz 连续算子提供了简单且易懂的收敛准则.另外一个重要的定理是 Smale's α 理论[6].至于利用优序列的方法考虑 Newton 法的收敛性[1,2,4,6]，王兴华等[2] 找到了最好的 α 判据，彻底改进了 Smale's α 理论.而且，文献[6] 引进了 γ — 条件，再次讨论了 α 判据，对 Smale 的点估计理论做了推广.

由式(2) 知，使用 Newton 法求解方程(1) 时，每步迭代都需要精确地求解方程

$$f'(x_n)(x_{n+1}-x_n)=-f(x_n) \tag{3}$$

从实际计算角度看，有时会使得 Newton 法无效，尤其当 $f'(x_n)$ 很大且稠密时.但可采用线性迭代求解方程(3) 的近似解，不用直接精确地求解方程(3)，这样可以大大减少计算量.这种方法称为非精确 Newton 法.通常，非精确 Newton 法具有如下形式：

算法 1　给定初始近似 x_0，令 $n=0,1,\cdots$，开始执行如下步骤，直到序列收敛.

(1) 设 r_n 为残差而 x_n 为迭代值，求解 s_n，使其满足

$$f'(x_n)s_n=-f(x_n)+r_n$$

(2)
$$x_{n+1}=x_n+s_n$$

(3) 令 $n=n+1$，重新返回步骤(1)，

其中，$\{r_n\}$ 是 Y 中的序列.

非精确 Newton 法的收敛性取决于 $\{r_n\}$ 的选择，一般情况下，条件不同，残差的选择也会有所差异.关于非精确 Newton 法的局部收敛性，文献[7] 给出了最基本的结果.Argyros[8] 在文献[7] 的基础上，假设 f'' 满足 Lipschitz 条件，分析了非精确 Newton 法的局部收敛性.文献[9] 用仿射不变条件 $\| f'(x_i)^{-1} r_i \| \leqslant v_i \| f'(x_i)^{-1} f(x_i) \| (i=0,1,\cdots)$ 替代文献[8] 中的条件 $\| r_n \| \leqslant \eta_n \| f(x_n) \|$，使得非精确 Newton 法亦具有仿射不变性.

至于半局部收敛性分析，文献[10] 在假设 $f'(x)$ 满足 Lipschitz 连续下，采用控制 $\| f'(x_0)^{-1} r_n \| \leqslant \| f'(x_0)^{-1} f(x_n) \| \eta_n$ 分析了非精确 Newton 法的半局部收敛性.文献[11] 为使改进的非精确 Newton 法具有仿射不变性，条件和控制分别选用

$$\| f'(y)^{-1}(f'(x+t(y-x))-f'(x)) \| \leqslant L \| y-x \|$$

和

$$\| r_n \| \leqslant v_n \| f'(x_n)^{-1} f(x_n) \|$$

文献[12] 分析了在 γ — 条件[3] 下非精确 Newton 法的半局部收敛性，同时给出了 Smale 型收敛准则，首次采用满足如下条件的残差 $\{r_n\}$

$$\| f'(x_0)^{-1} r_n \| \leqslant \eta_n \| f'(x_0)^{-1} f(x_n) \|^2$$
$$\eta = \sup_{n \geqslant 0} \eta_n < 1 \tag{4}$$

浙江师范大学数理与信息工程学院的王铭、何金苏、沈卫平三位教授 2014 年采用满足式(4) 的残差控制 $\{r_n\}$，通过引入中心 γ_0 — 条件和 γ — 条件，得到了比文献[12] 更精确的误差估计及更优的半局部收敛性

定理.

§2　预备知识

令 X 和 Y 是 Banach 空间，用 $U(x,r)$ 表示 X 中以 x 为中心、r 为半径的开球，$\overline{U}(x,r)$ 表示以 x 为中心、r 为半径的闭球. 设 γ,γ_0,λ 都为大于零的常数，算子 $f:D\subseteq X\to Y$ 具有二阶导数，$x_0\in D$ 且 $f'(x_0)^{-1}$ 存在.

首先，引入 γ－条件[3] 及中心 γ_0－条件.

定义 1[3]　令 $0<r\leqslant\dfrac{1}{\gamma}$，且满足 $U(x_0,r)\subseteq X$. 若 f 在 $U(x_0,r)\subseteq X$ 上满足

$$\|f'(x_0)^{-1}f''(x)\|\leqslant\frac{2\gamma}{(1-\gamma\|x-x_0\|)^3}\tag{5}$$

则称 f 关于 x_0 在 $U(x_0,r)\subseteq X$ 上满足 γ－条件.

引理 1[12]　若 f 关于 x_0 在 $U(x_0,r)\subseteq X$ 上满足 γ－条件，$\|x-x_0\|\leqslant\left(1-\dfrac{1}{\sqrt{2}}\right)\dfrac{1}{\gamma}$，则 $f'(x)^{-1}$ 存在，且

$$\|f'(x)^{-1}f'(x_0)\|\leqslant\left(2-\frac{1}{(1-\gamma\|x-x_0\|)^2}\right)^{-1}\tag{6}$$

定义 2　令 $0<r\leqslant\dfrac{1}{\gamma_0}$，且 $U(x_0,r)\subseteq X$. 若 f 在 $U(x_0,r)$ 上满足

$$\|f'(x_0)^{-1}(f'(x)-f'(x_0))\|\leqslant$$

$$\frac{1}{(1-\gamma_0\|x-x_0\|)^2}-1 \tag{7}$$

则称 f 关于 x_0 在 $U(x_0,r)$ 上满足中心 γ_0 一条件.

注 1 由 $\|x-x_0\| \leqslant \left(1-\frac{1}{\sqrt{2}}\right)\frac{1}{\gamma}$ 和式(5)有

$$\|f'(x_0)^{-1}(f'(x)-f'(x_0))\| \leqslant$$
$$\frac{1}{(1-\gamma\|x-x_0\|)^2}-1<1 \tag{8}$$

由定义 2 知,$\gamma_0 \leqslant \gamma$.

下面给出证明非精确 Newton 法半局部收敛性所需要的相关结果.

为方便起见,令

$$c_1=\frac{\sqrt{2}\,\eta(1+\sqrt{\eta})}{(1-\sqrt{\eta})^2}$$
$$c_2=1+\sqrt{\eta}$$
$$c=\frac{c_1}{\gamma}+c_2$$
$$c'=\frac{c_1}{\gamma_0}+c_2 \tag{9}$$

首先,在 $\left[0,\frac{1}{\gamma}\right)$ 上定义两个实函数:ψ,φ,使其满足

$$\psi(t)=\lambda-t+\frac{c_1t^2}{1-\gamma_0t}+\frac{c_2\gamma t^2}{1-\gamma t}$$
$$0\leqslant t<\frac{1}{\gamma} \tag{10}$$

$$\varphi(t)=\lambda-t+\frac{c\gamma t^2}{1-\gamma t},0\leqslant t<\frac{1}{\gamma} \tag{11}$$

引理 2 设 ψ 和 φ 由式(10)和(11)定义,那么,$\psi'(t)=0$ 和 $\varphi'(t)=0$ 在区间 $\left(0,\frac{1}{\gamma}\right)$ 内都有唯一的正

根.若记 $\psi'(t)=0$ 的根为 p^*,$\varphi'(t)=0$ 的根为 r^*,则

$$p^* \geqslant r^* \tag{12}$$

证　由 ψ 和 φ 的定义知

$$\psi(t) \leqslant \varphi(t) \tag{13}$$

$$\psi'(t)=\frac{\frac{c_1}{\gamma_0}}{(1-\gamma_0 t)^2}-\frac{c_1}{\gamma_0}+\frac{c_2}{(1-\gamma t)^2}-c_2-1$$

$$0 \leqslant t < \frac{1}{\gamma} \tag{14}$$

$$\varphi'(t)=\frac{\frac{c_1}{\gamma}}{(1-\gamma t)^2}-\frac{c_1}{\gamma}+\frac{c_2}{(1-\gamma t)^2}-c_2-1$$

$$0 \leqslant t < \frac{1}{\gamma} \tag{15}$$

易知 ψ' 及 φ' 在区间 $\left[0,\frac{1}{\gamma}\right)$ 内都为单调递增函数,且

$\psi'(0)=-1<0,\psi'\left(\frac{1}{\gamma}-0\right)=+\infty,\varphi'(0)=-1<0$

及 $\varphi'\left(\frac{1}{\gamma}-0\right)=+\infty$.因此,$\psi'(t)=0$ 和 $\varphi'(t)=0$ 在区间 $\left(0,\frac{1}{\gamma}\right)$ 上都有唯一的正根,进一步可以求出

$$r^*=\left(1-\sqrt{\frac{c}{c+1}}\right)\frac{1}{\gamma} \tag{16}$$

令

$$g(x)=\frac{\frac{1}{x}}{(1-xt)^2}-\frac{1}{x},0<x<\frac{1}{t}$$

易知,$g'(x)>0$,从而 $g(x)$ 关于 x 单调递增.由 $\gamma_0 \leqslant \gamma$,有 $g(\gamma_0) \leqslant g(\gamma)$.比较式(14) 和(15),有

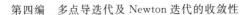

$$\psi'(t) \leqslant \varphi'(t) \tag{17}$$

所以，$p^* \geqslant r^*$.引理 2 证毕.

引理 3[1]　若

$$\lambda\gamma \leqslant 1 + 2c - 2\sqrt{c(c+1)} \tag{18}$$

则函数 φ 有 2 个零解

$$\left.\begin{matrix} t^* \\ t^{**} \end{matrix}\right\} = \frac{1+\lambda\gamma \pm \sqrt{(1+\lambda\gamma)^2 - 4(c+1)\gamma}}{2(c+1)\gamma} \tag{19}$$

且满足

$$\lambda < t^* \leqslant r^* \leqslant t^{**}$$

引理 4　若

$$\lambda\gamma \leqslant 1 + 2c' - 2\sqrt{c'(c'+1)} \tag{20}$$

成立，则式(10) 定义为 ψ 有 2 个零解 s^* 和 s^{**}，且

$$\lambda < s^* \leqslant t^* \leqslant r^* \leqslant p^* \leqslant t^{**} \leqslant s^{**}$$

证　首先，证明式(20)⇒ 式(18).由式(9) 和注 1 知，$c' \geqslant c \geqslant 1$.令 $G(x) = 1 + 2x - 2\sqrt{x(x+1)}$，易知当 $x \geqslant 1$ 时，$G(x)$ 关于 x 单调递增.因为 $\gamma_0 \leqslant \gamma$，所以式(20)⇒ 式(18).

因为 $\psi(t)$ 在$[0, p^*]$上单调递减，在$\left[p^*, \frac{1}{\gamma}\right)$上单调递增，$\varphi(t)$ 在$[0, r^*]$上单调递减，在$\left[r^*, \frac{1}{\gamma}\right)$上单调递增，所以由式(13)、引理 2 及式(20) 知，$\psi(t)$ 在区间$[0, p^*]$上有一个零点 s^*，在区间$\left[p^*, \frac{1}{\gamma}\right)$上有另一个零点 s^{**}，且满足 $s^* \leqslant t^* \leqslant r^* \leqslant p^* \leqslant t^{**} \leqslant s^{**}$.因为 $\gamma_0 \leqslant \gamma$，所以

$$\psi(t) \geqslant \lambda - t + \frac{c_1 t^2}{1-\gamma_0 t} + \frac{c_2\gamma_0 t^2}{1-\gamma_0 t} =$$

$$\lambda - t + \frac{c'\gamma_0 t^2}{1-\gamma_0 t} = h(t)$$

由式(20)及引理3知，$h(t)=0$ 有2个正解.记较小的正根为 h^*，则 $\lambda < h^*$.再根据 $\psi(t) \geqslant h(t)$，有 $h^* < s^*$，故 $\lambda < s^*$.

综上所述，可得 $\lambda < s^* \leqslant t^* \leqslant r^* \leqslant p^* \leqslant t^{**} \leqslant s^{**}$.引理4证毕.

下面定义2个序列：令 $t_0 = s_0 = 0$，$\{t_n\}$ 和 $\{s_n\}$ 由以下迭代产生

$$t_{n+1} = t_n - \frac{\varphi(t_n)}{\varphi'(t_n)}, n = 0,1,\cdots \tag{21}$$

$$s_{n+1} = s_n - \frac{\psi(s_n)}{\psi'(s_n)}, n = 0,1,\cdots \tag{22}$$

引理5[1]　令 t^* 由式(19)定义，且 $\{t_n\}$ 由式(21)推出.若式(18)成立，则

$$t_n < t_{n+1} < t^*, n = 0,1,\cdots$$

引理6　假设式(20)成立.令 s^* 是 ψ 在区间 $[0, p^*]$ 上的零点，且 $\{s_n\}$ 由式(22)产生，那么

$$s_n < s_{n+1} < s^*, n \in \mathbf{N} \tag{23}$$

从而 $\{s_n\}$ 单调递增且收敛于 s^*.

证　用数学归纳法证明式(23).当 $n=0$ 时，$s_0 = 0$，$s_1 = \lambda$，由引理4知，$s_0 < \lambda < s^*$.因此，式(23)对 $n=0$ 成立.现假设 $s_1 < s_2 < \cdots < s_n < s^*$.因为 ψ 在区间 $[0, s^*]$ 上单调递减且 $\psi(s^*) = 0$，所以

$$\psi(s_n) > 0 \tag{24}$$

由式(17)知，$-\psi'(t) \geqslant -\varphi'(t)$.又因为 φ' 严格递增且 $\varphi'(r^*) = 0$，所以，由引理4知

$$-\psi'(s_n) \geqslant -\varphi'(s_n) > -\varphi'(r^*) = 0 \tag{25}$$

由式(24)和(25)可得

$$s_{n+1}=s_n-\frac{\psi(s_n)}{\psi'(s_n)}>s_n$$

因为函数 $t\to t-\dfrac{\psi(t)}{\psi'(t)}$ 在区间$[0,s^*]$上单调递增,所以

$$s_{n+1}=s_n-\frac{\psi(s_n)}{\psi'(s_n)}<s^*-\frac{\psi(s^*)}{\psi'(s^*)}=s^*$$

因此,式(23)对所有的 $n\geqslant 0$ 成立.这就意味着$\{s_n\}$单调递增且收敛到一点,设为v.易知$v\in[0,p^*]$且v是函数ψ的一个零点(令式(22)中$n\to\infty$).注意到s^*是函数ψ在区间$[0,p^*]$上唯一的零点,由此可知$v=s^*$,所以$\{s_n\}$单调收敛于s^*.引理6证毕.

§3　收敛性分析

令$\alpha=\|f'(x_0)^{-1}f(x_0)\|$,$\lambda=(1+\sqrt{\eta})\alpha$.下面给出主要结果,该结果表明:当初始点满足一定条件时,算法1产生的序列$\{x_n\}$收敛且收敛域相对于文献[12]更紧.

定理1　假设 f 在 $\overline{U}(x_0,s^*)$ 上满足式(5)和(7),且

$$\alpha\leqslant\min\left\{\frac{1}{\sqrt{\eta}},\frac{1+2c'-2\sqrt{c'(c'+1)}}{\gamma(1+\sqrt{\eta})}\right\}\tag{26}$$

那么由算法1产生的序列$\{x_n\}\subseteq\overline{U}(x_0,s^*)$,且$\{x_n\}$收敛于方程$f(x)=0$的唯一解$x^*\in\overline{U}(x_0,s^*)$,进一步有下列不等式成立

$$\sqrt{\eta}\,\|f'(x_0)^{-1}f(x_0)\|\leqslant 1 \tag{27}$$

$$\|x_{n+1}-x_n\|\leqslant s_{n+1}-s_n \tag{28}$$

$$\|x_n-x^*\|\leqslant s^*-s_n,n=0,1,\cdots \tag{29}$$

证　用数学归纳法证明对所有的 $k\geqslant 0$,有

$$\sqrt{\eta}\,\|f'(x_0)^{-1}f(x_k)\|\leqslant 1 \tag{30}$$

$$\|x_{k+1}-x_k\|\leqslant s_{k+1}-s_k \tag{31}$$

$$\overline{U}(x_{k+1},s^*-s_{k+1})\subseteq\overline{U}(x_k,s^*-s_k) \tag{32}$$

由定理 1 的假设知,式(30) 对 $k=0$ 成立.由算法 1 知

$$\|x_1-x_0\|\leqslant\|f'(x_0)^{-1}f(x_0)\|+\|f'(x_0)^{-1}r_0\|$$

由式(4)得 $\|x_1-x_0\|\leqslant\alpha+\eta\alpha^2$.因为$\sqrt{\eta}\alpha\leqslant 1$,所以 $\|x_1-x_0\|\leqslant\alpha+\sqrt{\eta}\alpha=\lambda=s_1-s_0<s^*$.对于每个 $z\in\overline{U}(x_1,s^*-s_1)$,有

$$\begin{aligned}\|z-x_0\|&\leqslant\|z-x_1\|+\|x_1-x_0\|\leqslant\\&s^*-s_1+s_1-s_0=\\&s^*-s_0\end{aligned}$$

因此,式(31) 和(32) 对 $k=0$ 成立.现假设式(30) ~ (32) 对所有满足 $k\leqslant n$ 的正整数 k 成立,那么

$$\begin{aligned}\|x_{n+1}-x_0\|&\leqslant\sum_{i=1}^{n+1}\|x_i-x_{i-1}\|\leqslant\\&\sum_{i=1}^{n+1}(s_i-s_{i-1})=\\&s_{n+1}-s_0=s_{n+1}\end{aligned}$$

$$\begin{aligned}&\|x_n+\theta(x_{n+1}-x_n)-x_0\|\leqslant\\&s_n+\theta(s_{n+1}-s_n)\leqslant\\&s^*,\theta\in(0,1)\end{aligned}$$

由式(9)(16)、引理 4 及引理 6 有

$$\begin{cases}\| x_{n+1} - x_0 \| \leqslant s_{n+1} < s^* \leqslant t^* \leqslant r^* = \\ \left(1 - \sqrt{\dfrac{c}{c(c+1)}}\right)\dfrac{1}{\gamma} \leqslant \left(1 - \dfrac{1}{\sqrt{2}}\right)\dfrac{1}{\gamma_0} \\ \| x_n + \theta(x_{n+1} - x_n) - x_0 \| \leqslant s^* \leqslant \left(1 - \dfrac{1}{\sqrt{2}}\right)\dfrac{1}{\gamma_0}\end{cases} \tag{33}$$

令引理 1 中的 $x = x_{n+1}$，则

$$\| (f'(x_{n+1}))^{-1} f'(x_0) \| \leqslant \left(2 - \frac{1}{(1 - \gamma s_{n+1})^2}\right)^{-1} \tag{34}$$

由式(14)得

$$-\psi'(s_{n+1}) - \left(2 - \frac{1}{(1 - \gamma s_{n+1})^2}\right) = c_2 - 1 - \frac{c_2 - 1}{(1 - \gamma s_{n+1})^2} + \frac{c_1}{\gamma_0} - \frac{c_1}{\gamma_0 (1 - \gamma_0 s_{n+1})^2} \leqslant 0$$

再根据式(34)有

$$\| (f'(x_{n+1}))^{-1} f'(x_0) \| \leqslant -\psi'(s_{n+1})^{-1} \tag{35}$$

由算法 1 知

$$f(x_{n+1}) = f(x_{n+1}) - f(x_n) - f'(x_n)(x_{n+1} - x_n) + r_n = \int_0^1\int_0^1 f''(x_n^{\tau s})\tau\, \mathrm{d}s\, \mathrm{d}\tau (x_{n+1} - x_n)^2 + r_n$$

其中，$x_n^{\tau s} = x_n + \tau s (x_{n+1} - x_n)$，$0 \leqslant \tau, s \leqslant 1$.进一步可得

$$\| (f'(x_0))^{-1} f(x_{n+1}) \| \leqslant \| (f'(x_0))^{-1} \int_0^1\int_0^1 f''(x_n^{\tau s})\tau\, \mathrm{d}s\, \mathrm{d}\tau (x_{n+1} - x_n)^2 \| + \| (f'(x_0))^{-1} r_n \| = I_1 + I_2 \tag{36}$$

接下来分别估计 I_1 和 I_2.首先,由 γ － 条件知

$$I_1 \leqslant \int_0^1\int_0^1 \frac{2\gamma}{(1-\gamma\|x_n^{\tau s}-x_0\|)^3}\tau\mathrm{d}s\mathrm{d}\tau\|x_{n+1}-x_n\|^2 \leqslant$$

$$\int_0^1\int_0^1 \frac{2\gamma}{(1-\gamma\|x_n-x_0\|-\gamma\tau s\|x_{n+1}-x_n\|)^3}\tau\mathrm{d}s\mathrm{d}\tau \cdot$$

$$\|x_{n+1}-x_n\|^2 =$$

$$\frac{\gamma\|x_{n+1}-x_n\|^2}{(1-\gamma\|x_n-x_0\|-\gamma\|x_{n+1}-x_n\|)(1-\gamma\|x_n-x_0\|)^2}$$

因为式(31) 和(32) 对所有满足 $k \leqslant n$ 的正整数 k 成立,所以

$$I_1 \leqslant \frac{\gamma(s_{n+1}-s_n)^2}{(1-\gamma s_{n+1})(1-\gamma s_n)^2} \tag{37}$$

下面估计 I_2. 因为 $(f'(x_0))^{-1}f'(x_n) = I + (f'(x_0))^{-1}(f'(x_n)-f'(x_0))$,故由式(7) 知

$$\|(f'(x_0))^{-1}f'(x_n)\| \leqslant \frac{1}{(1-\gamma_0\|x_n-x_0\|)^2} \tag{38}$$

由算法 1 有

$$\|(f'(x_0))^{-1}f'(x_n)(x_{n+1}-x_n)\| \geqslant$$
$$\|(f'(x_0))^{-1}f(x_n)\| -$$
$$\|(f'(x_0))^{-1}r_n\|$$

因为式(30) 对 $k \leqslant n$ 成立,所以由式(4) 得

$$\|(f'(x_0))^{-1}f'(x_n)(x_{n+1}-x_n)\| \geqslant$$
$$\|(f'(x_0))^{-1}f(x_n)\| -$$
$$\eta\|(f'(x_0))^{-1}f(x_n)\|^2 \geqslant$$
$$(1-\sqrt{\eta})\|(f'(x_0))^{-1}f(x_n)\|$$

进一步可以得到

$$\|(f'(x_0))^{-1}f(x_n)\| \leqslant$$

$$\frac{\|(f'(x_0))^{-1}f'(x_n)\| \ \|x_{n+1}-x_n\|}{1-\sqrt{\eta}} \leqslant$$

$$\frac{\|x_{n+1}-x_n\|}{(1-\sqrt{\eta})(1-\gamma_0\|x_n-x_0\|)^2} \tag{39}$$

结合式(4)有

$$I_2 \leqslant \eta\|(f'(x_0))^{-1}f(x_n)\|^2 \leqslant$$

$$\frac{\eta\|x_{n+1}-x_n\|^2}{(1-\sqrt{\eta})^2(1-\gamma_0\|x_n-x_0\|)^4} \leqslant$$

$$\frac{\eta(s_{n+1}-s_n)^2}{(1-\sqrt{\eta})^2(1-\gamma_0 s_n)^4}$$

注意到 $s_n < s_{n+1} < s^*$，由式(33)知

$$I_2 \leqslant \frac{\eta(s_{n+1}-s_n)^2}{(1-\sqrt{\eta})^2(1-\gamma_0 s^*)(1-\gamma_0 s_{n+1})(1-\gamma_0 s_n)^2} \leqslant$$

$$\frac{\sqrt{2}\eta(s_{n+1}-s_n)^2}{(1-\sqrt{\eta})^2(1-\gamma_0 s_{n+1})(1-\gamma_0 s_n)^2} \tag{40}$$

根据式(36)(37)及(40)有

$$\|(f'(x_0))^{-1}f(x_{n+1})\| \leqslant I_1+I_2 \leqslant$$

$$\frac{\gamma(s_{n+1}-s_n)^2}{(1-\gamma s_{n+1})(1-\gamma s_n)^2}+$$

$$\frac{\sqrt{2}\eta}{(1-\sqrt{\eta})^2}\frac{(s_{n+1}-s_n)^2}{(1-\gamma_0 s_{n+1})(1-\gamma_0 s_n)^2}$$

结合式(9)(10)及(22)可得

$$(1+\sqrt{\eta})\|(f'(x_0))^{-1}f(x_{n+1})\| \leqslant$$

$$\frac{(1+\sqrt{\eta})\gamma(s_{n+1}-s_n)^2}{(1-\gamma s_{n+1})(1-\gamma s_n)^2}+$$

$$\frac{\sqrt{2}\eta(1+\sqrt{\eta})}{(1-\sqrt{\eta})^2}\frac{(s_{n+1}-s_n)^2}{(1-\gamma_0 s_{n+1})(1-\gamma_0 s_n)^2}=$$

$$\psi(s_{n+1})-\psi(s_n)-\psi'(s_n)(s_{n+1}-s_n)=\psi(s_{n+1}) \tag{41}$$

又因为 $(1+\sqrt{\eta})\|(f'(x_0))^{-1}f(x_{n+1})\|\leqslant\psi(s_{n+1})\leqslant\psi(0)=\lambda$，所以

$$\sqrt{\eta}\|(f'(x_0))^{-1}f(x_{n+1})\|\leqslant\frac{\sqrt{\eta}\lambda}{1+\sqrt{\eta}}=\sqrt{\eta}\alpha\leqslant 1$$

这就证明了式(30)对所有的 $k\geqslant 0$ 成立.

根据算法1知

$$\begin{aligned}&\|x_{n+2}-x_{n+1}\|=\\&\|(f'(x_{n+1}))^{-1}f'(x_0)(-(f'(x_0))^{-1}f(x_{n+1})+\\&(f'(x_0))^{-1}r_{n+1})\|\leqslant\\&\|(f'(x_{n+1}))^{-1}f'(x_0)\|(\|(f'(x_0))^{-1}f(x_{n+1})\|+\\&\|(f'(x_0))^{-1}r_{n+1}\|)\leqslant\\&(1+\sqrt{\eta})\|(f'(x_{n+1}))^{-1}f'(x_0)\|\cdot\\&\|(f'(x_0))^{-1}f(x_{n+1})\|\end{aligned}$$

由式(22)(35)及(41)可得

$$\begin{aligned}&\|x_{n+2}-x_{n+1}\|\leqslant\\&-(\psi'(s_{n+1}))^{-1}(1+\sqrt{\eta})\|(f'(x_0))^{-1}f(x_{n+1})\|\leqslant\\&-\frac{\psi(s_{n+1})}{\psi'(s_{n+1})}=s_{n+2}-s_{n+1}\end{aligned}$$

因此，式(31)对所有的 $k\geqslant 0$ 成立.

设 $\mu\in\overline{U}(x_{n+2},s^*-s_{n+2})$，则

$$\begin{aligned}\|\mu-x_{n+1}\|\leqslant\|\mu-x_{n+2}\|+\|x_{n+2}-x_{n+1}\|&\leqslant\\ s^*-s_{n+2}+s_{n+2}-s_{n+1}&=\\ s^*-s_{n+1}&\end{aligned}$$

从而 $\mu\in\overline{U}(x_{n+1},s^*-s_{n+1})$. 因此，式(32)对所有的

$k \geqslant 0$ 成立.

综上所述,式(30)和(32)对所有 $k \geqslant 0$ 成立.

由引理6知,$\{s_n\}$ 是 Cauchy 序列,同时由式(31)和(32)得出 $\{x_n\}$ 也是 Cauchy 序列,故 $\{x_n\}$ 收敛于 $x^* \in \overline{U}(x_0, s^*)$. 令式(39)中的 $n \to \infty$, 可得 $f(x^*)=0$,所以 x^* 是 $f(x)=0$ 的一个解.

下面证明唯一性.假设方程 $f(x)=0$ 有另一个解 $y^* \in \overline{U}(x_0, s^*)$.因为当 $t \in [0, s^*]$ 时,$\psi'(t)<0$,所以

$$\|(f'(x_0))^{-1}\int_0^1 f'(x^*+t(y^*-x^*))\mathrm{d}t - I\| =$$

$$\|(f'(x_0))^{-1}\int_0^1 [f'(x^*+t(y^*-x^*)) -$$

$$f'(x_0)]\mathrm{d}t\| \leqslant$$

$$\|(f'(x_0))^{-1}\int_0^1\int_0^1 f''[x_0+s(x^*-x_0+$$

$$t(y^*-x^*))]\mathrm{d}s\mathrm{d}t(x^*-x_0+t(y^*-x^*))\| \leqslant$$

$$\int_0^1\int_0^1 \psi''(s\|x^*-x_0+t(y^*-x^*)\|)\mathrm{d}s\mathrm{d}t\|x^*-$$

$$x_0+t(y^*-x^*)\| =$$

$$\int_0^1 \psi'(\|x^*-x_0+t(y^*-x^*)\|)\mathrm{d}t - \psi'(0) =$$

$$\int_0^1 \psi'(\|(1-t)(x^*-x_0)+t(y^*-x_0)\|)\mathrm{d}t + 1 < 1$$

由 Banach 引理知 $\int_0^1 f'(x^*+t(y^*-x^*))\mathrm{d}t$ 的逆存在,所以

$$0 = f(y^*) - f(x^*) =$$

$$\int_0^1 f'(x^*+t(y^*-x^*))\mathrm{d}t(y^*-x^*)$$

因此，$y^*=x^*$.定理 1 证毕.

注 2 若 $\lambda\gamma\leqslant 1+2c'-2\sqrt{c'(c'+1)}$ 成立，则由引理 1 ~ 引理 6 知，对所有的 $n\geqslant 1$，有

$$0\leqslant s_n\leqslant t_n$$

$$0\leqslant s_{n+1}-s_n\leqslant t_{n+1}-t_n$$

$$0\leqslant s^*-s_n\leqslant t^*-t_n$$

结合定理 1 知，本章给出的误差估计比文献[12]中的更精确.又因为本章和文献[12]分别在球 $\overline{U}(x_0,s^*)$ 和球 $\overline{U}(x_0,t^*)$ 中讨论了非精确 Newton 法的半局部收敛性，而 $\overline{U}(x_0,s^*)\subseteq\overline{U}(x_0,t^*)$，所以本章对收敛性估计得更优.

注 3 本章没有给出与文献[12]一致的 Smale 型收敛准则，要得出相关结论，还需要做进一步的研究.

参考文献

[1] WANG X H. Convergence of Newton's method and inverse function theorem in Banach space[J]. Math Comp, 1999, 68(225):169-186.

[2] 王兴华，韩丹夫.点估计中的优序列方法以及 Smale 定理的条件和结论的最优化[J]. 中国科学:A 数学，1990，19(9):135-144.

[3] WANG X H, HAN D F. Criterion α and Newton's method[J].Numer Math Appl, 1997,19:96-105.

[4] SMALE S. Complexity theory and numerical analysis[J]. Acta Numer, 1997,6(1):523-551.

[5] KANTOROVICH L V. On Newton's method for functional equations[J]. Dokl Akad Nauk, 1948, 59(7):1237-1240.

[6] SMALE S. Newton's method estimates from data at one

point[M]. New York:Spring-Verlag, 1986.

[7] DEMBO R S, EISENSTANT S C, STEIHAUG T. Inexact Newton methods[J].Numer Anal, 1982,19(2): 400-408.

[8] ARGYROS I K. Focing sequence and inexact Newton iterates in Banach space[J]. Appl Math Lett, 2000, 13(1):77-80.

[9] YPMA J T. Local convergence of inexact Newton methods[J]. SIAM Numer Anal, 1984,21(3):583-590.

[10] GUO X P. On semilocal convergence of inexact Newton methods[J]. Comput Math, 2007,25(2):231-242.

[11] 白中治,童培莉.不精确 Newton 法与 Broyden 法的仿射不变收敛性[J].电子科技大学学报,1994,23(5):535-540.

[12] SHEN W P, LI C. Smale's α theory for inexact Newton methods under the γ condition[J]. Math Anal Appl, 2010,369(1):29-32.

求重根的一类 3 阶迭代法①

第 17 章

§1　引　　言

近似求解非线性方程 $f(x)=0$ 在数学、物理和其他科学领域中具有非常重要的应用.除少数特例外,一般都通过迭代法求解这类问题,即从某个或某几个初始点开始,产生一个逼近方程 $f(x)=0$ 解的迭代序列.Newton 法是最著名的方法之一,其公式为

$$x_{n+1}=x_n-\frac{f(x_n)}{f'(x_n)} \tag{1}$$

这种方法具有 2 阶收敛性,但它无法用于求重根.设非线性方程 $f(x)=0$ 有 m 重根 α,即 $f^{(j)}(\alpha)=0,j=0,1,\cdots,m-1$,但 $f^{(m)}(\alpha)\neq 0$.当重数 m 未知时,由于 $f(x)$ 的重根必为函数 $u(x)=f(x)/f'(x)$ 的单根,故可通过对函数 $u(x)$

① 本章摘编自《浙江师范大学学报》(自然科学版),2015,38(4):366-371.

应用 Newton 法公式(1) 来求 $f(x)$ 的重根.但此时该方法只有 1 阶收敛性,且需要求 $f(x)$ 的 2 阶导数,工作量增大,效率指数降低.当重数 m 已知时,可通过修改 Newton 法公式(1) 来求 α,即

$$x_{n+1}=x_n-m\frac{f(x_n)}{f'(x_n)} \tag{2}$$

这种方法也具有 2 阶收敛性.

为提高求重根迭代法的收敛阶,一些学者纷纷提出了新的方法.如文献[1] 中提出 3 阶 Halley 方法

$$x_{n+1}=x_n-\frac{f(x_n)}{\frac{m+1}{2m}f'(x_n)-\frac{f(x_n)f''(x_n)}{2f'(x_n)}} \tag{3}$$

文献[2] 中提出 3 阶 Euler-Chebyshev 方法

$$x_{n+1}=x_n-\frac{1}{2}m(3-m)\frac{f(x_n)}{f'(x_n)}-\frac{1}{2}m^2\frac{f(x_n)^2f''(x_n)}{f'(x_n)^3} \tag{4}$$

文献[3] 中给出 3 阶方法

$$x_{n+1}=x_n-\frac{1}{2}m(m+1)\frac{f(x_n)}{f'(x_n)}+\frac{1}{2}(m-1)^2\frac{f'(x_n)}{f''(x_n)} \tag{5}$$

文献[4] 中给出 3 阶方法

$$x_{n+1}=x_n-\frac{2m^2f(x_n)^2f''(x_n)}{m(3-m)f(x_n)f'(x_n)f''(x_n)+(m-1)^2f'(x_n)^3} \tag{6}$$

文献[5] 中通过对式(4) 和(5) 进行组合,给出了下面的一类 3 阶方法

$$x_{n+1}=x_n-\frac{m[(2\theta-1)m+3-2\theta]}{2}\frac{f(x_n)}{f'(x_n)}+\frac{\theta(m-1)^2}{2}\frac{f'(x_n)}{f''(x_n)}-\frac{(1-\theta)m^2}{2}\frac{f(x_n)^2f''(x_n)}{f'(x_n)^3} \tag{7}$$

式(7)中,$\theta\in\mathbf{R}$.这种方法类包含了下面两种新方法：

(1) 取 $\theta=\frac{1}{2}$,得

$$x_{n+1}=x_n-m\frac{f(x_n)}{f'(x_n)}-\frac{m^2}{4}\frac{f(x_n)^2f''(x_n)}{f'(x_n)^3}+\frac{(m-1)^2}{4}\frac{f'(x_n)}{f''(x_n)} \tag{8}$$

(2) 取 $\theta=-1$,得

$$x_{n+1}=x_n-\frac{1}{2}m(5-3m)\frac{f(x_n)}{f'(x_n)}-m^2\frac{f(x_n)^2f''(x_n)}{f'(x_n)^3}-\frac{1}{2}(m-1)^2\frac{f'(x_n)}{f''(x_n)} \tag{9}$$

文献[6]中也给出了一类 3 阶方法

$$x_{n+1}=x_n-\frac{Af(x_n)f'(x_n)^2f''(x_n)+Bf'(x_n)^4+Cf(x_n)^2f''(x_n)^2}{f'(x_n)^3f''(x_n)+Df(x_n)f'(x_n)f''(x_n)^2} \tag{10}$$

式(10)中,$C,D\in\mathbf{R}$,有

$$A=\frac{m^2(Dm+m+2D+1)-4Cm-3Dm+4C}{2m} \tag{11}$$

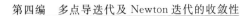

$$B=\frac{(m-1)^2(Dm^2+m^2+Dm-2C)}{2m^2} \tag{12}$$

特别地，通过取 $C=0$ 和 $D=-\frac{m(m+1)}{m^2+2m-3}$，文献[6] 中给出了如下的新方法

$$x_{n+1}=x_n-\frac{f'(x_n)}{\frac{m+3}{2(m-1)}f''(x_n)-\frac{m(m+1)}{2(m-1)^2}\frac{f(x_n)f''(x_n)^2}{f'(x_n)^2}} \tag{13}$$

受以上工作的启发，浙江师范大学数理与信息工程学院的潘云兰教授 2015 年首先引入一类更为广泛的用于解非线性方程重根的 3 阶迭代法，它包含了以上提到过的所有方法；然后，分析了它的收敛性，导出了它的误差估计；最后，她给出了这个新类的几种特殊情形，并利用数值例子，对引言中提到的方法和本章的新方法进行了比较，比较结果显示：在大多数情形下，本章的新方法具有明显的优势.

§2　一类新方法及其收敛性

为得到更多的解非线性方程重根的方法，引入如下更具有一般性的方法类

$$x_{n+1}=x_n-\frac{\delta L_f^2(x_n)+\beta L_f(x_n)+\gamma}{\rho L_f^2(x_n)+\eta L_f(x_n)+\lambda}\frac{f(x_n)}{f'(x_n)} \tag{14}$$

式(14) 中，$\delta,\beta,\gamma,\rho,\eta,\lambda\in\mathbf{R}$，有

$$L_f(x)=\frac{f(x)f''(x)}{f'(x)^2} \tag{15}$$

下面定理给出由式(14)定义的方法类的收敛阶和误差估计：

定理　设 $D\subseteq \mathbf{R}$ 是开区间，$f:D\to\mathbf{R}$ 具有 $m+3$ 阶导数，$\alpha\in D$ 是 $f(x)$ 的一个 m 重根，x_0 充分靠近 α.若

$$\delta=\frac{1}{2}\frac{[(\rho+\lambda+\eta)m^3-(3\lambda+2\eta+\rho)m^2]m}{(m-1)^2}+\frac{[(\eta+2\gamma-\rho)m+\rho]m}{(m-1)^2} \tag{16}$$

$$\beta=-\frac{1}{2}\frac{(\rho+\lambda+\eta)m^3-(3\rho+5\lambda+4\eta)m^2}{m-1}+\frac{(3\rho+3\eta+4\gamma)m-\rho}{m-1} \tag{17}$$

$(\rho+\lambda+\eta)m^2-(\eta+2\rho)m+\rho\neq 0$，则由式(14)定义的方法类是 3 阶收敛的，其误差可表示为

$$e_{n+1}=Me_n^3+O(e_n^4) \tag{18}$$

式(18)中

$$M=\frac{-N}{2m^2[(\rho+\lambda+\eta)m^2-(\eta+2\rho)m+\rho](m-1)^2} \tag{19}$$

N 是量 $m,\gamma,\rho,\eta,\lambda,c_1,c_2,s_1,s_2,d_1,d_2$ 的多项式，而

$$c_j=\frac{m!}{(m+j)!}\frac{f^{(m+j)}(\alpha)}{f^{(m)}(\alpha)}$$

$$d_j=\frac{(m-1)!}{(m+j-1)!}\frac{f^{(m+j)}(\alpha)}{f^{(m)}(\alpha)}$$

$$s_j=\frac{(m-2)!}{(m+j-2)!}\frac{f^{(m+j)}(\alpha)}{f^{(m)}(\alpha)}$$

$$j=1,2,3$$

证　记 $e_n=x_n-\alpha$，把 $f(x)$，$f'(x)$ 和 $f''(x)$ 在

α 处 Taylor 展开，得

$$f(x_n)=\frac{f^{(m)}(\alpha)}{m!}e_n^m[1+c_1e_n+c_2e_n^2+c_3e_n^3+O(e_n^4)]$$

$$f'(x_n)=\frac{f^{(m)}(\alpha)}{(m-1)!}e_n^{m-1}[1+d_1e_n+d_2e_n^2+d_3e_n^3+O(e_n^4)]$$

$$f''(x_n)=\frac{f^{(m)}(\alpha)}{(m-2)!}e_n^{m-2}[1+s_1e_n+s_2e_n^2+s_3e_n^3+O(e_n^4)]$$

从而

$$\frac{f(x_n)}{f'(x_n)}=\frac{e_n}{m}\{1+(c_1-d_1)e_n+[c_2-d_2-(c_1-d_1)d_1]e_n^2+[c_3-d_3-(c_1-d_1)d_2-(c_2-d_2-(c_1-d_1)d_1)d_1]e_n^3+O(e_n^4)\} \tag{20}$$

$$L_f(x_n)=\frac{1}{m}[(m-1)+a_1e_n+a_2e_n^2+a_3e_n^3+O(e_n^4)] \tag{21}$$

式(20) 和(21) 中

$$a_1=-c_1-s_1+c_1m+s_1m-2(m-1)d_1$$

$$a_2=-c_2-s_2-s_1c_1+(c_2+s_2+s_1c_1)m-(m-1)(2d_2+d_1^2)-2[(c_1+s_1)m-c_1-s_1-2(m-1)d_1]d_1$$

$$a_3=(c_3+s_3+s_1c_2+s_2c_1)m-c_3-s_3-s_2c_1-s_1c_2-(m-1)(2d_3+2d_1d_2)-[-c_1-s_1+c_1m+s_1m-2(m-1)d_1](2d_2+d_1^2)-2\{-c_2-s_2-s_1c_1+c_2m+s_2m+s_1c_1m-(m-1)(2d_2+d_1^2)-$$

$$2[-c_1-s_1+c_1m+s_1m-$$
$$2(m-1)d_1]d_1\}d_1$$

所以

$$\delta L_j^2(x_n)+\beta L_f(x_n)+\gamma=$$
$$\frac{\delta-2\delta m+\delta m^2+\beta m^2-\beta m+\gamma m^2}{m^2}+$$
$$\frac{2\delta ma_1-2\delta a_1+\beta ma_1}{m^2}e_n+$$
$$\frac{2\delta ma_2+\delta a_1^2-2\delta a_2+\beta ma_2}{m^2}e_n^2+$$
$$\frac{2\delta a_1a_2+2\delta ma_3-2\delta a_3+\beta ma_3}{m^2}e_n^3+$$
$$O(e_n^4) \tag{22}$$

$$\rho L_f^2(x_n)+\eta L_f(x_n)+\lambda=$$
$$\frac{\rho-2\rho m+\rho m^2+\eta m^2-\eta m+\lambda m^2}{m^2}+$$
$$\frac{2\rho ma_1-2\rho a_1+\eta ma_1}{m^2}e_n+$$
$$\frac{2\rho ma_2-2\rho a_2+\rho a_1^2+\eta ma_2}{m^2}e_n^2+$$
$$\frac{2\rho ma_3-2\rho a_3+2\rho a_1a_2+\eta ma_3}{m^2}e_n^3+$$
$$O(e_n^4) \tag{23}$$

由式(20)(22)和(23)，可把式(14)写成

$$e_{n+1}=k_1e_n+k_2e_n^2+Me_n^3+O(e_n^4) \tag{24}$$

式(24)中

$$k_1=1-\frac{\delta-2\delta m+\delta m^2+\beta m^2-\beta m+\gamma m^2}{m(\rho-\eta m+\lambda m^2-2\rho m+\rho m^2+\eta m^2)} \tag{25}$$

$$k_2 = \frac{1}{(-\eta m + \lambda m^2 - 2\rho m + \rho m^2 + \eta m^2 + \rho)^2 m^2} \cdot$$
$$(-3\rho m^3\lambda + 6\delta m^2\rho + \delta m^4\lambda - \beta m^3\rho +$$
$$\delta\rho - 4\delta\rho m^3 + 5\delta\lambda m^2 - \beta\rho m^2 -$$
$$6\delta m^3\lambda + \beta\eta m^2 + \delta m^4\rho + \delta m^4\eta +$$
$$7\delta\eta m^2 - 2\beta m^3\eta - 4\delta\rho m - 3\delta\eta m + \beta\rho m +$$
$$2\gamma m^3\rho - 5\delta\eta m^3 + \beta m^4\lambda + \beta m^4\rho +$$
$$\beta m^4\eta - 3\gamma m^2\rho + \gamma m^3\eta + \gamma m^4\lambda +$$
$$\gamma m^4\rho + \gamma m^4\eta)c_1 \tag{26}$$

不难看出,要 $k_1 = 0$,只需

$$\delta = \frac{[(\eta + \lambda + \rho)m^2 - (\eta + 2\rho + \beta + \gamma)m + \rho + \beta]m}{(m-1)^2} \tag{27}$$

把式(27) 代入式(26),再令 $k_2 = 0$,解出 β,即得式(17).再把式(17) 代入(27) 可得式(16).把式(16) 和式(17) 代入式(24),经简化可得 M 的表达式(19) 和误差公式(18).由条件知,M 的分母不为零.定理 1 证毕.

本章提出了一族新的求解非线性方程重根的 3 阶迭代方法,这个族具有很好的广泛性,包含了一系列已知的方法,且具有很好的鲁棒性,可很快求出其他方法无法求解的一些根.本章的这些方法是单点、单步方法.还有一些学者从多点和多步两个方面构造求重根的高阶迭代法.对于多点法,可参阅文献[7] 及其中的参考文献;对于多步法,可参阅文献[8] 及其中的参考文献.对未知重数的情形,有关高阶迭代法的文献并不多.

参考文献

[1] NETA B. New third order nonlinear solvers for multiple roots[J]. Appl. Math. Comput., 2008,202(1):162-170.

[2] TRAUB J F. Iterative methods for the solution of equations[M]. New Jersey: Prentice Hall, 1964.

[3] OSADA N. An optimal multiple root-finding method of order three[J]. J. Comput. Appl. Math., 1994, 51(1):131-133.

[4] CHUN C, NETA B. A third-order modification of Newton's method for multiple roots[J]. Appl. Math. Comput., 2009,211(2):474-479.

[5] CHUN C, BAE H, NETA B. New families of nonlinear third-order solvers for finding multiple roots[J]. Comput. Math. Appl., 2009,57(9):1574-1582.

[6] BIAZAR J, GHANBARI B. A new third-order family of nonlinear solvers for multiple roots[J]. Comput. Math. Appl., 2010,59(10):3315-3319.

[7] KUMAR S, KANWAR V, SINGH S. On some modified families of multipoint iterative methods for multiple roots of nonlinear equations[J]. Appl. Math. Comput., 2012, 218(14):7382-7394.

[8] CHUNA C, NETA B. Basins of attraction for several third order methods to find multiple roots of nonlinear equations[J]. Appl. Math. Comput.,2015,268(1):129-137.

第五编

Newton 迭代与压缩映射

方程根的迭代解法

第18章

一个好的数学家手中总有许多例子，而蹩脚的数学家只有抽象的理论.20世纪中叶，数学教授孙达传先生就在《数学通报》中列举了大量这方面的例子.

§1　迭　代　法

在中学数学教材及生产实践中，经常碰到求方程根的问题.在中学数学教材中，对二次代数方程的求根问题已进行了详尽的讨论，而对一般高次代数方程及超越方程的求根问题，几乎没有做任何讨论.要用精确的方法求出一般方程的根，不仅在理论上，而且在实际计算中都存在着一定的困难.在实践中，近似解法是解决求根问题的有效方法，而其中迭代法更是简便且行之有效的方法.

本章将对方程根的迭代解法做一简单介绍.我们先从两个例题开始.

例 1 求超越方程

$$x-\log(1+x)=1 \tag{1}$$

的根.

要精确地求出这个方程的根是困难的.现在我们将式(1) 改写为

$$x=1+\log(1+x) \tag{2}$$

取 $x^{(0)}=1$ 作为方程(1) 的零次近似根,将 $x^{(0)}=1$ 代入(2) 的左端,得

$$x^{(1)}=1+\log(1+x^{(0)})$$

若 $x^{(1)}=x^{(0)}$,则 $x^{(0)}$ 便是式(2) 的精确解.不然,则称 $x^{(1)}$ 为方程(2) 的第一次迭代近似根.再将 $x^{(1)}$ 代入式(2) 的右端,得 $x^{(2)}=1+\log(1+x^{(1)})$.一般地有

$$x^{(k)}=1+\log(1+x^{(k-1)}),k=1,2,\cdots \tag{3}$$

我们称式(3) 为方程(2) 的简单迭代程序.反复利用式(3),得到序列

$$x^{(0)},x^{(1)},\cdots,x^{(k)},\cdots \tag{4}$$

若序列 $\{x^{(k)}\}$ 的极限是 $\bar{x}$,则 $\bar{x}$ 便是方程(2) 的精确根.事实上,由 $\log(1+x)$ 连续,有

$$\bar{x}=\lim_{k\to\infty}x^{(k)}=\lim_{k\to\infty}[1+\log(1+x^{(k-1)})]=$$
$$1+\log(1+\bar{x})$$

对于例 1,若取 $x^{(0)}=1$,则迭代近似根序列是

$$x^{(1)}=1.301\ 0$$
$$x^{(2)}=1.361\ 9$$
$$x^{(3)}=1.373\ 3$$
$$x^{(4)}=1.375\ 3$$
$$x^{(5)}=1.375\ 6$$

$$x^{(6)}=1.375\ 6$$

$$\vdots$$

于是 $x=1.375\ 6$ 是方程(1) 具有五位有效数字的近似根.

一般地说,对方程

$$x=\varphi(x) \tag{5}$$

进行迭代

$$x^{(k)}=\varphi(x^{(k-1)}),k=1,2,3,\cdots \tag{6}$$

若迭代所得的序列 $\{x^{(k)}\}$ 存在有限极限,则此极限便是式(5) 的根.这种求解方程根的方法称为迭代法.

不要误认为对于任何形如式(5) 的方程及任意取定的迭代初始值 $x^{(0)}$,利用迭代程序式(6) 都可以得到式(5) 的近似根.为此,看例 2.

例 2 求方程

$$x=2.5x^2+0.1$$

的根.

容易检验,方程在 $[0,1]$ 上存在实根.若取 $x^{(0)}=1$,反复利用迭代程序式(6),则得到迭代近似根序列

$$x^{(0)}=1$$

$$x^{(1)}=2.6$$

$$x^{(2)}=17$$

$$x^{(3)}=722.6$$

$$\vdots$$

显然,$\{x^{(k)}\}$ 不趋向任何有限极限,迭代法失效.

上述两个例题说明了,用迭代法求方程的根时,迭代近似根的序列 $\{x^{(k)}\}$ 是否收敛是迭代法的关键所在.现在我们讨论迭代收敛条件.

§2 迭代收敛定理

定理 1 若连续函数 $\varphi(x)$ 把区间$[a,b]$变到区间$[a,b]$上，且在$[a,b]$上 $\varphi(x)$ 满足 Lipschitz 条件

$$|\varphi(x_1)-\varphi(x_2)|\leqslant\rho|x_1-x_2|, x_1, x_2\in[a,b]$$

其中 Lipschitz 常数 ρ 满足 $0<\rho<1$，则对于属于区间$[a,b]$上的任意迭代初始值 $x^{(0)}$，简单迭代程序式(6)是收敛的.

证 由定理的假定，若 $x^{(0)}\in[a,b]$，则由式(6)确定的 $x^{(k)}\in[a,b], k=1,2,\cdots$，且有

$$|x^{(2)}-x^{(1)}|=|\varphi(x^{(1)})-\varphi(x^{(0)})|\leqslant \rho|x^{(1)}-x^{(0)}|$$

$$|x^{(3)}-x^{(2)}|=|\varphi(x^{(2)})-\varphi(x^{(1)})|\leqslant \rho|x^{(2)}-x^{(1)}|\leqslant \rho^2|x^{(1)}-x^{(0)}|$$

$$\vdots$$

$$|x^{(k+1)}-x^{(k)}|=|\varphi(x^{(k)})-\varphi(x^{(k-1)})|\leqslant \rho^k|x^{(1)}-x^{(0)}|$$

由于 $\rho<1$，因此级数

$$x^{(0)}+(x^{(1)}-x^{(0)})+(x^{(2)}-x^{(1)})+\cdots+(x^{(k+1)}-x^{(k)})+\cdots$$

收敛，即序列$\{x^{(k)}\}$收敛，设其极限为 $\bar{x}$；对式(6)两边取极限，由于 $\varphi(x)$ 连续，得

$$\bar{x}=\varphi(\bar{x})$$

即 $\bar{x}$ 是方程 $x=\varphi(x)$ 的根.

若 $\varphi(x)$ 在 $[a,b]$ 上可微，则 $\varphi(x)$ 满足 Lipschitz 条件，可假定 $\varphi(x)$ 在 $[a,b]$ 上满足

$$|\varphi'(x)|\leqslant\rho<1$$

定理 2 若方程(5)在 $[a,b]$ 上有一实根，且在区间 $[a,b]$ 向两端分别延拓一倍后的区间 $[2a-b,2b-a]$ 上 $\varphi(x)$ 可微，且满足

$$|\varphi'(x)|\leqslant\rho<1 \tag{7}$$

则对 $[a,b]$ 上任取的初始值 $x^{(0)}$，迭代程序式(6)收敛.

证 假定在 $[a,b]$ 上方程(5)的根是 $\bar{x}$，取 $x^{(0)}\in[a,b]$ 作为初始值，则有

$$\begin{aligned}|\bar{x}-x^{(1)}|&=|\varphi(\bar{x})-\varphi(x^{(0)})|\leqslant\\&\rho|\bar{x}-x^{(0)}|\end{aligned}$$

由于 $x^{(0)},\bar{x}\in[a,b]$，因此 $|\bar{x}-x^{(1)}|<b-a$，即 $x^{(1)}\in[2a-b,2b-a]$.利用式(6)，得到

$$\begin{aligned}|\bar{x}-x^{(2)}|&=|\varphi(\bar{x})-\varphi(x^{(1)})|\leqslant\\&\rho|\bar{x}-x^{(1)}|\leqslant\\&\rho^2|\bar{x}-x^{(0)}|\end{aligned}$$

同样，也有

$$x^{(2)}\in[2a-b,2b-a]$$

反复利用式(6)，得到

$$|\bar{x}-x^{(k)}|\leqslant\rho^k|\bar{x}-x^{(0)}|$$

$$x^{(k)}\in[2a-b,2b-a]$$

$$k=1,2,\cdots$$

由于 $\rho<1$，故当 $k\to\infty$ 时

$$|\bar{x}-x^{(k)}|\leqslant\rho^k|\bar{x}-x^{(0)}|\to0$$

即迭代近似根的序列 $\{x^{(k)}\}$ 收敛于方程(5)的根 $\bar{x}$.

定理 1 需假定 $\varphi(x)$ 把区间 $[a,b]$ 变到 $[a,b]$，即

$\varphi(x)$ 在$[a,b]$上取值.这一假定较强,而定理 2 减弱了关于 $\varphi(x)$ 的假定,因而应用定理 2 比应用定理 1 更为方便.

现在我们给出迭代法的几何解释.显然,方程(5)的根即是直线 $y=x$ 和曲线 $y=\varphi(x)$ 交点 B 的横坐标 $\bar{x}$.我们在坐标平面上作出直线 $y=x$ 和曲线 $y=\varphi(x)$(图 1).设迭代初始值 $x^{(0)}$ 是曲线 $y=\varphi(x)$ 上点 A_0 的横坐标.过点 A_0 作平行于 x 轴的直线,交 $y=x$ 于 A'_0,其横坐标等于 $x^{(1)}=\varphi(x^{(0)})$,它便是第一次迭代近似根.过 A'_0 作平行于 y 轴的直线,交曲线 $y=\varphi(x)$ 于 A_1,于是过 A_1 再作平行于 x 轴的直线,交 $y=x$ 于 A'_1,其横坐标 $x^{(2)}=\varphi(x^{(1)})$ 便是第二次迭代近似根.如此继续下去,得到点列 $x^{(0)},x^{(1)},x^{(2)},\cdots$,若 $x^{(k)}\to\bar{x}$(或点列 $\{A_k\}$ 趋向于 B),则迭代收敛(图 1,图 2),若 $x^{(k)}$ 不趋向任何有限极限(或点列 $\{A_k\}$ 不趋向 B),则迭代发散(图 3).

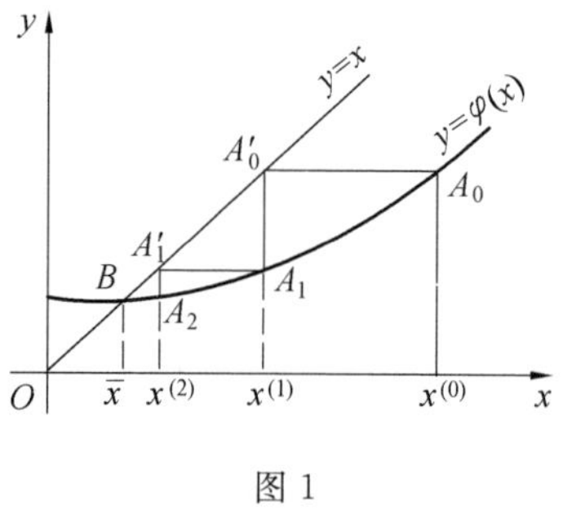

图 1

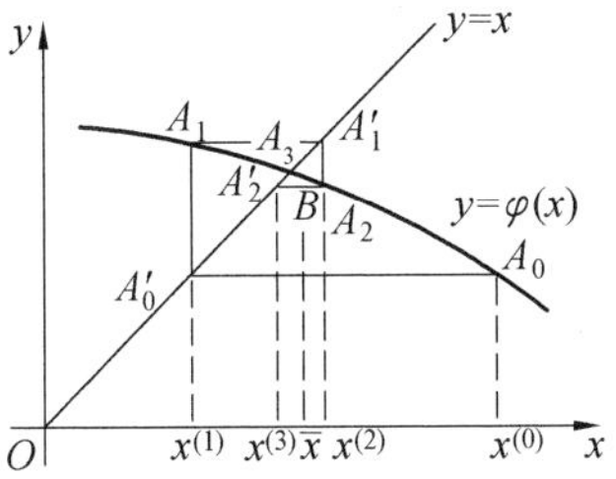

图 2

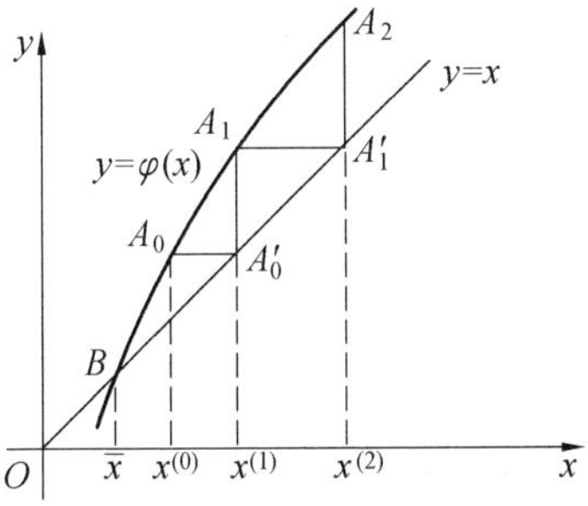

图 3

§3　化成便于迭代的形式

设给定的方程是

$$f(x)=0 \tag{8}$$

已知式(8) 在$[a,b]$上有一实根.现在我们讨论如何将式(8) 化成便于迭代的形式(5),且满足收敛条件.

定理 3　若 $f(x)$ 在$[2a-b,2b-a]$上可微,且满足

$$-m_1\leqslant f'(x)\leqslant -m_2<0 \tag{9}$$

则对于任意的迭代初始值 $x^{(0)} \in [a,b]$，迭代程序

$$x^{(k+1)} = x^{(k)} + c_1 f(x^{(k)})$$

$$0 < c_1 < \frac{2}{m_1}; k = 1,2,\cdots \tag{10}$$

收敛，且收敛到(8) 的根.

证 记 $\varphi(x) = x + c_1 f(x)$，由条件(9) 及 $0 < c_1 < \frac{2}{m_1}$，可知在区间 $[2a-b, 2b-a]$ 上 $\varphi(x)$ 满足

$$|\varphi'(x)| = |1 + c_1 f'(x)| \leqslant \rho < 1$$

其中 $\rho = \max\{|1-c_1 m_1|, |1-c_1 m_2|\}$.根据定理 2，迭代程序式(10) 收敛，并且极限 $\bar{x}$ 满足

$$\bar{x} = \bar{x} + c_1 f(\bar{x})$$

或

$$f(\bar{x}) = 0$$

完全类似，我们给出定理 4，而略去证明.

定理 4 若 $f(x)$ 在 $[2a-b, 2b-a]$ 上可微，且满足

$$0 < M_1 \leqslant f'(x) \leqslant M_2$$

则对于任意的迭代初始值 $x^{(0)} \in [a,b]$，迭代程序

$$x^{(k+1)} = x^{(k)} - c_2 f(x^{(k)})$$

$$0 < c_2 < \frac{2}{M_1}; k = 1,2,\cdots \tag{11}$$

收敛，且收敛到方程(8) 的根.

当 $f'(x)$ 在区间 $[2a-b, 2b-a]$ 上变号时，不满足上述定理的条件，此时要化成收敛的迭代形式存在着一定的困难.我们通常可以利用根的隔离方法，在较小的区间内讨论求根问题，而在较小的区间内 $f'(x)$ 满足定理 3，定理 4 的条件.应该指出，在这种情况下，

用 Newton 法求根同样也存在着困难.

§4 误差估计及加速迭代收敛的方法

由定理 2 的证明,我们得到 $x^{(k)}$ 和精确根 $\bar{x}$ 的误差估计式

$$|\bar{x}-x^{(k)}|\leqslant\rho^{k}|\bar{x}-x^{(0)}| \tag{12}$$

然而,由于 $\bar{x}$ 不能精确求出,因此用式(12)来估计误差存在着困难.现在我们只用 $(x^{(1)}-x^{(0)})$ 及 ρ 来估计误差.由于

$$(\bar{x}-x^{(k)})=(x^{(k+1)}-x^{(k)})+(x^{(k+2)}-x^{(k+1)})+\cdots$$

因此

$$|\bar{x}-x^{(k)}|\leqslant|x^{(k+1)}-x^{(k)}|+|x^{(k+2)}-x^{(k+1)}|+\cdots\leqslant(\rho^{k}+\rho^{k+1}+\cdots)|x^{(1)}-x^{(0)}|\leqslant\frac{\rho^{k}}{1-\rho}|x^{(1)}-x^{(0)}|$$

于是,我们得到 $x^{(k)}$ 和 $\bar{x}$ 的另一误差估计式

$$|\bar{x}-x^{(k)}|\leqslant\frac{\rho^{k}}{1-\rho}|x^{(1)}-x^{(0)}| \tag{13}$$

应该指出,误差估计式(12)和(13)都过于保守,因此实用价值不大.在实际计算中,常采用事后误差估计方法:若相邻两次迭代 $x^{(k)}$ 和 $x^{(k-1)}$ 满足

$$|x^{(k)}-x^{(k-1)}|\leqslant \text{允许误差}$$

则把 $x^{(k)}$ 作为近似根,其误差一般已小于允许的误差.这种误差估计方法虽缺乏严密的理论依据,但不失为简便、实用的方法.

从式(12)和(13)可以看出,ρ越小,则迭代收敛越快,ρ是衡量收敛快慢的一个标志,因此,我们称ρ为迭代收敛指数.

现在我们考虑,对于给定的方程$x=\varphi(x)$,如何改变迭代形式,以获得最小的收敛指数ρ,从而加速收敛过程.

定理 5 若方程(5)在$[a,b]$上有一实根,且$\varphi(x)$在区间$[2a-b,2b-a]$上满足

$$|\varphi'(x)|\leqslant\rho<1$$

则对于$0<\omega\leqslant 1$,迭代程序

$$x^{(k)}=(1-\omega)x^{(k-1)}+\omega\varphi(x^{(k-1)})$$
$$x^{(0)}\in[a,b];k=1,2,\cdots \tag{14}$$

收敛,且收敛到方程(5)的根.

证 由定理2,迭代程序式(14)收敛的充分条件是

$$-\rho'\leqslant 1-\omega[1-\varphi'(x)]\leqslant\rho',\rho'<1 \tag{15}$$

由于$0<\omega\leqslant 1$,$|\varphi'(x)|\leqslant\rho<1$,因此只要取

$$\rho'=\max\{1-\omega(1-\rho),\omega(1+\rho)-1\}$$

则式(15)满足,即迭代式(14)收敛.

迭代程序式(14)称为方程(5)的松弛迭代程序,ω是松弛参数.现在我们要问,ω取什么值时松弛迭代程序收敛最快.达到最快收敛速度的ω称为最优松弛参数,记作$\bar{\omega}$.

定理6 若定理5的条件满足,且在$[2a-b,2b-a]$上$\varphi(x)$满足

$$m\leqslant\varphi'(x)\leqslant M,-1<m\leqslant M<1$$

则迭代式(14)的最优松弛参数是

$$\bar{\omega}=\frac{2}{(1-m)+(1-M)} \tag{16}$$

证　最优参数的选择问题归结为选取 ω，使

$$\rho = \max_{x\in[2a-b,2b-a]} |1-\omega[1-\varphi'(x)]|$$

最小.由于 $|1-\omega(1-y)|$ 的最大值只能在端点达到，因此有

$$\rho = \max\{|1-\omega(1-m)|, |1-\omega(1-M)|\}$$

作出 $\rho_1=|1-\omega(1-m)|$ 及 $\rho_2=|1-\omega(1-M)|$ 的几何图像.从图 4 中可以看出，要使 ρ 达到最小，$\bar{\omega}$ 应取两条折线交点的横坐标.现在我们来确定 $\bar{\omega}$ 及 $\rho_{\bar{\omega}}$.由于 $\bar{\omega}$ 是两条折线交点的横坐标，因此 $\bar{\omega}$ 应满足

$$1-\omega(1-M)=\omega(1-m)-1$$

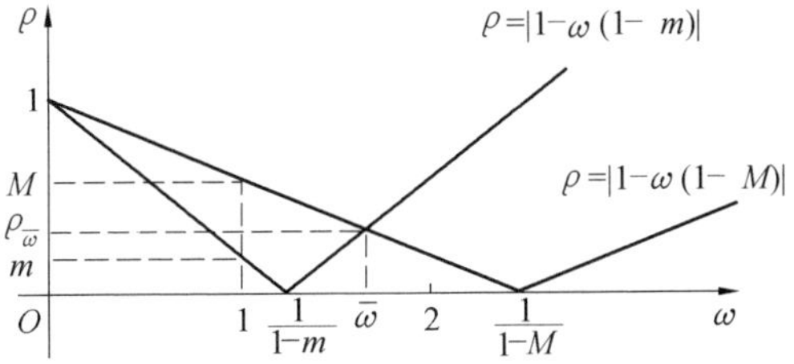

图 4

解得最优松弛参数 $\bar{\omega}$ 及最优松弛迭代收敛指数 $\rho_{\bar{\omega}}$ 分别为

$$\bar{\omega}=\frac{2}{(1-m)+(1-M)}$$

$$\rho_{\bar{\omega}}=|1-\bar{\omega}(1-M)|=$$

$$|1-\bar{\omega}(1-m)|=$$

$$\frac{(1-m)-(1-M)}{(1-m)+(1-M)}$$

由于简单迭代是松弛迭代 $\omega=1$ 的特殊情况，因而由定理 6 我们得到如下推论：

推论 若定理 6 的条件满足,则具有最优松弛迭代参数的松弛迭代比简单迭代收敛得快,而当且仅当 $M=-m$ 时两者等价.

定理 3,定理 4 证明了要使迭代收敛,c 的取值范围是什么.现在进一步考虑,怎样选取 c,使迭代达到最快的收敛速度.我们有:

定理 3′ 若定理 3 的条件仍然有效,则当 $c_1=\dfrac{2}{m_1+m_2}$ 时,迭代程序式(10)收敛最快.

定理 4′ 若定理 4 的条件仍然有效,则当 $c_2=\dfrac{2}{M_1+M_2}$ 时,迭代程序式(11)收敛最快.

定理 3′ 和定理 4′ 可以类似于定理 5 那样直接证明,也可以利用定理 6 推出,我们把这两个定理的证明留给读者作为练习.

应该着重指出,估计式(12)和(13)都是不等式,因而 $\rho^k|\bar{x}-x^{(0)}|$ 仅是误差 $|\bar{x}-x^{(k)}|$ 的上界估计,因此 $\rho^k|\bar{x}-x^{(0)}|$ 趋向零的速度只是部分地反映 $|x-x^{(k)}|$ 趋向零的速度.由于这个缘故,这部分讨论的一切结论只对通常情况下是成立的,并不排斥存在着和上述结论相矛盾的个别特例的可能性.

例 3 用简单迭代法及最优松弛迭代法求方程

$$x=10\sin\frac{x+2}{10}-\log(1+0.1x)-1.9 \quad (17)$$

的正根,并比较它们的收敛速度.

解 $\varphi(x)=10\sin\dfrac{x+2}{10}-\log(1+0.1x)-1.9$,由于

$$[\varphi(x)-x]_{x=1}\approx 0.013\,7>0$$

$$[\varphi(x)-x]_{x=2}\approx -0.0852<0$$

因此方程(17)在区间[1,2]上有一个实根.又

$$\varphi'(x)=\cos\frac{x+2}{10}-\frac{1}{10+x}\log e$$

$$\varphi''(x)=-\frac{1}{10}\sin\frac{x+2}{10}+\frac{1}{(10+x)^2}\log e$$

由于$\varphi''(x)$在[0,3]上恒为负值,故$\varphi'(x)$在[0,3]上单调下降,因此$\varphi'(x)$在区间[0,3]上满足

$$0.8442\approx\varphi'(3)\leqslant\varphi'(x)\leqslant\varphi'(0)\approx 0.9364$$

由于定理2的条件满足,故简单迭代程序

$$x^{(k)}=10\sin\frac{x^{(k-1)}+2}{10}-\log(1+0.1x^{(k-1)})-1.9 \qquad (18)$$

收敛,而收敛指数$\rho=0.9364$.以$x^{(0)}=1$为迭代初始值,反复利用式(18),得迭代序列

$$x^{(1)}=1.0137$$
$$x^{(2)}=1.0263$$
$$x^{(3)}=1.0398$$
$$x^{(4)}=1.0492$$
$$x^{(5)}=1.0588$$
$$\vdots$$
$$x^{(68)}=1.1600$$
$$x^{(69)}=1.1600$$

利用事后误差估计,方程(17)准确到小数点后四位的近似根是$\bar{x}=1.1600$.

由于收敛指数$\rho=0.9364$很接近于1,故简单迭代程序收敛异常缓慢,为了加速收敛过程,我们用松弛迭代法求根.利用定理6,最优松弛参数$\bar{\omega}$及最优收敛指数$\rho_{\bar{\omega}}$应取

$$\bar{\omega}=\frac{2}{(1-0.844\ 2)+(1-0.936\ 4)}\approx 9.116 \quad (19)$$

$$\rho_{\bar{\omega}}=\frac{(1-0.844\ 2)-(1-0.936\ 4)}{(1-0.844\ 2)+(1-0.936\ 4)}\approx 0.42 \quad (20)$$

最优松弛迭代程序为

$$x^{(k)}=-8.116x^{(k-1)}+9.116\times \left[10\sin\frac{x^{(k-1)}+2}{10}-\log(1+0.1x^{(k-1)})-1.9\right] \quad (21)$$

取 $x^{(0)}=1$,反复利用迭代程序式(21),得迭代序列

$$x^{(1)}=1.124\ 8$$
$$x^{(2)}=1.153\ 1$$
$$x^{(3)}=1.159\ 5$$
$$x^{(4)}=1.160\ 0$$
$$x^{(5)}=1.160\ 0$$

最优松弛迭代只要迭代四次便得到满足所需精确度的近似根,仅是简单迭代得到同一近似根所需迭代次数的$\frac{1}{17}$,可见松弛迭代法在提高收敛速度方面的效果是显著的.应该指出,当松弛参数大于1时,会导致舍入误差的积累,因此,在最后几次迭代时,应多取几位小数进行计算,以保证足够的精确度.

上述例题我们采用事后误差估计.若利用误差估计式(13),要使近似根准确到小数点后四位,简单迭代和松弛迭代的迭代次数分别应满足

$$|\bar{x}-x^{(k)}|\leqslant\frac{\rho^k}{1-\rho}|x^{(1)}-x^{(0)}|=(0.936\ 4)^k\frac{0.013\ 7}{0.063\ 6}\leqslant 0.000\ 05$$

$$|\bar{x}-x^{(k)}|\leqslant\frac{\rho_{\bar{\omega}}^{k}}{1-\rho_{\bar{\omega}}}|x^{(1)}-x^{(0)}|=$$

$$(0.42)^{k}\frac{0.124\ 8}{0.58}\leqslant$$

$$0.000\ 05$$

解得简单迭代所需的迭代次数 $k_1=138$，松弛迭代所需的迭代次数 $k_2=10$.而实际需要的迭代次数远小于这个数字.可见估计式(13)是保守的，实际计算时，事后误差估计更为实用、简便.

例 4　求方程

$$f(x)=\pi(2x^2-12.5)+(1-\sin\pi x)=0 \quad (22)$$

的正根.

由于

$$f(2)=-4.5\pi+1<0$$

$$f(3)=5.5\pi+1>0$$

因此方程(22)在区间[2,3]上有一实根.由于

$$f'(x)=4\pi x-\pi\cos\pi x$$

$$f''(x)=4\pi+\pi^2\sin\pi x>0$$

因而 $f'(x)$ 单调上升，所以在区间[1,4]上 $f'(x)$ 满足

$$5\pi=f'(1)\leqslant f'(x)\leqslant f'(4)=15\pi$$

根据定理 4，当 $0<c_2<\frac{2}{15\pi}$ 时，迭代程序式(11)收敛.

不妨取 $c_2=\frac{1}{20\pi}$，则迭代程序是

$$x^{(k)}=x^{(k-1)}-\frac{1}{10}[(x^{(k-1)})^2-6.25]-$$

$$\frac{1}{20\pi}(1-\sin\pi x^{(k-1)}) \quad (23)$$

$$\rho = 0.75$$

取 $x^{(0)} = 2$，利用迭代程序式(23)，得迭代序列

$$x^{(1)} = 2.209\ 1$$
$$x^{(2)} = 2.339\ 8$$
$$x^{(3)} = 2.415\ 4$$
$$x^{(4)} = 2.456\ 4$$
$$x^{(5)} = 2.477\ 9$$
$$x^{(6)} = 2.488\ 9$$
$$x^{(7)} = 2.494\ 4$$
$$x^{(8)} = 2.497\ 2$$
$$x^{(9)} = 2.498\ 6$$
$$x^{(10)} = 2.499\ 7$$
$$x^{(11)} = 2.499\ 9$$
$$x^{(12)} = 2.500\ 0$$
$$x^{(13)} = 2.500\ 0$$

由定理 4′，最优参数 c_2 应取作

$$c_2 = \frac{2}{M_1 + M_2} = \frac{1}{10\pi}$$

于是，带有最优参数的迭代程序是

$$x^{(k)} = x^{(k-1)} - \frac{1}{10}[2(x^{(k-1)})^2 - 12.5] - \frac{1}{10\pi}(1 - \sin \pi x^{(k-1)}) \tag{24}$$

$$\rho = 0.5$$

取 $x^{(0)} = 2$，利用迭代程序(24)，求得迭代序列

$$x^{(1)} = 2.418\ 2$$
$$x^{(2)} = 2.497\ 7$$
$$x^{(3)} = 2.500\ 0$$
$$x^{(4)} = 2.500\ 0$$

容易验证,方程(22)的精确根是$\bar{x}=2.500\ 0$.利用迭代程序式(23)及(24),得到方程(22)的精确解,且选择最优参数时,只需迭代四次.

参考文献

[1] 胡祖炽.计算方法[M].北京:高等教育出版社,1959.

Newton 迭代与压缩映射

第19章

§1　叠压缩和非扩张映射

我们对基本的压缩映射原理及它的一些推广都已熟知，这一节中，我们继续研究这些内容，首先考察另一种类型的推广，通过限定压缩条件必须成立的点集来进行.

定义1　映射 $G:D\subseteq\mathbf{R}^n\to\mathbf{R}^n$ 在集合 $D_0\subseteq D$ 上是一个叠压缩映射，如果存在一个 $\alpha<1$，使当 $\boldsymbol{x}$ 和 $G\boldsymbol{x}$ 在 D_0 内时

$$\|G(G\boldsymbol{x})-G\boldsymbol{x}\|\leqslant\alpha\|G\boldsymbol{x}-\boldsymbol{x}\| \tag{1}$$

显然，如果 G 在 D_0 上是一个压缩映射，那么，它也是一个叠压缩映射，但反过来不一定对，如一维的简单例子 $Gx=x^2$ 所示.实际上，在这种情形下，G 在任一闭区间 $[a,b]\subseteq\left(-\frac{1}{2},\frac{1}{2}\right)$ 上是

一个压缩映射，而在任一$[a,b]\subseteq\left[\frac{(-1-\sqrt{5})}{2},\frac{(-1+\sqrt{5})}{2}\right]$上是一个叠压缩映射.还应指出，一个叠压缩映射不一定是连续的，它的不动点也不一定是唯一的.

尽管有这些不足的性质，但在某些迭代过程的研究中叠压缩映射已表现出很有用，在本章§2中，我们将把这个概念推广到有广泛应用的更一般的形式.现在我们只叙述下面的简单结果，它是更一般的定理7的一个直接推论.

定理1 假定$G:D\subseteq\mathbf{R}^n\to\mathbf{R}^n$是闭集$D_0\subseteq D$上的一个叠压缩映射，又对某一$\boldsymbol{x}^0\in D_0$，序列

$$\boldsymbol{x}^{k+1}=G\boldsymbol{x}^k,k=0,1,\cdots \tag{2}$$

保留在D_0内.那么，$\lim\limits_{k\to\infty}\boldsymbol{x}^k=\boldsymbol{x}^*\in D_0$，并且估计式

$$\|\boldsymbol{x}^k-\boldsymbol{x}^*\|\leqslant\frac{\alpha}{1-\alpha}\|\boldsymbol{x}^k-\boldsymbol{x}^{k-1}\|,k=0,1,\cdots \tag{3}$$

成立.此外，如果G在x^*连续，那么$\boldsymbol{x}^*=G\boldsymbol{x}^*$.

下面收敛性结果是定理1的一个简单而典型的应用.

定理2 设$F:D\subseteq\mathbf{R}^n\to\mathbf{R}^n$在$D$上$F$－可微，且

$$\|F'(\boldsymbol{x})-F'(\boldsymbol{y})\|\leqslant\gamma,\forall\boldsymbol{x},\boldsymbol{y}\in D$$

假定映射$A:D\subseteq\mathbf{R}^n\to L(\mathbf{R}^n)$满足

$$\|A(\boldsymbol{x})^{-1}\|\leqslant\beta$$

$$\|F'(\boldsymbol{x})-A(\boldsymbol{x})\|\leqslant\delta$$

$$\forall\boldsymbol{x}\in D$$

其中$\alpha=\beta(\gamma+\delta)<1$，且存在$\boldsymbol{x}^0\in D$，使得$S=$

$\overline{S}(\boldsymbol{x}^0,r)\subseteq D$,其中 $r\geqslant\dfrac{\beta\|F\boldsymbol{x}^0\|}{(1-\alpha)}$.那么,迭代

$$\boldsymbol{x}^{k+1}=\boldsymbol{x}^k-A(\boldsymbol{x}^k)^{-1}F\boldsymbol{x}^k,k=0,1,\cdots$$

保留在 S 内,且收敛于 $Fx=0$ 在 S 内的唯一解 $\boldsymbol{x}^*$.此外,误差估计式(3) 成立.

证 令 $G\boldsymbol{x}=\boldsymbol{x}-A(\boldsymbol{x})^{-1}F\boldsymbol{x}$,这时,对任一使 $G\boldsymbol{x}\in S$ 的 $\boldsymbol{x}\in S$,我们得到

$$\begin{aligned}&\|G(G\boldsymbol{x})-G\boldsymbol{x}\|=\|A(G\boldsymbol{x})^{-1}F(G\boldsymbol{x})\|\leqslant\\&\beta\|F(G\boldsymbol{x})-F\boldsymbol{x}-A(\boldsymbol{x})(G\boldsymbol{x}-\boldsymbol{x})\|\leqslant\\&\beta\|F(G\boldsymbol{x})-F\boldsymbol{x}-F'(\boldsymbol{x})(G\boldsymbol{x}-\boldsymbol{x})\|+\\&\beta\|F'(\boldsymbol{x})-A(\boldsymbol{x})\|\ \|G\boldsymbol{x}-\boldsymbol{x}\|\leqslant\\&\beta(\gamma+\delta)\|G\boldsymbol{x}-\boldsymbol{x}\|=\\&\alpha\|G\boldsymbol{x}-\boldsymbol{x}\|\end{aligned}$$

这表明 G 在 S 上是一个叠压缩映射. 现在, 如果 $\boldsymbol{x}^0,\cdots,\boldsymbol{x}^k\in S$,那么

$$\begin{aligned}\|\boldsymbol{x}^{k+1}-\boldsymbol{x}^0\|&\leqslant\sum_{j=0}^{k}\|\boldsymbol{x}^{j+1}-\boldsymbol{x}^j\|\leqslant\\&\sum_{j=0}^{k}\alpha^j\|\boldsymbol{x}^1-\boldsymbol{x}^0\|\leqslant\\&\frac{\beta\|F\boldsymbol{x}^0\|}{1-\alpha}\leqslant r\end{aligned}\tag{4}$$

因此,$\boldsymbol{x}^{k+1}\in S$,由归纳法得,$\{\boldsymbol{x}^k\}\subseteq S$.由定理 1 直接可得$\{\boldsymbol{x}^k\}$收敛于某个 $\boldsymbol{x}^*\in S$ 以及误差估计式(3).因为

$$\begin{aligned}\|A(\boldsymbol{x})\|&\leqslant\|A(\boldsymbol{x})-F'(\boldsymbol{x})\|+\\&\|F'(\boldsymbol{x})-F'(\boldsymbol{x}^*)\|+\\&\|F'(\boldsymbol{x}^*)\|\leqslant\\&\delta+\gamma+\|F'(\boldsymbol{x}^*)\|\end{aligned}$$

我们有

$$\| Fx^k \| \leqslant \eta \| x^{k+1} - x^k \|, k = 0, 1, \cdots$$
$$\eta = \delta + \gamma + \| F'(x^*) \|$$

因此，$\lim_{k \to \infty} Fx^k = 0$，又因 F 在 x^* 连续，得到 $Fx^* = 0$. 为了证明唯一性，假定 $Fy^* = 0, x^* \neq y^* \in S$. 于是，得出一个矛盾

$$\begin{aligned} \| x^* - y^* \| \leqslant & \beta \| A(x^*)(x^* - y^*) \| \leqslant \\ & \beta \| F'(x^*)(x^* - y^*) - \\ & Fx^* + Fy^* \| + \\ & \beta \| F'(x^*) - A(x^*) \| \| x^* - y^* \| \leqslant \\ & \beta(\gamma + \delta) \| x^* - y^* \| < \\ & \| x^* - y^* \| \end{aligned}$$

证毕.

这类结果有多种可能变形，我们已将一些列入习题，在下面几节中，我们还要做一些推广. 定理 2 的下述变形有一定的理论意义和实际意义，它不能由定理 1 推出，但可以类似地证明.

定理 3　假定定理 2 的条件成立，那么，对任意一序列 $\{z^k\} \subseteq S$，迭代 $x^{k+1} = x^k - A(z^k)^{-1} Fx^k, k = 0, 1, \cdots$，保留在 S 内且收敛于 x^*. 此外，误差估计式(3)成立.

证　如果 $x^0, \cdots, x^k \in S$，那么，仍由

$$\begin{aligned} & \| x^{k+1} - x^k \| = \| A(z^k)^{-1} Fx^k \| \leqslant \\ & \beta \| Fx^k - Fx^{k-1} - A(z^{k-1})(x^k - x^{k-1}) \| \leqslant \\ & \beta\{ \| Fx^k - Fx^{k-1} - F'(z^{k-1})(x^k - x^{k-1}) \| + \\ & \| F'(z^{k-1}) - A(z^{k-1}) \| \| x^k - x^{k-1} \| \} \leqslant \\ & \beta(\gamma + \delta) \| x^k - x^{k-1} \| \leqslant \cdots \leqslant \\ & \alpha^k \| x^1 - x^0 \| \end{aligned}$$

如式(4)一样，可证明 $x^{k+1} \in S$，于是由归纳法

得$\{x^k\} \subseteq S$.

此时

$$\| x^{k+p} - x^k \| \leqslant \sum_{j=k}^{k+p-1} \| x^{j+1} - x^j \| \leqslant \frac{\alpha}{1-\alpha} \| x^k - x^{k-1} \| \leqslant \frac{\alpha^k}{1-\alpha} \| x^1 - x^0 \| \tag{5}$$

表明$\{x^k\}$是一个 Cauchy 序列.因为 x^* 是 $Fx = \mathbf{0}$ 在 S 内的唯一解,我们得到$\lim\limits_{k\to\infty} x^k = x^*$,并且由式(5)使 $p \to \infty$ 即得误差估计式(3).

为了应用,通常从前面的迭代中选取 z^k.更确切地说,可以于若干步取同一个 z^k,从而,这个迭代不在每一步改变 $A(z^k)$. 注意,由定理 2 和定义 4,对 $F'(x) = A(x)$ 得到关于 Newton 法及其一个变形的收敛性结果.

我们回到一般结果定理 1.下面定理是一个有意义的推广,类似于严格非扩张映射的定义 1,它将条件(1)减弱到只是严格不等式.

定理 4 假定 $G: D \subseteq \mathbf{R}^n \to \mathbf{R}^n$ 将 $D_0 \subseteq D$ 映入它自身,GD_0 是紧的,且

$$\| G(Gx) - Gx \| < \| Gx - x \|$$
$$\forall x \in D_0; x \neq Gx \tag{6}$$

另外,假定 G 在 D_0 上连续,且在 D_0 内至多有一个不动点.那么,存在一个不动点 x^*,并对任一 $x^0 \in D_0$,序列(2)收敛于 x^*.

证 对任一 $x^0 \in D_0$,序列式(2)有意义,$k \geqslant 1$ 时 $x^k \in GD_0$,又因为 GD_0 是紧的,$\{x^k\}$ 在 GD_0 内有

极限点. 假定 $x^* \in GD_0$ 是这样一个极限点，且 $\lim_{i\to\infty} x^{k_i} = x^*$.如果 $x^* \neq Gx^*$,那么映射

$$r(x) = \frac{\| G(Gx) - Gx \|}{\| Gx - x \|}$$

有意义,并在 x^* 的某一邻域内连续,又由式(6)我们有 $r(x^*) < 1$.因此,对给定的 $\alpha \in (r(x^*), 1)$,存在一 $\delta > 0$,使对所有 $x \in S(x^*, \delta) \cap D_0$,$r(x) \leqslant \alpha$.因而,存在一个指标 $j = j(\delta)$,使对 $i \geqslant j$ 有 $r(x^{k_i}) \leqslant \alpha$,即

$$\| Gx^{k_i+1} - Gx^{k_i} \| \leqslant \alpha \| x^{k_i+1} - x^{k_i} \|, i \geqslant j$$

于是,由式(6)得出对所有 k,有

$$\| x^{k+1} - x^k \| < \| x^k - x^{k-1} \|$$

因此

$$\begin{aligned}\| x^{k_{i+1}+1} - x^{k_{i+1}} \| &< \| x^{k_{i+1}} - x^{k_{i+1}-1} \| < \cdots < \\ &\| Gx^{k_i+1} - Gx^{k_i} \| \leqslant \\ &\alpha \| x^{k_i+1} - x^{k_i} \| \leqslant \cdots \leqslant \\ &\alpha^{i-j+1} \| x^{k_j+1} - x^{k_j} \|\end{aligned}$$

这表明 $\lim_{i\to\infty}(x^{k_i+1} - x^{k_i}) = 0$.另外,由 G 的连续性,下式右端趋于零

$$\begin{aligned}\| Gx^* - x^* \| \leqslant &\| Gx^* - Gx^{k_i} \| + \\ &\| x^{k_i+1} - x^{k_i} \| + \\ &\| x^{k_i} - x^* \|\end{aligned}$$

因而 $x^* = Gx^*$,矛盾.于是,$\{x^k\}$ 的每一个极限点是 G 的一个不动点,又因为 G 在 D_0 内至多有一个不动点,由此可得,整个序列 $\{x^k\}$ 一定收敛.

如果 G 是严格非扩张的映射,那么条件(6)自然满足.在那种情形下,定理 4 的假定的第二部分自然满足,因而我们有那个定理的直接推论如下.

Edelstein **定理** 假定 $G: D \supseteq \mathbf{R}^n \to \mathbf{R}^n$ 将 $D_0 \subseteq D$

映入它自身，GD_0 是紧的，G 在 D_0 上是严格非扩张的。那么，对任一 $\boldsymbol{x}^0 \in D_0$，序列式(2)在 D_0 内收敛于 G 的唯一不动点。

注意，在定理4和Edelstein定理中，由 G 的连续性可知，GD_0 的紧性可用较强的条件来代替，即 D_0 本身是紧的。不过，重要的是应回顾一下，当 G 是一个压缩映射时，这些紧性的假定都不需要。

一维的简单例子 $G\boldsymbol{x}=-\boldsymbol{x}$，$D_0=[-1,1]$ 表明，如果 G 只是非扩张映射，Edelstein 定理不一定成立，因为序列式(2)将不收敛于 $\boldsymbol{x}^*=\mathbf{0}$，除非 $\boldsymbol{x}^0=\boldsymbol{x}^*$。不过，对于由 G 和恒等映射的一个凸组合得到的变形的迭代法，我们能证明下面收敛结果。

定理5 假定在 Euclid 范数下，$G:D\subseteq \mathbf{R}^n\to \mathbf{R}^n$ 在闭凸集 $D_0\subseteq D$ 上是非扩张的。另外，假定 $GD_0\subseteq D_0$，并且 D_0 包含 G 的一个不动点。那么，对任一 $\omega\in(0,1)$ 及 $\boldsymbol{x}^0\in D_0$，迭代

$$\boldsymbol{x}^{k+1}=\omega\boldsymbol{x}^k+(1-\omega)G\boldsymbol{x}^k,\quad k=0,1,\cdots \tag{7}$$

在 D_0 内收敛于 G 的一个不动点。

证 D_0 的凸性保证序列式(7)有意义且保留在 D_0 内。如果 $\boldsymbol{x}^*$ 是 G 在 D_0 内的一个不动点，那么，在 l_2-范数下

$$\begin{aligned}\|\boldsymbol{x}^{k+1}-\boldsymbol{x}^*\|^2=\omega^2\|\boldsymbol{x}^k-\boldsymbol{x}^*\|^2&+\\(1-\omega)^2\|G\boldsymbol{x}^k-\boldsymbol{x}^*\|^2&+\\2\omega(1-\omega)(G\boldsymbol{x}^k-\boldsymbol{x}^*)^{\mathrm{T}}(\boldsymbol{x}^k-\boldsymbol{x}^*)&\end{aligned} \tag{8}$$

且

$$\begin{aligned}\|\boldsymbol{x}^k-G\boldsymbol{x}^k\|^2=\|\boldsymbol{x}^k-\boldsymbol{x}^*\|^2+\|G\boldsymbol{x}^k-\boldsymbol{x}^*\|^2-\\2(G\boldsymbol{x}^k-\boldsymbol{x}^*)^{\mathrm{T}}(\boldsymbol{x}^k-\boldsymbol{x}^*)\end{aligned} \tag{9}$$

式(9)乘以 $\omega(1-\omega)$，然后加上式(8)，得出

$$\begin{aligned}&\|\boldsymbol{x}^{k+1}-\boldsymbol{x}^*\|^2+\omega(1-\omega)\|\boldsymbol{x}^k-G\boldsymbol{x}^k\|^2=\\&\omega\|\boldsymbol{x}^k-\boldsymbol{x}^*\|^2+(1-\omega)\|G\boldsymbol{x}^k-G\boldsymbol{x}^*\|^2\leqslant\\&\|\boldsymbol{x}^k-\boldsymbol{x}^*\|^2\end{aligned}\tag{10}$$

因此，对任一 $m\geqslant 0$，有

$$\begin{aligned}&\omega(1-\omega)\sum_{k=0}^{m}\|\boldsymbol{x}^k-G\boldsymbol{x}^k\|^2\leqslant\\&\sum_{k=0}^{m}[\|\boldsymbol{x}^k-\boldsymbol{x}^*\|^2-\|\boldsymbol{x}^{k+1}-\boldsymbol{x}^*\|^2]=\\&\|\boldsymbol{x}^0-\boldsymbol{x}^*\|^2-\|\boldsymbol{x}^{m+1}-\boldsymbol{x}^*\|^2\leqslant\\&\|\boldsymbol{x}^0-\boldsymbol{x}^*\|^2\end{aligned}$$

这证明当 $m\to\infty$ 时左端的级数收敛，特别是

$$\lim_{k\to\infty}\|\boldsymbol{x}^k-G\boldsymbol{x}^k\|=0$$

因为

$$\begin{aligned}\|\boldsymbol{x}^{k+1}-\boldsymbol{x}^*\|=\ &\|\omega(\boldsymbol{x}^k-\boldsymbol{x}^*)+(1-\omega)(G\boldsymbol{x}^k-G\boldsymbol{x}^*)\|\leqslant\\&\|\boldsymbol{x}^k-\boldsymbol{x}^*\|\leqslant\|\boldsymbol{x}^j-\boldsymbol{x}^*\|\leqslant\\&\|\boldsymbol{x}^0-\boldsymbol{x}^*\|,\forall k\geqslant 0;j\leqslant k\end{aligned}\tag{11}$$

由此得到，序列 $\{\boldsymbol{x}^k\}$ 是有界的，因此，有一个收敛的子序列 $\{\boldsymbol{x}^{k_i}\}$，由于 D_0 是闭集，$\{\boldsymbol{x}^{k_i}\}$ 在 D_0 内必有极限点 y^*. 于是由式(7)可得

$$\begin{aligned}\lim_{i\to\infty}(\boldsymbol{x}^{k_i+1}-\boldsymbol{y}^*)=&\lim_{i\to\infty}(\boldsymbol{x}^{k_i}-\boldsymbol{y}^*)+\\&(1-\omega)\lim_{i\to\infty}(G\boldsymbol{x}^{k_i}-\boldsymbol{x}^{k_i})=0\end{aligned}$$

再由 G 的连续性可得 $\boldsymbol{y}^*=G\boldsymbol{y}^*$. 因此，式(11)对 $\boldsymbol{y}^*$(代替 $\boldsymbol{x}^*$)成立，所以，整个序列 $\{\boldsymbol{x}^k\}$ 必定收敛于不动点 $\boldsymbol{y}^*$. 证毕.

注意，式(7)等价于

$$\hat{\boldsymbol{x}}^k=G\boldsymbol{x}^k,\boldsymbol{x}^{k+1}=\boldsymbol{x}^k+\omega(\hat{\boldsymbol{x}}^k-\boldsymbol{x}^k)\quad k=0,1,\cdots\tag{12}$$

这就是说，式(7) 可看成基本迭代法式(2) 的一个"低松弛"提法.最后，注意，如 $\mathbf{R}^1$ 内的简单例题 $Gx=x$ 所示，在定理 5 的条件下，算子 $\hat{G}=\omega I+(1-\omega)G$ 不一定是压缩映射.

习题

1.证明：由 $g(x)=0, x\in\left[0,\frac{1}{2}\right), g(x)=1, x\in\left[\frac{1}{2},1\right]$ 定义的不连续函数 $g:[0,1]\subseteq\mathbf{R}^1\to\mathbf{R}^1$，是一个叠压缩映射，并有一个以上的不动点.

2.给定理 1 一个直接证明.

3.假定 $F:D\subseteq\mathbf{R}^n\to\mathbf{R}^n$ 在 $S=\bar{S}(\boldsymbol{x}^0,r)\subseteq D$ 上 F－可微，且对所有 $\boldsymbol{x}\in S$，$\|F'(\boldsymbol{x})^{-1}\|\leqslant\beta$.另外，假定下列两个条件之一成立：

(a) $\|F\boldsymbol{y}-F\boldsymbol{x}-F'(\boldsymbol{z})(\boldsymbol{y}-\boldsymbol{x})\|\leqslant\gamma\|\boldsymbol{y}-\boldsymbol{x}\|$，$\forall\boldsymbol{x},\boldsymbol{y},\boldsymbol{z}\in S$；$\alpha=\beta\gamma<1$；$r\geqslant\beta\|F\boldsymbol{x}^0\|/(1-\alpha)$.

(b) $\|F'(\boldsymbol{x})-F'(\boldsymbol{x}^0)\|\leqslant\gamma$，$\forall\boldsymbol{x}\in S$；$\alpha=2\gamma\beta<1$；$r\geqslant\beta\|F\boldsymbol{x}^0\|/(1-\alpha)$.

证明从 $\boldsymbol{x}^0$ 起始的 Newton 迭代保留在 S 内，并收敛于 $F\boldsymbol{x}=0$ 在 S 内的唯一解，而且，式(3) 成立.再证明对任一序列 $\{\boldsymbol{z}^k\}\subseteq S$，同样结果对迭代

$$\boldsymbol{x}^{k+1}=\boldsymbol{x}^k-F'(\boldsymbol{z}^k)^{-1}F\boldsymbol{x}^k, k=0,1,\cdots \tag{13}$$

也成立.

4.假定 $F:D\subseteq\mathbf{R}^n\to\mathbf{R}^n$ 在 $S=\bar{S}(\boldsymbol{x}^0,r)\subseteq D$ 上 F－可微，且 $\|F'(\boldsymbol{x}^0)^{-1}\|\leqslant\beta$.此外，假定下列三个条件之一成立：

(a) $\|F\boldsymbol{y}-F\boldsymbol{x}-F'(\boldsymbol{z})(\boldsymbol{y}-\boldsymbol{x})\|\leqslant\gamma\|\boldsymbol{y}-\boldsymbol{x}\|$，$\forall\boldsymbol{x},\boldsymbol{y},\boldsymbol{z}\in S$；$\alpha=3\beta\gamma<1$；$r\geqslant\dfrac{\beta\|F\boldsymbol{x}^0\|}{(1-\alpha)}$.

(b) $\| F'(\boldsymbol{y}) - F'(\boldsymbol{x}) \| \leqslant \gamma, \forall \boldsymbol{x}, \boldsymbol{y} \in S; \alpha = 2\beta\gamma < 1; r \geqslant \frac{\beta \| F\boldsymbol{x}^0 \|}{(1-\alpha)}$.

(c) $\| F'(\boldsymbol{x}) - F'(\boldsymbol{x}^0) \| \leqslant \gamma, \forall \boldsymbol{x} \in S; \alpha = 3\beta\gamma < 1; r \geqslant \frac{\beta \| F\boldsymbol{x}^0 \|}{(1-\alpha)}$.

仍然证明,从 $\boldsymbol{x}^0$ 起始的Newton迭代保留在 S 内,并收敛于 $F\boldsymbol{x}=0$ 在 S 内的唯一解,对迭代式(13) 也有同样结果.

5.对形如

$$\boldsymbol{x}^{k+1} = \boldsymbol{x}^k - A_k^{-1} F\boldsymbol{x}^k, k = 0, 1, \cdots$$

的迭代,叙述并证明和习题中的 3 及定理 3 类似的收敛定理,其中 $A_k \in L(\mathbf{R}^n), k = 0, 1, \cdots$ 是给定的非奇异矩阵的序列.

6.设 $G: D \subseteq \mathbf{R}^n \to \mathbf{R}^n$ 在 $D_0 \subseteq D$ 上是非扩张的,其中 $GD_0 \subseteq D_0$,且 GD_0 是紧的.另外,假定式(6) 成立.证明,对给定的 $\boldsymbol{x}^0 \in D_0$,$\{G^k \boldsymbol{x}^0\}$ 的任一收敛子序列的极限点,是 G 的一个不动点,在此基础上,证明整个序列收敛于 G 的一个不动点.

7.假定 $F: D \subseteq \mathbf{R}^n \to \mathbf{R}^n$ 满足

$$1 \leqslant \gamma = \sup \left\{ \frac{\| F\boldsymbol{x} - F\boldsymbol{y} \|_2}{\| \boldsymbol{x} - \boldsymbol{y} \|_2} \mid \boldsymbol{x}, \boldsymbol{y} \in D, \boldsymbol{x} \neq \boldsymbol{y} \right\}$$

(a) 如果对某一 $\mu < 1$ 有

$$(\boldsymbol{x} - \boldsymbol{y})^{\mathrm{T}} (F\boldsymbol{x} - F\boldsymbol{y}) \leqslant \mu \| \boldsymbol{x} - \boldsymbol{y} \|_2^2, \forall \boldsymbol{x}, \boldsymbol{y} \in D$$

证明 $G\boldsymbol{x} = (1-\alpha)\boldsymbol{x} + \alpha F\boldsymbol{x}$ 在 D 上对任何 $0 < \alpha < \frac{2(1-\mu)}{(1-2\mu+\gamma^2)}$ 是压缩映射.

(b) 如果对某一 $\mu > 1$ 有

$$(\boldsymbol{x} - \boldsymbol{y})^{\mathrm{T}} (F\boldsymbol{x} - F\boldsymbol{y}) \geqslant \mu \| \boldsymbol{x} - \boldsymbol{y} \|_2^2, \forall \boldsymbol{x}, \boldsymbol{y} \in D$$

证明对 $2(1-\mu)/(1-2\mu+\gamma^2)<\alpha<0$,$G$ 是压缩映射.

8.设 $F:D\subseteq \mathbf{R}^n \to \mathbf{R}^n$,并令

$$\mu(\boldsymbol{x},\boldsymbol{y})=\frac{(\boldsymbol{x}-\boldsymbol{y})^{\mathrm{T}}(F\boldsymbol{x}-F\boldsymbol{y})}{\|\boldsymbol{x}-\boldsymbol{y}\|_2^2}$$

$$\gamma(\boldsymbol{x},\boldsymbol{y})=\frac{\|F\boldsymbol{x}-F\boldsymbol{y}\|_2}{\|\boldsymbol{x}-\boldsymbol{y}\|_2},\boldsymbol{x},\boldsymbol{y}\in D;\boldsymbol{x}\neq\boldsymbol{y}$$

如果 $\mu(\boldsymbol{x},\boldsymbol{y})\leqslant\bar{\mu}<1$ 对所有 $\boldsymbol{x},\boldsymbol{y}\in D$ 成立,证明对任何

$$0<\alpha<\inf\left\{\frac{2[1-\mu(\boldsymbol{x},\boldsymbol{y})]}{1-2\mu(\boldsymbol{x},\boldsymbol{y})+\gamma(\boldsymbol{x},\boldsymbol{y})^2}\right|$$

$$\left.\boldsymbol{x},\boldsymbol{y}\in D,\boldsymbol{x}\neq\boldsymbol{y}\right\}$$

$G\boldsymbol{x}=(1-\alpha)\boldsymbol{x}+\alpha F\boldsymbol{x}$ 在 D 上是压缩映射.

9.假定 $F:D\subseteq\mathbf{R}^n\to\mathbf{R}^n$ 对某个 $\mu>0$ 和 $\gamma<\infty$ 满足

$$(\boldsymbol{y}-\boldsymbol{x})^{\mathrm{T}}(F\boldsymbol{y}-F\boldsymbol{x})\geqslant\mu\|\boldsymbol{y}-\boldsymbol{x}\|^2$$

$$\|F\boldsymbol{y}-F\boldsymbol{x}\|\leqslant\gamma\|\boldsymbol{y}-\boldsymbol{x}\|$$

$$\forall\boldsymbol{x},\boldsymbol{y}\in D$$

(a) 证明只要 $0<\omega<\dfrac{2\mu}{\gamma^2}$,$G\boldsymbol{x}=\boldsymbol{x}-\omega F\boldsymbol{x}$ 在 D 上是压缩映射,具有压缩常数 $q_\omega=(\gamma^2\omega^2-2\mu\omega+1)^{1/2}$,何时 q_ω 最小?.

(b) 假定 $S=\overline{S}(\boldsymbol{x}^0,r)\subseteq D$,其中 $r\geqslant[\mu^{-1}+(\mu^{-2}-\gamma^{-2})]^{1/2}\times\|F\boldsymbol{x}^0\|$. 证明 $\boldsymbol{x}^{k+1}=\boldsymbol{x}^k-(\mu/\gamma^2)F\boldsymbol{x}^k$,$k=0,1,\cdots$,收敛于 $F\boldsymbol{x}=\mathbf{0}$ 在 S 内的唯一解.

10.设 $\boldsymbol{B}\in L(\mathbf{R}^n)$,并假定 $\rho(\boldsymbol{B})\leqslant1$,而 1 不是 $\boldsymbol{B}$ 的特征值.证明对所有 $\omega\in(0,1)$,$\rho\{\omega\boldsymbol{I}+(1-\omega)\boldsymbol{B}\}<1$.

§2　非线性强函数

前一节中，我们讨论了压缩映射原理的各种变形. 现在我们对于差 $Gy-Gx$ 或 G^2x-Gx 引进更一般的非线性估计式，继续这种研究. 这一节介绍基本的情形，以下各节中，将这些思想推广到更一般的情形.

定义 2　设 $\{x^k\}$ 是 $\mathbf{R}^n$ 内任一序列，使得

$$\|x^{k+1}-x^k\|\leqslant t_{k+1}-t_k,k=0,1,\cdots \tag{14}$$

成立的序列 $\{t_k\}\subseteq[0,\infty)\subseteq\mathbf{R}^1$ 是 $\{x^k\}$ 的一个强序列.

注意，任一强序列必须是单调增的.

下面简单结果是一个常用的定理.

定理 6　设 $\{t_k\}\subseteq\mathbf{R}^1$ 是 $\{x^k\}\subseteq\mathbf{R}^n$ 的一个强序列，并假定

$$\lim_{k\to\infty}t_k=t^*<\infty$$

存在. 那么 $x^*=\lim\limits_{k\to\infty}x^k$ 存在，且

$$\|x^*-x^k\|\leqslant t^*-t_k,k=0,1,\cdots \tag{15}$$

证　估计式

$$\|x^{k+m}-x^k\|\leqslant\sum_{j=k}^{k+m-1}\|x^{j+1}-x^j\|\leqslant\sum_{j=k}^{k+m-1}(t_{j+1}-t_j)=t_{k+m}-t_k \tag{16}$$

表明 $\{x^k\}$ 是一个 Cauchy 序列，由式(3)，使 $m\to\infty$，得出误差估计式(2). 证毕.

以下，强序列将作为某些非线性差分方程的解产

生,而这些方程则基于 $G(G\boldsymbol{x})-G\boldsymbol{x}$ 的估计式.下面定理 1 的推广给出了这个思路.

定理 7 对 $G:D\subseteq\mathbf{R}^n\to\mathbf{R}^n$,假定存在一个保序函数 $\varphi:[0,\infty)\subseteq\mathbf{R}^1\to[0,\infty)$,使得在某一集合 $D_0\subseteq D$ 上

$$\|G^2\boldsymbol{x}-G\boldsymbol{x}\|\leqslant\varphi(\|G\boldsymbol{x}-\boldsymbol{x}\|),\boldsymbol{x},G\boldsymbol{x}\in D_0 \tag{17}$$

另外,假定对某一 $\boldsymbol{x}^0\in D_0$,迭代 $\boldsymbol{x}^k=G^k\boldsymbol{x}^0,k=1,2,\cdots$ 保留在 D_0 内,并定义序列 $\{t_k\}$ 如下

$$\begin{aligned}&t_{k+1}=t_k+\varphi(t_k-t_{k-1})\\&\qquad t_0=0,t_1\geqslant\|G\boldsymbol{x}^0-\boldsymbol{x}^0\|\\&\qquad k=1,2,\cdots\end{aligned} \tag{18}$$

它收敛于 $t^*<+\infty$.那么,$\lim\limits_{k\to\infty}\boldsymbol{x}^k=\boldsymbol{x}^*$ 存在且估计式(15) 成立.此外,如果 $\boldsymbol{x}^*\in D$,并且 G 在 $\boldsymbol{x}^*$ 连续,那么 $\boldsymbol{x}^*=G\boldsymbol{x}^*$.

证 我们用归纳法证明,$\{t_k\}$ 是 $\{\boldsymbol{x}^k\}$ 的强序列.由假定 $\|\boldsymbol{x}^1-\boldsymbol{x}^0\|\leqslant t_1-t_0$,又若对 $j=1,\cdots,k$,$\|\boldsymbol{x}^j-\boldsymbol{x}^{j-1}\|\leqslant t_j-t_{j-1}$,则由式(17) 和(18) 以及 φ 的保序性可得

$$\begin{aligned}\|\boldsymbol{x}^{k+1}-\boldsymbol{x}^k\|=\|G^2\boldsymbol{x}^{k-1}-G\boldsymbol{x}^{k-1}\|\leqslant&\\\varphi(\|\boldsymbol{x}^k-\boldsymbol{x}^{k-1}\|)\leqslant&\\\varphi(t_k-t_{k-1})=&\\t_{k+1}-t_k&\end{aligned} \tag{19}$$

由定理 6 得出结果.证毕.

注意,定理 7 包含叠压缩映射原理,因而,它也包含压缩映射原理.在这种情形下,强函数就是 $\varphi(t)=\alpha t$,其中 $\alpha<1$.因此,差分方程(18) 变成

$$t_{k+1}-t_k=\alpha(t_k-t_{k-1})$$
$$t_0=0$$
$$t_1=\|G\boldsymbol{x}^0-\boldsymbol{x}^0\|$$

其解为

$$t_k=(\sum_{j=0}^{k-1}\alpha^j)\|G\boldsymbol{x}^0-\boldsymbol{x}^0\|$$

因此

$$\lim_{k\to\infty}t_k=t^*=\frac{1}{1-\alpha}\|G\boldsymbol{x}^0-\boldsymbol{x}^0\|$$

如果 $GD_0\subseteq D_0$，条件 $\{\boldsymbol{x}^k\}\subseteq D_0$ 自然满足.另外，可以给初始迭代一个条件.

定理 8 假定定理 7 的条件成立，而只假定 $\boldsymbol{x}^0,\cdots,\boldsymbol{x}^m$ 在 D_0 内，那么，只要下列关系式之一成立，则 $\boldsymbol{x}^k\in D_0,k=m+1,\cdots$，有

$$\bar{S}(\boldsymbol{x}^m,t^*-t_m)\subseteq D_0 \tag{20}$$
$$S(\boldsymbol{x}^m,t^*-t_m)\subseteq D_0$$
$$t_k<t^*;\forall k\geqslant m \tag{21}$$

证 我们用归纳法证明，假定对某一 $k\geqslant m$，$\boldsymbol{x}^j\in D_0,j=0,\cdots,k$.这时，由式(19)可得

$$\|\boldsymbol{x}^{j+1}-\boldsymbol{x}^j\|\leqslant t_{j+1}-t_j$$
$$j=0,1,\cdots,k$$

因此

$$\|\boldsymbol{x}^{k+1}-\boldsymbol{x}^m\|\leqslant\sum_{j=m}^{k}\|\boldsymbol{x}^{j+1}-\boldsymbol{x}^j\|\leqslant$$
$$\sum_{j=m}^{k}(t_{j+1}-t_j)=$$
$$t_{k+1}-t_m$$

于是，当 $t_{k+1}\leqslant t^*$ 时，$\boldsymbol{x}^{k+1}\in\bar{S}(\boldsymbol{x}^m,t_{k+1}-t_m)\subseteq$

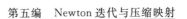

$\bar{S}(\boldsymbol{x}^m, t^* - t_m)$，或当 $t_{k+1} < t^*$ 时，$\boldsymbol{x}^{k+1} \in S(\boldsymbol{x}^m, t^* - t_m)$.这就完成了归纳法证明.

作为定理 7 的一个应用，我们证明和定理 2 类似的一个结果.

定理 9 设 $F: D \subseteq \mathbf{R}^n \to \mathbf{R}^n$ 在凸集 $D_0 \subseteq D$ 上是 F — 可微的，且

$$\| F'(\boldsymbol{x}) - F'(\boldsymbol{y}) \| \leqslant \gamma \| \boldsymbol{x} - \boldsymbol{y} \|$$

$$\forall \boldsymbol{x}, \boldsymbol{y} \in D_0$$

假定映射 $A: D_0 \subseteq \mathbf{R}^n \to L(\mathbf{R}^n)$ 满足

$$\| A(\boldsymbol{x})^{-1} \| \leqslant \beta$$

$$\| F'(\boldsymbol{x}) - A(\boldsymbol{x}) \| \leqslant \delta$$

$$\forall \boldsymbol{x} \in D_0$$

而且，$\beta\delta < 1$.如果 $\boldsymbol{x}^0 \in D_0$，使得

$$\| A(\boldsymbol{x}^0)^{-1} F\boldsymbol{x}^0 \| \leqslant \eta$$

$$\alpha = \frac{1}{2}\beta\gamma\eta + \beta\delta < 1$$

同时，$S = \bar{S}(\boldsymbol{x}^0, \frac{\eta}{(1-\alpha)}) \subseteq D_0$，那么，迭代

$$\boldsymbol{x}^{k+1} = \boldsymbol{x}^k - A(\boldsymbol{x}^k)^{-1} F\boldsymbol{x}^k$$

$$k = 0, 1, \cdots$$

保留在 S 内，且收敛于 $F\boldsymbol{x} = \mathbf{0}$ 的一个解 $\boldsymbol{x}^*$.

证 仍令 $G\boldsymbol{x} = \boldsymbol{x} - A(\boldsymbol{x})^{-1} F\boldsymbol{x}$，则当 $\boldsymbol{x}, G\boldsymbol{x} \in D_0$ 时，我们有

$$\begin{aligned} &\| G^2\boldsymbol{x} - G\boldsymbol{x} \| = \| A(G\boldsymbol{x})^{-1} F(G\boldsymbol{x}) \| \leqslant \\ &\beta \| F(G\boldsymbol{x}) - F\boldsymbol{x} - F'(\boldsymbol{x})(G\boldsymbol{x} - \boldsymbol{x}) \| + \\ &\beta \| (F'(\boldsymbol{x}) - A(\boldsymbol{x}))(G\boldsymbol{x} - \boldsymbol{x}) \| \leqslant \\ &\frac{1}{2}\beta\gamma \| G\boldsymbol{x} - \boldsymbol{x} \|^2 + \beta\delta \| G\boldsymbol{x} - \boldsymbol{x} \| \end{aligned} \tag{22}$$

因此，取 $\varphi(t)=\frac{1}{2}\beta\gamma t^2+\beta\delta t$，$G$ 满足式(17).现在考察差分方程(18)，取初始值 $t_0=0$，$t_1=\eta$.显然，$t_2-t_1=\alpha\eta$，由归纳法容易得出

$$t_{k+1}-t_k\leqslant\alpha^k\eta,k=1,2,\cdots\tag{23}$$

于是，$t_k\leqslant\eta\sum_{j=0}^{k-1}\alpha^j$ 且 $\lim_{k\to\infty}t_k=t^*\leqslant\frac{\eta}{1-\alpha}$ 存在.现在定理 8 保证 $\{\boldsymbol{x}^k\}\subseteq\overline{S}(\boldsymbol{x}^0,t^*)\subseteq D_0$，并由定理 7 得出收敛性结论.最后

$$\begin{aligned}\|F\boldsymbol{x}^k\|=\|A(\boldsymbol{x}^k)(\boldsymbol{x}^{k+1}-\boldsymbol{x}^k)\|\leqslant&\\ &\|(A(\boldsymbol{x}^k)-F'(\boldsymbol{x}^k))(\boldsymbol{x}^{k+1}-\boldsymbol{x}^k)\|+\\ &\|F'(\boldsymbol{x}^0)(\boldsymbol{x}^{k+1}-\boldsymbol{x}^k)\|+\\ &\|(F'(\boldsymbol{x}^k)-F'(\boldsymbol{x}^0))(\boldsymbol{x}^{k+1}-\boldsymbol{x}^k)\|\leqslant\\ &(\delta+\|F'(\boldsymbol{x}^0)\|+\gamma t^*)\|\boldsymbol{x}^{k+1}-\boldsymbol{x}^k\|\end{aligned}$$

所以 $\lim_{k\to\infty}F\boldsymbol{x}^k=0$，再由 F 的连续性可得 $F\boldsymbol{x}^*=0$.证毕.

与定理 2 相对照，这里我们假定 F' 是 Lipschitz 连续的，并且得到了稍好的收敛性条件.此外，定理 9 可以只假定 $\overline{S}(\boldsymbol{x}^0,t^*)\subseteq D_0$ 以得到加强；但是一般 t^* 是不知道的，所以这个改进只有理论上的意义.由同样理由，在这种情形下，误差估计式(18) 也只是理论上有用.不过，容易得出可计算的估计式，事实上，由式(22) 及(23) 可得，对任一 $i\geqslant k$，我们有

$$\begin{aligned}\|\boldsymbol{x}^{i+1}-\boldsymbol{x}^i\|\leqslant&\left(\frac{1}{2}\beta\gamma\|\boldsymbol{x}^i-\boldsymbol{x}^{i-1}\|+\beta\delta\right)\|\boldsymbol{x}^i-\boldsymbol{x}^{i-1}\|\leqslant\\ &\left(\frac{1}{2}\beta\gamma\alpha^{i-1}\eta+\beta\delta\right)\|\boldsymbol{x}^i-\boldsymbol{x}^{i-1}\|\leqslant\\ &\alpha\|\boldsymbol{x}^i-\boldsymbol{x}^{i-1}\|\leqslant\cdots\leqslant\\ &\alpha^{i-k+1}\|\boldsymbol{x}^k-\boldsymbol{x}^{k-1}\|\end{aligned}$$

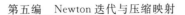

所以

$$\| \boldsymbol{x}^{k+m} - \boldsymbol{x}^{k} \| \leqslant \left(\sum_{j=0}^{m-1} \alpha^{j}\right) \| \boldsymbol{x}^{k+1} - \boldsymbol{x}^{k} \| \leqslant \frac{1}{1-\alpha}\left[\frac{1}{2}\beta\gamma\alpha^{k-1}\eta + \beta\delta\right] \| \boldsymbol{x}^{k} - \boldsymbol{x}^{k-1} \|$$

当 $m \to \infty$ 时，这导致

$$\| \boldsymbol{x}^{*} - \boldsymbol{x}^{k} \| \leqslant \frac{1}{1-\alpha}\left[\frac{1}{2}\beta\gamma\alpha^{k-1}\eta + \beta\delta\right] \| \boldsymbol{x}^{k} - \boldsymbol{x}^{k-1} \|$$

这个估计显然是很粗的，特别是，当 $A(\boldsymbol{x}) = F'(\boldsymbol{x})$ 时，由它不能得出表现所期望的二次收敛性的估计.定理 9 专用于 Newton 法的下面结果含有一个较精确的估计式.

Newton-Mysovskii **定理** 假定 $F: D \subseteq \mathbf{R}^n \to \mathbf{R}^n$ 在凸集 $D_0 \subseteq D$ 上是 F－可微的，并且对每一个 $\boldsymbol{x} \in D_0$，$F'(\boldsymbol{x})$ 是非奇异的，且满足

$$\| F'(\boldsymbol{x}) - F'(\boldsymbol{y}) \| \leqslant \gamma \| \boldsymbol{x} - \boldsymbol{y} \|$$
$$\| F'(\boldsymbol{x})^{-1} \| \leqslant \beta$$
$$\forall \boldsymbol{x}, \boldsymbol{y} \in D_0$$

如果 $\boldsymbol{x}^0 \in D_0$，使得 $\| F'(\boldsymbol{x}^0)^{-1} F\boldsymbol{x}^0 \| \leqslant \eta$ 且

$$\alpha = \frac{1}{2}\beta\gamma\eta < 1$$

以及 $\overline{S}(\boldsymbol{x}^0, r_0) \subseteq D_0$，其中

$$r_0 = \eta \sum_{j=0}^{\infty} \alpha^{2j-1}$$

那么，Newton 迭代

$$\boldsymbol{x}^{k+1} = \boldsymbol{x}^{k} - F'(\boldsymbol{x}^{k})^{-1} F\boldsymbol{x}^{k}$$
$$k = 0, 1, \cdots$$

保留在 $\bar{S}(\boldsymbol{x}^0,r_0)$ 内，且收敛于 $F\boldsymbol{x}=\boldsymbol{0}$ 的一个解 $\boldsymbol{x}^*$. 此外

$$\|\boldsymbol{x}^*-\boldsymbol{x}^k\|\leqslant\varepsilon_k\|\boldsymbol{x}^k-\boldsymbol{x}^{k-1}\|^2,k=1,2,\cdots \tag{24}$$

其中

$$\varepsilon_k=\frac{\alpha}{\eta}\sum_{j=0}^{\infty}(\alpha^{2^k})^{2^j-1}\leqslant \alpha[\eta(1-\alpha^{2^k})]^{-1}$$

证 在这种情形下，估计式(22)导致差分方程

$$t_{k+1}-t_k=\frac{1}{2}\beta\gamma(t_k-t_{k-1})^2$$

$$t_0=0,t_1=\eta,k=1,\cdots$$

用归纳法，我们证明

$$t_{k+1}-t_k\leqslant\eta\alpha^{2^k-1},k=0,1,\cdots \tag{25}$$

事实上，对 $k=0$ 显然正确，如果它对 $k=j-1$ 成立，则

$$t_{j+1}-t_j\leqslant\frac{1}{2}\beta\gamma(\eta\alpha^{2^{j-1}-1})^2=\frac{1}{2}\beta\gamma\eta^2\alpha^{2^j-2}=\eta\alpha^{2^j-1}$$

因此

$$t^*=\lim_{k\to\infty}t_k=\lim_{k\to\infty}\sum_{j=0}^{k-1}(t_{j+1}-t_j)\leqslant\eta\sum_{j=0}^{\infty}\alpha^{2^j-1}=r_0$$

正如定理 9 中一样，由定理 7 和定理 8 得出收敛性结果.

为了得出估计式(24)，注意由式(22)，因为

$$\delta=0$$

$$\| \boldsymbol{x}^{k+1} - \boldsymbol{x}^k \| \leqslant \alpha_0 \| \boldsymbol{x}^k - \boldsymbol{x}^{k-1} \|^2 \leqslant \alpha_0 (t_k - t_{k-1})^2 \leqslant \alpha_0 \eta^2 \alpha^{2k-2}$$

其中 $\alpha_0 = \frac{1}{2}\beta\gamma$,所以

$$\| \boldsymbol{x}^{k+m} - \boldsymbol{x}^k \| \leqslant \sum_{j=k}^{k+m-1} \| \boldsymbol{x}^{j+1} - \boldsymbol{x}^j \| \leqslant \sum_{j=1}^{m} \alpha_0^{2j-1} \| \boldsymbol{x}^k - \boldsymbol{x}^{k-1} \|^{2j} \leqslant \| \boldsymbol{x}^k - \boldsymbol{x}^{k-1} \|^2 \sum_{j=1}^{m} \alpha_0^{2j-1} (t_k - t_{k-1})^{2j-2} \leqslant \alpha [\eta(1-\alpha^{2k})]^{-1} \| \boldsymbol{x}^k - \boldsymbol{x}^{k-1} \|^2$$

因此由式(25)有

$$\sum_{j=1}^{m} \alpha_0^{2j-1} (t_k - t_{k-1})^{2j-2} \leqslant \sum_{j=1}^{m} \alpha_0^{2j-1} \left[\frac{\alpha^{2k-1}}{\alpha_0} \right]^{2j-2} = \alpha_0 \sum_{j=0}^{m-1} (\alpha^{2k})^{2j-1} \leqslant \varepsilon_k \leqslant \frac{\alpha}{\eta} \sum_{j=0}^{\infty} (\alpha^{2k})^j = \alpha [\eta(1-\alpha^{2k})]^{-1}$$

证毕.

定理 9 有多种技术性的变形, 因而 Newton-Mysovskii 定理也有;其中两种我们列在习题的 2,3 中.

习题

1.设 $\varphi : [0,\infty) \to [0,\infty)$ 是连续的和保序的,假定对某一 $t_1 > 0$,有

$$t_{k+1} - t_k = \varphi(t_k - t_{k-1}), t_0 = 0, k = 1, \cdots$$

的解满足$\lim\limits_{k\to\infty} t_k = t^* < \infty$.证明$\varphi(0)=0$,此外,下列条件之一成立:

(a) 如果φ有一个不动点$s^* > 0$,那么,$t_1 < s^*$,且对所有

$$s \in [0, s^*), \varphi(s) < s$$

(b) 如果φ没有正的不动点,那么,对所有$s > 0$,$\varphi(s) < s$.再证明这些条件不是使$\{t_k^*\}$收敛的充分条件.

2.设$F: D \subseteq \mathbf{R}^n \to \mathbf{R}^n$在$S = \overline{S}(\boldsymbol{x}^0, r) \subseteq D$内是$F$-可微的,且对所有$\boldsymbol{x}, \boldsymbol{y} \in S$,$\| F'(\boldsymbol{x}) - F'(\boldsymbol{y}) \| \leqslant \gamma \| \boldsymbol{x} - \boldsymbol{y} \|$.假定$B: S \to L(\mathbf{R}^n)$满足$\| B(\boldsymbol{x}) \| \leqslant \beta$,$\| B(\boldsymbol{x})F'(\boldsymbol{x}) - I \| \leqslant \delta$且对所有$\boldsymbol{x}, \boldsymbol{y} \in S$,$\| (B(\boldsymbol{x}) - B(\boldsymbol{y}))F\boldsymbol{y} \| \leqslant \eta \| \boldsymbol{x} - \boldsymbol{y} \|$.证明:如果

$$\alpha = \frac{1}{2}\beta\gamma \| B(\boldsymbol{x}^0)F\boldsymbol{x}^0 \| + \eta + \delta < 1$$

且$r \geqslant \| B(\boldsymbol{x}^0)F\boldsymbol{x}^0 \| / (1-\alpha)$,那么,迭代

$$\boldsymbol{x}^{k+1} = \boldsymbol{x}^k - B(\boldsymbol{x}^k)F\boldsymbol{x}^k, k = 0, 1, \cdots$$

保留在S内,且在$S(\boldsymbol{x}^0, r')$内收敛于$B(\boldsymbol{x})F\boldsymbol{x} = \mathbf{0}$的唯一解$\boldsymbol{x}^*$,其中$r' = \min\{r, (\beta\gamma)^{-1}[1 - \eta - \delta]\}$.

3.设$F: D \subseteq \mathbf{R}^n \to \mathbf{R}^n$连续且$K: D \subseteq \mathbf{R}^n \to \mathbf{R}^n$在$S = \overline{S}(\boldsymbol{x}^0, r) \subseteq D$上$F$-可微.此外,假定对所有$\boldsymbol{x}, \boldsymbol{y} \in S$,有

$$\| K'(\boldsymbol{x}) - K'(\boldsymbol{y}) \| \leqslant \gamma \| \boldsymbol{x} - \boldsymbol{y} \|$$

$$\| (F\boldsymbol{x} - K\boldsymbol{x}) - (F\boldsymbol{y} - K\boldsymbol{y}) \| \leqslant \delta \| \boldsymbol{y} - \boldsymbol{x} \|$$

而且$K(\boldsymbol{x})$是非奇异的,并对所有$\boldsymbol{x} \in S$,$\| K'(\boldsymbol{x})^{-1} \| \leqslant \beta$.证明:如果$\| K'(\boldsymbol{x}^0)^{-1}F\boldsymbol{x}^0 \| \leqslant \eta$,$\alpha = \frac{1}{2}\beta\gamma\eta +$

$\beta\delta < 1$ 且 $r \geqslant \eta/(1-\alpha)$，那么，迭代

$$x^{k+1} = x^k - K'(x^k)^{-1}Fx^k$$
$$k = 0, 1, \cdots$$

保留在 S 内，且收敛于 $Fx = \mathbf{0}$ 的一个解.

4.在 Newton-Mysovskii 定理的条件下，证明

$$\| x^* - x^k \| \leqslant \eta\,\alpha^{2k-1}\sum_{i=0}^{\infty}(\alpha^{2k})^i \leqslant \frac{\eta\,\alpha^{2k-1}}{1-\alpha^{2k}}$$

由此得出结论，$\{x^k\}$ 的 K — 级至少是 2.

5.考察离散的积分方程.对于应用于这个方程的 Newton 法，叙述并证明 Newton-Mysovskii 的推论.

§3 更一般的强函数

代替上一节中所用到的非线性估计式，我们现在考察与初始数据有关的更一般的估计式.更确切地说，我们将假定有形如

$$\| G^2x - Gx \| \leqslant \varphi(\| Gx - x \|, \| Gx - x^0 \|, \| x - x^0 \|) \tag{26}$$

的不等式成立，其中 x^0 是给定的点.我们将看到，对于某些问题，这个不等式比上节中用的估计式可能导出更好的结果.

我们先将定理 7 直接推广到这种更一般的情形：

定理 10 设 $G: D \subseteq \mathbf{R}^n \to \mathbf{R}^n$，且 $\varphi: J_1 \times J_2 \times J_3 \subseteq \mathbf{R} \to [0,\infty) \subseteq \mathbf{R}^1$，其中每个 J_i 是形如 $[0,\alpha]$，$[0,\alpha)$ 或 $[0,\infty)$ 的区间，而 φ 对每个变量是保序的.假

定存在集合 $D_0 \subseteq D$ 和 $\boldsymbol{x}^0 \in D_0$，使当 $\boldsymbol{x}, G\boldsymbol{x} \in D_0$ 时，式(20)成立，并对 $t_0=0, t_1 \geqslant \| \boldsymbol{x}^0 - G\boldsymbol{x}^0 \|$，差分方程

$$t_{k+1} - t_k = \varphi(t_k - t_{k-1}, t_k, t_{k-1}), k=1,2,\cdots \tag{27}$$

的解存在，且收敛于 $t^* < +\infty$.最后，假定或 $\bar{S}(\boldsymbol{x}^0, t^*) \subseteq D_0$，或 $S(\boldsymbol{x}^0, t^*) \subseteq D_0$，并对所有 $k \geqslant 0, t_k < t^*$.那么，迭代 $\boldsymbol{x}^{k+1} = G\boldsymbol{x}^k, k=0,1,\cdots$ 有意义，在 $\bar{S}(\boldsymbol{x}^0, t^*)$ 内，收敛于某一 $\boldsymbol{x}^* \in \bar{S}(\boldsymbol{x}^0, t^*)$，且满足

$$\| \boldsymbol{x}^* - \boldsymbol{x}^k \| \leqslant t^* - t_k, k=0,1,\cdots \tag{28}$$

如果 $\boldsymbol{x}^* \in D$ 且 G 在 $\boldsymbol{x}^*$ 连续，那么，$\boldsymbol{x}^* = G\boldsymbol{x}^*$.

证 如在定理 7 的证明中那样，我们证明 $\{t_k\}$ 是 $\{\boldsymbol{x}^k\}$ 的一个强序列.假设 $\boldsymbol{x}^j \in \bar{S}(\boldsymbol{x}^0, t^*) \subseteq D_0$ 并对某一个 $k \geqslant 1$ 及 $j=1,2,\cdots,k$，$\| \boldsymbol{x}^j - \boldsymbol{x}^{j-1} \| \leqslant t_j - t_{j-1}$.因为 $\| \boldsymbol{x}^1 - \boldsymbol{x}^0 \| \leqslant t_1 \leqslant t^*$，对 $k=1$，这肯定成立.显然，$\boldsymbol{x}^{k+1}$ 有意义，利用

$$\begin{aligned} \| \boldsymbol{x}^j - \boldsymbol{x}^0 \| \leqslant \sum_{i=1}^{j} \| \boldsymbol{x}^i - \boldsymbol{x}^{i-1} \| \leqslant & \\ \sum_{i=1}^{j} (t_i - t_{i-1}) = & \\ t_j, \ 1 \leqslant j \leqslant k & \end{aligned} \tag{29}$$

及 φ 的保序性，我们有

$$\begin{aligned} & \| \boldsymbol{x}^{k+1} - \boldsymbol{x}^k \| = \| G^2 \boldsymbol{x}^{k-1} - G\boldsymbol{x}^{k-1} \| \leqslant \\ & \varphi(\| \boldsymbol{x}^k - \boldsymbol{x}^{k-1} \|, \| \boldsymbol{x}^k - \boldsymbol{x}^0 \|, \| \boldsymbol{x}^{k-1} - \boldsymbol{x}^0 \|) \leqslant \\ & \varphi(t_k - t_{k-1}, t_k, t_{k-1}) = \\ & t_{k+1} - t_k \end{aligned}$$

因此，由式(29)，$\| \boldsymbol{x}^{k+1} - \boldsymbol{x}^0 \| \leqslant t_{k+1} \leqslant t^*$，于是归纳法这一步证完.如果只是 $S(\boldsymbol{x}^0, t^*) \subseteq D_0$，而对所有 $k, t_k < t^*$，证明是类似的.现在由定理 6 得出结果.证毕.

存在“初积分”的特殊情形，差分方程(27) 的分析相当简单.“初积分” 的意思是存在一个映射 $\psi: J \subseteq \mathbf{R}^1 \to \mathbf{R}^1$，使得如果$\{t_k\}$ 满足

$$t_{k+1} = \psi(t_k), t_0 = 0, k = 0, 1, \cdots \tag{30}$$

那么$\{t_k\}$ 也满足式(27).它的一个充分条件由下面引理给出，其证明是明显的.

引理 1 设 $\varphi: J_1 \times J_2 \times J_3 \subseteq \mathbf{R}^3 \to \mathbf{R}^1, \psi: J \subseteq \mathbf{R}^1 \to \mathbf{R}^1$，其中区间 J_i, J 的定义如定理 10.假定 $J \subseteq J_1 \cap J_2 \cap J_3$，且

$$\psi(s) - \psi(t) = \varphi(s - t, s, t), \forall s, t \in J, s \geqslant t \tag{31}$$

如果由式(30) 生成的序列$\{t_k\}$ 保留在 J 内，那么$\{t_k\}$ 满足初始条件 $t_0 = 0, t_1 = \psi(0)$ 的差分方程(27).

下面我们考察基于条件(31) 的一个唯一性定理.首先，我们叙述下面结果，它在几何上是明显的，在第 21 章中将在较一般的情形下证明它.

Kantorovich **引理** 设 $\psi: [t_0, s_0] \subseteq \mathbf{R}^1 \to \mathbf{R}^1$ 是保序的，且 $t_0 \leqslant \psi(t_0), s_0 \geqslant \psi(s_0)$，那么，序列 $t_{k+1} = \psi(t_k)$ 和 $s_{k+1} = \psi(s_k), k = 0, 1, 2, \cdots$ 分别单调递增和单调递减，且

$$\lim_{k \to \infty} t_k = t^* \leqslant s^* = \lim_{k \to \infty} s_k$$

此外，如果 ψ 在$[t_0, s_0]$上连续，那么，t^* 和 s^* 分别是 ψ 在$[t_0, s_0]$ 上最小的和最大的不动点.

定理 11 假定，除用

$$\| G\boldsymbol{x} - G\boldsymbol{y} \| \leqslant \varphi(\| \boldsymbol{x} - \boldsymbol{y} \|, \| \boldsymbol{x} - \boldsymbol{x}^0 \|, \| \boldsymbol{y} - \boldsymbol{x}^0 \|)$$
$$\forall \boldsymbol{x}, \boldsymbol{y} \in D \tag{32}$$

替代式(26) 外，定理 10 和引理 1 的条件都成立.此外，设 $\psi(0) = \| G\boldsymbol{x}^0 - \boldsymbol{x}^0 \|$，并假定 $t^* = \lim_{k \to \infty} t_k =$

$\psi(t^*)\in J$.那么 $\boldsymbol{x}^*$ 是 G 在 $\overline{S}(\boldsymbol{x}^0,t^*)$ 内唯一可能的不动点.

此外,如果用

$$\|G\boldsymbol{x}-G\boldsymbol{y}\|\leqslant\varphi(\|\boldsymbol{x}-\boldsymbol{y}\|,\|\boldsymbol{y}-\boldsymbol{x}^0\|)\quad\forall\boldsymbol{x},\boldsymbol{y}\in D_0\tag{33}$$

替代式(32),并且,如果 ψ 连续,有不动点 $t^{**}>t^*$,$t^{**}\in J$,使得对 $t^*<t<t^{**}$,$\psi(t)<t$,那么,$\boldsymbol{x}^*$ 是 G 在 $D_0\cap S(\boldsymbol{x}^0,t^{**})$ 内唯一可能的不动点.

证 假定式(32)成立,并且 $\boldsymbol{y}^*=G\boldsymbol{y}^*\in\overline{S}(\boldsymbol{x}^0,t^*)$.假设对某一个 $k\geqslant0$ 和 $j=0,1,\cdots,k$,$\|\boldsymbol{y}^*-\boldsymbol{x}^j\|\leqslant t^*-t_j$.因为 $\|\boldsymbol{y}^*-\boldsymbol{x}^0\|\leqslant t^*=t^*-t_0$,所以对 $k=0$,这显然正确.由 $\{t_k\}$ 是 $\{\boldsymbol{x}^k\}$ 的强序列,根据式(31)和(32),我们有

$$\begin{aligned}&\|\boldsymbol{y}^*-\boldsymbol{x}^{k+1}\|=\|G\boldsymbol{y}^*-G\boldsymbol{x}^k\|\leqslant\\&\varphi(\|\boldsymbol{y}^*-\boldsymbol{x}^k\|,\|\boldsymbol{y}^*-\boldsymbol{x}^0\|,\|\boldsymbol{x}^k-\boldsymbol{x}^0\|)\leqslant\\&\varphi(t^*-t_k,t^*,t_k)=\\&t^*-t_{k+1}\end{aligned}$$

这就完成了归纳法.又由 $\lim\limits_{k\to\infty}t_k=t^*$,得到

$$\boldsymbol{x}^*=\lim_{k\to\infty}\boldsymbol{x}^k=\boldsymbol{y}^*$$

现在考察第二种情形.如果 $\boldsymbol{y}^*=G\boldsymbol{y}^*\in D_0\cap S(\boldsymbol{x}^0,t^{**})$,那么,从证明的第一部分看,只需假定 $s_0=\|\boldsymbol{y}^*-\boldsymbol{x}^0\|\in(t^*,t^{**})$.由归纳法,我们可得 $\|\boldsymbol{y}^*-\boldsymbol{x}^k\|\leqslant s_k-t_k$,其中 $s_{k+1}=\psi(s_k)$.事实上,由式(33),得

$$\begin{aligned}\|\boldsymbol{y}^*-\boldsymbol{x}^{k+1}\|\leqslant\varphi(\|\boldsymbol{y}^*-\boldsymbol{x}^k\|,\|\boldsymbol{x}^k-\boldsymbol{x}^0\|)&\leqslant\\\varphi(s_k-t_k,t_k)&=\\\psi(s_k)-\psi(t_k)&=\end{aligned}$$

$$s_{k+1}-t_{k+1}$$

显然,由式(31)及 φ 的非负性可得 ψ 是保序的.因为 $s_0\in(t^*,t^{**})$,由假定还有 $t^*=\psi(t^*)$ 及 $\psi(s_0)<s_0$.因此,由 Kantorovich 引理可得 $\lim\limits_{k\to\infty}s_k=t^*$,所以仍然有 $\boldsymbol{x}^*=\lim\limits_{k\to\infty}\boldsymbol{x}^k=\boldsymbol{y}^*$.证毕.

作为这些定理的第一个应用,我们现在证明:

定理 12 假定 $G:D\subseteq\mathbf{R}^n\to\mathbf{R}^n$ 在凸集 $D_0\subseteq D$ 上 F — 可微,并且

$$\|G'(\boldsymbol{y})-G'(\boldsymbol{x})\|\leqslant\gamma\|\boldsymbol{y}-\boldsymbol{x}\|$$
$$\forall\,\boldsymbol{x},\boldsymbol{y}\in D_0$$

设存在 $\boldsymbol{x}^0\in D_0$ 使得 $\|G'(\boldsymbol{x}^0)\|\leqslant\delta<1$,且 $\alpha=\dfrac{\gamma\eta}{(1-\delta)^2}\leqslant\dfrac{1}{2}$,其中 $\eta=\|\boldsymbol{x}^0-G\boldsymbol{x}^0\|$.令

$$t^*=\frac{1-\delta}{\gamma}[1-(1-2\alpha)^{\frac{1}{2}}]$$

$$t^{**}=\frac{1-\delta}{\gamma}[1+(1-2\alpha)^{\frac{1}{2}}]$$

并设 $\overline{S}(\boldsymbol{x}^0,t^*)\subseteq D_0$.那么,迭代 $\boldsymbol{x}^{k+1}=G\boldsymbol{x}^k,k=0,1,\cdots$,保留在 $\overline{S}(\boldsymbol{x}^0,t^*)$ 内,且收敛于 G 在 $D_0\cap S(\boldsymbol{x}^0,t^{**})$ 内唯一的不动点.此外,误差估计式(28)成立,其中序列$\{t_k\}$由

$$t_{k+1}=\frac{1}{2}\gamma t_k^2+\delta t_k+\eta$$

$$t_0=0,k=0,1,\cdots \tag{34}$$

生成.

证 对所有 $\boldsymbol{x},\boldsymbol{y}\in D_0$,由中值定理我们有

$$\|G\boldsymbol{x}-G\boldsymbol{y}\|\leqslant\|G\boldsymbol{x}-G\boldsymbol{y}-G'(\boldsymbol{y})(\boldsymbol{x}-\boldsymbol{y})\|+$$
$$\|(G'(\boldsymbol{y})-G'(\boldsymbol{x}^0))(\boldsymbol{x}-\boldsymbol{y})\|+$$

$$\begin{aligned}&\|G'(\boldsymbol{x}^0)(\boldsymbol{x}-\boldsymbol{y})\| \leqslant \\ &\frac{1}{2}\gamma\|\boldsymbol{x}-\boldsymbol{y}\|^2 + \\ &\gamma\|\boldsymbol{y}-\boldsymbol{x}^0\|\|\boldsymbol{x}-\boldsymbol{y}\| + \\ &\delta\|\boldsymbol{x}-\boldsymbol{y}\| \equiv \\ &\varphi(\|\boldsymbol{x}-\boldsymbol{y}\|,\|\boldsymbol{y}-\boldsymbol{x}^0\|)\end{aligned}$$

其中 $\varphi(s,t)=\frac{1}{2}\gamma s^2+\gamma st+\delta s$.容易验证,$\varphi(s-t,t)=\psi(s)-\psi(t)$,其中 $\psi(t)=\frac{1}{2}\gamma t^2+\delta t+\eta$,$\psi$ 在$[0,\infty)$上连续且保序,有两个不动点 t^* 和 t^{**},并且除 $\alpha=\frac{1}{2}$ 时 $t^*=t^{**}$ 外,对于 $t\in(t^*,t^{**})$,$\psi(t)<t$.由引理 1 和 Kantorovich 引理可得,由(34)生成的序列满足 $t_{k+1}-t_k=\varphi(t_k-t_{k-1},t_{k-1})$,且收敛于 t^*.于是可用定理 10,证明序列 $\{\boldsymbol{x}^k\}$ 保留在 $\overline{S}(\boldsymbol{x}^0,t^*)$ 内,收敛于 $\boldsymbol{x}^*$,且满足式(28).此外,G 在 $\overline{S}(\boldsymbol{x}^0,t^*)$ 上连续,所以 $\boldsymbol{x}^*=G\boldsymbol{x}^*$.最后,唯一性结论是定理 11 的一个直接推论.证毕.

这个定理对形如

$$\boldsymbol{x}^{k+1}=\boldsymbol{x}^k-\boldsymbol{A}^{-1}F\boldsymbol{x}^k,k=0,1,\cdots$$

的弦位法有直接的应用(见习题中的 1).特别地,在下一节中,我们将对简化的 Newton 法应用这类结果,在这种情形下,$\boldsymbol{A}=F'(\boldsymbol{x}^0)$.

注意,在定理 12 的情形下,误差估计式(28)可以计算,因为 t^* 已知.这和定理 9 或 Newton-Mysovskii 不同,在那里 t^* 未知.还应注意,在定理 12 中,利用非线性强函数只得出比压缩映射原理稍好的结果.事实上,在定理 12 的假定下,由 $\boldsymbol{x}\in\overline{S}(\boldsymbol{x}^0,t^*)$ 可得

$$\begin{aligned}\|Gx-x^0\| \leqslant & \|Gx-Gx^0-G'(x^0)(x-x^0)\|+\\ & \|Gx^0-x^0\|+\\ & \|G'(x^0)(x-x^0)\| \leqslant\\ & \frac{1}{2}\gamma t^{*2}+\delta t^*+\eta=\\ & \psi(t^*)=t^*\end{aligned}$$

所以 G 将 $\overline{S}(x^0,t^*)$ 映入它自身.此外

$$\begin{aligned}\|G'(x)\| \leqslant \|G'(x)-G'(x^0)\|+\|G'(x^0)\| \leqslant\\ \gamma\|x-x^0\|+\delta\end{aligned}$$

所以,对 $x,y\in\overline{S}(x^0,t^*)$,有

$$\|Gx-Gy\| \leqslant (\gamma t^*+\delta)\|x-y\| \tag{35}$$

因此,如果 $\alpha<\frac{1}{2}$,那么 $\gamma t^*+\delta<1$,且 G 在 $\overline{S}(x^0,t^*)$ 上是一个压缩映射.此外,式(35)表明,G 在 $S(x^0,\frac{[1-\delta]}{\gamma})$ 内是严格非扩张的,因此,在 $S(x^0,\frac{[1-\delta]}{\gamma})\cap D_0$ 内我们有唯一性.因为$\frac{1-\delta}{\gamma}=\frac{1}{2}(t^*+t^{**})$,在这种情形下,定理 12 提供了一个较好的唯一性结果.另外,如果 $\alpha=\frac{1}{2}$,那么 $t^*=t^{**}$ 且 $\gamma t^*+\delta=1$,所以在这种情形下,压缩映射原理不能用,不过式(35)给出在 $S(x^0,t^{**})=S(x^0,t^*)$ 内的唯一性.

习题

1.设 $F:D\subseteq\mathbf{R}^n\to\mathbf{R}^n$ 在 $S=\overline{S}(x^0,r)\subseteq D$ 上 $F-$可微,并对所有 $x,y\in S$,$\|F'(x)-F'(y)\|\leqslant\gamma\|x-y\|$.假定 $\mathbf{A}\in L(\mathbf{R}^n)$ 非奇异,且 $\|I-\mathbf{A}^{-1}F'(x^0)\|\leqslant\delta<1$.证明:如果 $\|\mathbf{A}^{-1}Fx^0\|\leqslant\eta$ 且 $\alpha=$

$\frac{\gamma\eta \| \mathbf{A}^{-1} \|}{(1-\delta)^2} \leqslant \frac{1}{2}$,同时 $r \geqslant \frac{(1-\delta)[1-(1-2\alpha)^{\frac{1}{2}}]}{\gamma \| \mathbf{A}^{-1} \|}$,

那么,迭代

$$\boldsymbol{x}^{k+1} = \boldsymbol{x}^k - \mathbf{A}^{-1} F \boldsymbol{x}^k, k = 0, 1, \cdots$$

保留在 S 内,且收敛于 $F\boldsymbol{x} = 0$ 在 $S(\boldsymbol{x}^0, r')$ 内的唯一解,其中

$$r' = \min\{r, (1-\delta) \cdot \frac{1+(1-2\alpha)^{\frac{1}{2}}}{\gamma(\| A^{-1} \|)}\}$$

2.设 $F: D \subseteq \mathbf{R}^n \to \mathbf{R}^n$ 在 Euclid 球 $S = \overline{S}(\boldsymbol{x}^0, r) \subseteq D$ 上 F-可微,并对所有 $\boldsymbol{x}, \boldsymbol{y} \in S$,满足 $\| F'(\boldsymbol{x}) - F'(\boldsymbol{y}) \|_2 \leqslant \gamma \| \boldsymbol{x} - \boldsymbol{y} \|_2$.假定

$$d\boldsymbol{h}^{\mathrm{T}}\boldsymbol{h} \geqslant \boldsymbol{h}^{\mathrm{T}} F'(\boldsymbol{x}^0)\boldsymbol{h} \geqslant c\boldsymbol{h}^{\mathrm{T}}\boldsymbol{h}, \forall \boldsymbol{h} \in \mathbf{R}^n$$

其中 $d \geqslant c > 0$.证明:如果 $\alpha = c^2\gamma \| F\boldsymbol{x}^0 \|_2 \leqslant \frac{1}{2}$ 且

$r \geqslant c[1-(1-2\alpha)^{\frac{1}{2}}]/\gamma$,那么,序列

$$\boldsymbol{x}^{k+1} = \boldsymbol{x}^k - \frac{2}{c+d} F\boldsymbol{x}^k, k = 0, 1, \cdots$$

保留在 S 内,且收敛于 $F\boldsymbol{x} = \mathbf{0}$ 在 $S(\boldsymbol{x}^0, r')$ 内的唯一解,其中

$$r' = \min\{r, \frac{d[1+(1-2\alpha)^{\frac{1}{2}}]}{\gamma}\}$$

§4　Newton 法和有关的迭代法

在这一节中,我们考察上述理论对 Newton 法这个重要的特殊情形及一些有关的推广的应用.我们先讲对于简化的 Newton 法

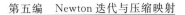

$$x^{k+1}=x^k-F'(x^0)^{-1}Fx^k, k=0,1,\cdots \quad (36)$$

定理 12 的一个推论.

定理 13 假定 $F:D\subseteq \mathbf{R}^n\to\mathbf{R}^n$ 在凸集 $D_0\subseteq D$ 上 F — 可微,并且

$$\|F'(x)-F'(y)\|\leqslant\gamma\|x-y\|, \forall x,y\in D_0 \quad (37)$$

设存在 $x^0\in D_0$,使得 $\|F'(x^0)^{-1}\|\leqslant\beta$ 且 $\alpha=\beta\gamma\eta\leqslant\frac{1}{2}$,其中 $\eta\geqslant\|F'(x^0)^{-1}Fx^0\|$.令

$$t^*=(\beta\gamma)^{-1}[1-(1-2\alpha)^{\frac{1}{2}}]$$

$$t^{**}=(\beta\gamma)^{-1}[1+(1-2\alpha)^{\frac{1}{2}}] \quad (38)$$

并设 $\overline{S}(x^0,t^*)\subseteq D_0$.那么,迭代式(36)有意义,保留在 $\overline{S}(x^0,t^*)$ 内,且收敛于 $Fx=0$ 的一个解 x^*,它在 $S(x^0,t^{**})\cap D_0$ 内是唯一的.

证 定义 $G:D_0\subseteq\mathbf{R}^n\to\mathbf{R}^n, Gx=x-F'(x^0)^{-1}Fx$,则 $G'(x)=I-F'(x^0)^{-1}F'(x)$,所以

$$\|G'(x)-G'(y)\|=\|F'(x^0)^{-1}[F'(x)-F'(y)]\|\leqslant \beta\gamma\|x-y\|, \forall x,y\in D_0$$

且 $G'(x^0)=0$.此时,从定理 12 直接得出结果.证毕.

由此弄清了这个定理的假设对证明 Newton 法本身的收敛性也是充分的.

Newton-Kantorovich **定理** 假定定理 13 的条件成立,那么,Newton 迭代

$$x^{k+1}=x^k-F'(x^k)^{-1}Fx^k, k=0,1,\cdots \quad (39)$$

有意义,保留在 $\overline{S}(x^0,t^*)$ 内,收敛于 $Fx=\mathbf{0}$ 在 $S(x^0,t^{**})\cap D_0$ 内的唯一解 x^*.此外,误差估计式

$$\|x^*-x^k\|\leqslant(\beta\gamma 2^k)^{-1}(2\alpha)^{2^k}, k=0,1,\cdots \quad (40)$$

成立.

证　令 $D_1=S(\boldsymbol{x}^0,(\beta\gamma)^{-1})\cap D_0$，则对 $\boldsymbol{x}\in D_1$，我们有

$$\|F'(\boldsymbol{x})-F'(\boldsymbol{x}^0)\|\leqslant\gamma\|\boldsymbol{x}-\boldsymbol{x}^0\|<\frac{1}{\beta}$$

于是，由摄动引理可得，对所有 $\boldsymbol{x}\in D_1$，$F'(\boldsymbol{x})$ 是非奇异的，且

$$\|F'(\boldsymbol{x})^{-1}\|\leqslant\frac{\beta}{1-\beta\gamma\|\boldsymbol{x}-\boldsymbol{x}^0\|},\forall\boldsymbol{x}\in D_1 \tag{41}$$

特别地，如果 $\alpha<\frac{1}{2}$，那么，$t^*<(\beta\gamma)^{-1}$，所以，$G\boldsymbol{x}=\boldsymbol{x}-F'(\boldsymbol{x})^{-1}F\boldsymbol{x}$ 定义在 $\overline{S}(\boldsymbol{x}^0,t^*)$ 上；如果 $\alpha=\frac{1}{2}$，那么 $t^*=(\beta\gamma)^{-1}$，且 G 定义在 $S(\boldsymbol{x}^0,t^*)$ 上.在这两种情形下，如果 $\boldsymbol{x},G\boldsymbol{x}\in S(\boldsymbol{x}^0,t^*)$，利用式(41)，得出

$$\begin{aligned}&\|G^2\boldsymbol{x}-G\boldsymbol{x}\|=\|F'(G\boldsymbol{x})^{-1}F(G\boldsymbol{x})\|=\\&\|F'(G\boldsymbol{x})^{-1}[F(G\boldsymbol{x})-F\boldsymbol{x}-F'(\boldsymbol{x})(G\boldsymbol{x}-\boldsymbol{x})]\|\leqslant\\&\frac{\frac{1}{2}\beta\gamma\|G\boldsymbol{x}-\boldsymbol{x}\|^2}{1-\beta\gamma\|G\boldsymbol{x}-\boldsymbol{x}^0\|}=\\&\varphi(\|G\boldsymbol{x}-\boldsymbol{x}\|,\|G\boldsymbol{x}-\boldsymbol{x}^0\|)\end{aligned}$$

其中

$$\varphi(s,t)=\frac{\frac{1}{2}\beta\gamma s^2}{1-\beta\gamma t}$$

为了应用定理 10，我们考察差分方程

$$\begin{gathered}t_{k+1}-t_k=\varphi(t_k-t_{k-1},t_k)\\t_0=0,t_1=\eta,k=1,2,\cdots\end{gathered} \tag{42}$$

现在我们证明式(42)有“初积分”

$$t_{k+1}=\psi(t_k),t_0=0,k=0,1,\cdots \tag{43}$$

其中

$$\psi(t)=\frac{\frac{1}{2}\beta\gamma t^2-\eta}{\beta\gamma t-1}$$

事实上,式(43)乘以$(1-\beta\gamma t_k)$,经过简单整理,我们得到

$$\frac{1}{2}\beta\gamma(t_{k+1}-t_k)^2=\frac{1}{2}\beta\gamma t_{k+1}^2-t_{k+1}+\eta$$

$$k=0,1,\cdots$$

因此

$$t_{k+1}-t_k=\frac{\frac{1}{2}\beta\gamma t_k^2-t_k+\eta}{1-\beta\gamma t_k}=$$

$$\frac{\frac{1}{2}\beta\gamma(t_k-t_{k-1})^2}{1-\beta\gamma t_k}=$$

$$\varphi(t_k-t_{k-1},t_k)$$

显然,由式(43)还可得$t_1=\eta$.

现在假定$\alpha<\frac{1}{2}$,那么,ψ在$[0,t^*]\subseteq[0,(\beta\gamma)^{-1}]$上保序,且$t^*$是$\psi$的最小的不动点.于是,由Kantorovich引理和ψ的连续性得知$\lim\limits_{k\to\infty}t_k=t^*$.因此,定理10保证所有$\boldsymbol{x}^k$有意义,保留在$\overline{S}(\boldsymbol{x}^0,t^*)$内,且收敛于$\boldsymbol{x}^*$.此外,由于$\overline{S}(\boldsymbol{x}^0,t^*)\subseteq S(\boldsymbol{x}^0,(\beta\gamma)^{-1})$,$G$在$\boldsymbol{x}^*$连续,所以$\boldsymbol{x}^*=G\boldsymbol{x}^*$.由此又得$F'(\boldsymbol{x}^*)^{-1}F\boldsymbol{x}^*=0$,故$F\boldsymbol{x}^*=0$.

如果$\alpha=\frac{1}{2}$,那么,$t^{**}=t^*=(\beta\gamma)^{-1}$且$\psi(t)=$

$\frac{1}{2}t+\eta$.显然对所有 $k\geqslant 0, t_k<t^*$,所以,定理 10 仍保证

$$\lim_{k\to\infty}\boldsymbol{x}^k=\boldsymbol{x}^*\in\overline{S}(\boldsymbol{x}^0,t^*)$$

为了证明 $\boldsymbol{x}^*$ 是 $F\boldsymbol{x}=\boldsymbol{0}$ 的解,注意

$$\begin{aligned}\|F\boldsymbol{x}^k\|&=\|F'(\boldsymbol{x}^k)(\boldsymbol{x}^{k+1}-\boldsymbol{x}^k)\|\leqslant\\&\|[F'(\boldsymbol{x}^k)-F'(\boldsymbol{x}^0)](\boldsymbol{x}^{k+1}-\boldsymbol{x}^k)\|+\\&\|F'(\boldsymbol{x}^0)(\boldsymbol{x}^{k+1}-\boldsymbol{x}^k)\|\leqslant\\&[\gamma t^*+\|F'(\boldsymbol{x}^0)\|]\|\boldsymbol{x}^{k+1}-\boldsymbol{x}^k\|\end{aligned}$$

因此,由 F 的连续性,我们有 $F\boldsymbol{x}^*=\lim\limits_{k\to\infty}F\boldsymbol{x}^k=\boldsymbol{0}$.唯一性的结论已在定理 13 中证明了.

为了得出误差估计式(40),我们首先证明

$$t_{k+1}-t_k\leqslant\eta 2^{-k}, k=0,1,\cdots \tag{44}$$

由此直接可得

$$\begin{aligned}t_{k+1}&=\sum_{j=0}^{k}(t_{j+1}-t_j)\leqslant\\&\eta\sum_{j=0}^{k}2^{-j}=\\&2\left[1-\frac{1}{2^{k+1}}\right]\eta\end{aligned} \tag{45}$$

从而

$$\frac{1}{1-\beta\gamma t_{k+1}}\leqslant\frac{1}{1-2\alpha(1-2^{-k-1})}\leqslant 2^{k+1}$$

显然,式(44) 对 $k=0$ 成立,而归纳法一般步骤如下

$$\begin{aligned}t_{k+2}-t_{k+1}&=\frac{\frac{1}{2}\beta\gamma(t_{k+1}-t_k)^2}{1-\beta\gamma t_{k+1}}\leqslant\\&\frac{1}{2}\beta\gamma\eta^2 2^{-2k}2^{k+1}\leqslant\end{aligned}$$

$$\frac{1}{2^{k+1}}\eta$$

现在我们可以证明

$$t^* - t_k \leqslant (\beta\gamma 2^k)^{-1}(2\alpha)^{2^k}, k=0,1,\cdots$$

对 $k=0$,由 $1-(1-2\alpha)^{\frac{1}{2}} \leqslant 2\alpha$ 可得上式,归纳法的一般步骤如下

$$t^* - t_{k+1} = \frac{t^* - \beta\gamma t^* t_k + \frac{1}{2}\beta\gamma t_k^2 - \eta}{1-\beta\gamma t_k} =$$

$$\frac{\frac{1}{2}\beta\gamma(t^* - t_k)^2}{1-\beta\gamma t_k} \leqslant$$

$$2^{k-1}\beta\gamma(t^* - t_k)^2 \leqslant$$

$$\frac{2^{k-1}\beta\gamma(2\alpha)^{2^{k+1}}}{\beta^2\gamma^2 2^{2k}} =$$

$$\frac{1}{\beta\gamma 2^{k+1}}(2\alpha)^{2^{k+1}}$$

因此,式(40) 成立.证毕.

注意,函数 ψ 就是以 t^* 和 t^{**} 为根的多项式

$$p(t) = \frac{1}{2}\beta\gamma t^2 - t + \eta$$

的 Newton 迭代函数.因此,关于 p 的 Newton 序列 $\{t_k\}$ 是序列 $\{\boldsymbol{x}^k\}$ 的强序列.

还要注意,如果 $\alpha < \frac{1}{2}$,形如

$$\| \boldsymbol{x}^* - \boldsymbol{x}^k \| \leqslant c \| \boldsymbol{x}^k - \boldsymbol{x}^{k-1} \|^2, k \geqslant 1$$

的误差估计是可能的.事实上,在这种情形下,以上证明表明,对所有 $\boldsymbol{x} \in \overline{S}(\boldsymbol{x}^0, t^*)$,有

$$\| F'(\boldsymbol{x}^k)^{-1} \| \leqslant \frac{\beta}{1-\beta\gamma t^*}$$

因此，只要

$$\frac{\beta\gamma}{1-\beta\gamma t^*}\|F\boldsymbol{x}^k\|<2$$

就可以用 Newton-Mysovskii 定理的估计式.

Newton-Kantorovich 定理可推广到形如

$$\boldsymbol{x}^{k+1}=\boldsymbol{x}^k-A(\boldsymbol{x}^k)^{-1}F\boldsymbol{x}^k, k=0,1,\cdots \tag{46}$$

的与 Newton 法有关的过程.在定理 14 的条件下，差分方程(42) 取如下形式

$$t_{k+1}-t_k=\frac{1}{1-p_4t_k}[p_1(t_k-t_{k-1})+(p_2+p_3t_{k-1})]\cdot (t_k-t_{k-1}), k=1,2,\cdots \tag{47}$$

我们先证明下面引理，它给出式(47) 的解收敛的充分条件.

引理 2　假定 $p_i\geqslant 0, i=1,\cdots,4, p_1>0, p_2<1, p_3+p_4=2p_1$，且 $0\leqslant\eta\leqslant(1-p_2)^2(4p_1)^{-1}$，那么，除非 $\eta=0$，以 $t_0=0, t_1=\eta$ 为初始值时式(47) 中序列 $\{t_k\}$ 是严格递增的，且

$$\lim_{k\to\infty}t_k=t^*=(2p_1)^{-1}\{(1-p_2)-[(1-p_2)^2-4p_1\eta]^{\frac{1}{2}}\}$$

证　令

$$u(t)=p_1t^2-(1-p_2)t+\eta$$

$$v(t)=1-p_4t$$

$$\psi(t)=t+\frac{u(t)}{v(t)}$$

这时，如果 $\{t_k\}\subseteq\left[0,\frac{1}{p_4}\right)$ 满足

$$t_{k+1}=\psi(t_k), t_0=0, k=0,1,\cdots \tag{48}$$

那么可得

$$t_{k+1}-t_k=\frac{1}{v(t_k)}\{u(t_k)-u(t_{k-1})-u'(t_{k-1})(t_k-t_{k-1})+[u'(t_{k-1})+v(t_{k-1})](t_k-t_{k-1})\} \tag{49}$$

因而,式(48)是式(47)的"初积分".现在,对 $0\leqslant t<t^*$, $v(t)>0$,或者 $p_4=0$, $v(t)=1$,或者 $p_4>0$ 有

$$v(t)=1-p_4t>1-p_4t^*=(2p_1)^{-1}\{p_2p_4+p_3+p_4[(1-p_2)^2-4p_1\eta]^{\frac{1}{2}}\}\geqslant 0$$

此外,除非 $p_2=p_3=0$ 且 $\eta=(4p_1)^{-1}$, $v(t^*)>0$,在这种情形下, $t^*=(2p_1)^{-1}$,并由 L'Hospital 法则, $u(t^*)/v(t^*)=0$.因为 t^* 是 $u(t)=0$ 的最小的根,所以在所有情形下,可得 t^* 是 ψ 的最小的不动点,且对 $0\leqslant t<t^*$, $\psi(t)>t$.更进一步,通过类似于式(49)的计算,可得

$$t^*-\psi(t)=\frac{1}{v(t)}[p_1(t^*-t)^2+(p_2+p_3t)(t^*-t)]>0,\ 0\leqslant t<t^*$$

如果 $0<t_1=\eta<t^*$,由归纳法,我们得到,对所有 $k\geqslant 0$, $t_k<t_{k+1}<t^*$.因此,由 ψ 连续,且在 $[0,t^*)$ 内没有不动点,可得 $\lim\limits_{k\to\infty}t_k=t^*$.证毕.

利用这个引理,现在我们可以证明 Newton-Kantorovich 定理的下面的推广.

定理 14 假定 $F:D\subseteq\mathbf{R}^n\to\mathbf{R}^n$ 在凸集 $D_0\subseteq D$ 上 F-可微,且

$$\|F'(\boldsymbol{x})-F'(\boldsymbol{y})\|\leqslant\gamma\|\boldsymbol{x}-\boldsymbol{y}\|,\boldsymbol{x},\boldsymbol{y}\in D_0$$

设 $A:D_0\subseteq\mathbf{R}^n\to L(\mathbf{R}^n)$ 和 $\boldsymbol{x}^0\in D_0$,使得

$$\| A(\boldsymbol{x}) - A(\boldsymbol{x}^0) \| \leqslant \mu \| \boldsymbol{x} - \boldsymbol{x}^0 \|$$

$$\| F'(\boldsymbol{x}) - A(\boldsymbol{x}) \| \leqslant \delta_0 + \delta_1 \| \boldsymbol{x} - \boldsymbol{x}^0 \|, \forall \boldsymbol{x} \in D_0$$

其中 $\delta_0, \delta_1 \geqslant 0$. 另外，设 $A(\boldsymbol{x}^0)$ 非奇异，且 $\| A(\boldsymbol{x}^0)^{-1} F\boldsymbol{x}^0 \| \leqslant \eta$，$\| A(\boldsymbol{x}^0)^{-1} \| \leqslant \beta$，以及 $\beta\delta_0 < 1$，$\alpha = \dfrac{\alpha\beta\gamma\eta}{(1-\beta\delta_0)^2} \leqslant \dfrac{1}{2}$，其中 $\sigma = \max\{1, \dfrac{\mu+\delta_1}{\gamma}\}$. 令

$$t^* = \frac{1-(1-2\alpha)^{\frac{1}{2}}}{\alpha} \frac{\eta}{1-\beta\delta_0}$$

$$t^{**} = \frac{1+\left(1-\frac{2\alpha}{\sigma}\right)^{\frac{1}{2}}}{\alpha} \frac{\sigma\eta}{1-\beta\delta_0} \tag{50}$$

如果 $\overline{S}(\boldsymbol{x}^0, t^*) \subseteq D_0$，那么，由

$$\boldsymbol{x}^{k+1} = \boldsymbol{x}^k - A(\boldsymbol{x}^k)^{-1} F\boldsymbol{x}^k, k = 0, 1, \cdots \tag{51}$$

定义的序列 $\{\boldsymbol{x}^k\}$ 保留在 $S(\boldsymbol{x}^0, t^*)$ 内，并收敛于 $F\boldsymbol{x} = 0$ 在 $D_0 \cap S(\boldsymbol{x}^0, t^{**})$ 内的唯一解 $\boldsymbol{x}^*$.

证　对 $\boldsymbol{x} \in S(\boldsymbol{x}^0, t^*)$，我们有

$$\| A(\boldsymbol{x}) - A(\boldsymbol{x}^0) \| \leqslant \mu \| \boldsymbol{x} - \boldsymbol{x}^0 \| < \mu t^* \leqslant \sigma\gamma t^* \leqslant \frac{1-\beta\delta_0}{\beta} \leqslant \frac{1}{\beta}$$

因此，由摄动引理，$A(\boldsymbol{x})$ 非奇异且

$$\| A(\boldsymbol{x})^{-1} \| \leqslant \frac{\beta}{1-\beta\mu \| \boldsymbol{x} - \boldsymbol{x}^0 \|}$$

$$\forall \boldsymbol{x} \in S(\boldsymbol{x}^0, t^*)$$

于是对 $\boldsymbol{x} \in S(\boldsymbol{x}^0, t^*)$，$G\boldsymbol{x} = \boldsymbol{x} - A(\boldsymbol{x})^{-1} F\boldsymbol{x}$ 有意义，并且如果 $\boldsymbol{x}, G\boldsymbol{x} \in S(\boldsymbol{x}^0, t^*)$，则

$$\| G^2\boldsymbol{x} - G\boldsymbol{x} \| = \| -A(G\boldsymbol{x})^{-1} F(G\boldsymbol{x}) \| \leqslant$$

$$\frac{\beta}{1-\beta\mu \| G\boldsymbol{x} - \boldsymbol{x}^0 \|} [\| F(G\boldsymbol{x}) -$$

$$F\boldsymbol{x} - F'(\boldsymbol{x})(G\boldsymbol{x} - \boldsymbol{x}) \| +$$

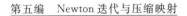

$$\| (F'(\boldsymbol{x}) - A(\boldsymbol{x}))(G\boldsymbol{x} - \boldsymbol{x}) \|] \leqslant$$

$$\frac{\beta}{1-\beta\mu \| G\boldsymbol{x} - \boldsymbol{x}^0 \|}\left[\frac{1}{2}\gamma \| G\boldsymbol{x} - \boldsymbol{x} \| + \right.$$

$$\left.\delta_0 + \delta_1 \| \boldsymbol{x} - \boldsymbol{x}^0 \| \right] \| G\boldsymbol{x} - \boldsymbol{x} \|$$

因此，由 $\beta\gamma \leqslant \beta\gamma\sigma$ 和 $\beta\delta_1 \leqslant \beta\gamma\sigma - \beta\mu$，当 $\boldsymbol{x}, G\boldsymbol{x} \in S(\boldsymbol{x}^0, t^*)$ 时，我们有

$$\| G^2\boldsymbol{x} - G\boldsymbol{x} \| \leqslant$$

$$\varphi(\| G\boldsymbol{x} - \boldsymbol{x} \|, \| G\boldsymbol{x} - \boldsymbol{x}^0 \|, \| \boldsymbol{x} - \boldsymbol{x}^0 \|)$$

其中

$$\varphi(u, v, w) = \frac{1}{1-\beta\mu v}\left[\frac{1}{2}\beta\gamma\sigma u + \beta\delta_0 + \right.$$

$$\left.\beta(\sigma\gamma - \mu)w\right]u$$

可以去掉 $\eta = 0$ 的情形，否则 $F\boldsymbol{x}^0 = \boldsymbol{0}$.因而，引理 2 证明了差分方程

$$t_{k+1} - t_k = \varphi(t_k - t_{k-1}, t_k, t_{k-1})$$

$$k = 0, 1, \cdots, t_0 = 0, t_1 = \eta$$

满足 $\lim\limits_{k\to\infty} t_k = t^*$，且 $k \geqslant 0$ 时 $t_k < t^*$，其中 t^* 由式(50)给定.现在，定理 10 保证 $\{\boldsymbol{x}^k\} \in S(\boldsymbol{x}^*, t^*)$，且序列(51) 收敛于 $\boldsymbol{x}^* \in \overline{S}(\boldsymbol{x}^0, t^*)$.最后，由

$$\| F\boldsymbol{x}^k \| \leqslant \| [A(\boldsymbol{x}^k) - A(\boldsymbol{x}^0)](\boldsymbol{x}^{k+1} - \boldsymbol{x}^k) \| +$$

$$\| A(\boldsymbol{x}^0)(\boldsymbol{x}^{k+1} - \boldsymbol{x}^k) \| \leqslant$$

$$(\mu t^* + \| A(\boldsymbol{x}^0) \|) \| \boldsymbol{x}^{k+1} - \boldsymbol{x}^k \|$$

推得 $F\boldsymbol{x}^* = \boldsymbol{0}$.唯一性是定理 12 应用简化过程 $\boldsymbol{x}^{k+1} = \boldsymbol{x}^k - A(\boldsymbol{x}^0)^{-1}F\boldsymbol{x}^k, k = 0, 1, \cdots$ 的一个推论.

在 $A(\boldsymbol{x}) = F'(\boldsymbol{x})$ 的特殊情形下，我们有 $\mu = \gamma$，$\delta_0 = \delta_1 = 0$ 及 $\sigma = 1$，于是定理 14 简化为 Newton-Kantorovich 定理，收敛速度的估计式(40)

除外.

作为这个结果的一个应用,我们考察前面讨论过的一步 Newton-SOR 过程

$$\boldsymbol{x}^{k+1}=\boldsymbol{x}^{k}-\omega[D(\boldsymbol{x}^{k})-\omega L(\boldsymbol{x}^{k})]^{-1}F\boldsymbol{x}^{k}$$
$$k=0,1,\cdots \tag{52}$$

这里,同样,$D(\boldsymbol{x})$,$-L(\boldsymbol{x})$ 和 $-U(\boldsymbol{x})$ 分别是 $F'(\boldsymbol{x})$ 的对角部分、严格下三角部分和严格上三角部分.

定理 15 假定 $F:D\subseteq\mathbf{R}^n\to\mathbf{R}^n$ 是F-可微的,并在凸集 $D_0\subseteq D$ 上满足

$$\|F'(\boldsymbol{x})-F'(\boldsymbol{y})\|_1\leqslant\gamma\|\boldsymbol{x}-\boldsymbol{y}\|_1$$
$$\forall\boldsymbol{x},\boldsymbol{y}\in D_0$$

这里我们用 l_1-范数.设对某一 $\boldsymbol{x}^0\in D_0$,下列估计式成立

$$\|[D(\boldsymbol{x}^0)-\omega L(\boldsymbol{x}^0)]^{-1}\|_1\leqslant\frac{\beta}{\omega}$$
$$\|U(\boldsymbol{x}^0)\|_1\leqslant\delta$$
$$\|D(\boldsymbol{x}^0)\|_1\leqslant\delta$$
$$\|[D(\boldsymbol{x}^0)-\omega L(\boldsymbol{x}^0)]^{-1}F\boldsymbol{x}^0\|\leqslant\frac{\eta}{\omega}$$

这里,对 $\tau=1+|1-\omega^{-1}|$,有

$$\theta=\beta\tau\delta<1$$
$$\alpha=\frac{2\tau\beta\gamma\eta}{(1-\theta)^2}\leqslant\frac{1}{2}$$

令

$$t^*=\frac{1-\theta}{2\tau\beta\gamma}[1-(1-2\alpha)^{\frac{1}{2}}]$$
$$t^{**}=\frac{1-\theta}{\beta\gamma}\left\{1+\left[1-\frac{2\beta\gamma\eta}{(1-\theta)^2}\right]^{\frac{1}{2}}\right\}$$

并假定 $\overline{S}(\boldsymbol{x}^0,t^*)\subseteq D_0$,那么,Newton-SOR 迭代式

(52) 有意义，并收敛于 $F\boldsymbol{x}=\boldsymbol{0}$ 在 $D_0 \cap S(\boldsymbol{x}^0, t^{**})$ 内的唯一解 $\boldsymbol{x}^* \in \overline{S}(\boldsymbol{x}^0, t^*)$.

证 我们首先指出，由于范数的选法，$D(\boldsymbol{x})$，$D(\boldsymbol{x})-L(\boldsymbol{x})$ 和 $U(\boldsymbol{x})$ 都在 D_0 上 Lipschitz 连续，并与 F' 取相同的常数 γ. 令

$$A(\boldsymbol{x})=\omega^{-1}D(\boldsymbol{x})-L(\boldsymbol{x})=D(\boldsymbol{x})-L(\boldsymbol{x})+(\omega^{-1}-1)D(\boldsymbol{x})$$

这时

$$\begin{aligned}\|A(\boldsymbol{x})-A(\boldsymbol{x}^0)\|_1 \leqslant{} & \|[D(\boldsymbol{x})-L(\boldsymbol{x})]-[D(\boldsymbol{x}^0)-L(\boldsymbol{x}^0)]\|_1+ \\ & |\omega^{-1}-1|\ \|D(\boldsymbol{x})-D(\boldsymbol{x}^0)\|_1 \leqslant \\ & \tau\gamma\|\boldsymbol{x}-\boldsymbol{x}^0\|_1\end{aligned}$$

且

$$\begin{aligned}\|F'(\boldsymbol{x})-A(\boldsymbol{x})\|_1 ={} & \|(\omega^{-1}-1)D(\boldsymbol{x})+U(\boldsymbol{x})\|_1 \leqslant \\ & |1-\omega^{-1}|\ \|D(\boldsymbol{x})\|_1+\|U(\boldsymbol{x})\|_1 \leqslant \\ & |\omega^{-1}-1|[\|D(\boldsymbol{x}^0)\|_1+\|D(\boldsymbol{x})-D(\boldsymbol{x}^0)\|_1]+ \\ & \|U(\boldsymbol{x}^0)\|_1+\|U(\boldsymbol{x})-U(\boldsymbol{x}^0)\|_1 \leqslant \\ & \tau\delta+\tau\gamma\|\boldsymbol{x}-\boldsymbol{x}^0\|_1\end{aligned}$$

因而，我们可以用定理 14，取 $\mu=\tau\gamma$，$\delta_0=\tau\delta$，$\delta_1=\tau\gamma$，$\sigma=2\tau$，并且立即得出结果.

注意，定理 15 用 l_∞ — 范数叙述仍然成立，或者更一般些，对于任何一种具有性质 $\|C\| \leqslant \|B\|$ 的范数都成立.

习题

1.在 Newton-Kantorovich 定理的假定下，证明：如果 $\alpha < \frac{1}{2}$，$\{\boldsymbol{x}^k\}$ 的 R — 级至少是 2.

2.考察一维中的二次多项式 $Fx = \frac{\gamma}{2}x^2 - \frac{1}{\beta}x + \frac{\eta}{\beta}$，取 $\boldsymbol{x}^0 = 0$，证明：定理 13 的唯一性结论是精锐的.

3.将 Newton-Kantorovich 定理应用到离散的两点边值问题.

4.设 $p_i^0, i = 1, \cdots, 4$，和 η^0 表示满足引理 2 中条件的一组系数和初始值，$\{t_k^0\}$ 表示差分方程(47) 的对应的解.证明：如果 $0 \leqslant p_i \leqslant p_i^0, i = 1, \cdots, 4$ 和 $0 \leqslant \eta \leqslant \eta^0$ 是另一组系数和初始值，而 $\{t_k\}$ 是式(47) 取 $t_0 = 0$ 对应的解，那么，$\lim\limits_{k\to\infty} t_k \leqslant \lim\limits_{k\to\infty} t_k^0$.

5.在定理 14 中，将关于 $A(\boldsymbol{x}) - F'(\boldsymbol{x})$ 的条件换成 $\| A(\boldsymbol{x}^0) - F'(\boldsymbol{x}) \| \leqslant \delta_0$.证明：对所有 $\boldsymbol{x} \in D_0$，$\| F'(\boldsymbol{x}) - A(\boldsymbol{x}) \| \leqslant \delta_0 + (\gamma + \mu) \| \boldsymbol{x} - \boldsymbol{x}^0 \|$，因此，如果 $\sigma = 1 + \frac{2\mu}{\gamma}$，结果仍成立.

6.设 $F: D \subseteq \mathbf{R}^n - \mathbf{R}^n$ 连续，$K: D \subseteq \mathbf{R}^n \to \mathbf{R}^n$ 在 $S = \overline{S}(\boldsymbol{x}^0, r) \subseteq D$ 上 F — 可微，且对所有 $\boldsymbol{x}, \boldsymbol{y} \in S$，$\| K'(\boldsymbol{x}) - K'(\boldsymbol{y}) \| \leqslant \gamma \| \boldsymbol{x} - \boldsymbol{y} \|$，同时

$$\| (F\boldsymbol{x} - K\boldsymbol{x}) - (F\boldsymbol{y} - K\boldsymbol{y}) \| \leqslant \delta \| \boldsymbol{x} - \boldsymbol{y} \|$$

假定

$$\| K'(\boldsymbol{x}^0)^{-1} \| \leqslant \beta, \| K'(\boldsymbol{x}^0)^{-1} F\boldsymbol{x}^0 \| \leqslant \eta, \beta\delta < 1$$

$$\alpha = \frac{\beta\gamma\eta}{(1 - \beta\delta)^2} \leqslant \frac{1}{2}$$

$$r \geqslant \frac{\eta[1-(1-2\alpha)^{\frac{1}{2}}]}{\alpha(1-\beta\delta)}$$

那么,迭代

$$\boldsymbol{x}^{k+1}=\boldsymbol{x}^{k}-K'(\boldsymbol{x}^{0})^{-1}F\boldsymbol{x}^{k}$$

和

$$\boldsymbol{x}^{k+1}=\boldsymbol{x}^{k}-K'(\boldsymbol{x}^{k})^{-1}F\boldsymbol{x}^{k}$$

$$k=0,1,\cdots$$

保留在 S 内,并收敛于 $F\boldsymbol{x}=\boldsymbol{0}$ 在 $S(\boldsymbol{x}^{0},r')$ 内的唯一解,其中

$$r'=\min\left\{r,\frac{\eta[1+(1-2\alpha)^{\frac{1}{2}}]}{\alpha(1-\beta\delta)}\right\}$$

7.设 $F:D\subseteq\mathbf{R}^{n}\to\mathbf{R}^{n}$ 在 $S=\overline{S}(\boldsymbol{x}_{0},r)\subseteq D$ 上是 $F-$可微的,并对所有 $\boldsymbol{x},\boldsymbol{y}\in S$,$\|F'(\boldsymbol{x})-F'(\boldsymbol{y})\|\leqslant\gamma\|\boldsymbol{x}-\boldsymbol{y}\|$.设 $\boldsymbol{P}:L(\mathbf{R}^{n})\to L(\mathbf{R}^{n})$ 是一个线性算子,使得(在 $L(\mathbf{R}^{n})$ 的导出范数下)$\|\boldsymbol{P}\|<1$ 且 $\|\boldsymbol{I}-\boldsymbol{P}\|\leqslant 1$.此外,假定

$$\|\boldsymbol{P}F'(\boldsymbol{x}^{0})^{-1}\|\leqslant\beta$$

$$\|F'(\boldsymbol{x}^{0})\|\leqslant\delta,\|(\boldsymbol{P}F'(\boldsymbol{x}^{0}))^{-1}F\boldsymbol{x}^{0}\|\leqslant\eta,\beta\delta<1$$

$$\alpha=\frac{2\beta\gamma\eta}{(1-\beta\delta)^{2}}\leqslant\frac{1}{2}$$

且

$$r \geqslant \frac{\eta[1-(1-2\alpha)^{\frac{1}{2}}]}{\alpha(1-\beta\delta)}$$

那么,迭代

$$\boldsymbol{x}^{k+1}=\boldsymbol{x}^{k}-(\boldsymbol{P}F'(\boldsymbol{x}^{k}))^{-1}F\boldsymbol{x}^{k}$$

$$k=0,1,\cdots$$

保留在 S 内,并收敛于 $F\boldsymbol{x}=0$ 在 $S(\boldsymbol{x}^{0},r')$ 内的唯一

解，其中

$$r' = \min\{r, \frac{\eta[1 + (1 - 2\alpha)^{\frac{1}{2}}]}{\alpha(1 - \beta\delta)}\}$$

将这个结果应用到 $\boldsymbol{PA} = \operatorname{diag} \mathbf{A}$（对所有 $\mathbf{A} \in L(\mathbf{R}^n)$）和范数是单调的情形.

偏序下的收敛性

第20章

§1 偏序下的压缩映射

在第 19 章的讨论中，我们曾用 $\mathbf{R}^n$ 上的一种范数来衡量迭代序列 $\{\boldsymbol{x}^k\}$ 趋于其极限 $\boldsymbol{x}^*$ 的收敛性.在某种意义下，这意味着我们只考虑了分量序列 $\{\boldsymbol{x}_i^k\}$，$i=1,\cdots,n$ 的最坏的收敛性态，在进行误差估计时，这种方法有一定的缺点.为了按各个分量得出收敛性态的一种度量，利用 $\mathbf{R}^n$ 上向量的绝对值

$$|\boldsymbol{x}|=(|x_1|,|x_2|,\cdots,|x_n|)^{\mathrm{T}}\qquad \boldsymbol{x}\in\mathbf{R}^n \tag{1}$$

较为方便.$\mathbf{R}^n$ 上自然的偏序定义是

$$\boldsymbol{x}\leqslant\boldsymbol{y},\boldsymbol{x},\boldsymbol{y}\in\mathbf{R}^n \qquad x_i\leqslant y_i,i=1,\cdots,n \tag{2}$$

给出绝对值式(1) 的一些性质

$$|\boldsymbol{x}|\geqslant\mathbf{0},\forall\boldsymbol{x}\in\mathbf{R}^n;\ |\boldsymbol{x}|=\mathbf{0};\boldsymbol{x}=\mathbf{0} \tag{3a}$$

$$|\alpha \boldsymbol{x}|=|\alpha||\boldsymbol{x}|,\forall \boldsymbol{x}\in \mathbf{R}^n,\alpha\in \mathbf{R}^1 \tag{3b}$$

$$|\boldsymbol{x}+\boldsymbol{y}|\leqslant|\boldsymbol{x}|+|\boldsymbol{y}|,\forall \boldsymbol{x},\boldsymbol{y}\in \mathbf{R}^n \tag{3c}$$

按这种偏序，压缩映射的概念现在可定义如下.

定义 1　一个算子 $G:D\subseteq \mathbf{R}^n\to \mathbf{R}^n$ 叫作在集合 $D_0\subseteq D$ 上的一个 $\boldsymbol{P}$－压缩映射，如果存在一个线性算子 $\boldsymbol{P}\in L(\mathbf{R}^n)$，具有性质

$$\boldsymbol{P}\geqslant \mathbf{0},\rho(\boldsymbol{P})<1 \tag{4}$$

使得

$$|G\boldsymbol{x}-G\boldsymbol{y}|\leqslant \boldsymbol{P}|\boldsymbol{x}-\boldsymbol{y}|,\forall \boldsymbol{x},\boldsymbol{y}\in D_0 \tag{5}$$

压缩映射原理可自然地推广到 $\boldsymbol{P}$－压缩映射，有

$$(\boldsymbol{I}-\boldsymbol{P})^{-1}=\sum_{i=0}^{\infty}\boldsymbol{P}^i\geqslant \mathbf{0}$$

$$\sum_{i=0}^{k}\boldsymbol{P}^i\leqslant(\boldsymbol{I}-\boldsymbol{P})^{-1},\forall k\geqslant 1 \tag{6}$$

定理 1　假定 $G:D\subseteq \mathbf{R}^n\to \mathbf{R}^n$ 在闭集 $D_0\subseteq D$ 上是 $\boldsymbol{P}$－压缩映射，使得 $GD_0\subseteq D_0$，那么，对任何 $\boldsymbol{x}^0\in D_0$，序列

$$\boldsymbol{x}^{k+1}=G\boldsymbol{x}^k,k=0,1,\cdots \tag{7}$$

收敛于 G 在 D_0 内的唯一的不动点，并且误差估计式

$$|\boldsymbol{x}^k-\boldsymbol{x}^*|\leqslant(\boldsymbol{I}-\boldsymbol{P})^{-1}\boldsymbol{P}|\boldsymbol{x}^k-\boldsymbol{x}^{k-1}|\quad k=1,2,\cdots \tag{8}$$

成立.

证　证明由压缩映射原理导出. 由式(6)我们得到

$$\begin{aligned}|\boldsymbol{x}^{k+m}-\boldsymbol{x}^k|&\leqslant\sum_{j=1}^{m}|\boldsymbol{x}^{k+j}-\boldsymbol{x}^{k+j-1}|\leqslant\\&\sum_{j=1}^{m}\boldsymbol{P}^j|\boldsymbol{x}^k-\boldsymbol{x}^{k-1}|\leqslant\\&(\boldsymbol{I}-\boldsymbol{P})^{-1}\boldsymbol{P}|\boldsymbol{x}^k-\boldsymbol{x}^{k-1}|\leqslant\end{aligned}$$

$$(\boldsymbol{I}-\boldsymbol{P})^{-1}\boldsymbol{P}^{k}\mid \boldsymbol{x}^{1}-\boldsymbol{x}^{0}\mid$$

$$k,m\geqslant 0 \tag{9}$$

因此,$\{\boldsymbol{x}^{k}\}$ 是 Cauchy 序列,从而它收敛于某个 $\boldsymbol{x}^{*}\in D_{0}$.因为

$$\mid \boldsymbol{x}^{*}-G\boldsymbol{x}^{*}\mid\leqslant\mid \boldsymbol{x}^{*}-\boldsymbol{x}^{k+1}\mid+\mid G\boldsymbol{x}^{k}-G\boldsymbol{x}^{*}\mid\leqslant \mid \boldsymbol{x}^{*}-\boldsymbol{x}^{k+1}\mid+\boldsymbol{P}\mid \boldsymbol{x}^{k}-\boldsymbol{x}^{*}\mid$$

我们看出 $\boldsymbol{x}^{*}=G\boldsymbol{x}^{*}$.误差估计式(8)是式(9)当 $m\to\infty$ 时的直接推论.最后,如果 $\boldsymbol{y}^{*}\in D_{0}$ 是 G 的另一个不动点,那么,由

$$\mid \boldsymbol{x}^{*}-\boldsymbol{y}^{*}\mid=\mid G\boldsymbol{x}^{*}-G\boldsymbol{y}^{*}\mid\leqslant\boldsymbol{P}\mid \boldsymbol{x}^{*}-\boldsymbol{y}^{*}\mid$$

得$(\boldsymbol{I}-\boldsymbol{P})\mid \boldsymbol{x}^{*}-\boldsymbol{y}^{*}\mid\leqslant\boldsymbol{0}$,再由$(\boldsymbol{I}-\boldsymbol{P})^{-1}\geqslant\boldsymbol{0}$ 得 $\mid \boldsymbol{x}^{*}-\boldsymbol{y}^{*}\mid\leqslant\boldsymbol{0}$,因而,$\boldsymbol{x}^{*}=\boldsymbol{y}^{*}$.证毕.

作为这个定理的一个典型应用,假定映射 $G:\mathbf{R}^{n}\to\mathbf{R}^{n}$ 的分量 $g_{i},i=1,2,\cdots,n$ 满足

$$\mid g_{i}(y_{1},\cdots,y_{n})-g_{i}(x_{1},\cdots,x_{n})\mid\leqslant \sum_{j=1}^{n}p_{ij}\mid y_{j}-x_{j}\mid,i=1,\cdots,n$$

其中 $p_{ij}\geqslant 0,i,j=1,\cdots,n$.对于 $\boldsymbol{P}=(p_{ij})\in L(\mathbf{R}^{n})$,这等价于

$$\mid G\boldsymbol{y}-G\boldsymbol{x}\mid\leqslant\boldsymbol{P}\mid \boldsymbol{x}-\boldsymbol{y}\mid$$

因此,如果$\rho(\boldsymbol{P})<1$,那么,对于任一$\boldsymbol{x}^{0}\in\mathbf{R}^{n}$,迭代式(7)收敛于$G$在$\mathbf{R}^{n}$内唯一的不动点$\boldsymbol{x}^{*}$,并且我们有按分量给出的误差估计式(8).

作为一种更有意义的应用.我们得出讨论过的非线性 Jacobi 迭代法的一个整体收敛定理.回忆一下,已给出的 M－矩阵,对角映射和保序映射的定义.

整体 Jacobi 定理　设 $\boldsymbol{A}\in L(\mathbf{R}^{n})$ 是一个 M－矩阵,假设 $\boldsymbol{\phi}:\mathbf{R}^{n}\to\mathbf{R}^{n}$ 是连续的、对角的和保序的映射,

并令 $\boldsymbol{F}\boldsymbol{x}=\boldsymbol{A}\boldsymbol{x}+\boldsymbol{\phi}\boldsymbol{x}$.那么,对任一 $\omega\in(0,1]$ 及任一 $\boldsymbol{x}^0\in\mathbf{R}^n$,由下式给出的 Jacobi 序列$\{\boldsymbol{x}^k\}$

$$\begin{cases}\text{由 } a_{ii}x_i+\varphi_i(x_i)+\sum\limits_{j=1,j\neq i}^{n}a_{ij}\boldsymbol{x}_j^k=0 \text{ 解出 } x_i\\ \text{令 } \boldsymbol{x}_i^{k+1}=\boldsymbol{x}_i^k+\omega(x_i-\boldsymbol{x}_i^k),i=1,\cdots,n,\\ k=0,1,\cdots\end{cases}\tag{10}$$

有意义,且收敛于 $\boldsymbol{F}\boldsymbol{x}=\boldsymbol{0}$ 的唯一解 $\boldsymbol{x}^*$.

证　设 $\boldsymbol{D}$ 是 $\boldsymbol{A}=(a_{ij})$ 的对角部分,令 $\boldsymbol{B}=\boldsymbol{D}-\boldsymbol{A}$,且

$$r_i(t)=a_{ii}t+\varphi_i(t),i=1,\cdots,n,t\in\mathbf{R}^1\tag{11}$$

因为 $a_{ii}>0$,又因为 φ_i 保序,所以可得每一 r_i 是一对一的,将 $\mathbf{R}^1$ 映到 $\mathbf{R}^1$.特别是,这时序列式(10)有意义,且算子 $\boldsymbol{D}+\boldsymbol{\varphi}$ 有定义在整个 $\mathbf{R}^n$ 上的逆算子.令

$$G:\mathbf{R}^n\to\mathbf{R}^n$$

$$G\boldsymbol{x}=(1-\omega)\boldsymbol{x}+\omega(\boldsymbol{D}+\boldsymbol{\phi})^{-1}\boldsymbol{B}\boldsymbol{x}\tag{12}$$

于是 $\boldsymbol{x}^*$ 是 G 的不动点当且仅当 $\boldsymbol{F}\boldsymbol{x}^*=\boldsymbol{0}$.此外,因为式(10)可写成如下形式

$$(\boldsymbol{D}+\boldsymbol{\phi})[\boldsymbol{x}^k+\frac{1}{\omega}(\boldsymbol{x}^{k+1}-\boldsymbol{x}^k)]-\boldsymbol{B}\boldsymbol{x}^k=\boldsymbol{0}$$

$$k=0,1,\cdots$$

我们看到迭代 $\boldsymbol{x}^k$ 满足 $\boldsymbol{x}^{k+1}=G\boldsymbol{x}^k,k=0,1,\cdots$ 为了证明 G 是一个 $\boldsymbol{P}$—压缩映射,注意,由 φ_i 的保序性,对所有 $t_1,t_2\in\mathbf{R}^1$ 和 $i=1,\cdots,n$ 有

$$|t_1-t_2|\leqslant|t_1-t_2+\frac{1}{a_{ii}}[\varphi_i(t_1)-\varphi_i(t_2)]|=$$

$$\frac{1}{a_{ii}}|r_i(t_1)-r_i(t_2)|$$

因而，对任意的 $s_1, s_2 \in \mathbf{R}^1$ 及 $t_1 = r_i^{-1}(s_1), t_2 = r_i^{-1}(s_2)$，我们得到

$$|r_i^{-1}(s_1) - r_i^{-1}(s_2)| \leqslant \frac{1}{a_{ii}} |s_1 - s_2|, i = 1, \cdots, n \tag{13}$$

或

$$|(\boldsymbol{D} + \boldsymbol{\phi})^{-1}\boldsymbol{x} - (\boldsymbol{D} + \boldsymbol{\phi})^{-1}\boldsymbol{y}| \leqslant \boldsymbol{D}^{-1} |\boldsymbol{x} - \boldsymbol{y}|$$
$$\forall \boldsymbol{x}, \boldsymbol{y} \in \mathbf{R}^n$$

由此又得出

$$\begin{aligned}
&|G\boldsymbol{x} - G\boldsymbol{y}| \leqslant |(1-\omega)(\boldsymbol{x} - \boldsymbol{y})| + \\
&\omega |(\boldsymbol{D} + \boldsymbol{\phi})^{-1}\boldsymbol{B}\boldsymbol{x} - (\boldsymbol{D} + \boldsymbol{\phi})^{-1}\boldsymbol{B}\boldsymbol{y}| \leqslant \\
&[(1-\omega)\boldsymbol{I} + \omega\boldsymbol{D}^{-1}\boldsymbol{B}] |\boldsymbol{x} - \boldsymbol{y}| = \\
&\boldsymbol{P} |\boldsymbol{x} - \boldsymbol{y}|, \forall \boldsymbol{x}, \boldsymbol{y} \in \mathbf{R}^n
\end{aligned}$$

其中 $\boldsymbol{P} = (1-\omega)\boldsymbol{I} + \omega\boldsymbol{D}^{-1}\boldsymbol{B} \geqslant \mathbf{0}$.因为

$$\boldsymbol{A} = \frac{1}{\omega}\boldsymbol{D} - \frac{1}{\omega}[(1-\omega)\boldsymbol{D} + \omega\boldsymbol{B}]$$

是 $\boldsymbol{A}$ 的一个正则分裂，且 $\boldsymbol{A}^{-1} \geqslant \mathbf{0}, \rho(\boldsymbol{P}) < 1$，因此可用定理 1.证毕.

对于非线性 SOR 迭代法，相应的结果也成立.这将作为隐式过程

$$\boldsymbol{x}^k = G_k(\boldsymbol{x}^k, \boldsymbol{x}^{k-1}), k = 1, 2, \cdots \tag{14}$$

的下述定理的一个推论，现在 G_k 是定义域在 $\mathbf{R}^n \times \mathbf{R}^n$ 内的算子.

定理 2 假定映射 $G_k: D \times D \subseteq \mathbf{R}^n \times \mathbf{R}^n \to \mathbf{R}^n$，$k = 1, 2, \cdots$，在某个集合 $D_0 \subseteq D$ 上满足条件

$$|G_k(\boldsymbol{x}, \boldsymbol{z}) - G_k(\boldsymbol{y}, \boldsymbol{z})| \leqslant \boldsymbol{Q} |\boldsymbol{x} - \boldsymbol{y}| \tag{15}$$

$$|G_k(\boldsymbol{z}, \boldsymbol{x}) - G_k(\boldsymbol{z}, \boldsymbol{y})| \leqslant \boldsymbol{R} |\boldsymbol{x} - \boldsymbol{y}| \tag{16}$$

$$\forall \boldsymbol{x}, \boldsymbol{y}, \boldsymbol{z} \in D_0$$

其中 $\boldsymbol{Q},\boldsymbol{R}\in L(\mathbf{R}^n)$ 都是非负的，且 $\rho(\boldsymbol{Q})<1$，同时对 $\boldsymbol{P}=(\boldsymbol{I}-\boldsymbol{Q})^{-1}\boldsymbol{R}$ 有 $\rho(\boldsymbol{P})<1$. 对给定的 $G:D\subseteq\mathbf{R}^n\to\mathbf{R}^n$，令

$$H_k:D\subseteq\mathbf{R}^n\to\mathbf{R}^n$$
$$H_k\boldsymbol{x}=|G_k(\boldsymbol{x},\boldsymbol{x})-G\boldsymbol{x}|$$
$$k=1,2,\cdots$$

又假定

$$\lim_{k\to\infty}H_k\boldsymbol{x}=\boldsymbol{0},\forall\,\boldsymbol{x}\in D_0 \tag{17}$$

此外，设 $\boldsymbol{x}^0\in D_0$ 使得 $\boldsymbol{x}=G_1(\boldsymbol{x},\boldsymbol{x}^0)$ 有一个解 $\boldsymbol{x}^1\in D_0$，且

$$S=\{\boldsymbol{x}\in\mathbf{R}^n\mid|\boldsymbol{x}-\boldsymbol{x}^1|\leqslant u=(\boldsymbol{I}-\boldsymbol{P})^{-1}[\boldsymbol{P}|\boldsymbol{x}^1-\boldsymbol{x}^0|+2(\boldsymbol{I}-\boldsymbol{Q})^{-1}\boldsymbol{v}]\}\subseteq D_0$$

其中 $\boldsymbol{v}\geqslant H_k(\boldsymbol{x}^1),k=1,2,\cdots$. 那么，方程

$$\boldsymbol{x}=G_k(\boldsymbol{x},\boldsymbol{x}^{k-1}),k=1,2,\cdots \tag{18}$$

有唯一解 $\boldsymbol{x}^k\in S$，且 $\lim\limits_{k\to\infty}\boldsymbol{x}^k=\boldsymbol{x}^*$，其中 $\boldsymbol{x}^*\in S$ 是 G 在 D_0 内的唯一解.

证　对 $\boldsymbol{x},\boldsymbol{y}\in D_0$ 及 $k\geqslant1$，我们得到

$$\begin{aligned}|G\boldsymbol{x}-G\boldsymbol{y}|\leqslant&|G\boldsymbol{x}-G_k(\boldsymbol{x},\boldsymbol{x})|+\\&|G_k(\boldsymbol{x},\boldsymbol{x})-G_k(\boldsymbol{x},\boldsymbol{y})|+\\&|G_k(\boldsymbol{x},\boldsymbol{y})-G_k(\boldsymbol{y},\boldsymbol{y})|+\\&|G_k(\boldsymbol{y},\boldsymbol{y})-G\boldsymbol{y}|\leqslant\\&(\boldsymbol{Q}+\boldsymbol{R})|\boldsymbol{x}-\boldsymbol{y}|+H_k\boldsymbol{x}+H_k\boldsymbol{y}\end{aligned}$$

因为 k 可以取得任意大，由式(17)可得

$$|G\boldsymbol{x}-G\boldsymbol{y}|\leqslant\boldsymbol{T}|\boldsymbol{x}-\boldsymbol{y}|,\forall\,\boldsymbol{x},\boldsymbol{y}\in D_0$$

其中 $\boldsymbol{T}=\boldsymbol{Q}+\boldsymbol{R}$. 显然，$\boldsymbol{I}-\boldsymbol{T}=(\boldsymbol{I}-\boldsymbol{Q})(\boldsymbol{I}-\boldsymbol{P})$，又因 $\rho(\boldsymbol{P})<1,\rho(\boldsymbol{Q})<1$，以及 $\boldsymbol{P},\boldsymbol{Q}\geqslant\boldsymbol{0}$，我们看出

$$(\boldsymbol{I}-\boldsymbol{T})^{-1}=(\boldsymbol{I}-\boldsymbol{P})^{-1}(\boldsymbol{I}-\boldsymbol{Q})^{-1}\geqslant\boldsymbol{0}$$

所以，$\rho(\boldsymbol{T})<1$.于是，G 在 D_0 上是一个 T－压缩映射.为了证明 G 将 S 映入它自身，设 $\boldsymbol{x}\in S$.这时

$$
\begin{aligned}
&|Gx-\boldsymbol{x}^1|\leqslant|Gx-G\boldsymbol{x}^1|+|G\boldsymbol{x}^1-G_1(\boldsymbol{x}^1,\boldsymbol{x}^1)|+\\
&|G_1(\boldsymbol{x}^1,\boldsymbol{x}^1)-G_1(\boldsymbol{x}^1,\boldsymbol{x}^0)|\leqslant\\
&\boldsymbol{T}|\boldsymbol{x}-\boldsymbol{x}^1|+H_1(\boldsymbol{x}^1)+\boldsymbol{R}|\boldsymbol{x}^1-\boldsymbol{x}^0|\leqslant\\
&\boldsymbol{Tu}+\boldsymbol{v}+\boldsymbol{R}|\boldsymbol{x}^1-\boldsymbol{x}^0|=\\
&[(\boldsymbol{Q}+\boldsymbol{R})(\boldsymbol{I}-\boldsymbol{P})^{-1}\boldsymbol{P}+\boldsymbol{R}]|\boldsymbol{x}^1-\boldsymbol{x}^0|+\\
&[2(\boldsymbol{Q}+\boldsymbol{R})(\boldsymbol{I}-\boldsymbol{P})^{-1}(\boldsymbol{I}-\boldsymbol{Q})^{-1}+\boldsymbol{I}]\boldsymbol{v}\leqslant\\
&(\boldsymbol{I}-\boldsymbol{P})^{-1}[\boldsymbol{P}|\boldsymbol{x}^1-\boldsymbol{x}^0|+\\
&2(\boldsymbol{I}-\boldsymbol{Q})^{-1}\boldsymbol{v}]=\boldsymbol{u}
\end{aligned}
$$

因为经简单计算可得

$$
\begin{aligned}
&(\boldsymbol{Q}+\boldsymbol{R})(\boldsymbol{I}-\boldsymbol{P})^{-1}(\boldsymbol{I}-\boldsymbol{Q})^{-1}+\boldsymbol{I}=\\
&(\boldsymbol{I}-\boldsymbol{P})^{-1}(\boldsymbol{I}-\boldsymbol{Q})^{-1}
\end{aligned}
$$

$$
(\boldsymbol{Q}+\boldsymbol{R})(\boldsymbol{I}-\boldsymbol{P})^{-1}\boldsymbol{P}+\boldsymbol{R}=(\boldsymbol{I}-\boldsymbol{P})^{-1}\boldsymbol{P}\tag{19}
$$

因此，由定理 1，G 在 S 内有一个不动点 $\boldsymbol{x}^*$，而且它是 D_0 内唯一的不动点.

下面我们证明，由 $\boldsymbol{x},\boldsymbol{y}\in S$ 可得 $G_k(\boldsymbol{x},\boldsymbol{y})\in S$，或者，换句话说对每一个取定的 $\boldsymbol{y}\in S$，$G_k(\cdot,\boldsymbol{y})$ 将 S 映入它自身.设 $\boldsymbol{x},\boldsymbol{y}\in S$，这时再用恒等式(19)，我们得到

$$
\begin{aligned}
|G_k(\boldsymbol{x},\boldsymbol{y})-\boldsymbol{x}^1|\leqslant&|G_k(\boldsymbol{x},\boldsymbol{y})-G_k(\boldsymbol{x},\boldsymbol{x}^1)|+\\
&|G_k(\boldsymbol{x},\boldsymbol{x}^1)-G_k(\boldsymbol{x}^1,\boldsymbol{x}^1)|+\\
&|G_k(\boldsymbol{x}^1,\boldsymbol{x}^1)-G\boldsymbol{x}^1|+\\
&|G\boldsymbol{x}^1-G_1(\boldsymbol{x}^1,\boldsymbol{x}^1)|+\\
&|G_1(\boldsymbol{x}^1,\boldsymbol{x}^1)-G_1(\boldsymbol{x}^1,\boldsymbol{x}^0)|\leqslant\\
&\boldsymbol{R}|\boldsymbol{y}-\boldsymbol{x}^1|+\boldsymbol{Q}|\boldsymbol{x}-\boldsymbol{x}^1|+\\
&H_k\boldsymbol{x}^1+H_1\boldsymbol{x}^1+\boldsymbol{R}|\boldsymbol{x}^1-\boldsymbol{x}^0|\leqslant\\
&[(\boldsymbol{Q}+\boldsymbol{R})(\boldsymbol{I}-\boldsymbol{P})^{-1}\boldsymbol{P}+\boldsymbol{R}]\cdot
\end{aligned}
$$

$$|x^1-x^0|+[(Q+R)(I-P)^{-1}\cdot(I-Q)^{-1}+I]2v\leqslant(I-P)^{-1}[P|x^1-x^0|+2(I-Q)^{-1}v]=u$$

因此，由式(15)和定理1，在 S 内式(18)的解 x^k 存在，而且在 D_0 内是唯一的.

最后

$$\begin{aligned}|x^k-x^*|\leqslant&|G_k(x^k,x^{k-1})-G_k(x^*,x^{k-1})|+\\&|G_k(x^*,x^{k-1})-G_k(x^*,x^*)|+\\&|G_k(x^*,x^*)-Gx^*|\leqslant\\&Q|x^k-x^*|+R|x^{k-1}-x^*|+\\&H_kx^*\end{aligned}$$

或

$$|x^k-x^*|\leqslant P|x^{k-1}-x^*|+(I-Q)^{-1}H_kx^*$$

为简单起见，令 $u^k=|x^k-x^*|$，$v^k=(I-Q)^{-1}H_kx^*$. 于是由式(17)，$\lim\limits_{k\to\infty}v^k=0$，并且

$$u^k\leqslant Pu^{k-1}+v^k\leqslant\cdots\leqslant P^ku^0+\sum_{j=1}^{k}P^{k-j}v^j$$

我们可以选取一种范数，使得 $\|P\|<1$. 设对 $k\geqslant k_0$，$\|v^k\|\leqslant\varepsilon$，则

$$\begin{aligned}\|u^k\|\leqslant&\|P^{k-k_0}u^{k_0}\|+\sum_{j=k_0+1}^{k}\|P^{k-j}v^j\|\leqslant\\&\|P\|^{k-k_0}\|u^{k_0}\|+\varepsilon\frac{1-\|P\|^{k-k_0}}{1-\|P\|}\end{aligned}$$

这表明 $\lim\limits_{k\to\infty}u^k=\lim\limits_{k\to\infty}|x^k-x^*|=0$. 证毕.

注意，当算子 G_k 和第一个变元无关时，则有 $G_k(x,y)\equiv G_k(y)$，我们来考察迭代

$$x^k=G_kx^{k-1},k=1,2,\cdots\qquad(20)$$

在这种情形下，$\boldsymbol{Q}=\boldsymbol{0}$，$\boldsymbol{P}=\boldsymbol{R}$，定理 2 实质上说明：当 G_k 都是 $\boldsymbol{P}$ - 压缩映射，且对每个 $\boldsymbol{x}\in D_0$，$\lim\limits_{k\to\infty}G_k\boldsymbol{x}=G\boldsymbol{x}$ 时，$\boldsymbol{x}^k$ 将收敛于 $\boldsymbol{x}^*$.

结束本节时，我们应用定理 2 于方程 $\boldsymbol{A}\boldsymbol{x}+\boldsymbol{\phi}\boldsymbol{x}=\boldsymbol{0}$ 的非线性 SOR 迭代法

$$\begin{cases}\text{由 } a_{ii}x_i+\varphi_i(x_i)+\sum\limits_{j=1}^{i-1}a_{ij}\boldsymbol{x}_j^{k+1}+\\ \sum\limits_{j=i+1}^{n}a_{ij}\boldsymbol{x}_j^k=0 \text{ 解出 } x_i\\ \text{令 } \boldsymbol{x}_i^{k+1}=\boldsymbol{x}_i^k+\omega(x_i-\boldsymbol{x}_i^k),i=1,\cdots,n;\\ k=0,1,\cdots\end{cases}\tag{21}$$

整体 SOR 定理　在整体 Jacobi 定理的条件下，由式(21) 给出的序列 $\{\boldsymbol{x}^k\}$ 对任一 $\boldsymbol{x}^0\in\mathbf{R}^n$ 及 $\omega\in(0,1]$ 有意义，且 $\{\boldsymbol{x}^k\}$ 收敛于 $\boldsymbol{F}\boldsymbol{x}=\boldsymbol{0}$ 的唯一解 $\boldsymbol{x}^*$.

证　设 r_i 仍由式(11) 给出，且定义 $G_0:\mathbf{R}^n\times\mathbf{R}^n\to\mathbf{R}^n$ 的分量 g_i^0 如下

$$g_i^0(\boldsymbol{x},\boldsymbol{y})=(1-\omega)y_i+\omega r_i^{-1}(-\sum_{j=1}^{i-1}a_{ij}x_j-\sum_{j=i+1}^{n}a_{ij}y_j)$$
$$i=1,\cdots,n$$

这时式(21) 中的序列 $\{\boldsymbol{x}^k\}$ 满足 $\boldsymbol{x}^{k+1}=G_0(\boldsymbol{x}^{k+1},\boldsymbol{x}^k)$，$k=0,1,\cdots$.为了应用定理 2，首先注意

$$G_0(\boldsymbol{x},\boldsymbol{x})=(1-\omega)\boldsymbol{x}+\omega(\boldsymbol{D}+\boldsymbol{\phi})^{-1}\boldsymbol{B}\boldsymbol{x}=G\boldsymbol{x}$$

其中 $\boldsymbol{D}$ 仍是 $\boldsymbol{A}$ 的对角部分，$\boldsymbol{B}=\boldsymbol{D}-\boldsymbol{A}$，而 G 由式(12) 给定.回忆 $\boldsymbol{x}^*$ 是 G 的一个不动点当且仅当 $\boldsymbol{F}\boldsymbol{x}^*=\boldsymbol{0}$.因为在这种情形下，对 $k\geqslant1$，$G_k\equiv G_0$，定理 2 中的条件(17) 满足.然后，应用式(13) 得出，对 $i=1,\cdots,n$ 有

$$|g_i^0(\boldsymbol{x},\boldsymbol{z})-g_i^0(\boldsymbol{y},\boldsymbol{z})|=$$

$$\omega \mid r_i^{-1}(-\sum_{j=1}^{i-1} a_{ij}x_j - \sum_{j=i+1}^{n} a_{ij}z_j) -$$
$$r_i^{-1}(-\sum_{j=1}^{i-1} a_{ij}y_j - \sum_{j=i+1}^{n} a_{ij}z_j) \mid \leqslant$$
$$\frac{\omega}{a_{ii}} \mid -\sum_{j=1}^{i-1} a_{ij}(x_j - y_j) \mid \leqslant$$
$$\frac{\omega}{a_{ii}} \sum_{j=1}^{i-1}(-a_{ij}) \mid x_j - y_j \mid$$

因为对 $i \neq j, a_{ij} \leqslant 0$,所以

$$| G_0(\boldsymbol{x},\boldsymbol{z}) - G_0(\boldsymbol{y},\boldsymbol{z}) | \leqslant \omega \boldsymbol{D}^{-1}\boldsymbol{L} | \boldsymbol{x} - \boldsymbol{y} | \equiv \boldsymbol{Q} | \boldsymbol{x} - \boldsymbol{y} |$$
$$\forall \boldsymbol{x},\boldsymbol{y},\boldsymbol{z} \in \mathbf{R}^n$$

这里 $-\boldsymbol{L}$ 和 $-\boldsymbol{U}$ 表示 $\boldsymbol{A}$ 的严格下三角和严格上三角部分.类似地,可得

$$| g_i^0(\boldsymbol{z},\boldsymbol{x}) - g_i^0(\boldsymbol{z},\boldsymbol{y}) | \leqslant (1-\omega) | x_i - y_i | + \omega \frac{1}{a_{ii}} \sum_{j=i+1}^{n}(-a_{ij}) | x_j - y_j |$$
$$i = 1, \cdots, n$$

所以

$$| G_0(\boldsymbol{z},\boldsymbol{x}) - G_0(\boldsymbol{z},\boldsymbol{y}) | \leqslant$$
$$[(1-\omega)\boldsymbol{I} + \omega \boldsymbol{D}^{-1}\boldsymbol{U}] | \boldsymbol{x} - \boldsymbol{y} | \equiv$$
$$\boldsymbol{R} | \boldsymbol{x} - \boldsymbol{y} |$$
$$\forall \boldsymbol{x},\boldsymbol{y},\boldsymbol{z} \in \mathbf{R}^n$$

因此,对于

$$\boldsymbol{Q} = \omega \boldsymbol{D}^{-1}\boldsymbol{L} \geqslant \boldsymbol{0}$$

和

$$\boldsymbol{R} = (1-\omega)\boldsymbol{I} + \omega \boldsymbol{D}^{-1}\boldsymbol{U} \geqslant \boldsymbol{0}$$

条件(15) 和(16) 成立.因为 $\boldsymbol{A}$ 是 M — 矩阵,且

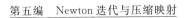

$$A = \frac{1}{\omega}(D - \omega L) - \frac{1}{\omega}[(1-\omega)D + \omega U]$$

是一个正则分裂，$\rho(P) < 1$，其中 $P = (I - Q)^{-1}R$，并且显然 $\rho(Q) = 0$. 于是，定理 2 的全部条件都满足. 证毕.

习题

1.在上述的条件下，证明 $F: \mathbf{R}^n \to \mathbf{R}^n$ 是将 $\mathbf{R}^n$ 映为它自身的一对一映射.

2.在定理 1 的条件下，证明

$$| G^k x - G^k y | \leqslant P^k | x - y |$$
$$\forall x, y \in D_0; k = 1, 2, \cdots$$

由此，在 l_∞ − 范数下，得出结论 $\| G^k x - G^k y \| \leqslant \| P^k \| \| x - y \|$，然后证明序列(7) 的收敛性.

3.假定 $G: \mathbf{R}^n \to \mathbf{R}^n$ 连续且

$$| G^2 x - G x | \leqslant P | G x - x |, \forall x \in \mathbf{R}^n$$

其中 $P \in L(\mathbf{R}^n)$ 满足式(4).证明序列式(7) 收敛于 G 的不动点 x^*，且式(8) 成立.

4.假定 $G: \mathbf{R}^n \to \mathbf{R}^n$ 对 $i = 1, \cdots, n$ 及所有 $x, y, z \in \mathbf{R}^n$，满足

$$| g_i(x_1, \cdots, x_i, z_{i+1}, \cdots, z_n) - g_i(y_1, \cdots, y_i, z_{i+1}, \cdots, z_n) | \leqslant \sum_{j=1}^{i} q_{ij} | x_j - y_j |$$

$$| g_i(z_1, \cdots, z_i, x_{i+1}, \cdots, x_n) - g_i(z_1, \cdots, z_i, y_{i+1}, \cdots, y_n) | \leqslant \sum_{j=i+1}^{n} r_{ij} | x_j - y_j |$$

给出关于 q_{ij} 和 r_{ij} 的条件，使定理 2 能应用于 Gauss-Seidel 过程

$$x_i^{k+1}=g_i(x_1^{k+1},\cdots,x_i^{k+1},x_{i+1}^k,\cdots,x_n^k)$$
$$i=1,\cdots,n;k=0,1,\cdots$$

§2　单调收敛性

这一节中我们讨论关于迭代过程的单调收敛性的基本结果.为简单起见,在以下内容中,将用记号 $\boldsymbol{x}^k\downarrow\boldsymbol{x}^*,k\to\infty$ 表示

$$\boldsymbol{x}^0\geqslant\boldsymbol{x}^1\geqslant\cdots\geqslant\boldsymbol{x}^k\geqslant\boldsymbol{x}^{k+1}\geqslant\cdots\geqslant\boldsymbol{x}^*$$
$$\lim_{k\to\infty}\boldsymbol{x}^k=\boldsymbol{x}^*$$

$\boldsymbol{x}^k\uparrow\boldsymbol{x}^*,k\to\infty$ 有类似的定义.这两种情形,都叫作 $\{\boldsymbol{x}^k\}$ 单调收敛于 $\boldsymbol{x}^*$.此外,我们对 $\boldsymbol{x}\leqslant\boldsymbol{y}$ 的任何 $\boldsymbol{x}$, $\boldsymbol{y}\in\mathbf{R}^n$ 定义有序区间

$$\langle\boldsymbol{x},\boldsymbol{y}\rangle=\{\boldsymbol{u}\in\mathbf{R}^n\mid\boldsymbol{x}\leqslant\boldsymbol{u}\leqslant\boldsymbol{y}\}$$

第一个结果提供一个求算子方程解的界的方法.

定理 3　假定 $K,H:D\subseteq\mathbf{R}^n\to\mathbf{R}^n$ 是保序映射,且 $\boldsymbol{x}^0\leqslant\boldsymbol{y}^0$,$\langle\boldsymbol{x}^0,\boldsymbol{y}^0\rangle\subseteq D$.考虑迭代

$$\boldsymbol{x}^{k+1}=K\boldsymbol{x}^k-H\boldsymbol{y}^k$$
$$\boldsymbol{y}^{k+1}=K\boldsymbol{y}^k-H\boldsymbol{x}^k$$
$$k=0,1,\cdots$$

并假定 $\boldsymbol{x}^0\leqslant\boldsymbol{x}^1,\boldsymbol{y}^0\geqslant\boldsymbol{y}^1$,那么,存在点 $\boldsymbol{x}^0\leqslant\boldsymbol{x}^*\leqslant\boldsymbol{y}^*\leqslant\boldsymbol{y}^0$,使得当 $k\to\infty$ 时,$\boldsymbol{x}^k\uparrow\boldsymbol{x}^*$ 且 $\boldsymbol{y}^k\downarrow\boldsymbol{y}^*$.而且,算子 $G\boldsymbol{x}=K\boldsymbol{x}-H\boldsymbol{x}$ 在 $\langle\boldsymbol{x}^0,\boldsymbol{y}^0\rangle$ 内的任何不动点都包含在 $\langle\boldsymbol{x}^*,\boldsymbol{y}^*\rangle$ 中.

证　我们用归纳法证明:由 $\boldsymbol{x}^k\leqslant\boldsymbol{y}^k,\boldsymbol{x}^{k+1}\geqslant\boldsymbol{x}^k$,且 $\boldsymbol{y}^{k+1}\leqslant\boldsymbol{y}^k$ 可推得 $\boldsymbol{x}^{k+1}\leqslant\boldsymbol{y}^{k+1},\boldsymbol{x}^{k+2}\geqslant\boldsymbol{x}^{k+1},\boldsymbol{y}^{k+2}\leqslant\boldsymbol{y}^{k+1}$.事实上,由保序性我们有

$$\boldsymbol{x}^{k+1}=K\boldsymbol{x}^k-H\boldsymbol{y}^k\leqslant K\boldsymbol{y}^k-H\boldsymbol{x}^k=\boldsymbol{y}^{k+1}$$

$$x^{k+2}=Kx^{k+1}-Hy^{k+1}\geqslant Kx^{k}-Hy^{k}=x^{k+1}$$
$$y^{k+2}=Ky^{k+1}-Hx^{k+1}\leqslant Ky^{k}-Hx^{k}=y^{k+1}$$

所以对所有 $k>0$,有

$$x^{0}\leqslant x^{1}\leqslant\cdots\leqslant x^{k}\leqslant x^{k+1}\leqslant y^{k+1}\leqslant y^{k}\leqslant\cdots\leqslant y^{1}\leqslant y^{0}$$

因此,作为单调序列,$\{x_i^k\}$ 和 $\{y_i^k\}$ 有极限 x_i^* 和 y_i^*,从而向量序列 $\{x^k\}$ 和 $\{y^k\}$ 有极限 x^* 和 y^*,显然 $x^*\leqslant y^*$.最后,如果 $x^0\leqslant u\leqslant y^0$ 且 $u=Gu$,由归纳法可得,对所有 k,$x^k\leqslant u\leqslant y^k$.事实上

$$x^{k+1}=Kx^{k}-Hy^{k}\leqslant Ku-Hu=u=Ku-Hu\leqslant Ky^{k}-Hx^{k}=y^{k+1}$$

这完成了归纳法证明,结果得 $x^*\leqslant u\leqslant y^*$.证毕.

一般情形,x^* 和 y^* 不是 G 的不动点,但是有一个重要的特殊情形,它们具有这种性质.

Kantorovich **引理**　设 $G:D\subseteq\mathbf{R}^n\to\mathbf{R}^n$ 在 D 上是保序的,又设 $x^0\leqslant y^0$,$\langle x^0,y^0\rangle\subseteq D$,$x^0\leqslant Gx^0$,$y^0\geqslant Gy^0$.那么,序列

$$x^{k+1}=Gx^{k},y^{k+1}=Gy^{k},k=0,1,\cdots \tag{22}$$

满足 $x^k\uparrow x^*$,$k\to\infty$,$y^k\downarrow y^*$,$k\to\infty$,且 $x^*\leqslant y^*$.此外,如果 G 在 $\langle x^0,y^0\rangle$ 上连续,那么 $x^*=Gx^*$,$y^*=Gy^*$,并且 G 的任一不动点 $u\in\langle x^0,y^0\rangle$ 都包含在 $\langle x^*,y^*\rangle$ 内.

证明是定理 3 取 $K\equiv G$ 和 $H\equiv 0$ 的一个推论.显然,如果 G 在 $\langle x^0,y^0\rangle$ 上是连续的,由式(22)即得 $x^*=Gx^*$ 和 $y^*=Gy^*$.

显然,最理想的情形是 $x^*=y^*$,因为这时 x^* 是

G 在 $\langle \boldsymbol{x}^0, \boldsymbol{y}^0 \rangle$ 内的唯一的不动点，序列 $\{\boldsymbol{x}^k\}$ 和 $\{\boldsymbol{y}^k\}$ 都收敛于它，并且我们有上界和下界 $\boldsymbol{x}^k \leqslant \boldsymbol{x}^* \leqslant \boldsymbol{y}^k, k = 0, 1, \cdots$.

现在我们转到另一种构造单调收敛于方程组 $F\boldsymbol{x} = \boldsymbol{0}$ 的解的序列的方法.下述定理是我们今后讨论的基础.如果 $\boldsymbol{A}, \boldsymbol{B} \in L(\mathbf{R}^n)$，$\boldsymbol{BA} \leqslant \boldsymbol{I}$ 且 $\boldsymbol{AB} \leqslant \boldsymbol{I}$，那么 $\boldsymbol{B}$ 是 $\boldsymbol{A}$ 的一个下逆.

定理 4　设 $F: D \subseteq \mathbf{R}^n \to \mathbf{R}^n$，并假定

$$\boldsymbol{x}^0 \leqslant \boldsymbol{y}^0, \langle \boldsymbol{x}^0, \boldsymbol{y}^0 \rangle \subseteq D, F\boldsymbol{x}^0 \leqslant \boldsymbol{0} \leqslant F\boldsymbol{y}^0 \tag{23}$$

再假定存在一个映射 $A: \langle \boldsymbol{x}^0, \boldsymbol{y}^0 \rangle \to L(\mathbf{R}^n)$ 使得

$$F\boldsymbol{y} - F\boldsymbol{x} \leqslant A(\boldsymbol{y})(\boldsymbol{y} - \boldsymbol{x}), \boldsymbol{x}^0 \leqslant \boldsymbol{x} \leqslant \boldsymbol{y} \leqslant \boldsymbol{y}^0 \tag{24}$$

如果 $P_k: \langle \boldsymbol{x}^0, \boldsymbol{y}^0 \rangle \to L(\mathbf{R}^n), k = 0, 1, \cdots$，是任意的映射，使得对所有 $\boldsymbol{x} \in \langle \boldsymbol{x}^0, \boldsymbol{y}^0 \rangle$，$P_k(\boldsymbol{x})$ 是 $A(\boldsymbol{x})$ 的非负下逆，那么，迭代

$$\boldsymbol{y}^{k+1} = \boldsymbol{y}^k - P_k(\boldsymbol{y}^k) F\boldsymbol{y}^k, k = 0, 1, \cdots \tag{25}$$

有意义，并且 $\boldsymbol{y}^k \downarrow \boldsymbol{y}^*, k \to \infty$，而 $\boldsymbol{y}^* \in \langle \boldsymbol{x}^0, \boldsymbol{y}^0 \rangle$. $F\boldsymbol{x} = \boldsymbol{0}$ 在 $\langle \boldsymbol{x}^0, \boldsymbol{y}^0 \rangle$ 内的任何解都在 $\langle \boldsymbol{x}^0, \boldsymbol{y}^* \rangle$ 内，又若 F 在 $\boldsymbol{y}^*$ 连续且存在一个非奇异的 $\boldsymbol{P} \in L(\mathbf{R}^n)$，使得

$$P_k(\boldsymbol{y}^k) \geqslant \boldsymbol{P} \geqslant \boldsymbol{0}, \forall k \geqslant k_0 \tag{26}$$

那么，$F\boldsymbol{y}^* = \boldsymbol{0}$.

证　我们用归纳法来证明

$$\boldsymbol{y}^0 \geqslant \boldsymbol{y}^{k-1} \geqslant \boldsymbol{y}^k \geqslant \boldsymbol{x}^0, F\boldsymbol{y}^k \geqslant \boldsymbol{0}$$

如果这对某个 $k \geqslant 0$ 正确，那么由 $P_k(\boldsymbol{y}^k) \geqslant \boldsymbol{0}$ 和 $F\boldsymbol{y}^k \geqslant \boldsymbol{0}$ 可得 $\boldsymbol{y}^{k+1} \leqslant \boldsymbol{y}^k$. 现在利用式(24)和式(25)，以及 $P_k(\boldsymbol{x})$ 是 $A(\boldsymbol{x})$ 的一个下逆这个事实，我们得到，对任一 $\boldsymbol{x} \in \langle \boldsymbol{x}^0, \boldsymbol{y}^k \rangle$

$$\begin{aligned} \boldsymbol{x}-P_k(\boldsymbol{y}^k)F\boldsymbol{x} = & \ \boldsymbol{y}^{k+1}-(\boldsymbol{y}^k-\boldsymbol{x})+P_k(\boldsymbol{y}^k)(F\boldsymbol{y}^k-F\boldsymbol{x}) \leqslant \\ & \ \boldsymbol{y}^{k+1}-[\boldsymbol{I}-P_k(\boldsymbol{y}^k)A(\boldsymbol{y}^k)](\boldsymbol{y}^k-\boldsymbol{x}) \leqslant \\ & \ \boldsymbol{y}^{k+1} \end{aligned} \tag{27}$$

因此,特别地,有

$$\boldsymbol{x}^0 \leqslant \boldsymbol{x}^0-P_k(\boldsymbol{y}^k)F\boldsymbol{x}^0 \leqslant \boldsymbol{y}^{k+1}$$

类似地,我们得到

$$\begin{aligned} F\boldsymbol{y}^{k+1} \geqslant & \ F\boldsymbol{y}^k+A(\boldsymbol{y}^k)(\boldsymbol{y}^{k+1}-\boldsymbol{y}^k)= \\ & \ [\boldsymbol{I}-A(\boldsymbol{y}^k)P_k(\boldsymbol{y}^k)]F\boldsymbol{y}^k \geqslant \boldsymbol{0} \end{aligned}$$

这完成了归纳法.现在因为$\{\boldsymbol{y}^k\}$是有界单调递减序列,它有极限$\boldsymbol{y}^* \geqslant \boldsymbol{x}^0$.假定$\boldsymbol{z} \in \langle \boldsymbol{x}^0, \boldsymbol{y}^0 \rangle$是$F\boldsymbol{x}=\boldsymbol{0}$的一个解.由式(27)取$k=0$得

$$\boldsymbol{z}=\boldsymbol{z}-P_0(\boldsymbol{y}^0)F\boldsymbol{z} \leqslant \boldsymbol{y}^1$$

再由归纳法可知,对所有$k \geqslant 0$,$\boldsymbol{z} \leqslant \boldsymbol{y}^k$,因此,$\boldsymbol{z} \leqslant \boldsymbol{y}^*$.如果式(26)成立,那么对$k \geqslant k_0$有

$$\boldsymbol{y}^k-\boldsymbol{y}^{k+1}=P_k(\boldsymbol{y}^k)F\boldsymbol{y}^k \geqslant \boldsymbol{P}F\boldsymbol{y}^k \geqslant \boldsymbol{0}$$

但是$\lim\limits_{k\to\infty}(\boldsymbol{y}^k-\boldsymbol{y}^{k+1})=\boldsymbol{0}$.所以$\lim\limits_{k\to\infty}\boldsymbol{P}F\boldsymbol{y}^k=\boldsymbol{0}$.由$F$在$\boldsymbol{y}^*$的连续性和$\boldsymbol{P}$的非奇异性就得出$F\boldsymbol{y}^*=\boldsymbol{0}$.证毕.

注意,为了保证$F\boldsymbol{y}^*=\boldsymbol{0}$,有些条件例如条件(26)是必要的.事实上,对所有$\boldsymbol{x} \in \langle \boldsymbol{x}^0, \boldsymbol{y}^0 \rangle$,$k \geqslant 0$,序列$P_k(\boldsymbol{x}) \equiv \boldsymbol{0}$满足定理 4 的其余假定,在这种情形下,对所有$k$,$\boldsymbol{y}^k=\boldsymbol{y}^0$.不过,(26)可以换成另一个要求,例如

$$\| P_k(\boldsymbol{y}^k)^{-1} \| \leqslant \alpha, \forall k \geqslant k_0$$

还应注意,相应于不同的符号状态,定理 4 有其他的提法.我们将这些说法列在表 1 中,第一列是上述的定理 4.

表 1

$x^0 \leqslant y^0$	$x^0 \geqslant y^0$	$x^0 \leqslant y^0$	$x^0 \geqslant y^0$
$Fx^0 \leqslant 0 \leqslant Fy^0$	$Fx^0 \geqslant 0 \geqslant Fy^0$	$Fx^0 \geqslant 0 \geqslant Fy^0$	$Fx^0 \leqslant 0 \leqslant Fy^0$
$Fy - Fx \leqslant$	$Fy - Fx \geqslant$	$Fy - Fx \leqslant$	$Fy - Fx \geqslant$
$A(y)(y-x)$	$A(y)(y-x)$	$A(y)(y-x)$	$A(y)(y-x)$
$P_k(x) \geqslant 0$	$P_k(x) \leqslant 0$	$P_k(x) \leqslant 0$	$P_k(x) \geqslant 0$
$y^{k+1} \leqslant y^k$	$y^{k+1} \geqslant y^k$	$y^{k+1} \leqslant y^k$	$y^{k+1} \geqslant y^k$

下面，我们考察从 x^0 出发的另一个单调递增序列的构造.

定理 5　给定 $F: D \subseteq \mathbf{R}^n \to \mathbf{R}^n$，设点 $x^0, y^0 \in D$ 满足(23)，并假定对于映射 $A: \langle x^0, y^0 \rangle \to L(\mathbf{R}^n)$ 条件(24) 成立，同时

$$A(x) \leqslant A(y)$$

如果

$$x^0 \leqslant x \leqslant y \leqslant y^0 \tag{28}$$

设序列 $\{y^k\}$ 和 y^* 的定义和定理 4 中相同，并设 $Q_k \in L(\mathbf{R}^n), k=0,1,\cdots$ 是 $A(y^k)$ 的非负下逆.那么，序列

$$x^{k+1} = x^k - Q_k F x^k, k=0,1,\cdots \tag{29}$$

有意义，且 $x^k \uparrow x^*, k \to \infty$，而 $x^* \in \langle x^0, y^0 \rangle$. 区间 $\langle x^*, y^* \rangle$ 含有 $Fx = 0$ 在 $\langle x^0, y^0 \rangle$ 内的所有的解.如果 F 在 x^* 连续，又若存在一个非奇异的 $Q \in \mathbf{R}^n$，对于所有 $k \geqslant k_0, Q_k \geqslant Q \geqslant 0$，则 $Fx^* = 0$.

证　我们用归纳法证明

$$x^0 \leqslant x^{k-1} \leqslant x^k \leqslant y^k, Fx^k \leqslant 0$$

假设对某个 $k \geqslant 0$ 上式成立，则由 $Fx^k \leqslant 0$ 及 $Q_k \geqslant 0$ 得 $x^{k+1} \geqslant x^k$，又因为 $Fy^k \geqslant 0$，由式(24) 以及 Q_k 是 $A(y^k)$ 的一个下逆，我们有

$$y^k \geqslant y^k - Q_k F y^k = x^{k+1} + (y^k - x^k) +$$

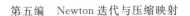

$$\boldsymbol{Q}_k(F\boldsymbol{x}^k - F\boldsymbol{y}^k) \geqslant$$
$$\boldsymbol{x}^{k+1} + (\boldsymbol{I} - \boldsymbol{Q}_k A(\boldsymbol{y}^k))(\boldsymbol{y}^k - \boldsymbol{x}^k) \geqslant$$
$$\boldsymbol{x}^{k+1}$$

因此,利用式(28)得

$$F\boldsymbol{x}^{k+1} \leqslant F\boldsymbol{x}^k + A(\boldsymbol{x}^{k+1})(\boldsymbol{x}^{k+1} - \boldsymbol{x}^k) \leqslant (\boldsymbol{I} - A(\boldsymbol{y}^k)\boldsymbol{Q}_k)F\boldsymbol{x}^k \leqslant 0$$

最后

$$\begin{aligned}\boldsymbol{x}^{k+1} \leqslant \boldsymbol{x}^{k+1} - P_k(\boldsymbol{y}^k)F\boldsymbol{x}^{k+1} = \\ \boldsymbol{y}^{k+1} - (\boldsymbol{y}^k - \boldsymbol{x}^{k+1}) + \\ P_k(\boldsymbol{y}^k)(F\boldsymbol{y}^k - F\boldsymbol{x}^{k+1}) \leqslant \\ \boldsymbol{y}^{k+1} - [\boldsymbol{I} - P_k(\boldsymbol{y}^k)A(\boldsymbol{y}^k)] \\ (\boldsymbol{y}^k - \boldsymbol{x}^{k+1}) \leqslant \boldsymbol{y}^{k+1}\end{aligned} \tag{30}$$

这完成了归纳法的证明,用类似于定理 4 的方法可得定理 5 的全部结论.证毕.

如果定理 4 式(25)中的点 $\boldsymbol{y}^*,\boldsymbol{x}^*$ 是 $F\boldsymbol{x}=\boldsymbol{0}$ 的解,那么我们将把它们叫作 $F\boldsymbol{x}=\boldsymbol{0}$ 在 $\langle\boldsymbol{x}^0,\boldsymbol{y}^0\rangle$ 内的极大解和极小解.自然,最有意义的仍是 $\boldsymbol{x}^*=\boldsymbol{y}^*$ 的情形,因为这时序列 $\{\boldsymbol{y}^k\}$ 和 $\{\boldsymbol{x}^k\}$ 组成 $\boldsymbol{x}^*$ 的上界和下界,这就是说,我们有按分量给出的估计式

$$x_i^k \leqslant x_i^* \leqslant y_i^k, k=0,1,\cdots;i=1,2,\cdots,n \tag{31}$$

式(31)提供了终止迭代的一个判据.

下面的结果给出 $\boldsymbol{x}^*=\boldsymbol{y}^*$ 的一个充分条件.

定理 6 设 $F:D\subseteq\mathbf{R}^n\to\mathbf{R}^n$,又设点 $\boldsymbol{x}^0,\boldsymbol{y}^0\in D$ 满足(2).此外,假设存在映射 $B:\langle\boldsymbol{x}^0,\boldsymbol{y}^0\rangle\to L(\mathbf{R}^n)$ 使得

$$\begin{gathered}F\boldsymbol{y} - F\boldsymbol{x} \geqslant B(\boldsymbol{x})(\boldsymbol{y} - \boldsymbol{x}) \\ \boldsymbol{x}^0 \leqslant \boldsymbol{x} \leqslant \boldsymbol{y} \leqslant \boldsymbol{y}^0\end{gathered} \tag{32}$$

其中 $B(\boldsymbol{x})$ 对所有 $\boldsymbol{x}\in\langle\boldsymbol{x}^0,\boldsymbol{y}^0\rangle$ 是非奇异的,并且

$B(\boldsymbol{x})^{-1} \geqslant \mathbf{0}$.如果 $F\boldsymbol{x}=\mathbf{0}$ 在$\langle \boldsymbol{x}^0,\boldsymbol{y}^0\rangle$ 内有一个极大解或极小解,那么,在$\langle \boldsymbol{x}^0,\boldsymbol{y}^0\rangle$ 内不存在其他的解.

证　设 $\boldsymbol{x}^*$ 是$\langle \boldsymbol{x}^0,\boldsymbol{y}^0\rangle$ 内的一个极小解,而 $\boldsymbol{z}^* \in \langle \boldsymbol{x}^0,\boldsymbol{y}^0\rangle$ 是 $F\boldsymbol{x}=\mathbf{0}$ 的任一其他解.这时

$$\mathbf{0}=F\boldsymbol{z}^*-F\boldsymbol{x}^* \geqslant B(\boldsymbol{x}^*)(\boldsymbol{z}^*-\boldsymbol{x}^*)$$

又因 $B(\boldsymbol{x}^*)^{-1} \geqslant \mathbf{0}$,可得 $\boldsymbol{z}^* \leqslant \boldsymbol{x}^*$,因而 $\boldsymbol{z}^*=\boldsymbol{x}^*$.如果存在一个极大解,证明类似.

结束这一节时,我们注意 Kantorovich 引理也是定理 4 式(25)的一个特殊情形.事实上,如果 G 满足定理 3 的条件,那么 $F\boldsymbol{x} \equiv \boldsymbol{x}-G\boldsymbol{x}$ 具有性质

$$F\boldsymbol{y}-F\boldsymbol{x}=\boldsymbol{y}-\boldsymbol{x}-(G\boldsymbol{y}-G\boldsymbol{x}) \leqslant \boldsymbol{y}-\boldsymbol{x}$$

如果

$$\boldsymbol{x}^0 \leqslant \boldsymbol{x} \leqslant \boldsymbol{y} \leqslant \boldsymbol{y}^0$$

因此,对于 $P_k(\boldsymbol{x}) \equiv \boldsymbol{P} \equiv A(\boldsymbol{x}) \equiv \boldsymbol{Q}_k \equiv \boldsymbol{Q}=\boldsymbol{I}$,定理 4 和定理 5 的所有条件对于 F 均成立.

注记

1.定理 3 是 Schröder 的一个更一般的结果的一种特殊情形,这里我们依据的是 Collatz 的提法.Albrecht 和 Bohl 给出了 Schröder 的结果的推广.

2.Kantorovich 在更一般的偏序线性空间内证明了 Kantorovich 引理.

3.定理 4 ~ 6 是 Ortega 和 Rheinboldt 给出的.有关的结果属于 Baluev 和 Slugin,他们是由微分方程的 Chaplygin 方法得到启发的

习题

1.用对 $k \geqslant k_0$,$\| P_k(\boldsymbol{y}^k)^{-1} \| \leqslant \alpha$ 来替代式(26),证明定理 4 仍然成立.

2.给出 Kantorovich 引理的一个直接证明.

3.叙述并证明表 1 中定理 4 的各种变形.

4.设 $F:L(\mathbf{R}^n)\to L(\mathbf{R}^n)$ 由 $F\boldsymbol{X}=\boldsymbol{AX}-\boldsymbol{I}$ 定义,其中 $\boldsymbol{A}\in L(\mathbf{R}^n)$ 是非奇异的,且 $\boldsymbol{A}^{-1}\geqslant\mathbf{0}$.考虑 Schultz 迭代

$$\boldsymbol{X}_{k+1}=\boldsymbol{X}_k-\boldsymbol{X}_kF\boldsymbol{X}_k,k=0,1,\cdots$$

如果 X_0 是 A 的非负的、非奇异下逆,证明:所有 $\boldsymbol{X}_k$ 是 $\boldsymbol{A}$ 的非负的,非奇异下逆,并且 $\boldsymbol{X}_k\uparrow\boldsymbol{A}^{-1}$,当$k\to\infty$ 时.

5.考察分量为

$$g_i(\boldsymbol{x})=1+\sum_{j=1}^{n}\alpha_jx_ix_j,i=1,2,\cdots,n$$

的映射 $G:\mathbf{R}^n\to\mathbf{R}^n$,其中 $\alpha_j\geqslant0$,且 $\sum\limits_{j=1}^{n}\alpha_j\leqslant\frac{1}{4}$.证明 G 在 $D=\{\boldsymbol{x}\in\mathbf{R}^n\mid\boldsymbol{x}\geqslant\mathbf{0}\}$ 上是保序的.找出一个能够应用定理 4 的适当区间,并证明在任一这样的区间中 G 有唯一的不动点.

6.在定理 3 的条件下,证明

$$G\langle\boldsymbol{x}^k,\boldsymbol{y}^k\rangle\subseteq\langle\boldsymbol{x}^{k+1},\boldsymbol{y}^{k+1}\rangle\subseteq\langle\boldsymbol{x}^k,\boldsymbol{y}^k\rangle$$
$$k=0,1,\cdots$$

据 Brouwer 不动点原理,证明如果 G 在$\langle\boldsymbol{x}^0,\boldsymbol{y}^0\rangle$ 上连续,那么 G 在$\langle\boldsymbol{x}^*,\boldsymbol{y}^*\rangle$ 内有一个不动点.

7.假定映射 $H_1,H_2:D\times D\subseteq\mathbf{R}^n\times\mathbf{R}^n\to\mathbf{R}^n$ 对第一个向量变元是保序的,而对第二个是反序的,并且

$$H_1(\boldsymbol{x},\boldsymbol{x})\leqslant H_2(\boldsymbol{x},\boldsymbol{x}),\forall\,\boldsymbol{x}\in D$$

如果

$$\boldsymbol{x}^0\leqslant\boldsymbol{y}^0$$
$$\langle\boldsymbol{x}^0,\boldsymbol{y}^0\rangle\subseteq D$$
$$\boldsymbol{x}^0\leqslant H_1(\boldsymbol{x}^0,\boldsymbol{y}^0)$$
$$H_2(\boldsymbol{y}^0,\boldsymbol{x}^0)\leqslant\boldsymbol{y}^0$$

那么,序列

$$\boldsymbol{x}^{k+1}=H_1(\boldsymbol{x}^k,\boldsymbol{y}^k)$$
$$\boldsymbol{y}^{k+1}=H_2(\boldsymbol{y}^k,\boldsymbol{x}^k)$$
$$k=0,1,\cdots$$

满足 $\boldsymbol{x}^k\uparrow\boldsymbol{x}^*,\boldsymbol{y}^k\downarrow\boldsymbol{y}^*,k\to\infty$,且 $\boldsymbol{x}^0\leqslant\boldsymbol{x}^*\leqslant\boldsymbol{y}^*\leqslant\boldsymbol{y}^0$.而且,如果 $G:D\subseteq\mathbf{R}^n\to\mathbf{R}^n$ 是任一连续映射,使得

$$H_1(\boldsymbol{x},\boldsymbol{x})\leqslant G\boldsymbol{x}\leqslant H_2(\boldsymbol{x},\boldsymbol{x}),\forall\,\boldsymbol{x}\in D$$

那么,G 在 $\langle\boldsymbol{x}^*,\boldsymbol{y}^*\rangle$ 内有一个不动点,并且 G 在 $\langle\boldsymbol{x}^0,\boldsymbol{y}^0\rangle$ 内的任一不动点包含在 $\langle\boldsymbol{x}^*,\boldsymbol{y}^*\rangle$ 内.

凸性和 Newton 法

第 21 章

§1 凸性和 Newton 法

Kantorovich 引理提供了一种得出第 20 章定理 4 中的映射 A 的方法.通过凸函数概念的推广,出现了一种更有意义的可能性.

定义 1 一个映射 $F:D\subseteq\mathbf{R}^n\to\mathbf{R}^m$ 在凸子集 $D_0\subseteq D$ 上是有序凸的,如果当 $\boldsymbol{x},\boldsymbol{y}\in D_0$ 是可比较的($\boldsymbol{x}\leqslant\boldsymbol{y}$ 或 $\boldsymbol{y}\leqslant\boldsymbol{x}$)且 $\lambda\in(0,1)$ 时

$$F(\lambda\boldsymbol{x}+(1-\lambda)\boldsymbol{y})\leqslant\lambda F\boldsymbol{x}+(1-\lambda)F\boldsymbol{y} \tag{1}$$

如果对所有 $\boldsymbol{x},\boldsymbol{y}\in D_0$ 及 $\lambda\in(0,1)$,式(1) 成立,那么 F 在 D_0 上是凸的.

显然,如果 $F:D\subseteq\mathbf{R}^n\to\mathbf{R}^m$ 有分量 $f_1,\cdots,f_m$,那么直接可得,当且仅当每一个 f_i 在 $D_0\subseteq D$ 上是(有序) 凸时,F 在 D_0 上是(有序) 凸的.因此,如果 $F:D\subseteq\mathbf{R}^n\to\mathbf{R}^m$ 在开凸集 $D_0\subseteq D$ 上是凸的,那么 F 在 D_0 上是连续的.

定理1 设 $F:D\subseteq \mathbf{R}^n\to\mathbf{R}^m$ 在凸集 $D_0\subseteq D$ 上是 G —可微的，那么，下列性质等价：

F 在 D_0 上有序凸； (2)

$F\boldsymbol{y}-F\boldsymbol{x}\geqslant F'(\boldsymbol{x})(\boldsymbol{y}-\boldsymbol{x})$，对所有可比较的 $\boldsymbol{x}$，$\boldsymbol{y}\in D_0$； (3)

$[F'(\boldsymbol{y})-F'(\boldsymbol{x})](\boldsymbol{y}-\boldsymbol{x})\geqslant \mathbf{0}$，对所有可比较的 $\boldsymbol{x},\boldsymbol{y}\in D_0$. (4)

类似地，当且仅当对所有 $\boldsymbol{x},\boldsymbol{y}\in D_0$，式(3) 和(4) 成立时，$F$ 在 D_0 上是凸的.如果 F 在 D_0 内两次 G —可微，那么，F 在 D_0 上有序凸，当且仅当对所有 $\boldsymbol{x}\in D_0$ 及 $\boldsymbol{h}\in\mathbf{R}^n$，$\boldsymbol{h}\geqslant\mathbf{0}$，有

$$F''(\boldsymbol{x})\boldsymbol{h}\boldsymbol{h}\geqslant\mathbf{0} \tag{5}$$

F 在 D_0 上凸，当且仅当对所有 $\boldsymbol{x}\in D_0$ 及 $\boldsymbol{h}\in\mathbf{R}^n$，式(5) 成立.

证 先假定式(3) 成立，并对给定的可比较的 $\boldsymbol{x}$，$\boldsymbol{y}\in D_0$ 及 $\lambda\in(0,1)$，令 $\boldsymbol{z}=\lambda\boldsymbol{x}+(1-\lambda)\boldsymbol{y}$.这时 $\boldsymbol{z}$ 与 $\boldsymbol{x}$ 和 $\boldsymbol{y}$ 可比较，因而

$$F\boldsymbol{x}-F\boldsymbol{z}\geqslant F'(\boldsymbol{z})(\boldsymbol{x}-\boldsymbol{z})$$
$$F\boldsymbol{y}-F\boldsymbol{z}\geqslant F'(\boldsymbol{z})(\boldsymbol{y}-\boldsymbol{z})$$

分别用 λ 和 $(1-\lambda)$ 乘这些不等式，再相加，得到

$$\lambda F\boldsymbol{x}+(1-\lambda)F\boldsymbol{y}-F\boldsymbol{z}\geqslant$$
$$F'(\boldsymbol{z})[\lambda\boldsymbol{x}+(1-\lambda)\boldsymbol{y}-\boldsymbol{z}]=\mathbf{0}$$

所以 F 是有序凸的.反之，如果式(2) 成立且 $\boldsymbol{x},\boldsymbol{y}\in D_0$ 可比较，那么对任一 $t\in(0,1)$，$\boldsymbol{x}$ 和 $\boldsymbol{x}+t(\boldsymbol{y}-\boldsymbol{x})$ 可比较，故

$$F\boldsymbol{y}-F\boldsymbol{x}\geqslant\frac{1}{t}\{F(\boldsymbol{x}+t[\boldsymbol{y}-\boldsymbol{x}])-F\boldsymbol{x}\}$$

因而，由 F 的 G —可微性，令 $t\to 0$ 得到式(3) 成立.为

了证明式(3) 和(4) 等价,先注意如果式(3) 成立,那么由

$$F\boldsymbol{y} - F\boldsymbol{x} \geqslant F'(\boldsymbol{x})(\boldsymbol{y} - \boldsymbol{x})$$
$$F\boldsymbol{x} - F\boldsymbol{y} \geqslant F'(\boldsymbol{y})(\boldsymbol{x} - \boldsymbol{y})$$

相加,立刻给出式(4).反之,如果式(4) 成立,那么

$$[f'_i(\boldsymbol{y}) - f'_i(\boldsymbol{x})](\boldsymbol{y} - \boldsymbol{x}) \geqslant \boldsymbol{0}$$
$$i = 1, \cdots, m$$

对于所有可比较的 $\boldsymbol{x}, \boldsymbol{y} \in D_0$,其中 $f_1, \cdots, f_m$ 是 F 的分量.现在对给定的可比较的 $\boldsymbol{x}, \boldsymbol{y} \in D_0$,由中值定理得,存在 $t_i \in (0,1)$ 使得

$$f_i(\boldsymbol{y}) - f_i(\boldsymbol{x}) = f'_i(\boldsymbol{z}^i)(\boldsymbol{y} - \boldsymbol{x})$$
$$i = 1, \cdots, m$$

其中 $\boldsymbol{z}^i = \boldsymbol{x} + t_i(\boldsymbol{y} - \boldsymbol{x})$.但是,每个 $\boldsymbol{z}^i$ 都与 $\boldsymbol{x}$ 和 $\boldsymbol{y}$ 可比较,所以

$$[f'_i(\boldsymbol{z}^i) - f'_i(\boldsymbol{x})](\boldsymbol{y} - \boldsymbol{x}) =$$
$$\frac{1}{t_i}[f'_i(\boldsymbol{z}^i) - f'_i(\boldsymbol{x})](\boldsymbol{z}^i - \boldsymbol{x}) \geqslant \boldsymbol{0}$$
$$i = 1, \cdots, m$$

因此

$$f_i(\boldsymbol{y}) - f_i(\boldsymbol{x}) = f'_i(\boldsymbol{z}^i)(\boldsymbol{y} - \boldsymbol{x}) \geqslant$$
$$f'_i(\boldsymbol{x})(\boldsymbol{y} - \boldsymbol{x})$$
$$i = 1, \cdots, m$$

这正好表明式(3) 成立.最后,如果 F 在 D_0 上是二次 G − 可微的且式(5) 成立,那么对所有 $\boldsymbol{h} \geqslant \boldsymbol{0}$ 和 $\boldsymbol{x} \in D_0$,$f''_i(\boldsymbol{x})\boldsymbol{hh} \geqslant \boldsymbol{0}$,$i = 1, \cdots, m$.于是,由中值定理得,在 $\boldsymbol{x}$ 和 $\boldsymbol{y}$ 可比较时

$$f_i(\boldsymbol{y}) - f_i(\boldsymbol{x}) - f'_i(\boldsymbol{x})(\boldsymbol{y} - \boldsymbol{x}) =$$
$$\frac{1}{2} f''_i(\boldsymbol{x} + t_i[\boldsymbol{y} - \boldsymbol{x}]) \cdot$$

$$(\boldsymbol{y}-\boldsymbol{x})(\boldsymbol{y}-\boldsymbol{x})\geqslant \boldsymbol{0}$$
$$i=1,\cdots,m$$

因此,式(3)成立且 F 是有序凸的.反之,若 F 是有序凸的,则式(4)成立,且对任一 $\boldsymbol{x}\in D_0,\boldsymbol{h}\geqslant\boldsymbol{0}$ 及 $t>0$,$\boldsymbol{x}+t\boldsymbol{h}$ 和 $\boldsymbol{x}$ 可比较,所以

$$\frac{1}{t}[F'(\boldsymbol{x}+t\boldsymbol{h})\boldsymbol{h}-F'(\boldsymbol{x})\boldsymbol{h}]\geqslant\boldsymbol{0}$$

由此,当 $t\to 0$ 时得出式(5).凸的情形,证明和上面类似.证毕.

注意,如果 F' 是保序的(由 $\boldsymbol{x}\leqslant\boldsymbol{y}$ 得 $F'(\boldsymbol{x})\leqslant F'(\boldsymbol{y})$),那么式(4)成立,因而 F 是有序凸的(但不一定是凸的).此外,如果在 D_0 上的二阶 G — 导数存在,那么 F 是有序凸的一个充分(但不必要)条件是

$$f''_i(\boldsymbol{x})\geqslant\boldsymbol{0},i=1,\cdots,m,\forall\,\boldsymbol{x}\in D_0 \qquad (6)$$

其中 $f_1,\cdots,f_m$ 仍是 F 的分量.注意,如果 F'' 在 D_0 上连续,那么由中值定理和式(6)可得,如果 $\boldsymbol{x}\leqslant\boldsymbol{y}$,那么

$$F'(\boldsymbol{y})-F'(\boldsymbol{x})=\int_0^1 F''[\boldsymbol{x}+t(\boldsymbol{y}-\boldsymbol{x})](\boldsymbol{y}-\boldsymbol{x})\mathrm{d}t\geqslant\boldsymbol{0}$$

所以 F' 在 D_0 上保序.另外,如果 F 在 D_0 上是二次 G — 可微的,则由第 20 章 Kantorovich 引理表明,F 在 D_0 上是凸的,当且仅当每个矩阵 $f''_i(\boldsymbol{x}),i=1,\cdots,m,\boldsymbol{x}\in D_0$,是半正定的.因此,由 $f(\boldsymbol{x})=\boldsymbol{x}^{\mathrm{T}}\boldsymbol{A}\boldsymbol{x}$(其中 $\boldsymbol{A}\geqslant\boldsymbol{0}$ 不是半正定的)定义的二次泛函 $f:\mathbf{R}^n\to\mathbf{R}^1$ 是有序凸而非凸的函数的一个例子.

我们现在将第 20 章中收敛性结果应用于有序凸的映射上.

定理 2 对于 $F:D\subseteq\mathbf{R}^n\to\mathbf{R}^n$,假定

$$\boldsymbol{x}^0\leqslant\boldsymbol{y}^0,\langle\boldsymbol{x}^0,\boldsymbol{y}^0\rangle\subseteq D$$

$$Fx^0 \leqslant \mathbf{0} \leqslant Fy^0 \tag{7}$$

且 F 在 $\langle x^0, y^0\rangle$ 上是 $G-$ 可微和有序凸的.再设映射 $P_k:\langle x^0, y^0\rangle \to L(\mathbf{R}^n)$ 是这样的,对每个 $x \in \langle x^0, y^0\rangle$,$P_k(x)$ 是 $F'(x)$ 的非负下逆.那么,序列

$$y^{k+1} = y^k - P_k(y^k)Fy^k$$
$$k = 0,1,\cdots$$

有意义且满足 $y^k \downarrow y^*, k \to \infty$,其中 $y^* \in \langle x^0, y^0\rangle$.此外,如果 F' 在 $\langle x^0, y^0\rangle$ 上保序,那么辅助序列

$$x^{k+1} = x^k - Q_k Fx^k$$
$$k = 0,1,\cdots$$

具有性质 $x^k \uparrow x^*, k \to \infty, x^* \in \langle x^0, y^0\rangle$,其中 Q_k 是 $F'(y^k)$ 的非负下逆.$Fx = \mathbf{0}$ 在 $\langle x^0, y^0\rangle$ 内的任一解包含在 $\langle x^*, y^*\rangle$ 内,并且如果 F 在 y^* 或 x^* 连续,又若存在非奇异的 $P \in L(\mathbf{R}^n)$,使得

$$P_k(y^k) \geqslant P \geqslant \mathbf{0}, \forall k \geqslant k_0$$

或存在非奇异的 $Q \in L(\mathbf{R}^n)$,使得

$$Q_k \geqslant Q \geqslant \mathbf{0}, \forall k \geqslant k_0$$

那么,分别有 $Fy^* = \mathbf{0}$ 或 $Fx^* = \mathbf{0}$.

证 因为 F 在凸集 $\langle x^0, y^0\rangle$ 上是有序凸的和 $G-$ 可微的,定理 1 表明

$$Fy - Fx \leqslant F'(y)(y - x)$$
$$x^0 \leqslant x \leqslant y \leqslant y^0$$

因而可以用第 20 章定理 4 和定理 5,取 $A(x) = F'(x)$,$x \in \langle x^0, y^0\rangle$.证毕.

作为定理 2 的一个特殊情形,我们有下面关于 Newton 法的重要结果.

单调 Newton 定理 设 $F:D \subseteq \mathbf{R}^n \to \mathbf{R}^n$,假定存在 $x^0, y^0 \in D$,使得式(7) 成立.假定 F 在 $\langle x^0, y^0\rangle$ 上

是连续的，G－可微的和有序凸的，对每个 $\boldsymbol{x} \in \langle \boldsymbol{x}^0, \boldsymbol{y}^0 \rangle$，$F'(\boldsymbol{x})^{-1}$ 存在且非负.那么，Newton 迭代

$$\boldsymbol{y}^{k+1} = \boldsymbol{y}^k - F'(\boldsymbol{y}^k)^{-1} F\boldsymbol{y}^k \quad k = 0, 1, \cdots \tag{8}$$

满足 $\boldsymbol{y}^k \downarrow \boldsymbol{y}^* \in \langle \boldsymbol{x}^0, \boldsymbol{y}^0 \rangle, k \to \infty$，并且如果 F' 或是在 $\boldsymbol{y}^*$ 连续，或是在 $\langle \boldsymbol{x}^0, \boldsymbol{y}^0 \rangle$ 上保序，那么，$\boldsymbol{y}^*$ 是 $F\boldsymbol{x} = \boldsymbol{0}$ 在 $\langle \boldsymbol{x}^0, \boldsymbol{y}^0 \rangle$ 内的唯一解.此外，如果 F' 在 $\langle \boldsymbol{x}^0, \boldsymbol{y}^0 \rangle$ 上保序，那么，序列

$$\boldsymbol{x}^{k+1} = \boldsymbol{x}^k - F'(\boldsymbol{y}^k)^{-1} F\boldsymbol{x}^k \quad k = 0, 1, \cdots \tag{9}$$

满足 $\boldsymbol{x}^k \uparrow \boldsymbol{y}^*, k \to \infty$.最后，如果还有

$$\| F'(\boldsymbol{x}) - F'(\boldsymbol{y}) \| \leqslant \gamma \| \boldsymbol{x} - \boldsymbol{y} \| \quad \forall \boldsymbol{x}, \boldsymbol{y} \in \langle \boldsymbol{x}^0, \boldsymbol{y}^0 \rangle \tag{10}$$

那么存在常数 c，使得

$$\| \boldsymbol{y}^{k+1} - \boldsymbol{x}^{k+1} \| \leqslant c \| \boldsymbol{x}^k - \boldsymbol{y}^k \|^2 \quad k = 0, 1, \cdots \tag{11}$$

证　因为 $P_k(\boldsymbol{x}) = F'(\boldsymbol{x})^{-1} \geqslant \boldsymbol{0}, \boldsymbol{x} \in \langle \boldsymbol{x}^0, \boldsymbol{y}^0 \rangle$，可用定理 2 的第一部分证明 $\boldsymbol{y}^k \downarrow \boldsymbol{y}^*, k \to \infty, \boldsymbol{y}^* \in \langle \boldsymbol{x}^0, \boldsymbol{y}^0 \rangle$.为证明 $F\boldsymbol{y}^* = \boldsymbol{0}$，先假定 F' 在 $\langle \boldsymbol{x}^0, \boldsymbol{y}^0 \rangle$ 上保序.这时，$F'(\boldsymbol{y}^k) \leqslant F'(\boldsymbol{y}^0)$，所以，由逆的非负性得出

$$P_k(\boldsymbol{y}^k) = F'(\boldsymbol{y}^k)^{-1} \geqslant F'(\boldsymbol{y}^0)^{-1} = \boldsymbol{P} \geqslant \boldsymbol{0}, k = 0, 1, \cdots$$

另一方面，若 F' 在 $\boldsymbol{y}^*$ 连续，则存在 E 和整数 k_0，使得 $\boldsymbol{P} = F'(\boldsymbol{y}^*)^{-1} - \boldsymbol{E} \geqslant \boldsymbol{0}$ 是非奇异的，并且对 $k \geqslant k_0$，$F'(\boldsymbol{y}^k)^{-1} \geqslant \boldsymbol{P}$.因此，在两种情形下，第 20 章定理 4 都表明 $F\boldsymbol{y}^* = \boldsymbol{0}$.由第 20 章定理 6 取 $B(\boldsymbol{x}) = F'(\boldsymbol{x})$ 直接得出 $\boldsymbol{y}^*$ 在 $\langle \boldsymbol{x}^0, \boldsymbol{y}^0 \rangle$ 内是唯一的，而 $\boldsymbol{x}^k \uparrow \boldsymbol{y}^*, k \to \infty$ 是定理 2 取 $\boldsymbol{Q} = F'(\boldsymbol{y}^0)^{-1}$ 的一个推论.最后，为了证明式

(11),假定式(10)成立.那么,F' 在 $\langle \boldsymbol{x}^0, \boldsymbol{y}^0 \rangle$ 上连续,又因为 $F'(\boldsymbol{x})$ 是非奇异的,存在 β 使得 $\| F'(\boldsymbol{x})^{-1} \| \leqslant \beta, \boldsymbol{x} \in \langle \boldsymbol{x}^0, \boldsymbol{y}^0 \rangle$.于是由中值定理得出

$$\begin{aligned} \| \boldsymbol{y}^{k+1} - \boldsymbol{x}^{k+1} \| = & \| \boldsymbol{y}^k - \boldsymbol{x}^k - F'(\boldsymbol{y}^k)^{-1}(F\boldsymbol{y}^k - F\boldsymbol{x}^k) \| \leqslant \\ & \beta \| F'(\boldsymbol{y}^k)(\boldsymbol{y}^k - \boldsymbol{x}^k) - \\ & (F\boldsymbol{y}^k - F\boldsymbol{x}^k) \| \leqslant \\ & \frac{1}{2}\beta\gamma \| \boldsymbol{y}^k - \boldsymbol{x}^k \|^2 \end{aligned}$$

证毕.

注意,如果用 Gauss 消去法来解由式(8)得出的线性方程组,那么为了得出辅助序列 $\{\boldsymbol{x}^k\}$ 需要很少的补充工作.此外,估计式(11)表明区间 $\langle \boldsymbol{x}^k, \boldsymbol{y}^k \rangle$"二次收敛"于 $\boldsymbol{x}^*$,所以,应用序列 $\{\boldsymbol{x}^k\}$ 并不否定 Newton 法本身的二次收敛性,事实上,可以证明 $\{\boldsymbol{x}^k\}$ 收敛于 $\boldsymbol{x}^*$ 是二次的.最后注意,依照 $F\boldsymbol{y} - F\boldsymbol{x} - F'(\boldsymbol{x})(\boldsymbol{y} - \boldsymbol{x})$ 和 $F'(\boldsymbol{x})^{-1}$ 的符号,单调 Newton 定理有三种其他的自然的提法.

下面我们转到条件(7)的关键问题,即求适当的起始点的问题.对这个问题,下述引理常是有用的.

定理 3 设 $F: D \subseteq \mathbf{R}^n \to \mathbf{R}^n$ 在凸集 $D_0 \subseteq D$ 上是有序凸的和 G - 可微的,并假定存在非负的 $\boldsymbol{C} \in L(\mathbf{R}^n)$ 使得 $F'(\boldsymbol{x})\boldsymbol{C} \geqslant 1, \boldsymbol{x} \in D_0$,如果 $F\boldsymbol{y}^0 \geqslant \boldsymbol{0}$ 且 $\boldsymbol{x}^0 = \boldsymbol{y}^0 - \boldsymbol{C}F\boldsymbol{y}^0 \in D_0$,那么,$F\boldsymbol{x}^0 \leqslant \boldsymbol{0}$.类似地,如果 $F\boldsymbol{x}^0 \leqslant \boldsymbol{0}$ 且 $\boldsymbol{y}^0 = \boldsymbol{x}^0 - \boldsymbol{C}F\boldsymbol{x}^0 \in D_0$,那么,$F\boldsymbol{y}^0 \geqslant \boldsymbol{0}$.

证 假定 $F\boldsymbol{y}^0 \geqslant \boldsymbol{0}$ 且 $\boldsymbol{x}^0 = \boldsymbol{y}^0 - \boldsymbol{C}F\boldsymbol{y}^0 \in D_0$,则 $\boldsymbol{x}^0 \leqslant \boldsymbol{y}^0$ 且由定理 1 有

$$\begin{aligned} F\boldsymbol{x}^0 \leqslant & F\boldsymbol{y}^0 + F'(\boldsymbol{x}^0)(\boldsymbol{x}^0 - \boldsymbol{y}^0) = \\ & [\boldsymbol{I} - F'(\boldsymbol{x}^0)\boldsymbol{C}]F\boldsymbol{y}^0 \leqslant \boldsymbol{0} \end{aligned}$$

类似地，如果 $F\boldsymbol{x}^0 \leqslant \boldsymbol{0}$ 且 $\boldsymbol{y}^0 = \boldsymbol{x}^0 - \boldsymbol{C}F\boldsymbol{x}^0 \in D_0$，则仍由定理 1 有

$$F\boldsymbol{y}^0 \geqslant F\boldsymbol{x}^0 + F'(\boldsymbol{x}^0)(\boldsymbol{y}^0 - \boldsymbol{x}^0) = [\boldsymbol{I} - F'(\boldsymbol{x}^0)\boldsymbol{C}]F\boldsymbol{x}^0 \geqslant \boldsymbol{0}$$

证毕.

在定理 3 的条件下，如果已知一个适当的区间 $\langle \boldsymbol{x}^0, \boldsymbol{y}^0 \rangle$ 的一个端点，那么可以算出它的另一个端点，得到第一个点的一种可能性是取 Newton 法的一步.

定理 4 设 $F: D \subseteq \mathbf{R}^n \to \mathbf{R}^n$ 在凸集 D 上是凸的和 G - 可微的.假定对某一 $\boldsymbol{x} \in D$，$F'(\boldsymbol{x})^{-1}$ 存在且 $\boldsymbol{y}^0 = \boldsymbol{x} - F'(\boldsymbol{x})^{-1}F\boldsymbol{x} \in D$，那么 $F\boldsymbol{y}^0 \geqslant \boldsymbol{0}$.

证明是显然的，因为由定理 1 有

$$F\boldsymbol{y}^0 \geqslant F\boldsymbol{x} + F'(\boldsymbol{x})(\boldsymbol{y}^0 - \boldsymbol{x}) = \boldsymbol{0}$$

作为单调 Newton 定理和定理 4 的一个推论，我们有下面整体定理.

整体 Newton 定理 假定 $F: \mathbf{R}^n \to \mathbf{R}^n$ 在 $\mathbf{R}^n$ 上连续，G - 可微，并且是凸的，$F'(\boldsymbol{x})$ 是非奇异的，且对所有 $\boldsymbol{x} \in \mathbf{R}^n$，$F'(\boldsymbol{x})^{-1} \geqslant \boldsymbol{0}$.此外，假定 $F\boldsymbol{x} = \boldsymbol{0}$ 有一个解 $\boldsymbol{x}^*$，且 F' 在 $\mathbf{R}^n$ 上或是保序的或是连续的，那么，$\boldsymbol{x}^*$ 是唯一的，并对任一 $\boldsymbol{y}^0 \in \mathbf{R}^n$，Newton 迭代式(8) 收敛于 $\boldsymbol{x}^*$，且

$$\boldsymbol{y}^k \geqslant \boldsymbol{y}^{k+1} \geqslant \boldsymbol{x}^*, k = 1, 2, \cdots \tag{12}$$

证 对任一 $\boldsymbol{y}^0 \in \mathbf{R}^n$，定理 4 表明 $F\boldsymbol{y}^1 \geqslant \boldsymbol{0}$.此外，由定理 1 我们有

$$\boldsymbol{0} = F\boldsymbol{x}^* \geqslant F\boldsymbol{y}^1 + F'(\boldsymbol{y}^1)(\boldsymbol{x}^* - \boldsymbol{y}^1)$$

由此得出

$$\boldsymbol{x}^* \leqslant \boldsymbol{y}^1 - F'(\boldsymbol{y}^1)^{-1}F\boldsymbol{y}^1 \leqslant \boldsymbol{y}^1$$

由此，取 $\boldsymbol{x}^0$ 等于 $\boldsymbol{x}^*$，并取 $\boldsymbol{y}^1$ 作上端点，利用单调

Newton 定理，证明收敛于一个解 $\boldsymbol{y}^*$.但是，$\boldsymbol{x}^*$ 是唯一解，因为如果 $\boldsymbol{y}^*$ 是一个解，那么

$$F'(\boldsymbol{x}^*)(\boldsymbol{x}^*-\boldsymbol{y}^*)\geqslant \mathbf{0}=F\boldsymbol{x}^*-F\boldsymbol{y}^*\geqslant F^1(\boldsymbol{y}^*)(\boldsymbol{x}^*-\boldsymbol{y}^*)$$

由于 $F'(\boldsymbol{y})^{-1}\geqslant \mathbf{0}$，从上式得 $\boldsymbol{x}^*\leqslant \boldsymbol{y}^*$，同时 $\boldsymbol{y}^*\leqslant \boldsymbol{x}^*$.证毕.

整体 Newton 定理可以用明显的方法加以修改，替代 $\boldsymbol{x}^*$ 存在的假定，像定理 3 中那样，可以假定对某一非负的 $\boldsymbol{C}\in L(\mathbf{R}^n)$ 和所有的 $\boldsymbol{x}\in \mathbf{R}^n$，$F'(\boldsymbol{x})\boldsymbol{C}\geqslant \boldsymbol{I}$.这将保证解以及辅助序列起始点 $\boldsymbol{x}^0$ 的存在性.

结束这一节时，我们将整体 Newton 定理用于方程 $\boldsymbol{A}\boldsymbol{x}+\boldsymbol{\phi}\boldsymbol{x}=\mathbf{0}$.

定理 5 设 $\mathbf{A}\in L(\mathbf{R}^n)$ 是 M－矩阵，且令 $F\boldsymbol{x}=\boldsymbol{A}\boldsymbol{x}+\boldsymbol{\phi}\boldsymbol{x}$，其中 $\phi:\mathbf{R}^n\to\mathbf{R}^n$ 在 $\mathbf{R}^n$ 上连续可微、对角、保序，并且是凸的.那么，对任一 $\boldsymbol{y}^0\in\mathbf{R}^n$，Newton 迭代式(8) 收敛于 $F\boldsymbol{x}=\mathbf{0}$ 的唯一解，且式(12) 成立.

证 整体 Jacobi 定理的条件是满足的，因而 $F\boldsymbol{x}=\mathbf{0}$ 在 $\mathbf{R}^n$ 内有唯一解.显然，F 是凸的，又因 $\boldsymbol{\phi}$ 保序且是对角的，可得对所有的 $\boldsymbol{x}\in\mathbf{R}^n$，$\phi'(\boldsymbol{x})$ 非负且是对角的.因此，对所有的 $\boldsymbol{x}$，$F'(\boldsymbol{x})$ 是 M－矩阵.此外，因为 $\boldsymbol{\phi}$ 是对角的，定理 1 保证 $\boldsymbol{\phi}'$ 是保序的.于是由整体 Newton 定理直接得出结果.证毕.

注意，定理 5 中对 $\boldsymbol{\phi}$ 所加的凸性的假定一般不能去掉.还要注意，对 $u''=f(u)$ 或 $\Delta u=f(u)$ 的边值问题的离散方程，如果 f 是保序的和凸的，特别是，如果 $f(u)=c^u$，定理 5 直接可用.

注记

1. Ortega 和 Rheinboldt 用到了有序凸性的概念，

并证明了定理 5 和定理 2.

2.泛函的严格凸性或一致凸性的定义,对映射 $F:\mathbf{R}^n \to \mathbf{R}^m$ 有各种可能的推广.例如,可以定义 F 是严格(一致)凸的,如果每个分量泛函是严格(一致)凸的.Stepleman 曾给出并应用了严格凸性的稍许不同的定义.

习题

1.假定 $F:\mathbf{R}^n \to \mathbf{R}^n$ 满足

$$F\boldsymbol{y} - F\boldsymbol{x} \leqslant A(\boldsymbol{y})(\boldsymbol{y} - \boldsymbol{x}), \forall \boldsymbol{x}, \boldsymbol{y} \in D$$

其中 D 是凸的,且 A 是任一从 D 到 $L(\mathbf{R}^n)$ 的映射.证明 F 在 D 上是凸的.

2.设

$$\boldsymbol{A} = \begin{pmatrix} 1 & -1 \\ 0 & 1 \end{pmatrix}$$

证明对所有 $\boldsymbol{h} \geqslant \boldsymbol{0}$,$\boldsymbol{h}^{\mathrm{T}}\boldsymbol{A}\boldsymbol{h} \geqslant \boldsymbol{0}$.由此得出,如果 $F:\mathbf{R}^n \to \mathbf{R}^1$,那么 $F''(\boldsymbol{x}) \geqslant \boldsymbol{0}$ 不是有序凸性的必要条件.

3. 在单调 Newton 定理的条件下,证明 $O_R\{\boldsymbol{x}^k\} \geqslant 2$.

4.假定 F 满足单调 Newton 定理的条件.证明简化的 Newton 迭代 $\boldsymbol{y}^{k+1} = \boldsymbol{y}^k - F'(\boldsymbol{y}^0)^{-1}F\boldsymbol{y}^k$ 满足 $\boldsymbol{y}^k \downarrow \boldsymbol{y}^*, k \to \infty$.

5.如果 $F:\mathbf{R}^n \to \mathbf{R}^n$ 在 $\langle \boldsymbol{x}^0, \boldsymbol{y}^0 \rangle$ 上是凸的,且对所有 $\boldsymbol{x} \in \langle \boldsymbol{x}^0, \boldsymbol{y}^0 \rangle$,$F'(\boldsymbol{x})^{-1} \geqslant \boldsymbol{0}$,那么 $F\boldsymbol{x} = \boldsymbol{0}$ 在 $\langle \boldsymbol{x}^0, \boldsymbol{y}^0 \rangle$ 内至多有一个解.

6.假定 $F:D \subseteq \mathbf{R}^n \to \mathbf{R}^n$ 在 $\langle \boldsymbol{x}^0, \boldsymbol{y}^0 \rangle$ 上连续,G-可微且有序凸,其中 $\boldsymbol{x}^0, \boldsymbol{y}^0$ 满足(7).再假定存在非负的、非奇异的 $\boldsymbol{C} \in L(\mathbf{R}^n)$,且对每个 $\boldsymbol{x} \in \langle \boldsymbol{x}^0, \boldsymbol{y}^0 \rangle$,$\boldsymbol{C}$ 是 $F'(\boldsymbol{x})$ 的一个下逆.证明存在一个序列 $\{\boldsymbol{y}^k\} \subseteq \langle \boldsymbol{x}^0,$

y^0〉,$\{y^k\}$ 满足

$$F'(\boldsymbol{y}^k)(\boldsymbol{y}^{k+1}-\boldsymbol{y}^k)+F\boldsymbol{y}^k=\boldsymbol{0}$$

$$\boldsymbol{y}^k \downarrow \boldsymbol{y}^*, k\to\infty, F\boldsymbol{y}^*=\boldsymbol{0}$$

8.由

$$\boldsymbol{A}=\begin{pmatrix} a-1 & -1 \\ -1 & a-1 \end{pmatrix}$$

$$\phi\boldsymbol{x}=\begin{pmatrix} x_1+\sin x_1 \\ x_2+\sin x_2 \end{pmatrix}$$

定义 $\boldsymbol{A}\in L(\mathbf{R}^2)$ 及 $\phi:\mathbf{R}^2\to\mathbf{R}^2$,其中 a 是 $t^2-3t-2=0$ 的正根.证明定理 5 的条件,除 ϕ 的凸性外,全部满足,但是,从 $\boldsymbol{x}^0=(\pi,\pi)^{\mathrm{T}}$ 起始的 Newton 迭代满足 $\boldsymbol{x}^{2k}=\boldsymbol{x}^0, k=1,2,\cdots$.

§2 Newton-SOR 迭代法

这一节中,我们将前面的收敛性结果用于 Newton-SOR 方法的分析.这里供给我们一个应用下逆概念的不明显的例子.更一般地,我们将考察如下形式的广义线性迭代

$$\boldsymbol{y}^{k+1}=\boldsymbol{y}^k-[\boldsymbol{I}+\cdots+H_k(\boldsymbol{y}^k)^{m}k^{-1}]B_k(\boldsymbol{y}^k)^{-1}F\boldsymbol{y}^k$$

$$k=0,1,\cdots \tag{13}$$

这个过程是这样导出的,用 Newton 法作为基本迭代,并在 Newton 法的第 k 步

$$F'(\boldsymbol{y}^k)(\boldsymbol{y}-\boldsymbol{y}^k)+F\boldsymbol{y}^k=\boldsymbol{0}$$

应用由分裂

$$F'(\boldsymbol{x})=B_k(\boldsymbol{x})-C_k(\boldsymbol{x})$$

$$H_k(\boldsymbol{x})=B_k(\boldsymbol{x})^{-1}C_k(\boldsymbol{x}) \tag{14}$$

确定的辅助线性过程的 m_k 步.

与式(13) 有关的有意义的事是要知道何时矩阵

$$\boldsymbol{P}_k=(\boldsymbol{I}+\cdots+\boldsymbol{H}^k)\boldsymbol{B}^{-1},\boldsymbol{H}=\boldsymbol{B}^{-1}\boldsymbol{C} \tag{15}$$

是 $\boldsymbol{B}-\boldsymbol{C}$ 的一个下逆,我们先给出下面引理.如果 $\boldsymbol{B}^{-1}\geqslant\boldsymbol{0},\boldsymbol{B}^{-1}\boldsymbol{C}\geqslant\boldsymbol{0}$ 且 $\boldsymbol{CB}^{-1}\geqslant\boldsymbol{0}$,那么 $\boldsymbol{A}=\boldsymbol{B}-\boldsymbol{C}$ 是 $\boldsymbol{A}\in L(\mathbf{R}^n)$ 的一个弱正则分裂.

定理6 设 $\boldsymbol{A}=\boldsymbol{B}-\boldsymbol{C}$ 是一个弱正则分裂.那么,对任一整数 $k\geqslant 0$,由式(15)定义的矩阵 $\boldsymbol{P}_k$ 是 $\boldsymbol{A}$ 的一个下逆.此外,如果 $\boldsymbol{A}$ 是非奇异的且 $\boldsymbol{A}^{-1}\geqslant\boldsymbol{0}$,那么,$\boldsymbol{P}_k$ 也是非奇异的,并且 $\boldsymbol{A}=\boldsymbol{P}_k^{-1}-(\boldsymbol{P}_k^{-1}-\boldsymbol{A})$ 是一个弱正则分裂.

证 因为 $\boldsymbol{H}\geqslant\boldsymbol{0}$,我们得出

$$\begin{aligned}\boldsymbol{P}_k\boldsymbol{A}&=(\boldsymbol{I}+\boldsymbol{H}+\cdots+\boldsymbol{H}^k)\boldsymbol{B}^{-1}(\boldsymbol{B}-\boldsymbol{C})=\\&(\boldsymbol{I}+\cdots+\boldsymbol{H}^k)(\boldsymbol{I}-\boldsymbol{H})=\\&\boldsymbol{I}-\boldsymbol{H}^{k+1}\leqslant\boldsymbol{I}\end{aligned} \tag{16}$$

类似地,由于 $\boldsymbol{CB}^{-1}\geqslant\boldsymbol{0}$,有

$$\begin{aligned}\boldsymbol{AP}_k&=(\boldsymbol{B}-\boldsymbol{C})(\boldsymbol{I}+\cdots+\boldsymbol{H}^k)\boldsymbol{B}^{-1}=\\&\boldsymbol{B}(\boldsymbol{I}-\boldsymbol{H}^{k+1})\boldsymbol{B}^{-1}=\\&\boldsymbol{I}-(\boldsymbol{CB}^{-1})^{k+1}\leqslant\boldsymbol{I}\end{aligned}$$

因此,$\boldsymbol{P}_k$ 是 $\boldsymbol{A}$ 的一个下逆.如果 $\boldsymbol{A}^{-1}\geqslant\boldsymbol{0}$,那么,$\rho(\boldsymbol{H})<1$,所以 $\rho(\boldsymbol{H}^{k+1})<1$.因此,$(\boldsymbol{I}-\boldsymbol{H}^{k+1})^{-1}$ 存在,并由式(16)可得 $\boldsymbol{P}_k^{-1}$ 存在.因为 $\boldsymbol{P}_k\geqslant\boldsymbol{0}$,所以得 $\boldsymbol{A}=\boldsymbol{P}_k^{-1}-(\boldsymbol{P}_k^{-1}-\boldsymbol{A})$ 是一个弱正则分裂.证毕.

我们现在回到迭代法(13).

定理7 对于 $F:D\subseteq\mathbf{R}^n\to\mathbf{R}^n$,假定

$$\boldsymbol{x}^0\leqslant\boldsymbol{y}^0,\langle\boldsymbol{x}^0,\boldsymbol{y}^0\rangle\subseteq D,F\boldsymbol{x}^0\leqslant\boldsymbol{0}\leqslant F\boldsymbol{y}^0 \tag{17}$$

设 F 在 $\langle\boldsymbol{x}^0,\boldsymbol{y}^0\rangle$ 上连续,G-可微,且有序凸,并且 $F'(\boldsymbol{x})=B_k(\boldsymbol{x})-C_k(\boldsymbol{x}),k=0,1,\cdots$,对每个 $\boldsymbol{x}\in\langle\boldsymbol{x}^0,\boldsymbol{y}^0\rangle$ 是一个弱正则分裂序列.那么,对任一整数序列 $\{m_k\},m_k\geqslant 1$,取 $H_k(\boldsymbol{x})=B_k(\boldsymbol{x})^{-1}\times C_k(\boldsymbol{x})$,由式

(13) 给出的序列 $\{\boldsymbol{y}^k\}$ 有意义，且满足 $\boldsymbol{y}^k \downarrow \boldsymbol{y}^*, k \to \infty$，其中 $\boldsymbol{y}^* \in \langle \boldsymbol{x}^0, \boldsymbol{y}^0 \rangle$.另外，如果存在非奇异的 $\boldsymbol{B} \in L(\mathbf{R}^n)$，使得

$$B_k(\boldsymbol{y}^k)^{-1} \geqslant \boldsymbol{B} \geqslant \boldsymbol{0}, \forall k \geqslant k_0 \tag{18}$$

那么 $F\boldsymbol{y}^* = \boldsymbol{0}$.最后，如果 F' 在 $\langle \boldsymbol{x}^0, \boldsymbol{y}^0 \rangle$ 上保序，那么辅助序列

$$\boldsymbol{x}^{k+1} = \boldsymbol{x}^k - [\boldsymbol{I} + \cdots + H_k(\boldsymbol{y}^k)^{m_k-1}] \cdot B_k(\boldsymbol{y}^k)^{-1} F\boldsymbol{x}^k$$
$$k = 0, 1, \cdots \tag{19}$$

满足 $\boldsymbol{x}^k \uparrow \boldsymbol{x}^*, k \to \infty, \boldsymbol{x}^* \in \langle \boldsymbol{x}^0, \boldsymbol{y}^* \rangle$，并由式(18) 仍有 $F\boldsymbol{x}^* = \boldsymbol{0}$.

证 由定理 6，有

$$P_k(\boldsymbol{x}) = [\boldsymbol{I} + \cdots + H_k(\boldsymbol{x})^{m_k-1}] B_k(\boldsymbol{x})^{-1} \tag{20}$$

对任一 $\boldsymbol{x} \in \langle \boldsymbol{x}^0, \boldsymbol{y}^0 \rangle$ 及 $m_k \geqslant 1$，是 $F'(\boldsymbol{x})$ 的一个下逆，因为 $H_k(\boldsymbol{x}) \geqslant \boldsymbol{0}$，我们有 $P_k(\boldsymbol{x}) \geqslant \boldsymbol{0}$.因此，由 §1 定理 2 直接得 $\boldsymbol{y}^k \downarrow \boldsymbol{y}^*, k \to \infty, \boldsymbol{y}^* \in \langle \boldsymbol{x}^0, \boldsymbol{y}^0 \rangle$；并且如果 F' 保序，那么 $\boldsymbol{x}^k \uparrow \boldsymbol{x}^*, k \to \infty, \boldsymbol{x}^* \in \langle \boldsymbol{x}^0, \boldsymbol{y}^0 \rangle$，也是同一定理的一个推论.现在，如果式(18) 成立，因为 $H_k(\boldsymbol{y}^k) \geqslant \boldsymbol{0}$，所以对所有 $k \geqslant k_0$，$P_k(\boldsymbol{y}^k) \geqslant B_k(\boldsymbol{y}^k)^{-1} \geqslant \boldsymbol{B} \geqslant \boldsymbol{0}$，因此，再由 §1 定理 2，得 $F\boldsymbol{y}^* = \boldsymbol{0}$，同时 $F\boldsymbol{x}^* = \boldsymbol{0}$.证毕.

我们现在在 F 的更强的假定下，将这个结果专门用于 Newton-SOR 迭代.回忆由式(13) 和(14) 定义的一般 Newton-SOR 迭代法，其中

$$B_k(\boldsymbol{x}) = \frac{1}{\omega_k}[D(\boldsymbol{x}) - \omega_k L(\boldsymbol{x})]$$

$$C_k(\boldsymbol{x}) = \frac{1}{\omega_k}[(1 - \omega_k) D(\boldsymbol{x}) + \omega_k U(\boldsymbol{x})] \tag{21}$$

而

$$F'(\boldsymbol{x})=D(\boldsymbol{x})-L(\boldsymbol{x})-U(\boldsymbol{x}) \tag{22}$$

分别是 $F'(\boldsymbol{x})$ 分解出的对角部分、严格下三角部分和严格上三角部分.

单调 Newton-SOR **定理** 对于 $F:D\subseteq\mathbf{R}^n\rightarrow\mathbf{R}^n$，假定存在 $\boldsymbol{x}^0,\boldsymbol{y}^0\in D$，它们满足式(17)，$F$ 在 $\langle\boldsymbol{x}^0,\boldsymbol{y}^0\rangle$ 上连续，G — 可微，且有序凸．此外，假定对每个 $\boldsymbol{x}\in\langle\boldsymbol{x}^0,\boldsymbol{y}^0\rangle$，$F'(\boldsymbol{x})$ 是一个 M — 矩阵．那么，对任何整数 $m_k\geqslant 1$ 及 $\omega_k\in(0,1]$ 的序列，由式(13)(14)(21) 及 (22) 定义的 Newton-SOR 迭代满足 $\boldsymbol{y}^k\downarrow\boldsymbol{y}^*,k\rightarrow\infty$，$\boldsymbol{y}^*\in\langle\boldsymbol{x}^0,\boldsymbol{y}^0\rangle$．另外，如果 $\omega_k\geqslant\omega>0,k\geqslant k_0$，且 F' 在 $\langle\boldsymbol{x}_0,\boldsymbol{y}_0\rangle$ 上或是连续或是保序，那么 $\boldsymbol{y}^*$ 是 $F\boldsymbol{y}=\boldsymbol{0}$ 在 $\langle\boldsymbol{x}^0,\boldsymbol{y}^0\rangle$ 内的唯一解．最后，如果 F' 在 $\langle\boldsymbol{x}^0,\boldsymbol{y}^0\rangle$ 上保序且 $\omega_k\geqslant\omega>0,k\geqslant k_0$，那么由(19)(14) 和(21) 定义的序列满足 $\boldsymbol{x}^k\uparrow\boldsymbol{y}^*,k\rightarrow\infty$.

证 对任一 $\boldsymbol{x}\in\langle\boldsymbol{x}^0,\boldsymbol{y}^0\rangle$，$D(\boldsymbol{x})^{-1}\geqslant\boldsymbol{0}$，因此，我们有 $\omega_k D(\boldsymbol{x})^{-1}L(\boldsymbol{x})\geqslant\boldsymbol{0}$．在下列方程中，略去所有矩阵对 $\boldsymbol{x}$ 的明显依赖关系，我们有

$$B_k^{-1}=\omega_k(\boldsymbol{I}-\omega_k\boldsymbol{D}^{-1}\boldsymbol{L})^{-1}\boldsymbol{D}^{-1}=$$

$$\omega_k\sum_{i=0}^{n-1}(\omega_k D^{-1}L)^i D^{-1}\geqslant\boldsymbol{0} \tag{23}$$

因此

$$H_k=B_k^{-1}C_k=(\boldsymbol{I}-\omega_k D^{-1}L)^{-1}$$
$$[(1-\omega_k)\boldsymbol{I}+\omega_k D^{-1}U]\geqslant\boldsymbol{0}$$

类似地

$$C_kB_k^{-1}=[(1-\omega_k)\boldsymbol{I}+\omega_k UD^{-1}]DD^{-1}$$
$$(I-\omega_k LD^{-1})^{-1}\geqslant\boldsymbol{0}$$

所以对所有 $\boldsymbol{x}\in\langle\boldsymbol{x}^0,\boldsymbol{y}^0\rangle$ 及 $k=0,1,\cdots,F'(\boldsymbol{x})=B_k(\boldsymbol{x})-$

$C_k(\boldsymbol{x})$ 是一个弱正则分裂.于是由定理 7 得出结果的第一部分.其次,如果 F' 在 $\langle \boldsymbol{x}^0, \boldsymbol{y}^0\rangle$ 上保序,可得对所有 $k, D(\boldsymbol{y}^k) \leqslant D(\boldsymbol{y}^0)$,所以 $D(\boldsymbol{y}^k)^{-1} \geqslant D(\boldsymbol{y}^0)^{-1}$.因此,由式(23) 得,对所有 $k, B_k(\boldsymbol{y}^k)^{-1} \geqslant \omega D(\boldsymbol{y}^0)^{-1}$,在定理 7 中我们可以取 $\boldsymbol{B} = \omega D(\boldsymbol{y}^0)^{-1}$.另外,如果 F' 在 $\boldsymbol{y}^*$ 连续,那么 $\lim\limits_{k\to\infty} D(\boldsymbol{y}^k)^{-1} = D(\boldsymbol{y}^*)^{-1}$.因此,存在矩阵 $\boldsymbol{E}$ 及整数 k_0,使得 $\boldsymbol{B} = \omega D(\boldsymbol{y}^*)^{-1} - \boldsymbol{E} \geqslant \boldsymbol{0}$ 非奇异,且对 $k \geqslant k_0, \omega D(\boldsymbol{y}^k)^{-1} \geqslant \boldsymbol{B}$.因此,定理 7 还保证 $F\boldsymbol{y}^* = \boldsymbol{0}$.由第 20 章定理 6 及本章定理 1 直接可得 $\boldsymbol{y}^*$ 在 $\langle \boldsymbol{x}^0, \boldsymbol{y}^0\rangle$ 内是唯一的.最后,如果 F' 在 $\langle \boldsymbol{x}^0, \boldsymbol{y}^0\rangle$ 内保序,那么 $\{\boldsymbol{x}^k\}$ 的收敛性是定理 7 的一个推论.证毕.

我们知道,随着 m_k 增大,Newton-SOR 迭代有一个增长的渐进收敛速度,当 $m_k \to \infty$ 时,它趋于 Newton 迭代的超线性收敛速度.在前一定理的假定下,我们可以给出不同的 Newton-SOR 过程和 Newton 法对比的下列结果.

定理 8 设 $F: D \subseteq \mathbf{R}^n \to \mathbf{R}^n$,且 $\boldsymbol{x}^0, \boldsymbol{y}^0 \in D$ 满足式(17),另外,假定在 $\langle \boldsymbol{x}^0, \boldsymbol{y}^0\rangle$ 上 F 连续,$G-$可微,有保序的 F',且对每一 $\boldsymbol{x} \in \langle \boldsymbol{x}^0, \boldsymbol{y}^0\rangle$,$F'(\boldsymbol{x})$ 是 $M-$矩阵.考察任意两个由(13)(14) 和 (21) 定义的 Newton-SOR 序列 $\{\boldsymbol{y}^k\}$ 和 $\{\hat{\boldsymbol{y}}^k\}$,分别取 $0 \leqslant \hat{\omega}_k = \omega_k \leqslant 1, 1 \leqslant \hat{m}_k \leqslant m_k$ 和 $\hat{\boldsymbol{y}}^0 = \boldsymbol{y}^0$,以及相应的从 $\boldsymbol{y}^0$ 起始的 Newton 序列 $\{\boldsymbol{u}^k\}$,有

$$\boldsymbol{u}^k \leqslant \boldsymbol{y}^k \leqslant \hat{\boldsymbol{y}}^k, k = 0, 1, \cdots \tag{24}$$

证 单调 Newton 定理和单调 Newton-SOR 定理的全部条件满足,因而,这三个序列有意义,是包含在 $\langle \boldsymbol{x}^0, \boldsymbol{y}^0\rangle$ 内的,并且是单调递减的.因为 F' 是保序的,$D, -L$ 和 $-U$ 也有同样性质,我们想到,对 $\boldsymbol{x}^0 \leqslant \boldsymbol{x} \leqslant$

$\boldsymbol{y} \leqslant \boldsymbol{y}^0$，有

$$D(\boldsymbol{y})^{-1}L(\boldsymbol{y}) \leqslant D(\boldsymbol{x})^{-1}L(\boldsymbol{x})$$

$$[\boldsymbol{I} - \omega_k D(\boldsymbol{y})^{-1}L(\boldsymbol{y})]^{-1} \leqslant$$
$$[\boldsymbol{I} - \omega_k D(\boldsymbol{x})^{-1}L(\boldsymbol{x})]^{-1}$$

且

$$\frac{1}{\omega_k}[(1-\omega_k)\boldsymbol{I} + \omega_k D(\boldsymbol{y})^{-1}U(\boldsymbol{y})] \leqslant$$
$$\frac{1}{\omega_k}[(1-\omega_k)\boldsymbol{I} + \omega_k D(\boldsymbol{x})^{-1}U(\boldsymbol{x})]$$

因此

$$B_k(\boldsymbol{y})^{-1} \leqslant B_k(\boldsymbol{x})^{-1}$$
$$H_k(\boldsymbol{y}) \leqslant H_k(\boldsymbol{x})$$
$$\boldsymbol{x}^0 \leqslant \boldsymbol{x} \leqslant \boldsymbol{y} \leqslant \boldsymbol{y}^0$$

并且，如果 $P_k(\boldsymbol{x})$ 和 $\hat{P}_k(\boldsymbol{x})$ 是由式(20)分别取 m_k 及 $\hat{m}_k$ 确定的，那么

$$\hat{P}_k(\boldsymbol{y}) \leqslant P_k(\boldsymbol{y}) \leqslant P_k(\boldsymbol{x})$$
$$\boldsymbol{x}^0 \leqslant \boldsymbol{x} \leqslant \boldsymbol{y} \leqslant \boldsymbol{y}^0 \tag{25}$$

这里，(25)中的第一个不等式是 $H_k(\boldsymbol{y}) \geqslant \boldsymbol{0}$ 的一个直接推论.此外，我们有

$$P_k(\boldsymbol{x}) \leqslant [\boldsymbol{I} - H_k(\boldsymbol{x})]^{-1}B_k(\boldsymbol{x})^{-1} =$$
$$[B_k(\boldsymbol{x}) - C_k(\boldsymbol{x})]^{-1} =$$
$$F'(\boldsymbol{x})^{-1}$$

现在，由归纳法得出式(24).事实上，如果它对某一 $k \geqslant 0$ 成立，那么由式(25)和 F 的有序凸性，以及 $F\boldsymbol{y}^k \geqslant \boldsymbol{0}$ 和 $P_k(\boldsymbol{y})$ 是 $F'(\boldsymbol{y})$ 的下逆这些事实，表明

$$\hat{\boldsymbol{y}}^{k+1} - \boldsymbol{y}^{k+1} = \hat{\boldsymbol{y}}^k - \boldsymbol{y}^k + [P_k(\boldsymbol{y}^k) - \hat{P}_k(\hat{\boldsymbol{y}}^k)]F\boldsymbol{y}^k -$$
$$\hat{P}_k(\hat{\boldsymbol{y}}^k)[F\hat{\boldsymbol{y}}^k - F\boldsymbol{y}^k] \geqslant$$
$$[\boldsymbol{I} - \hat{P}_k(\hat{\boldsymbol{y}}^k)F'(\hat{\boldsymbol{y}}^k)](\hat{\boldsymbol{y}}^k - \boldsymbol{y}^k) \geqslant \boldsymbol{0}$$

用类似的方式，我们得到

$$\begin{aligned}\boldsymbol{y}^{k+1}-\boldsymbol{u}^{k+1}=\boldsymbol{y}^{k}-\boldsymbol{u}^{k}+[F'(\boldsymbol{u}^{k})^{-1}-P_{k}(\boldsymbol{y}^{k})]F\boldsymbol{u}^{k}-\\ P_{k}(\boldsymbol{y}^{k})[F\boldsymbol{y}^{k}-F\boldsymbol{u}^{k}]\geqslant\\ [\boldsymbol{I}-P_{k}(\boldsymbol{y}^{k})F'(\boldsymbol{y}^{k})](\boldsymbol{y}^{k}-\boldsymbol{u}^{k})\geqslant 0\end{aligned}$$

证毕.

作为上述结果的一个应用，我们再次考察问题 $\boldsymbol{A}\boldsymbol{x}+\phi\boldsymbol{x}=\boldsymbol{0}$.

定理 9 设 $\boldsymbol{A}\in L(\mathbf{R}^n)$ 是 M — 矩阵，令 $F\boldsymbol{x}=A\boldsymbol{x}+\phi\boldsymbol{x}$，其中 $\phi:\mathbf{R}^n\to\mathbf{R}^n$ 是连续可微的、对角的、保序的和凸的.假定存在适合式(17) 的点 $\boldsymbol{x}^0,\boldsymbol{y}^0$，那么，单调 Newton-SOR 定理和定理 8 的全部结论成立，其中 $\boldsymbol{x}^*=\boldsymbol{y}^*$ 是 $F\boldsymbol{x}=\boldsymbol{0}$ 的唯一解.

证明是明显的，因为 F 是凸的，F' 保序，可得对所有 $\boldsymbol{x}\in\mathbf{R}^n$，$F'(\boldsymbol{x})$ 是 M — 矩阵. 因而，单调 Newton-SOR 定理和定理 8 都可应用，并由整体 Jacobi 定理得 $\boldsymbol{y}^*=\boldsymbol{x}^*$.

在定理 9 中对 $\boldsymbol{A}$ 和 ϕ 所给的条件下，仍然需要找合适的起始点 $\boldsymbol{x}^0$ 和 $\boldsymbol{y}^0$.一种可能性是应用定理 4，再取 $\boldsymbol{C}=\boldsymbol{A}^{-1}$ 应用定理 3.对 $\boldsymbol{A}$ 和 ϕ 要求较弱条件的其他可能性，由下面引理给出.

引理 1 设 $F\boldsymbol{x}=\boldsymbol{A}\boldsymbol{x}+\phi\boldsymbol{x}$，其中 $\boldsymbol{A}\in L(\mathbf{R}^n)$ 是非奇异的，$\boldsymbol{A}^{-1}\geqslant\boldsymbol{0}$，且 $\phi:\mathbf{R}^n\to\mathbf{R}^n$.

(1) 如果对某一 $\boldsymbol{a}\geqslant\boldsymbol{0}$ 及所有 $\boldsymbol{x}\in\mathbf{R}^n$，$-\boldsymbol{a}\leqslant\phi\boldsymbol{x}\leqslant\boldsymbol{a}$，那么，对 $\boldsymbol{y}^0=\boldsymbol{A}^{-1}\boldsymbol{a}$，$\boldsymbol{x}^0=-\boldsymbol{y}^0$，$F\boldsymbol{x}^0\leqslant\boldsymbol{0}\leqslant F\boldsymbol{y}^0$.

(2) 如果对所有 $\boldsymbol{x}\geqslant\boldsymbol{0}$，$\phi(\boldsymbol{0})\leqslant\boldsymbol{0}$ 且 $\phi\boldsymbol{x}\geqslant\phi(\boldsymbol{0})$，那么，对 $\boldsymbol{y}^0=-\boldsymbol{A}^{-1}\phi(\boldsymbol{0})$，$F\boldsymbol{y}^0\geqslant\boldsymbol{0}$.

(3) 如果 ϕ 保序，那么，对 $\boldsymbol{y}^0=\boldsymbol{A}^{-1}\,|\,\phi(\boldsymbol{0})\,|$ 及 $\boldsymbol{x}^0=-\boldsymbol{y}^0$，$F\boldsymbol{x}^0\leqslant\boldsymbol{0}\leqslant F\boldsymbol{y}^0$.

证 (1)$F\boldsymbol{x}^0=\boldsymbol{A}\boldsymbol{x}^0+\phi\boldsymbol{x}^0=-\boldsymbol{a}+\phi\boldsymbol{x}^0\leqslant\boldsymbol{0}\leqslant\boldsymbol{a}+\phi\boldsymbol{y}^0=F\boldsymbol{y}^0$.

(2)$F\boldsymbol{y}^0=\boldsymbol{A}\boldsymbol{y}^0+\phi\boldsymbol{y}^0=-\phi(\boldsymbol{0})+\phi\boldsymbol{y}^0\geqslant\boldsymbol{0}$.

(3) 显然,$\boldsymbol{y}^0\geqslant\boldsymbol{0}$,因而 $\boldsymbol{x}^0\leqslant\boldsymbol{0}$ 且 $\phi\boldsymbol{x}^0\leqslant\phi(\boldsymbol{0})\leqslant\phi\boldsymbol{y}^0$.于是

$$\begin{aligned}F\boldsymbol{x}^0=&-|\phi(\boldsymbol{0})|+\phi\boldsymbol{x}^0\leqslant\\&-|\phi(\boldsymbol{0})|+\phi(\boldsymbol{0})\leqslant\boldsymbol{0}\leqslant\\&|\phi(\boldsymbol{0})|+\phi(\boldsymbol{0})\leqslant\\&|\phi(\boldsymbol{0})|+\phi\boldsymbol{y}^0=\\&F\boldsymbol{y}^0\end{aligned}$$

证毕.

注意,在引理 1 的每一种情形下,像定理 3 和定理 4 一样,两个点中至少有一个点的计算,需要解线性方程组.

定理 9 和引理 1 一起,提供给我们逼近 $\boldsymbol{A}\boldsymbol{x}+\phi\boldsymbol{x}=\boldsymbol{0}$ 的唯一解的一种有效方法,还给出了保证双侧的误差估计

$$\boldsymbol{x}^k\leqslant\boldsymbol{x}^*\leqslant\boldsymbol{y}^k,k=0,1,\cdots$$

值得注意的是,至少对取 $\omega=1$ 的一步 Newton-SOR 迭代法,我们可以证明整体收敛性.这将是下面更一般结果的一个推论.

推论 1 设 $F:\mathbf{R}^n\to\mathbf{R}^n$ 是连续可微的和凸的,假定存在一个映射 $B:\mathbf{R}^n\to L(\mathbf{R}^n)$,使得 $B(\boldsymbol{x})$ 对所有 $\boldsymbol{x}\in\mathbf{R}^n$ 是非奇异的,且

$$\boldsymbol{0}\leqslant B(\boldsymbol{x})^{-1}\leqslant\boldsymbol{C}_0\tag{26}$$

$$\boldsymbol{0}\leqslant B(\boldsymbol{x})-F'(\boldsymbol{x})\leqslant\boldsymbol{C}_1\tag{27}$$

$$\forall\boldsymbol{x}\in\mathbf{R}^n$$

其中 $\rho(\boldsymbol{C})<1$,而 $\boldsymbol{C}=\boldsymbol{C}_0\boldsymbol{C}_1$.那么,对任一 $\boldsymbol{x}^0\in\mathbf{R}^n$,

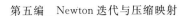

迭代

$$x^{k+1}=x^k-B(x^k)^{-1}Fx^k$$

$$k=0,1,\cdots$$

收敛于 $Fx=\mathbf{0}$ 的唯一解.

证 首先,注意

$$\begin{aligned}0\leqslant \boldsymbol{I}-B(x)^{-1}F'(x)=\\ B(x)^{-1}[B(x)-F'(x)]\equiv\\ H(x)\leqslant \boldsymbol{C},\forall x\in \mathbf{R}^n\end{aligned}$$

因此,得出 $\boldsymbol{I}-H(x)$,从而 $F'(x)$ 是非奇异的,且

$$\begin{aligned}\mathbf{0}\leqslant F'(x)^{-1}=(\boldsymbol{I}-H(x))^{-1}B(x)^{-1}\leqslant\\ (\boldsymbol{I}-\boldsymbol{C})^{-1}\boldsymbol{C}_0\end{aligned}$$

$$\forall x\in \mathbf{R}^n$$

由此可知,在任何一种范数下,$\| F'(x)^{-1}\|$ 是一致有界的,据 Hadamard 定理,这表明 $Fx=\mathbf{0}$ 有唯一解 x^*.

显然,序列$\{x^k\}$ 有意义,并由 F 的凸性,我们有

$$\begin{aligned}x^{k+1}-x^*=x^k-x^*-B(x^k)^{-1}(Fx^k-Fx^*)\geqslant\\ [\boldsymbol{I}-B(x^k)^{-1}F'(x^k)](x^k-x^*)=\\ H(x^k)(x^k-x^*)\geqslant\\ \left[\prod_{j=0}^{k}H(x^j)\right](x^0-x^*)\geqslant\\ -\boldsymbol{C}^k\mid x^0-x^*\mid\end{aligned}$$

由于 $\rho(\boldsymbol{C})<1$,右端趋于零,因此,$\{x^k\}$ 是下有界的,即我们有,对某个 $w\in \mathbf{R}^n$,有

$$x^k\geqslant w,k=0,1,\cdots \tag{28}$$

类似地,我们得到

$$\begin{aligned}x^{k+1}-x^k=B(x^k)^{-1}(-Fx^k)\leqslant\\ B(x^k)^{-1}[-Fx^{k-1}-\\ F'(x^{k-1})(x^k-x^{k-1})]=\end{aligned}$$

$$B(\boldsymbol{x}^k)^{-1}[B(\boldsymbol{x}^{k-1}) - F'(\boldsymbol{x}^{k-1})](\boldsymbol{x}^k - \boldsymbol{x}^{k-1}) \equiv \boldsymbol{K}_k(\boldsymbol{x}^k - \boldsymbol{x}^{k-1})$$

其中

$$\boldsymbol{0} \leqslant \boldsymbol{K}_k = B(\boldsymbol{x}^k)^{-1}[B(\boldsymbol{x}^{k-1}) - F'(\boldsymbol{x}^{k-1})] \leqslant \boldsymbol{C}, k = 1,2,\cdots$$

由此可见

$$\boldsymbol{x}^{k+1} - \boldsymbol{x}^k \leqslant (\prod_{j=1}^{k} K_j)(\boldsymbol{x}^1 - \boldsymbol{x}^0) \leqslant \boldsymbol{C}^k \mid \boldsymbol{x}^1 - \boldsymbol{x}^0 \mid$$

特别地，由于 $\boldsymbol{C} \geqslant \boldsymbol{0}$，对任何 $k > m \geqslant 1$，有

$$\boldsymbol{x}^k - \boldsymbol{x}^m \leqslant [\sum_{j=m}^{k-1} \boldsymbol{C}^j] \mid \boldsymbol{x}^1 - \boldsymbol{x}^0 \mid \leqslant \boldsymbol{C}^m(\boldsymbol{I} - \boldsymbol{C})^{-1} \mid \boldsymbol{x}^1 - \boldsymbol{x}^0 \mid \tag{29}$$

对取定的 m，式(29) 表明$\{\boldsymbol{x}^k\}$ 是有上界的，连同式(28)得出，$\{\boldsymbol{x}^k\}$ 是有界的.因此，$\{\boldsymbol{x}^k\}$ 的极限点的集合 Ω 是紧的和非空的.设 $\boldsymbol{v}$ 是 Ω 中任一点，$\{\boldsymbol{x}^{k_i}\}$ 是$\{\boldsymbol{x}^k\}$ 的收敛于$\boldsymbol{v}$ 的一个子序列.于是，给定 $\varepsilon > 0$，存在 i_0，使当 $i \geqslant i_0$ 时，$\boldsymbol{x}^{k_i} \leqslant \boldsymbol{v} + \frac{1}{2}\varepsilon \boldsymbol{e}, \boldsymbol{e} = (1,\cdots,1)^{\mathrm{T}}$，因此，如果选 i_0 足够大，则

$$\boldsymbol{x}^k \leqslant \boldsymbol{x}^m + \boldsymbol{C}^m(\boldsymbol{I} - \boldsymbol{C})^{-1} \mid \boldsymbol{x}^1 - \boldsymbol{x}^0 \mid \leqslant \boldsymbol{v} + \varepsilon \boldsymbol{e}, \forall k \geqslant m = k_{i_0}$$

因为 $\varepsilon > 0$ 是任意的，这意味着$\{\boldsymbol{x}^k\}$ 的任何其他极限点 $\boldsymbol{u} \in \Omega$ 必定满足$\boldsymbol{u} \leqslant \boldsymbol{v}$.但$\boldsymbol{v} \in \Omega$ 是任意的，所以Ω 只能包含一个点 $\boldsymbol{v}$，于是$\lim_{k \to \infty} \boldsymbol{x}^k = \boldsymbol{v}$.为了证明 $\boldsymbol{v} = \boldsymbol{x}^*$，注意由式(27) 可得

$$F'(\boldsymbol{x}^k) \leqslant B(\boldsymbol{x}^k) \leqslant \boldsymbol{C}_1 + F'(\boldsymbol{x}^k)$$

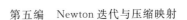

所以，由 F' 的连续性可得，$\{B(\boldsymbol{x}^k)\}$ 是有界的. 因此，有

$$F\boldsymbol{v}=\lim_{k\to\infty}F\boldsymbol{x}^k=\lim_{k\to\infty}B(\boldsymbol{x}^k)(\boldsymbol{x}^{k+1}-\boldsymbol{x}^k)=\boldsymbol{0}$$

从而 $\boldsymbol{v}=\boldsymbol{x}^*$.证毕.

作为几乎明显的推论，对方程 $\boldsymbol{A}\boldsymbol{x}+\phi\boldsymbol{x}=\boldsymbol{0}$ 我们有前面讲到过的结果.

整体 Newton-SOR 定理 假定 $\boldsymbol{A}$ 和 ϕ 满足定理 9 的条件，$\boldsymbol{A}=\boldsymbol{D}-\boldsymbol{L}-\boldsymbol{U}$ 是 $\boldsymbol{A}$ 分裂出的它的对角、下三角和上三角部分. 那么，对任一 $\boldsymbol{x}^0\in\mathbf{R}^n$，一步 Newton-SOR 迭代

$$\boldsymbol{x}^{k+1}=\boldsymbol{x}^k-[\boldsymbol{D}+\phi'(\boldsymbol{x}^k)-\boldsymbol{L}]^{-1}F\boldsymbol{x}^k$$
$$k=0,1,\cdots \tag{30}$$

收敛于 $F\boldsymbol{x}=\boldsymbol{0}$ 的唯一解 $\boldsymbol{x}^*$.

证 为了应用推论 1，令 $B(\boldsymbol{x})=\boldsymbol{D}+\phi'(\boldsymbol{x})-\boldsymbol{L}$，可得 $B(\boldsymbol{x})$ 是一个 $M-$ 矩阵，并且

$$\boldsymbol{0}\leqslant B(\boldsymbol{x})^{-1}\leqslant(\boldsymbol{D}-\boldsymbol{L})^{-1},\ \forall x\in\mathbf{R}^n$$

此外，我们有

$$\boldsymbol{0}\leqslant B(\boldsymbol{x})-F'(\boldsymbol{x})=\boldsymbol{U}$$

由于 $\boldsymbol{A}=(\boldsymbol{D}-\boldsymbol{L})-\boldsymbol{U}$ 为正则分裂，保证 $\rho((\boldsymbol{D}-\boldsymbol{L})^{-1}\boldsymbol{U})<1$，因而，由推论 1 直接得出结果.证毕.

和定理 5 中一样，整体 Newton-SOR 定理中 ϕ 的凸性的假定不能去掉.

注意，在整体 Newton-SOR 定理的条件下，我们可以先得出合适的起始点，并应用定理 9 以得出双侧的误差估计式

$$\boldsymbol{x}^k\leqslant\boldsymbol{x}^*\leqslant\boldsymbol{y}^k,k=0,1,\cdots$$

也可以从任意一点起始.在后一种情形下，我们仍然肯定收敛，但一般说来，收敛性将不是单调的.

注记

1.定理 6 ~ 9 和引理 1 是由 Ortega 和 Rheinboldt 给出的,它们是作为 Greenspan 和 Parter 处理椭圆型边值问题的离散模型的结果的推广.

2. 整体 Newton-SOR 定理属于 Greenspan 和 Parter, Ortega 和 Rheinboldt 给出了更一般的推论 1, 其证明是 Greenspan 和 Parter 所作证明的改进.不过要注意,在整体 Newton-SOR 定理的条件下,推论 1 对处理 m 步 Newton-SOR 方法,甚至对 $\omega \neq 1$ 的一步法,是不够一般的.

3.定理 9 和整体 Newton-SOR 定理可直接用于边值问题 $\Delta u = f(u)$,只要 f 是保序的和凸的.更一般地, Ortega 和 Rheinboldt 证明了,对 $\Delta u = f(u, u_s, u_t)$ 可以给出相应的结果,特别是,只要 f 在 $\mathbf{R}^3$ 内是凸泛函.

习题

1.假定 $\boldsymbol{A} \in L(\mathbf{R}^n)$ 有一个正的行或列,证明零矩阵是 $\boldsymbol{A}$ 的仅有的非负下逆.

2.给一个例子,说明由 $\boldsymbol{AB} \geqslant \boldsymbol{I}, \boldsymbol{BA} \geqslant \boldsymbol{I}, \boldsymbol{B} \geqslant \boldsymbol{0}$,以及 $\boldsymbol{B}$ 是非奇异的,并不能得出 $\boldsymbol{A} \geqslant \boldsymbol{B}^{-1}$.

3.将单调 Newton-SOR 定理推广到 $F'(\boldsymbol{x})$ 的块分裂情形.

5.设 $\boldsymbol{A} \in L(\mathbf{R}^n)$ 和 $\phi: \mathbf{R}^2 \to \mathbf{R}^2$ 给定如下

$$\boldsymbol{A} = \begin{pmatrix} 1 & -1 \\ -1 & 2 \end{pmatrix}$$

$$\phi \boldsymbol{x} = \begin{pmatrix} 2x_1 + 2\sin x_1 \\ x_2 + \sin x_2 \end{pmatrix}$$

证明 $\boldsymbol{A}$ 和 ϕ 满足整体 Newton-SOR 定理的除 ϕ 的凸性外的全部条件,但若 $\boldsymbol{x}^0 = (\pi, \pi)^{\mathrm{T}}$,则 $\boldsymbol{x}^{2k} = \boldsymbol{x}^0, k = 1$,

2,….

6.在更受限制的假定下,$F:\mathbf{R}^n\to\mathbf{R}^n$ 是连续可微的和凸的,且对某一 $\boldsymbol{C}\in L(\mathbf{R}^n)$ 及所有 $\boldsymbol{x}\in\mathbf{R}^n$,$\mathbf{0}\leqslant F'(\boldsymbol{x})^{-1}\leqslant\boldsymbol{C}$,应用推论 1 再次证明整体 Newton 定理.

§3 M—函数和非线性 SOR 法

这一节我们研究非线性 SOR 过程

$$\begin{cases}\text{从 } f_i(\boldsymbol{x}_1^{k+1},\cdots,\boldsymbol{x}_{i-1}^{k+1},x_i,\boldsymbol{x}_{i+1}^{k},\cdots,\boldsymbol{x}_n^{k})= \\ b_i \text{ 解出 } x_i; \\ \text{令 } \boldsymbol{x}_i^{k+1}=\boldsymbol{x}_i^k+\omega(x_i-\boldsymbol{x}_i^k),i=1,\cdots,n, \\ k=0,1,\cdots\end{cases}\tag{31}$$

以及非线性 Jacobi 过程

$$\begin{cases}\text{从 } f_i(\boldsymbol{x}_1^{k},\cdots,\boldsymbol{x}_{i-1}^{k},x_i,\boldsymbol{x}_{i+1}^{k},\cdots,\boldsymbol{x}_n^{k})= \\ b_i \text{ 解出 } x_i; \\ \text{令 } \boldsymbol{x}_i^{k+1}=\boldsymbol{x}_i^k+\omega(x_i-\boldsymbol{x}_i^k),i=1,\cdots,n, \\ k=0,1,\cdots\end{cases}\tag{32}$$

的单调收敛性和整体收敛性定理,假定对每一情形,$\omega\in(0,1]$.下面定义刻画出重要的一类函数 F.

定义 2 映射 F 是对角保序的,如果对任一 $\boldsymbol{x}\in\mathbf{R}^n$,$n$ 个函数

$$\phi_{ii}:\mathbf{R}^1\to\mathbf{R}^1,\psi_{ii}(t)=f_i(\boldsymbol{x}+t\boldsymbol{e}^i)$$
$$i=1,\cdots,n\tag{33}$$

都是保序的.函数 F 是严格对角保序的,如果对任一 $\boldsymbol{x}\in\mathbf{R}^n$,$\psi_{ii}(i=1,\cdots,n)$ 是严格保序的,最后,F 是对角外反序的,如果对任一 $\boldsymbol{x}\in\mathbf{R}^n$,函数

$$\psi_{ij}:\mathbf{R}^1\to\mathbf{R}^1$$

$$\psi_{ij}(t)=f_i(\boldsymbol{x}+t\boldsymbol{e}^j)$$
$$i\neq j;i,j=1,\cdots,n \tag{34}$$

是反序的.

定理 10 设 $F:\mathbf{R}^n\to\mathbf{R}^n$ 是连续的、对角外反序的和严格对角保序的,并假定对某一 $\boldsymbol{b}\in\mathbf{R}^n$,存在点 $\boldsymbol{x}^0$,$\boldsymbol{y}^0\in\mathbf{R}^n$,使得

$$\boldsymbol{x}^0\leqslant\boldsymbol{y}^0,F\boldsymbol{x}^0\leqslant\boldsymbol{b}\leqslant F\boldsymbol{y}^0 \tag{35}$$

那么,对任一 $\omega\in(0,1]$,由式(31) 给出的分别以 $\boldsymbol{y}^0$ 和 $\boldsymbol{x}^0$ 为起始点的 SOR 迭代$\{\boldsymbol{y}^k\}$ 和$\{\boldsymbol{x}^k\}$,都是唯一确定的,且满足

$$\boldsymbol{x}^k\uparrow\boldsymbol{x}^*,\boldsymbol{y}^k\downarrow\boldsymbol{y}^*,k\to\infty$$
$$\boldsymbol{x}^*\leqslant\boldsymbol{y}^*,F\boldsymbol{x}^*=F\boldsymbol{y}^*=\boldsymbol{b} \tag{36}$$

对 Jacobi 迭代(32) 相应的结果成立.

证 我们仅对 SOR 迭代给出证明,对 Jacobi 过程证明类似.

作为归纳法假定,设对某个 $k\geqslant 0$ 和 $i\geqslant 1$,有

$$\boldsymbol{x}^0\leqslant\boldsymbol{x}^k\leqslant\boldsymbol{y}^k\leqslant\boldsymbol{y}^0$$
$$F\boldsymbol{x}^k\leqslant\boldsymbol{b}\leqslant F\boldsymbol{y}^k \tag{37}$$
$$x_j^k\leqslant x_j^{k+1}\leqslant y_j^{k+1}\leqslant y_j^k$$
$$j=1,\cdots,i-1 \tag{38}$$

其中对 $i=1$,满足式(38) 的 j 的集合是空集.显然对 $k=0$ 和 $i=1$,式(37) 和(38) 成立.由对角外反序性可得,函数

$$\alpha(s)=f_i(x_1^{k+1},\cdots,x_{i-1}^{k+1},s,x_{i+1}^k,\cdots,x_n^k)$$
$$\beta(s)=f_i(y_1^{k+1},\cdots,y_{i-1}^{k+1},s,y_{i+1}^k,\cdots,y_n^k)$$

满足

$$\beta(s)\leqslant\alpha(s),\forall s\in\mathrm{R}^1 \tag{39}$$

及

$$\beta(x_i^k) \leqslant \alpha(x_i^k) \leqslant f_i(x^k) \leqslant b_i \leqslant$$
$$f_i(y^k) \leqslant \beta(y_i^k) \leqslant \alpha(y_i^k) \qquad (40)$$

由 α 和 β 的连续性和严格保序性，由式(40) 得出存在唯一的 $\hat{y}_i^k$ 和 $\hat{x}_i^k$，使得

$$\beta(\hat{y}_i^k) = b_i = \alpha(\hat{x}_i^k)$$
$$x_i^k \leqslant \hat{x}_i^k \leqslant \hat{y}_i^k \leqslant y_i^k$$

其中 $\hat{x}_i^k \leqslant \hat{y}_i^k$ 是式(39) 的推论.由于 $\omega \in (0,1]$，我们有

$$y_i^k \geqslant y_i^{k+1} = y_i^k + \omega(\hat{y}_i^k - y_i^k) \geqslant$$
$$\hat{y}_i^k \geqslant \hat{x}_i^k \geqslant x_i^{k+1} =$$
$$x_i^k + \omega(\hat{x}_i^k - x_i^k) \geqslant$$
$$x_i^k$$

这表明对 $i = 1, \cdots, n$，式(38) 成立，因而，$\boldsymbol{x}^k \leqslant \boldsymbol{x}^{k+1} \leqslant \boldsymbol{y}^{k+1} \leqslant \boldsymbol{y}^k$.于是我们得出

$$f_i(\boldsymbol{y}^{k+1}) \geqslant f_i(y_1^{k+1}, \cdots, y_i^{k+1}, y_{i+1}^k, \cdots, y_n^k) \geqslant$$
$$f_i(y_1^{k+1}, \cdots, y_{i-1}^{k+1}, \hat{y}_i^k, y_{i+1}^k, \cdots, y_n^k) =$$
$$b_i$$

类似地，有 $f_i(\boldsymbol{x}^{k+1}) \leqslant b_i, i = 1, \cdots, n$.这就完成了归纳法，因而式(37) 得证.显然，极限 $\boldsymbol{x}^* \leqslant \boldsymbol{y}^*$ 存在，并由 $\omega > 0$，我们有

$$\lim_{k\to\infty} \hat{x}_i^k = \frac{1}{\omega} \lim_{k\to\infty}(x_i^{k+1} - x_i^k) + \lim_{k\to\infty} x_i^k =$$
$$x_i^*, i = 1, \cdots, n$$

类似地，有 $\lim\limits_{k\to\infty} \hat{\boldsymbol{y}}^k = \boldsymbol{y}^*$.因此，由 SOR 过程的定义 1 以及 F 的连续性，得出 $F\boldsymbol{x}^* = F\boldsymbol{y}^* = \boldsymbol{b}$.证毕.

定理 10 可用于方程 $\boldsymbol{Ax} + \phi\boldsymbol{x} = \boldsymbol{0}$.但是，在叙述特殊的推论之前，我们先介绍一些补充的名词.

定理 11 映射 $F:\mathbf{R}^n \to \mathbf{R}^n$ 是逆保序的,如果对任何 $\boldsymbol{x},\boldsymbol{y} \in \mathbf{R}^n$,由 $F\boldsymbol{x} \leqslant F\boldsymbol{y}$ 可得 $\boldsymbol{x} \leqslant \boldsymbol{y}$.

定理 12 映射 $F:\mathbf{R}^n \to \mathbf{R}^n$ 是逆保序的,当且仅当 F 是一对一的,且 $F^{-1}:F\mathbf{R}^n \subseteq \mathbf{R}^n \to \mathbf{R}^n$ 是保序的.

证 如果 F 是逆保序的,则由 $F\boldsymbol{x}=F\boldsymbol{y}$ 得出 $\boldsymbol{x} \leqslant \boldsymbol{y}$ 且 $\boldsymbol{x} \geqslant \boldsymbol{y}$,因而 $\boldsymbol{x}=\boldsymbol{y}$,于是 F 是一对一的.此外,如果 $\boldsymbol{u}=F\boldsymbol{x}$,$\boldsymbol{v}=F\boldsymbol{y}$,且 $\boldsymbol{u} \leqslant \boldsymbol{v}$,那么,$F^{-1}\boldsymbol{u}=\boldsymbol{x} \leqslant \boldsymbol{y}=F^{-1}\boldsymbol{v}$,所以 F^{-1} 是保序的.类似地,如果 F 是一对一的且 F^{-1} 在 $F\mathbf{R}^n$ 上是保序的,那么,由 $\boldsymbol{v}=F\boldsymbol{y} \geqslant F\boldsymbol{x}=\boldsymbol{u}$ 得出 $\boldsymbol{y}=F^{-1}\boldsymbol{v} \geqslant F^{-1}\boldsymbol{u}=\boldsymbol{x}$.证毕.

下面结果给出了逆保序函数的另一个有意义的性质.

性质 1 如果函数 $F:\mathbf{R}^n \to \mathbf{R}^n$ 连续和逆保序,且 $F\mathbf{R}^n=\mathbf{R}^n$,那么,$F$ 是从 $\mathbf{R}^n$ 映到它自身的同胚映射.

证 根据定理 1,只要证明 $F^{-1}:\mathbf{R}^n \to \mathbf{R}^n$ 是连续的.设 $\{\boldsymbol{y}^k\} \subseteq \mathbf{R}^n$,有 $\lim\limits_{k\to\infty} \boldsymbol{y}^k=\boldsymbol{y}$.于是 $\{\boldsymbol{y}^k\}$ 是有界的,并且如果 $\boldsymbol{u} \leqslant \boldsymbol{y}^k \leqslant \boldsymbol{v}$,那么由逆保序性可得,对所有 $k \geqslant 0$,$F^{-1}\boldsymbol{u} \leqslant \boldsymbol{x}^k=F^{-1}\boldsymbol{y}^k \leqslant F^{-1}\boldsymbol{v}$,所以 $\{\boldsymbol{x}^k\}$ 是有界的.如果 $\boldsymbol{x}$ 是 $\{\boldsymbol{x}^k\}$ 的任一极限点,且若 $\lim\limits_{i\to\infty}\boldsymbol{x}^{k_i}=\boldsymbol{x}$,则由 F 的连续性,我们有 $F\boldsymbol{x}=\lim\limits_{i\to\infty} F\boldsymbol{x}^{k_i}=\lim\limits_{i\to\infty} \boldsymbol{y}^{k_i}=\boldsymbol{y}$,或 $\boldsymbol{x}=F^{-1}\boldsymbol{y}$.因此,$\{\boldsymbol{x}^k\}$ 有唯一极限点 $F^{-1}\boldsymbol{y}$,这就证明了 $\lim\limits_{k\to\infty} F^{-1}\boldsymbol{y}^k=F^{-1}\boldsymbol{y}$,所以 F^{-1} 是连续的.证毕.

作为前面结果的应用,我们回到方程 $\boldsymbol{A}\boldsymbol{x}+\phi\boldsymbol{x}=\boldsymbol{0}$.

定理 13 设 $\boldsymbol{A} \in L(\mathbf{R}^n)$ 是 M-矩阵,$\phi:\mathbf{R}^n \to \mathbf{R}^n$ 是连续的、保序的和对角的映射,并令 $F\boldsymbol{x}=\boldsymbol{A}\boldsymbol{x}+\phi\boldsymbol{x}$,$\boldsymbol{x} \in \mathbf{R}^n$.那么,$F$ 是逆保序的,且是将 $\mathbf{R}^n$ 映到它自身的同胚.此外,对任一 $\boldsymbol{b} \in \mathbf{R}^n$,令

$$\boldsymbol{y}^0=\boldsymbol{A}^{-1}\mid\phi(\boldsymbol{0})-\boldsymbol{b}\mid,\boldsymbol{x}^0=-\boldsymbol{y}^0 \tag{41}$$

那么,对任一 $\omega\in(0,1]$,分别由 $\boldsymbol{x}^0$ 和 $\boldsymbol{y}^0$ 起始的 SOR 迭代(31),满足

$$\boldsymbol{x}^k\uparrow\boldsymbol{x}^*,\boldsymbol{y}^k\downarrow\boldsymbol{x}^*,k\rightarrow\infty \tag{42}$$

其中 $\boldsymbol{x}^*$ 是 $F\boldsymbol{x}=\boldsymbol{b}$ 的唯一解.对 Jacobi 迭代(32),完全同样的收敛性结果成立.

证 我们先证明 F 是逆保序的.假定 $F\boldsymbol{x}\leqslant F\boldsymbol{y}$ 对某些 $\boldsymbol{x}>\boldsymbol{y}$ 的 $\boldsymbol{x},\boldsymbol{y}\in\mathbf{R}^n$ 成立,并令 $S=\{1\leqslant j\leqslant n\mid x_j>y_j\}$.这时,根据 ϕ 的保序性以及 $\boldsymbol{A}$ 的非对角元素是非正的这一事实,我们得到

$$\begin{aligned}\boldsymbol{0}\leqslant f_j(\boldsymbol{y})-f_j(\boldsymbol{x})=\\ \sum_{k=1}^n a_{jk}(y_k-x_k)+\\ \varphi_j(y_j)-\varphi_j(x_j)\leqslant\\ \sum_{k\in S}a_{jk}(y_k-x_k)\\ j\in S\end{aligned} \tag{43}$$

可得子矩阵 $(a_{jk}\mid j,k\in S)$ 也是 M - 矩阵,所以式(43)表明对所有 $j\in S,y_j\geqslant x_j$.这是矛盾的,因此,F 是逆保序的.

现在设 $\boldsymbol{b}\in\mathbf{R}^n$ 是任意的,而 $\boldsymbol{x}^0\leqslant\boldsymbol{y}^0$ 是由式(41)给定的,那么引理 1 的(c)表明 $F\boldsymbol{x}^0\leqslant\boldsymbol{b}\leqslant F\boldsymbol{y}^0$.显然,$F$ 满足定理 10 的条件,因而,SOR 迭代满足式(36).但是,由定理 12,F 是一对一的,所以 $\boldsymbol{x}^*=\boldsymbol{y}^*$.因此,我们也证明了 F 是映上的,且性质 1 保证 F 是一个同胚.

Jacobi 迭代法收敛性的证明也是定理 10 的直接推论.证毕.

注意,对于特殊选取的点(41),我们引用了引理 1,不过,对于满足式(35)的任何其他取法,自然有同

样的结果.还要注意,在整体 Jacobi 定理中,我们已经证明了 $\boldsymbol{A}+\phi(\boldsymbol{x})$ 是一对一的和映上的;但是,定理 13 给出了这个结果的另一个证明,并且与性质 1 一起,给出了 F 是同胚这个较强的结论.另外,本章 §1 整体 Jacobi 定理、定理 2、整体 SOR 定理,证明了 Jacobi 和 SOR 迭代法的整体收敛性.

下面我们证明,在对定理 10 中函数 F 所加的稍强的条件下,整体收敛性也是现在的结果的一个推论.

类似于 M - 矩阵的概念,我们现在引进下面的函数类.

定义 3 映射 $F:\mathbf{R}^n\to\mathbf{R}^n$ 是 M - 函数,如果 F 是逆保序的和对角外反序的.

显然,仿射函数 $\boldsymbol{Ax}+\boldsymbol{b}$, $\boldsymbol{A}\in L(\mathbf{R}^n)$, $\boldsymbol{b}\in\mathbf{R}^n$,是 M - 函数,当且仅当 $\boldsymbol{A}$ 是一个 M - 矩阵.此外,定理 13 表明,在该定理的条件下,$\boldsymbol{A}+\phi(\boldsymbol{x})$ 是 M - 函数.

M - 矩阵的对角元素必定是正的,对于 M - 函数,这个性质推广如下.

定理 14 M - 函数 $F:\mathbf{R}^n\to\mathbf{R}^n$ 是严格对角保序的.而且,如果 $F\mathbf{R}^n=\mathbf{R}^n$,那么,对任一 $\boldsymbol{x}\in\mathbf{R}^n$ 及 $1\leqslant i\leqslant n$,有

$$\lim_{t\to+\infty} f_i(\boldsymbol{x}+t\boldsymbol{e}^i)=+\infty$$
$$\lim_{t\to+\infty} f_i(\boldsymbol{x}+t\boldsymbol{e}^i)=-\infty \tag{44}$$

证 假定对某一 $\boldsymbol{x}\in\mathbf{R}^n$,存在标号 i 和数 $t>s$,使得

$$f_i(\boldsymbol{x}+s\boldsymbol{e}^i)\geqslant f_i(\boldsymbol{x}+t\boldsymbol{e}^i)$$

由对角外反序性,我们有

$$f_j(\boldsymbol{x}+s\boldsymbol{e}^i)\geqslant f_j(\boldsymbol{x}+t\boldsymbol{e}^i)$$
$$i\neq j;j=1,\cdots,n$$

因此,合起来有

$$F(\boldsymbol{x}+s\boldsymbol{e}^i)\geqslant F(\boldsymbol{x}+t\boldsymbol{e}^i)$$

而由逆保序性,这导致矛盾 $s\geqslant t$.于是,F 是严格对角保序的.现在,设 $F\mathbf{R}^n=\mathbf{R}^n$,并假定式(44)中第一个条件不成立,即对某一 $\boldsymbol{x}\in\mathbf{R}^n$ 及某个标号 i,有序列 $\{t_k\}\subseteq\mathbf{R}^1$ 且 $\lim\limits_{k\to\infty}t_k=+\infty$,使得

$$f_i(\boldsymbol{x}+t_k\boldsymbol{e}^i)\leqslant a_i<+\infty$$
$$k=0,1,\cdots$$

如果 $t_k\geqslant t,k=0,1,\cdots$,那么,仍由对角外反序性

$$f_j(\boldsymbol{x}+t_k\boldsymbol{e}^i)\leqslant f_j(\boldsymbol{x}+t\boldsymbol{e}^i)\equiv$$
$$a_j<+\infty$$
$$j\neq i;j=1,\cdots,n;k=0,1,\cdots$$

或

$$F(\boldsymbol{x}+t_k\boldsymbol{e}^i)\leqslant\boldsymbol{a}=(a_1,\cdots,a_n)^{\mathrm{T}}$$
$$k=0,1,\cdots$$

由于 $F\mathbf{R}^n=\mathbf{R}^n$,存在 $\boldsymbol{y}\in\mathbf{R}^n$,使得 $F\boldsymbol{y}=\boldsymbol{a}$,因此,由逆保序性

$$\boldsymbol{x}+t_k\boldsymbol{e}^i\leqslant y,k=0,1,\cdots$$

这表示$\{t_k\}$是上有界的,而这是矛盾的.式(44)中第二个条件的证明是类似的.证毕.

由定理 14,任何连续的 M - 函数满足定理 10 的条件.此外,补充假定 F 是映上的,我们能够证明 SOR 或 Jacobi 迭代法的整体收敛性.

定理 15 设 $F:\mathbf{R}^n\to\mathbf{R}^n$ 是将 $\mathbf{R}^n$ 映上它自身的连续的M-函数.那么,对任何 $\boldsymbol{b}\in\mathbf{R}^n$,任何起始点 $\boldsymbol{x}^0\in\mathbf{R}^n$ 及任何$\omega\in(0,1]$,SOR 迭代式(31)以及 Jacobi 迭代式(32)均收敛于 $F\boldsymbol{x}=\boldsymbol{b}$ 的唯一解 $\boldsymbol{x}^*$.

证 我们仍只对 SOR 迭代证明.对给定的 $\boldsymbol{x}^0$,

$\boldsymbol{b}\in\mathbf{R}^n$,定义

$$\boldsymbol{u}^0=F^{-1}(\max[f_1(\boldsymbol{x}^0),b_1],\cdots,\max[f_n(\boldsymbol{x}^0),b_n])$$
$$\boldsymbol{v}^0=F^{-1}(\min[f_1(\boldsymbol{x}^0),b_1],\cdots,\min[f_n(\boldsymbol{x}^0),b_n])\tag{45}$$

于是,由逆保序性

$$F\boldsymbol{u}^0\geqslant\boldsymbol{b}\geqslant F\boldsymbol{v}^0$$
$$\boldsymbol{u}^0\geqslant\boldsymbol{x}^0\geqslant\boldsymbol{v}^0$$
$$\boldsymbol{u}^0\geqslant\boldsymbol{x}^*\geqslant\boldsymbol{v}^0$$

设$\{\boldsymbol{u}^k\}$,$\{\boldsymbol{v}^k\}$和$\{\boldsymbol{x}^k\}$分别表示从$\boldsymbol{u}^0$,$\boldsymbol{v}^0$和$\boldsymbol{x}^0$起始的SOR序列,它们是由同一个$\omega\in(0,1]$形成的.由定理14和F的连续性,方程

$$\begin{cases}f_i(u_1^{k+1},\cdots,u_{i-1}^{k+1},\hat{u}_i^k,u_{i+1}^k,\cdots,u_n^k)=b_i\\f_i(v_1^{k+1},\cdots,v_{i-1}^{k+1},\hat{v}_i^k,\hat{v}_{i+1}^k,\cdots,v_n^k)=b_i\\f_i(\boldsymbol{x}_1^{k+1},\cdots,\boldsymbol{x}_{i-1}^{k+1},\hat{x}_i^k,\boldsymbol{x}_{i+1}^k,\cdots,\boldsymbol{x}_n^k)=b_i\end{cases}$$
$$i=1,\cdots,n;k=0,1,\cdots$$

的解$\hat{u}_i^k$,$\hat{v}_i^k$和$\hat{x}_i^k$存在且是唯一的,因此,这三个SOR序列有意义.此外,由定理10,我们有

$$\boldsymbol{v}^0\leqslant\boldsymbol{v}^k\leqslant\boldsymbol{v}^{k+1}\leqslant\lim_{k\to\infty}\boldsymbol{v}^k=\boldsymbol{x}^*=$$
$$\lim_{k\to\infty}\boldsymbol{u}^k\leqslant\boldsymbol{u}^{k+1}\leqslant\boldsymbol{u}^k\leqslant\boldsymbol{u}^0$$
$$F\boldsymbol{v}^k\leqslant\boldsymbol{b}\leqslant F\boldsymbol{u}^k,k=0,1,\cdots\tag{46}$$

假定对某个$k\geqslant0$和$i\geqslant1$,有

$$\boldsymbol{v}^k\leqslant\boldsymbol{x}^k\leqslant\boldsymbol{u}^k$$
$$v_j^{k+1}\leqslant x_j^{k+1}\leqslant u_j^{k+1},j=1,\cdots,i-1\tag{47}$$

这个式子对$k=0$成立,对$i=1$没有意义.这时,由

$$f_i(u_1^{k+1},\cdots,u_{i-1}^{k+1},\hat{u}_i^k,u_{i+1}^k,\cdots,u_n^k)=b_i=$$
$$f_i(x_1^{k+1},\cdots,x_{i-1}^{k+1},\hat{x}_i^k,x_{i+1}^k,\cdots,x_n^k)\geqslant$$
$$f_i(u_1^{k+1},\cdots,u_{i-1}^{k+1},\hat{x}_i^k,u_{i+1}^k,\cdots,u_n^k)$$

和 F 的严格对角保序性，可得 $\hat{u}_i^k \geqslant \hat{x}_i^k$.类似地，我们有 $\hat{v}_i^k \leqslant \hat{x}_i^k$.因此，由 $\omega \in (0,1]$，可得

$$
\begin{aligned}
v_i^{k+1} = v_i^k + \omega(\hat{v}_i^k - v_i^k) \leqslant \\
x_i^k + \omega(\hat{x}_i^k - x_i^k) = \\
x_i^{k+1} \leqslant u_i^k + \\
\omega(\hat{u}_i^k - u_i^k) = \\
u_i^{k+1}
\end{aligned}
$$

这完成了归纳法，并由式(47) 和(46)，得出 $\lim\limits_{k\to\infty} \boldsymbol{x}^k = \boldsymbol{x}^*$.证毕.

作为定理 16 连同定理 14 的直接推论，我们再次得到Jacobi 和 SOR 迭代用于方程 $\boldsymbol{Ax} + \phi\boldsymbol{x} = \boldsymbol{0}$ 时的整体收敛性、整体 Jacobi 定理和整体 SOR 定理.

注记

1.对于特殊情形 $F\boldsymbol{x} = \boldsymbol{Ax} + \phi\boldsymbol{x}$(其中 $\boldsymbol{A}$ 和 ϕ 如定理 13 所示) 的定理 11，是 Ortega 和 Rheinboldt 给出的，这个定理是对一个较早结果的改进.对于热网理论中提出的某一类映射，Birkoff 和 Kellogg 对于 Jacobi 过程证明了一个类似于定理 10 的结果，Porsching 将它推广到 SOR 过程.Porsching 还给出了 SOR 迭代和 Jacobi 迭代之间的一个比较结果.用我们的说法，也允许对不同的 ω 做比较的一个较一般的结果可叙述如下.

假定定理10 的条件成立且 $0 < \omega \leqslant \bar{\omega} \leqslant 1$.设 $\{\boldsymbol{y}^k\}$ 和 $\{\bar{\boldsymbol{y}}^k\}$ 是SOR 迭代(31)，分别取 ω 和 $\bar{\omega}$，而 $\boldsymbol{y}^0 = \bar{\boldsymbol{y}}^0$，并设 $\{\boldsymbol{v}^k\}$ 和 $\{\bar{\boldsymbol{v}}^k\}$ 表示相应的 Jacobi 序列，那么

$$\boldsymbol{y}^k \geqslant \bar{\boldsymbol{y}}^k \geqslant \boldsymbol{y}^*$$

$$\boldsymbol{v}^k \geqslant \bar{\boldsymbol{v}}^k \geqslant \boldsymbol{y}^*$$
$$\boldsymbol{v}^k \geqslant \boldsymbol{y}^k$$
$$k=0,1,\cdots$$

其中 $\boldsymbol{y}^*$ 是 $F\boldsymbol{x}=\boldsymbol{b}$ 在 $\langle \boldsymbol{x}^0, \boldsymbol{y}^0 \rangle$ 内的最大解.

2.性质 1 是下述更一般结果的特殊情形:如果 $F:\mathbf{R}^n \to \mathbf{R}^n$ 连续且逆保序,那么 F^{-1} 在 $F\mathbf{R}^n$ 上连续.注意到由区域不变性定理,$F\mathbf{R}^n$ 是开的,因而 $\boldsymbol{u}$ 和 $\boldsymbol{v}$ 可以取作一个超立方体 $S \subseteq F\mathbf{R}^n$ 的顶点,使对所有 $k \geqslant k_0$,$\boldsymbol{u} \leqslant \boldsymbol{y}^k \leqslant \boldsymbol{v}$,这个定理的证明可由性质 1 的证明得到.

3.M - 函数的概念是 Ortega 在一篇未发表的短文中引进的,并由 Rheinboldt 发展了.特别是,在这篇文章中给出了定理 14 和 15,以及对非线性网络问题和边值问题的应用的补充结果.对于注记 1 中提到的热网理论提出的一类映射,Psrsching 还证明了 SOR 过程的整体收敛性.由于 Rheinboldt 已经证明了这些特殊映射是 M - 函数,这个收敛性结果归于定理 15 之中.

习题

1.对于 Jacobi 过程(32),证明定理 10,13 和 15.

2.给定 $F,G:\mathbf{R}^n \to \mathbf{R}^n$,证明:如果 F 和 G 都是逆保序的,那么 FG 是逆保序的;并且,如果 F 是保序的,而 FG 是逆保序的,那么 G 是逆保序的.

3.逆保序函数 $F:\mathbf{R}^n \to \mathbf{R}^n$ 是严格逆保序的,如果由 $F\boldsymbol{x} < F\boldsymbol{y}$ 可得 $\boldsymbol{x} < \boldsymbol{y}$.证明:连续的逆保序函数是严格逆保序的.

4.证明:仿射函数 $\boldsymbol{A}\boldsymbol{x}+\boldsymbol{b}$,$\boldsymbol{A} \in L(\mathbf{R}^n)$,$\boldsymbol{b} \in \mathbf{R}^n$,是

M — 函数，当且仅当 $\mathbf{A}$ 是 M — 矩阵.

5.给出一个非映上的一维的 M — 函数的例子.

6.设 $G:\mathbf{R}^n \to \mathbf{R}^n$ 是映上 $\mathbf{R}^n$ 的 M — 函数，且令 $F = G^{-1}$，证明式(26) 成立.

第六编

求重根的迭代方法

一个对重根也有效的求根公式①

第 22 章

求方程 $F(z)=0$ 的根，常用 Newton 程序

$$z_{n+1}=z_n-\frac{F(z_n)}{F'(z_n)}, n=0,1,2,\cdots \tag{1}$$

但式(1) 在重根处收敛较慢.对此，虽有一些讨论和改进意见[1-3]，但据我们所知，还没有找到这样的公式：它对多重根有效并具有和式(1) 相当的敛速.

1978 年我国著名数学家张景中院士以井中为笔名在《计算数学》杂志上提出程序

$$z_{n+1}=z_n-\frac{F'(z_n)F(z_n)}{F'(z_n)^2-F(z_n)F''(z_n)}$$

$$n=0,1,2,\cdots \tag{2}$$

① 本章摘编自《计算数学》,1978(3):52-53.

它在单根处与式(1) 的敛速相当,而且对 $l(l>1)$ 重根敛速不减.

下面给出式(2) 的误差衰减规律:

设 z^* 是 $F(z)$ 的 k 重 0 点,则

$$F(z)=(z-z^*)^k f(z),f(z^*)\neq 0$$

$$\begin{cases} F'(z)=k(z-z^*)^{k-1}f(z)+(z-z^*)^k f'(z) \\ F''(z)=k(k-1)(z-z^*)^{k-2}f(z)+ \\ \qquad 2k(z-z^*)^{k-1}f'(z)+ \\ \qquad (z-z^*)^k f''(z) \\ F(z)F''(z)=k(k-1)(z-z^*)^{2k-2}f^2(z)+ \\ \qquad 2k(z-z^*)^{2k-1}f'(z)f(z)+ \\ \qquad (z-z^*)^{2k}f''(z)f(z) \\ F'^2(z)-F(z)F''(z)= \\ k(z-z^*)^{2k-2}f^2(z)+ \\ [f'^2(z)-f(z)f''(z)](z-z^*)^{2k} \\ F(z)F'(z)=k(z-z^*)^{2k-1}f^2(z)+ \\ \qquad (z-z^*)^{2k}f'(z)f(z) \end{cases} \tag{3}$$

由此可得(2) 的误差递推式

$$z_{n+1}-z^*=(z_n-z^*)-\frac{kf^2(z_n)(z_n-z^*)+f'(z_n)f(z_n)(z_n-z^*)^2}{kf^2(z_n)+[f'^2(z_n)-f(z_n)f''(z_n)](z_n-z^*)^2}\approx -\frac{1}{k}\cdot\frac{f'(z_n)}{f(z_n)}\cdot(z_n-z^*)^2 \tag{4}$$

可见,式(2) 对多重根是有利的.

所谓改进 Newton 法

$$z_{n+1}=z_n-\frac{F'(z_n)F(z_n)}{F'(z_n)^2-\frac{1}{2}F(z_n)F''(z_n)}$$

$$n=0,1,2,\cdots \tag{5}$$

和式(2) 仅有一点不同,但效果很不一样.应用式(3) 中各式可以推导出式(5) 的误差递推公式且表成形式

$$(z_{n+1}-z^*)=\frac{k-1}{k+1}(z_n-z^*)+\frac{2(k-1)(2k+1)}{k(k+1)^2}(z_n-z^*)^2+O((z_n-z^*)^3) \tag{6}$$

由此可知,式(5) 的误差当 $k>1$ 时是一阶衰减,而当 $k=1$ 时是三阶衰减.

对比之下,式(2) 对单根不利.若事先不知道所求根的重数,用哪个公式呢?建议用下列综合公式

$$\begin{cases} z_{n+1}=z_n-\dfrac{F'(z_n)F(z_n)}{F'^2(z_n)-\left(1-\dfrac{1}{2}\cdot\dfrac{F'(z_n)}{F'(z_{n-1})}\right)\cdot F(z_n)\cdot F''(z_n)} \\ (n>1) \\ z_1=z_0-\dfrac{F'(z_0)F(z_0)}{F'^2(z_0)-F(z_0)F''(z_0)} \end{cases} \tag{7}$$

当所求根为单根时(n 很大时),$\dfrac{F'(z_n)}{F'(z_{n-1})}\approx 1$,公式接近于式(5);当所求根为重根时

$$\frac{F'(z_n)}{F'(z_{n-1})}\approx 0$$

公式接近于式(2),总之,是比较合算的.

最后举两个例子:

例 1　求方程 $x^4-6x^2+8x-3=0$ 的最小根.取 $x_0=0$,几种方法计算结果如下(表 1):

表 1

	x_1	x_2	x_3
Newton 法(1)	0.375	0.513	0.807
改进 Newton 法(5)	0.571	0.790	
程序(2)	0.857	0.998	
程序(7)	0.857	0.994	

而方程的最小根是三重根 $x^* = 1$.

例 2 求方程 $x^4 - 5.99x^2 + 8.02x - 3.03 = 0$ 的最小根.

取 $x_0 = 0$,几种方法计算结果如下(表 2):

表 2

	x_1	x_2
Newton 法(1)	0.4	0.6
改进 Newton 法(5)	0.5	0.8
程序(2)	0.9	1.06
程序(7)	0.9	1.06

此例方程虽有最小根单根 $x^* = 1$,但由于 x^* 附近有一对复根 $1 \pm 0.1\sqrt{-1}$,构成密集根,故程序(2) 和(7) 仍比较有利.

参考文献

[1] 蒋尔雄.在重根附近使用牛顿法的收敛性定理,数学论文集(复旦大学数学系)[M]. 上海:科学技术出版社,1960,331-336.

[2] 赵访熊.求复根的牛顿法[J].数学学报,1955,2(5):137-147.

计算方程重根的一个高阶迭代程序[①]

第23章

我们知道,用通常的迭代程序(例如 Newton-Raphson 程序)去求方程的重根,或者由于程序收敛很慢而浪费机器的宝贵时间,或者导致程序发散.对代数方程而言,重根使方程具有"病态"特性,这时可能使求得的根值不可信,甚至可能改变根的性质(例如,实根变为复根).因此,人们关注着方程重根的计算.

在所有计算方程重根的迭代程序中,基本上可以分为两类:一类是在使用时与根的重数无关而仍有较高的敛速阶数;另一类是在上机前或在机器运行中需要确定所求根的重数才具有较高的敛速阶数.从已知的程序来看,前一

① 本章摘编自《计算数学》,1979(3):288-292.

类程序的基本思想是将方程的重根化为单根来处理，常用的方法是将求方程 $f(x)=0$ 的根化为求 $F(x)=\frac{f(x)}{f'(x)}=0$ 的根.作为这一类迭代程序的例子是

$$x_{n+1}=x_n-\frac{F(x_n)}{F'(x_n)}=$$

$$x_n-\frac{f(x_n)f'(x_n)}{[f'(x_n)]^2-f(x_n)f''(x_n)}$$

$$n=0,1,\cdots \tag{1}$$

其中 x_0 为所求根 x^* 的某一初始近似(下同)，程序(1)具有平方敛速[1].作为这一类迭代程序的另一个例子是

$$x_{n+1}=x_n-\frac{x_n-x_{n-1}}{\frac{f(x_n)}{f'(x_n)}-\frac{f(x_{n-1})}{f'(x_{n-1})}}\frac{f(x_n)}{f'(x_n)}$$

$$n=1,2,\cdots$$

其中 x_0,x_1 是所求根 x^* 的两个相异的初始近似.作为第二类迭代程序的例子是[1,3-5]

$$x_{n+1}=x_n-\frac{mf(x_n)}{f'(x_n)}$$

$$n=0,1,\cdots \tag{2}$$

$$x_{n+1}=x_n-\frac{1}{2}m(3-m)\frac{f(x_n)}{f'(x_n)}-$$

$$m^2\frac{f''(x_n)}{2!\ f'(x_n)}\left(\frac{f(x_n)}{f'(x_n)}\right)^2$$

$$n=0,1,\cdots \tag{2'}$$

$$x_{n+1}=x_n-\frac{m(m+1)f(x_n)f^{(m)}_{(x_n)}}{(m+1)f'(x_n)f^{(m)}_{(x_n)}-f(x_n)f^{(m+1)}_{(x_n)}}$$

$$n=0,1,\cdots \tag{2''}$$

其中程序(2)具有平方敛速,程序(2′)(2″)都具有立方敛速,m 为所求根的重数.

我们知道,当求方程 $f(x)=0$ 的一个单根 α^* 时,下列程序[4]

$$x_{n+1}=x_n-\frac{f(x_n)}{f'(x_n)}\left\{\frac{f(x_n-f(x_n)/f'(x_n))-f(x_n)}{2f(x_n-f(x_n)/f'(x_n))-f(x_n)}\right\}$$

$$n=0,1,2,\cdots \tag{3}$$

每步只需计算两个 $f(x)$ 值和一个 $f'(x)$ 值,但它却具有4阶敛速.

现设 x^* 是方程 $f(x)=0$ 的一个 m 级重根,即

$$f(x)=(x-x^*)^m g(x)=0 \tag{4}$$

其中 m 为一非负整数,$g(x^*)\neq 0$.

我们通过 $F(x)=\dfrac{f(x)}{f'(x)}$ 将 x^* 单根化,然后将程序(3)用于 $F(x)$,即得迭代程序

$$x_{n+1}=x_n-\frac{F(x_n)}{F'(x_n)}\frac{F(z_n)-F(x_n)}{2F(z_n)-F(x_n)} \tag{5}$$

或

$$x_{n+1}=x_n-\frac{f'(x_n)f(x_n)}{[f'(x_n)]^2-f(x_n)f''(x_n)}$$

$$\frac{f(z_n)f'(x_n)-f(x_n)f'(z_n)}{2f(z_n)f'(x_n)-f(x_n)f'(z_n)}$$

$$n=0,1,2,\cdots$$

其中 $F(x)=\dfrac{f(x)}{f'(x)}$,$z_n=x_n-\dfrac{F(x_n)}{F'(x_n)}$.

程序(5)的优点是显然的:它是第一类迭代程序;敛速阶数是4;计算量只比程序(1)多计算一次 $F(z_n)$,因此,具有较高的计算效能.事实上,程序(5)的计算效能为

$$E_4 = 4^{\frac{1}{2(1+\theta_1)+\theta_2}}$$

故对任何函数 $f(x)$，其计算效能总大于程序(1) 的计算效能 $E_2 = 2^{\frac{1}{1+\theta_1+\theta_2}}$，其中 θ_i 分别表示计算 $f^{(i)}(x)(i=1,2)$ 所花的代价.

程序(5) 具有 4 阶敛速是显然的.为此，我们考虑更为一般的迭代程序

$$x_{n+1} = x_n - \alpha \frac{F(x_n)}{F'(x_n)} \cdot \frac{\lambda(1+\lambda_1)F(x_n) - \lambda_1 F(z_n)}{\lambda(1+\lambda_1)F(x_n) - \lambda_1(1+\lambda)F(z_n)}$$

$$n = 0,1,2,\cdots \tag{6}$$

其中 α,λ_1,λ 为待选的参数.

为讨论方便起见，假定 $f(x)$ 是充分光滑的函数，并简记 $d = x - x^*$，$g^{(k)} = g^{(k)}(x^*)(k=0,1,2,\cdots)$，则有

$$F(x) = \sum_{i=1}^{\infty} C_i d^i$$

其中

$$C_i = \frac{1}{mg}\left\{\frac{g^{(i-1)}}{(i-1)!} - \sum_{j=1}^{i-1} C_{i-j} \frac{m+i}{j!} g^{(j)}\right\}$$

设

$$\frac{F(x)}{F'(x)} = \sum_{i=1}^{\infty} \tau_i d^i$$

则

$$\tau_i = \frac{1}{C_1}\left\{C_i - \sum_{j=2}^{i} jC_j \tau_{i+1-j}\right\}$$

由于

$$z - x^* = d - \frac{F(x)}{F'(x)} = -d^2 \sum_{i=2}^{\infty} \tau_i d^{i-2}$$

故极易得到

$$F(z)=\frac{f(z)}{f'(z)}=$$

$$\sum_{j=1}^{\infty}\left\{C_j(-1)^j d^{2j}\sum_{k=0}^{j}\binom{j}{k}\tau_2^{j-k}\left(\sum_{i=3}^{\infty}\tau_i d^{i-2}\right)^k\right\}=$$

$$\sum_{j=2}^{\infty}\beta_j d^j$$

其中 β_j 的前几项是

$$\beta_2=-\tau_2 C_1$$

$$\beta_3=-C_1\tau_3$$

$$\beta_4=C_2\tau_2^2-C_1\tau_4$$

$$\beta_5=2C_2\tau_2\tau_3-C_1\tau_5$$

$$\vdots$$

于是

$$\frac{\lambda(1+\lambda_1)F(x)-\lambda_1 F(z)}{\lambda(1+\lambda_1)F(x)-\lambda_1(1+\lambda)F(z)}=$$

$$\sum_{i=0}^{\infty}\alpha_i d^i=1+\sum_{i=1}^{\infty}\alpha_i d^i$$

其中

$$\alpha_i=\frac{1}{\lambda(1+\lambda_1)C_1}\{\lambda_1\lambda\beta_{i+1}+$$

$$\sum_{j=2}^{i}\alpha_{i-j+1}[\lambda_1(1+\lambda)\beta_j-$$

$$\lambda(1+\lambda_1)C_j]\}$$

利用上述诸式，就有

$$\frac{F(x)}{F'(x)}\frac{\lambda(1+\lambda_1)F(x)-\lambda_1 F(z)}{\lambda(1+\lambda_1)F(x)-\lambda_1(1+\lambda)F(z)}=$$

$$\sum_{i=1}^{\infty}b_i d^i$$

其中

$$b_i = \sum_{k=0}^{i-1} \alpha_k \tau_{i-k}$$

由

$$b_1 = \alpha_0 \tau_1 = 1$$

$$b_2 = \tau_1 \alpha_1 + \alpha_0 \tau_2 = \frac{\tau_2}{1+\lambda_1}$$

$$\begin{aligned} b_3 = \alpha_0\tau_3 + \alpha_1\tau_2 + \alpha_2\tau_1 = \\ & \frac{2}{C_1}\left(\frac{C_2^2}{C_1} - C_3\right) + \frac{\lambda_1\lambda\beta_2}{\lambda(1+\lambda_1)C_1}\left(-\frac{C_2}{C_1}\right) + \\ & \frac{1}{\lambda(1+\lambda_1)C_1}\{\lambda_1\lambda\,\beta_2 - \\ & \frac{\lambda_1\lambda\,\beta_2}{\lambda(1+\lambda_1)C_1}[\lambda(1+\lambda_1)C_2 - \\ & \lambda_1(1+\lambda)\beta_2]\} \end{aligned}$$

简记 $d_{n+1} = x_{n+1} - x^*$，$d_n = x_n - x^*$，则对程序(6)而言，我们有

$$d_{n+1} = (1-\alpha)d_n - \alpha\sum_{i=2}^{\infty} b_i d_n^i \tag{7}$$

不论所求根是重根还是单根，由式(7)，总有下述结论：

1.对任何 $\alpha \neq 1$，不论 λ, λ_1 为何值，程序(6)只具有几何敛速，故在实用上，应选 $\alpha = 1$.

2.当 $\alpha = 1$ 时，由于 $\tau_2 = -\frac{C_2}{C_1} = g'(mg) \neq 0$，$b_2$ 与 λ 无关，故对任何 λ，程序(6)均具有平方敛速.特别是 $\lambda = 0$ 时，程序(1)具有平方敛速.

3.当 $\alpha = 1, \lambda \neq 0$ 时，由于

$$\lim_{\lambda_1 \to \infty} b_2 = 0$$

$$\lim_{\lambda_1\to\infty} b_3 = -\tau_2^2\left(2-\frac{1+\lambda}{\lambda}\right)=$$
$$-\tau_2^2\left(1-\frac{1}{\lambda}\right)$$

故在 $\lambda \neq 1, \lambda_1 \to \infty$ 时，$b_3 \neq 0$，即程序(6) 具有立方敛速.

4.当 $\alpha = 1, \lambda_1 \to \infty, \lambda = 1$ 时，$b_2 = b_3 = 0$，而

$$b_4 = \sum_{k=0}^{3} \alpha_k \tau_{4-k} \neq 0$$

故程序(5) 具有 4 阶敛速.

下面指出这样一个事实，同程序(3) 相似，程序(6) 在 $\alpha = 1$ 时也有十分明显的几何意义：设点 P 是曲线 $y = F(x)$ 上一点 $M(x, F(x))$ 处切线位于 M 和 $N(z, 0)$ 之间的一点，其中点 N 是上述切线和 x 轴的交点，显然有 $z = x - \frac{F(x)}{F'(x)}$.又设曲线 $y = F(x)$ 上另一点 M_1 为$(z, F(z))$，且 Q 为平行于 y 轴的直线 M_1N 中的任一点，则根 x^* 的新的近似就是过 P, Q 的直线与 x 轴的交点，而 $\lambda = \frac{\overline{PM}}{\overline{NP}}, \lambda_1 = \frac{\overline{NQ}}{\overline{QM_1}}$.$\lambda = 1$ 表示 P 恰为直线段 MN 的中点，$\lambda_1 \to \infty$ 表示 $Q \to M_1$.这就是说，我们证明了只有通过 MN 的中点 P 和 M_1 所作直线与 x 轴的交点作为所求根的进一步近似的程序才具有 4 阶敛速.在这里，用 0.618 等法选取 λ 和 λ_1 的值是不可取的.

如果我们注意到

$$\frac{1}{F'(x^*)} = \frac{[f'(x^*)]^2}{[f'(x^*)]^2 - f(x^*)f''(x^*)} = m \quad (8)$$

那么上式不但告诉我们，在计算过程中可用式(8) 决

定 m 的值，而且揭示了程序(1) 和(2) 是有本质上的联系的.如果用某种精确的或近似的方法能获得 m 的值，那么我们建议采用下述程序

$$x_{n+1} = x_n - m\left(\frac{f(x_n)}{f'(x_n)}\right)\frac{f(z_n)f'(x_n)-f(x_n)f'(z_n)}{2f(z_n)f'(x_n)-f(x_n)f'(z_n)}$$

$$n=0,1,\cdots \qquad (5')$$

其中 $z_n = x_n - \dfrac{mf(x_n)}{f'(x_n)}$.

我们只需注意在这里有 $\tau_i = mC_i$，则由前面的论证过程知道，程序(5′) 亦具有敛速阶数 4.

例 1 求方程

$$f(x)=x^5-2.55x^4+0.905x^3+2.216\ 5x^2-1.905\ 75x+0.332\ 75=0$$

的一个正实根.

解 由于 $f(1)f(2)<0$，故所求方程在(1,2) 内有根. 我们用程序(1) 和(5) 进行计算，则得下表(表 1)：

表 1

程序	(1)	(5)
$x_0=$	1	1
$x_1=$	1.048 5	1.081 48
$x_2=$	1.082 3	1.099 86
$\|x_2-x^*\|=$	0.017 7	0.000 14

当 $x=1.081\ 48$ 时，$\dfrac{1}{F'(x)}=3.04$，取整可得 $m=3$. 如果这时用程序(2) 迭代一次，可得 $x_2=1.099\ 63$.在这里，$x^*=1.1$，$m=3$.由此可见，程序(5) 确实优于程序(1) 或(2).

在实际应用时，一般来说，在所要求的精度下有 $z_n = x_n$，则计算就可停止，而不一定要求 $x_{n+1} = x_n$ 才停止.另外计算出 $\langle \frac{1}{F'(x_n)} \rangle$ 的值是必要的，此处记号 $\langle x \rangle$ 表示最接近 x 的正整数，以便知道所求根的重数为改用程序(2) 或(5′) 提供方便.

参考文献

[1] BODEWIG E. On types of convergence and on the behavior of approximations in the neighborhood of a multiple root of an equation[J]. Qtiart. Appl. Math., 1949(7):325-333.

[2] 徐利治，陈永昌，徐贤议.关于计算方程重根的弦截程序[J].吉林工业大学学报，1979(1):1-7.

[3] 赵访熊. 求复数根的牛顿法[J]. 数学学报，1955，2(5):137-147.

[4] 拉尔斯登 A，维尔夫 H S.数学计算机上用的数学方法[M].上海:上海人民出版社出版，1976.

[5] 陈永昌.一个计算重根的高速迭代程序[J].吉林工业大学学报，1979(2):18-24.

第 24 章 关于计算方程重根的弦截程序

吉林大学的徐利治教授、吉林工业大学的陈永昌教授、长春地质学院的徐贤议教授 1979 年考虑了弦截程序的一个变体（Ⅰ），在所求根的重数未知的情况下，（Ⅰ）可较快地求得重根的值，本章写出了（Ⅰ）的一个收敛性定理，并证明了（Ⅰ）的钦速阶数同通常的弦截程序相同，即阶为 1.618^{+}，最后给出了一个数值例子.

现在我们考虑代数或超越方程

$$f(x)=0 \tag{1}$$

具有 m 级重根 x^* 的情形，即

$$f(x)=(x-x^*)^m\varphi(x) \tag{2}$$

其中 m 为大于 1 的正整数，$\varphi(x)$ 在含有 x^* 的某邻域 U 内连续、可微、有界且异于零.大家知道，广义 Newton 程序

$$x_{n+1}=x_n-\frac{\lambda f(x_n)}{f'(x_n)}$$

$$n=0,1,2,\cdots$$

只当 $\lambda=m$ 时，它所产生的序列 $\{x_n\}$ 才能以 2 阶的收敛速度逼近代数或超越方程 $f(x)=0$ 的一个 m 级重根[1].当 $\lambda=1$，而 $m>1$ 时，Newton-Raphson 程序所产生的序列 $\{x_n\}$ 只能以一阶的收敛速度逼近 x^*.如果所论方程是代数方程，那么由于 x^* 是方程(1) 的一个 m 级重根，方程具有“病态”特征，即方程系数的微小变化，可引起根值的很大变化，甚至会改变根值的属性.而系数的微小变化在用电子计算机进行计算时是经常发生的.故对于方程重根的计算，应进行专门的研究.

计算方程重根的程序，基本上可以分为两类：一类是需要事先知道所求根的重数 m，例如广义 Newton 程序.这种程序虽然有较高的敛速阶数[2,3]，但在实际应用时，恰好因为事先不知道所求根 x^* 的重数 m 而遇到了困难.于是人们提出了精确地或近似地确定 m 值的方法[2,4,5]，适用于求重根的另一类程序是无需预先知道重数 m.可以说，后一类程序是将 m 级重根转化为单根来处理为基点而构造出来的.事实上，如果所论方程为式(2)，则

$$F(x)=\frac{f(x)}{f'(x)}=\frac{(x-x^*)\varphi(x)}{m\varphi(x)+(x-x^*)\varphi'(x)}$$

故对方程

$$F(x)=0 \tag{3}$$

而言，方程(1) 的任何级重根，都是方程(3) 的单根，然后对方程(3) 用各种程序，例如用 Newton-Raphson 程序，便得如下迭代程序

$$x_{n+1}=x_n-\frac{f(x_n)f'(x_n)}{(f'(x_n))^2-f(x_n)f''(x_n)}$$

$$n=0,1,2,\cdots \tag{4}$$

上述程序，Schröder 早在 1870 年就进行了研究[6]，无需如文献[7]那样再进行讨论.

由于决定重数 m 还需要一些计算工作，这里我们建议直接利用如下的双点迭代程序

$$x_{n+1}=x_n-\frac{x_n-x_{n-1}}{\dfrac{f(x_n)}{f'(x_n)}-\dfrac{f(x_{n-1})}{f'(x_{n-1})}}\frac{f(x_n)}{f'(x_n)} \tag{I}$$

来计算 $f(x)=0$ 的重根，其中 $n=0,1,2,\cdots$.这样做的好处是不必先测定根的重数，在计算过程中所使用的量如 $f(x_n),f'(x_n),f(x_{n-1}),f'(x_{n-1})$ 等仍是 Newton 程序中也要使用的量，在计算机中保留 x_{n-1}，$f(x_{n-1}),f'(x_{n-1})$ 等信息是极易做到的，而序列 $\{x_n\}$ 却以不低于 $\frac{1}{2}(1+\sqrt{5})=1.618^+$ 阶的收敛速度逼近方程 $f(x)=0$ 的任意级重根.

显然，程序(Ⅰ)就是施于函数 $F(x)\equiv\dfrac{f(\alpha)}{f'(x)}$ 的弦截法程序，它可以写成

$$x_{n+1}=x_n-\frac{x_n-x_{n-1}}{F(x_n)-F(x_{n-1})}F(x_n)$$

$$n=0,1,2,\cdots$$

或者，记 $\nabla x_n=x_n-x_{n-1}$，$F_n=F(x_n)$，$\nabla F_n=F_n-F_{n-1}$，则(Ⅰ)可以更简单地表示成

$$\nabla x_{n+1}=-\frac{\nabla x_n}{\nabla F_n}F_n,\ n=0,1,\cdots \tag{II}$$

因此，把一般的关于弦截法的收敛性定理[8]应用到函数 $F(x)$ 上，就可以得到程序(Ⅰ)的收敛性定理.但应当指出的一点是，关于数值方程 $F(x)=0$ 的弦截法的

收敛性定理,通常为了简便要假定 $F''(x)$ 存在、有界,并估计其上界.由于

$$F''(x)=[2f(x)(f''(x))^2-(f'(x))^2f''(x)-f(x)f'(x)f'''(x)]/(f'(x))^3$$

其解析表达式相当复杂,进行估计的工作不容易,所以应当设法避免考虑 $F''(x)$.在本章中,我们针对程序(Ⅰ)以 x 为实变量的情形给出一个比较简单易用的收敛性条件.

引理　设方程 $f(x)=0$ 有一个根 x^*(重根或单根),在 x^* 点的某个邻域内函数 $f(x)\in C^2$.这样,就总有闭区间$[a,b]$,$a<x^*<b$,并使得条件

$$A<\frac{3}{2}\sigma \tag{Ⅲ}$$

成立,这里 A 与 σ 分别代表函数 $F'(x)=1-\frac{f(x)f''(x)}{(f'(x))^2}$ 在区间$[a,b]$上的最大值与最小值.方程 $f(x)=0$ 在区间$[a,b]$上的根是唯一的.

证　设 m 为根 x^* 的重数.现对函数用省略记法,并令 $h=x-x^*$,我们已经知道

$$F=\frac{f}{f'}=\frac{h\varphi}{m\varphi+h\varphi'}$$

容易算出

$$F'=\frac{1}{m}-\left\{\frac{2\varphi\varphi'+h\left[\varphi\varphi''-\left(1-\frac{1}{m}\right)\varphi'^2\right]}{(m\varphi+h\varphi')^2}\right\}h \tag{5}$$

由于 $\varphi(x^*)\neq 0$,x^* 点的邻域 U 总可以缩小到如此的程度,使得某个包含它的邻域内 $m\varphi+h\varphi'\neq 0$.在这样的邻域 U 内,式(5)右边花括号内的量是有界的,我们不妨设它的绝对值不超过 K.

考虑U内一个包含x^*点于其内部而长为$L=b-a$的闭区间$[a,b]$.对于$[a,b]$上的任何x点来说,显然$|h|=|x-x^*|<L$,于是在区间$[a,b]$上有

$$A=\max_{a<x<b}F'<\frac{1}{m}+KL$$

$$\sigma=\min_{a<x<b}F'>\frac{1}{m}-KL$$

所以,只要$L<\dfrac{1}{5mK}$,就有

$$A<\frac{1}{m}+KL<\frac{3}{2}\left(\frac{1}{m}-KL\right)<\frac{3}{2}\sigma$$

亦即条件(Ⅲ)在区间$[a,b]$上成立.

由式(5)可知$F'(x^*)=\dfrac{1}{m}$,所以$A\geqslant\dfrac{1}{m}>0$.于是由条件(Ⅲ),可知$\sigma>\dfrac{2}{3}A>0$.因此,在区间$[a,b]$上恒有$F'(x)>0$,亦即$F(x)$是增函数,方程$F(x)=0$在区间$[a,b]$上不能有两个不同的根.又因为在区间$[a,b]$上方程$f(x)=0$与方程$F(x)=0$具有同样的根,所以在这一区间内方程$f(x)=0$的根是唯一的.证毕.

定理1 设方程$f(x)=0$有一个根x^*(重根或单根),$a<x^*<b$;在区间$[a,b]$上$f(x)\in C^2$,且条件(Ⅲ)成立.以$|F(a)|$与$|F(b)|$之间的较大者所对应的端点为x_{-1},以另一个端点为x,则程序(Ⅰ)所产生的序列$\{x_n\}$必收敛于x^*.

证 首先须注意,若恰好有$|F(a)|=|F(b)|$,则可任意取a,b之一为x_{-1},另一个为x_0.依照定理假设与引理,在区间$[a,b]$上$F(x)$是增函数,它有一个

根 x^* 含于(a,b).这样,必有 $F(a)<0$ 与 $F(b)>0$,且$|F(x_0)|\leqslant|F(x_{-1})|$.于是由式(Ⅰ)得

$$x_1=x_0+\frac{F(x_0)}{F(x_0)-F(x_{-1})}(x_{-1}-x_0)$$

这里

$$0<\frac{F(x_0)}{F(x_0)-F(x_{-1})}\leqslant\frac{1}{2} \tag{6}$$

所以 x_1 在 x_0 与 x_{-1} 之间,$a<x_1<b$,且

$$|x_1-x_0|\leqslant\frac{1}{2}|x_0-x_{-1}|\leqslant|x_1-x_{-1}| \tag{7}$$

在 $n\geqslant 1$ 时将式(Ⅱ)中的 n 改为 $n-1$,可得

$$F_{n-1}+\frac{\nabla F_{n-1}}{\nabla x_{n-1}}\nabla x_n=0$$

再由式(Ⅱ),得

$$\begin{aligned}|\nabla x_{n+1}|=&\left|-\frac{\nabla x_n}{\nabla F_n}F_n\right|=\\&\left|\frac{\nabla x_n}{\nabla F_n}\left(F_n-F_{n-1}-\frac{\nabla F_{n-1}}{\nabla x_{n-1}}\nabla x_n\right)\right|=\\&\left|\frac{\nabla x_n}{\nabla F_n}\left(\frac{\nabla F_n}{\nabla x_n}-\frac{\nabla F_{n-1}}{\nabla x_{n-1}}\right)\right|\cdot|\nabla x_n|\end{aligned} \tag{8}$$

条件(Ⅲ)可以改写成

$$\frac{1}{\sigma}(A-\sigma)=s<\frac{1}{2}$$

根据 Lagrange 定理,差商$\frac{\nabla F_n}{\nabla x_n}$是 x_n 与 x_{n-1} 之间某一中值 ξ_n 处的导数 $F'(\xi_n)$.因此,如果点 x_n,x_{n-1},x_{n-2} 都属于区间$[a,b]$,则

$$\left|\frac{\nabla x_n}{\nabla F_n}\right|\leqslant\frac{1}{\sigma}$$

$$\left|\frac{\nabla F_n}{\nabla x_n}-\frac{\nabla F_{n-1}}{\nabla x_{n-1}}\right|\leqslant A-\sigma$$

于是就有

$$|\nabla x_{n+1}|\leqslant\frac{1}{\sigma}(A-\sigma)|\nabla x_n|= s|\nabla x_n|<\frac{1}{2}|\nabla x_n| \quad (9)$$

因为x_{-1},x_0和x_1都属于$[a,b]$,所以式(9)对$n=1$成立$|\nabla x_2|\leqslant s|\nabla x_1|$,连带考虑式(7)亦就有

$$|x_2-x_1|<\frac{1}{2}|x_1-x_0|\leqslant\frac{1}{2}|x_1-x_{-1}|$$

所以x_2位于x_0与x_{-1}之间,$a<x_2<b$.

以下用归纳法.依式(9)递推,可得

$$|x_{n+1}-x_1|\leqslant|\nabla x_2|+|\nabla x_3|+\cdots+|\nabla x_{n+1}|\leqslant (s+s^2+\cdots+s^n)|\nabla x_1|= \frac{s(1-s^n)}{1-s}|\nabla x_1|<|\nabla x_1|\leqslant |x_1-x_{-1}| \quad (10)$$

所以,如果x_{-1},x_0,…,x_k都属于区间$[a,b]$且式(9)对$n\leqslant k$成立,则由(10)可见x_{k+1}亦属于$[a,b]$,从而式(9)对$n=k+1$也成立.这就证明了式(9)对一切$n\geqslant1$成立,而且一切x_n都属于区间$[a,b]$.

再由式(9),我们得到

$$|x_{n+k}-x_n|\leqslant|\nabla x_{n+1}|+|\nabla x_{n+2}|+\cdots+|\nabla x_{n+k}|\leqslant \frac{s^n(1-s^k)}{1-s}|\nabla x_1|< \frac{s^n}{1-s}|\nabla x_1|$$

此式右边随$n\to\infty$而趋于零,所以$\{x_n\}$是基本序列,

收敛.又由式(Ⅱ)导出

$$|F(x_n)|=\left|-\frac{\nabla F_n}{\nabla x_n}\nabla x_{n+1}\right|\leqslant A|\nabla x_{n+1}|\leqslant$$
$$As^n|\nabla x_1|$$

其右端随 $n\to\infty$ 而趋于零.所以

$$\lim_{n\to\infty}F(x_n)=F(\lim_{n\to\infty}x_n)=0$$

自然,极限 $\lim x_n$ 含于闭区间 $[a,b]$,且是方程 $F(x)=0$ 的根.由引理可知,这根是唯一的.故 $\lim x_n=x^*$.定理证毕.

以下我们来指出程序(Ⅰ)的敛速阶数.

定理 2 在定理 1 的假设条件下,由程序(Ⅰ)给出的近似解序列 $\{x_n\}$ 的敛速阶数不低于 $\frac{1}{2}(1+\sqrt{5})=1.618^+$.特别情形,阶数可以是 2 或超过 2.

这个定理的证法是完全初等的,此处只需要叙述其大意即可.

考虑可能遇到的各种情况,不妨设 $f(x)$ 取下列较一般的形式

$$f(x)=(x-x^*)^m\{c_1+(x-x^*)^p[c_2+(x-x^*)\psi(x)]\}\tag{11}$$

其中 p 为正整数,$\psi(x)\in C^2$,又 c_1 与 c_2 为异于零的常数(因 $c_2=0$ 的特例给出 $F(x)=\frac{1}{m}(x-x^*)$,$x_1=x^*$,故可不用考虑)简记 $h=x-x^*$,$h_n=x_n-x^*$.经过一系列初等计算易得出

$$\nabla x_{n+1}=h_{n+1}-h_n=-\frac{\nabla x_n}{\nabla F_n}F_n=$$

$$-h_n-\frac{p}{m}\frac{c_2}{c_1}h_nh_{n-1}\frac{h_n^p-h_{n-1}^p}{h_n-h_{n-1}}+\eta_{p+2}$$

(12)

其中 η_{p+2} 对 h_n, h_{n-1} 说来至少是 $p+2$ 阶的，它可以被吸收到前一项的系数中去，于是我们得到

$$h_{n+1}=A_nh_nh_{n-1}\frac{h_n^p-h_{n-1}^p}{h_n-h_{n-1}} \tag{13}$$

这里 A_n 是个有界变量，当 $n\to\infty$ 时以 $-\frac{p}{m}\left(\frac{c_2}{c_1}\right)$ 为极限.

由于 $h_n=(x_n-x^*)\to 0$，故对一切充分大的 n（例如 $n\geqslant N$ 时）不难从式(13) 导出下列表达式

$$|h_{n+1}|=B_n\cdot|h_n|\cdot|h_{n-1}|^p, n\geqslant N \tag{14}$$

令 $\rho_n=\log|h_n|$，对式(14) 两端取对数，则得

$$\frac{\rho_{n+1}}{\rho_n}=1+p\Big/\left(\frac{\rho_n}{\rho_{n-1}}\right)+\frac{\log B_n}{\rho_n} \tag{15}$$

注意到 B_n 为有界变量（以 $\frac{p}{m}\left|\frac{c_2}{c_1}\right|$ 为极限），$\rho_n=\log|h_n|\to-\infty$，再由敛速阶数的定义 $\rho=\lim\limits_{n\to\infty}\frac{\rho_{n+1}}{\rho_n}$，则从式(15) 两端求极限便得到关于 ρ 的方程式

$$\rho=1+p\cdot\rho^{-1}$$

这个方程的一个正根是

$$\rho=\frac{1}{2}(1+\sqrt{1+4p})$$

这就是程序(Ⅰ)用于式(11) 所表示的函数 $f(x)$ 时的敛速阶数.显然当 $p=1$ 时，ρ 最小，等于 $\frac{1}{2}(1+\sqrt{5})$.当 $p=2$ 时就有 $\rho=2$，p 越大程序(1) 的敛速阶数越高.这

就是定理 2 的结论.

注 1　引理与定理 1 中的不等式条件(Ⅲ),一般来说是不易放宽的,除非更换定理的假设与证法.

注 2　由于 $F'(x^*)=\frac{1}{m}$,所以当 $\{x_n\}\to x^*$ 时

$$\theta_n=\frac{\nabla x_n}{\nabla F_n}\to m, n\to\infty$$

因此在用程序(Ⅰ)计算的过程中,就可以觉察出所求根 x^* 的重数 m,在逼近较好的情况下,重数 m 实际就是分式$\frac{\nabla x_n}{\nabla F_n}$的最近整数,即得出 m 之后,也可应用广义 Newton 程序代替弦位程序.特别地,令$\langle\theta_n\rangle$ 表示 θ_n 的最近正整数,如$\langle 0.7\rangle=1$,$\langle\frac{22}{7}\rangle=3$,$\langle 3.5\rangle=4$,等等.于是

$$\nabla x_{n+1}=-\langle\theta_n\rangle F, n=0,1,\cdots$$

自然亦是一个适用于计算任意级重根的程序.

注 3　顺便提及,在我们的证明过程中,我们已经知道 $F'(x^*)=\frac{1}{m}$,即

$$m=\frac{(f'(x^*))^2}{(f'(x^*))^2-f(x^*)f''(x^*)}\tag{16}$$

故当以式(16)代替广义 Newton 程序中的 λ 时,则由于此时有 $\lambda=m$,程序(4)就有平方敛速.

注 4　定理 2 已指出,所论程序(Ⅰ)具有不低于 1.618 的敛速阶数,故该程序的计算效能也不小于 $1.618^{1/(1+\theta_1)}$,其中 θ_1 表示计算 $f'(x)$ 所花的代价.

例　求数值方程

$$f(x)=x^6-5x^5+8x^4-2x^3-$$

$$6.5x^2+6x-1.5=0$$

的最小正根.

解 易测知所求方程的最小正根位于区间(0.8, 1.2)之内.今选 $x_{-1}=0.8$, $x_0=1.2$,于是由弦位程序(Ⅰ)可算出 $x_1=1.044\ 768$, $x_2=1.000\ 144$.

在计算过程中还顺便得到

$$\theta_0=\frac{\nabla x_0}{\nabla F_0}=1.899\ 209$$

$$\theta_1=\frac{\nabla x_1}{\nabla F_1}=1.977\ 994$$

因而可以认为所求正根为二重根.于是又可用广义Newton程序 $\tilde{x}_{n+1}=\tilde{x}_n-\dfrac{2f(\tilde{x}_n)}{f'(\tilde{x}_n)}(n=0,1,\cdots)$,从初始近似 $\tilde{x}_0=1.2$ 出发算出

$$\tilde{x}_1=1.036\ 53$$

$$\tilde{x}_2=0.999\ 79$$

如果用通常的Newton程序 $\hat{x}_{n+1}=\hat{x}_n-\dfrac{f_n}{f'_n}$ 来计算,亦取初始近似 $\hat{x}_0=1.2$,则得

$$\hat{x}_1=1.118\ 265$$

$$\hat{x}_2=1.055\ 824$$

事实上所设方程的最小正根为 $x^*=1$,且为二重根.由此可见,当迭代两步,对弦截法(Ⅰ)及广义Newton程序而言,均可使数值结果精确到小数点后三位,而Newton程序给出的结果,连小数点后一位数字也不能保证.上述情况,可列表显示如下(表1):

表 1

程序	x_{-1}	x_0	x_1	x_2	$\|x_2-x^*\|=$
弦截程序(1)	0.8	1.2	1.044 768	1.000 144	0.000 144
广义 Newton 程序		1.2	1.036 53	0.999 79	0.000 21
Newton 程序		1.2	1.118 265	1.055 824	0.055 824

参考文献

[1] BODEWIG E. On types of convergence cnd on the behavior of approximations in the neighborhood of a multiple root of an equation[J]. Quart. Appl. Math., 1949(7):325-333.

[2] 陈永昌.计算重根的一个高速迭代程序[J].吉林工业大学学报,1979(2):18-24.

[3] DERR J I. A unified iterative process[J]. MTAC, 1956(65):29-36.

[4] 徐利治.几个敛速阶数较高的迭代程序和一个测定实根重数的方法[J].数学学报,1962(12):331-340.

[5] SCHRÖDER E. Über unendliche viele algorithmen Zur auflösung der gleichungen[J]. Math. Ann. Bd,1870(2):317-365.

[6] 井中,一个对重根也有效的求根公式[J]. 计算数学,1978(3):52-53.

[7] SCHMIDT J W. Eine übertragung der regula falsi auf gleichungen in banachräumen, Ⅰ,Ⅱ[J]. Z. Angew. Math. Mech, 1963(43):1-8.

Ostrowski 定理的简便证法

第25章

我们知道,如果 x^* 是某一方程

$$f(x)=0 \tag{1}$$

的一个 m 级重根,其中 $f(x)$ 为连续可微函数,即

$$f(x)=(x-x^*)^m g(x)$$

其中 $g(x)$ 亦为连续可微函数,且 $g(x^*)\neq 0$,那么,在求解这种方程时,有几个问题需要解决:

1.根 x^* 的重数 m,如何在施行求根程序前或在求根过程的前 n 步确定(依赖于所用的迭代程序或不依赖于所用的迭代程序)?

2.求这种重数为 m 的根 x^*,用通常的迭代程序,会遇到什么困难?如何克服这些困难?

§1　计算重根所引起的问题

对于重根的计算，在理论上可以化为单根来计算.例如，设

$$f(x)=(x-x^*)^m g(x)$$
$$g(x^*)\neq 0$$

则对方程

$$F(x)=\frac{f(x)}{f'(x)}=0$$

而言，x^* 就是方程 $F(x)=0$ 的一个单根.这时一个常用的迭代程序是

$$x_{n+1}=x_n-\frac{f(x_n)f'(x_n)}{[f'(x_n)]^2-f(x_n)f''(x_n)}$$
$$n=0,1,2,\cdots \tag{2}$$

这个程序，实际是对 $F(x)=0$ 施行 Newton-Raphson 迭代程序求解.显然，它不论对重根还是单根，都具有平方敛速.

人们之所以对重根的计算予以关注，是有如下理由的.

理由之一是若 x^* 是方程 $f(x)=0$ 的一个 m 级重根，那么用一般的求根程序，则或者产生敛速很慢或者产生求根失效的现象.

例如，对人们熟知的 Newton-Raphson 迭代程序而言，由于

$$f(x)=(x-x^*)^m g(x)$$
$$g(x^*)\neq 0$$

$$f'(x)=m(x-x^*)^{m-1}g(x)+(x-x^*)^m g'(x)$$

故有

$$x_{n+1}=x_n-\frac{(x_n-x^*)g(x_n)}{mg(x_n)+(x_n-x^*)g'(x_n)}$$

即

$$x_{n+1}-x^*=x_n-x^*-\frac{(x_n-x^*)g(x_n)}{mg(x_n)+(x_n-x^*)g'(x_n)}$$

令

$$d_n=x_n-x^*$$

则有

$$d_{n+1}=d_n-\frac{d_n g(x_n)}{mg(x_n)+d_n g'(x_n)}=\frac{(m-1)d_n g(x_n)+d_n^2 g'(x_n)}{mg(x_n)+d_n g'(x_n)}$$

由此可见，只有当 $m=1$ 时，即所求的根为单根时，Newton-Raphson 迭代程序才具有平方敛速，而当 $m>1$ 时，Newton-Raphson 程序只有几何敛速.这就表明，对计算单根的某些迭代程序而言，如果直接应用于求重根，那么其收敛速度将变得较慢，因而延长了计算机的运行时间，这显然是不合算的.这就导致必须探讨某些适合于求重根的新的迭代程序.

关注重根计算的理由之二是所谓“病态方程”.如果我们考虑的是多项式，即

$$f(x)=\sum_{i=0}^{n}a_i x^{n-i},a_i\in\mathbf{R}$$

那么我们知道，当所求的根和另一根的比值非常接近或所求的根是重根时，这种方程具有病态特性，即其系数 a_i 的微小变化可以引起它的根值的很大变化.而

我们知道，在用电子计算机进行计算时，必须将用十进制数表示的 a_i 转化为二进制数（一般由机器完成），而这种转换往往产生截断误差.这就不仅导致根值的变化，使求出的根值不可信，而且可能完全改变根的属性.这样，就要求将所用的程序用双倍精度来进行计算，这就涉及计算机的内贮容量和机器的运行时间，需要认真考虑.

§2 根重数 m 的测定

在 1962 年，徐利治曾给出一个可以在使用求根程序前，就能精确决定该根重数的方法[2].但由于存在一定的计算量，故在实际应用这一方法时，还存在一定的困难.

我们知道，J.F.Traub 给出一个在求解过程中能决定根的重数 m 的近似方法

$$\frac{\ln|f(x_n)|}{\ln|f(x_n)/f'(x_n)|} \tag{3}$$

如果用记号 $\langle x\rangle$ 表示取最靠近 x 的整数，那么可将式(3) 改进为

$$\left\langle\frac{\ln|f(x_n)|}{\ln|f(x_n)/f'(x_n)|}\right\rangle \tag{4}$$

一般来说，式(4) 可比式(3) 更快地确定 m 的值.由于在电子计算机的算法语言中，都设有诸如 ENTIER(x) 那样的标准函数，故实际应用式(4) 是不存在困难的.

当然，我们也可以用

$$\frac{[f'(x_n)]^2}{[f'(x_n)]^2 - f(x_n)f''(x_n)} \tag{5}$$

或

$$\left\langle \frac{[f'(x_n)]^2}{[f'(x_n)]^2 - f(x_n)f''(x_n)} \right\rangle \tag{6}$$

$$\frac{x_n - x_{n-1}}{\dfrac{f(x_n)}{f'(x_n)} - \dfrac{f(x_{n-1})}{f'(x_{n-1})}} \tag{7}$$

或

$$\left\langle \frac{x_n - x_{n-1}}{\dfrac{f(x_n)}{f'(x_n)} - \dfrac{f(x_{n-1})}{f'(x_{n-1})}} \right\rangle \tag{8}$$

等来确定 m 的值.

§3 Ostrowski 定理的简便证明

在求 m 级重根 x^* 时,如果能先测得 x^* 的重数 m,那么为了保证所用程序仍有平方敛速,Schröder 曾建议用广义 Newton-Raphson 程序

$$x_{n+1} = x_n - m\frac{f(x_n)}{f'(x_n)}, n = 0,1,2,\cdots \tag{9}$$

这个程序在国内外引起了人们的关注,并有一定的研究成果.

在 1965 年,我们用较为简便的方法证明了 Ostrowski 下述定理.我们将看到,Ostrowski 定理不过是本章 §4 中一个定理的特例.§4 所叙述的结果也是在 1965 年得到的.

定理 1(Ostrowski) 设方程(1)在某区间$[a,b]$

上只有一个根 x^*，它具有重数 $m>1$，$f^{(m+1)}(x)\in C[a,b]$，则当由程序(9)决定的序列 $\{x_n\}$ 收敛于 x^* 时，有

$$x_{n+1}-x^*\sim\frac{(x_n-x^*)^2f^{(m+1)}(x^*)}{m(m+1)f^{(m)}(x^*)},n\to+\infty$$

证　令

$$\varphi(x)=x-m\frac{f(x)}{f'(x)}$$

则由

$$\varphi(x^*)=x^*$$

$$\varphi'(x^*)=0$$

$$\varphi''(x^*)=\frac{2g'(x^*)}{mg(x^*)}$$

及

$$\frac{g'(x^*)}{g(x^*)}=\frac{f^{(m+1)}(x^*)}{(m+1)f^{(m)}(x^*)}$$

便得

$$x_{n+1}-x^*\sim\frac{(x_n-x^*)^2f^{(m+1)}(x^*)}{m(m+1)f^{(m)}(x^*)},n\to+\infty$$

显然，如果在迭代程序(9)中，用式(3)(4)去替代 m，便得如下几个程序

$$x_{n+1}=x_n-\frac{\ln|f(x_n)|}{\ln|f(x_n)/f'(x_n)|}\cdot\frac{f(x_n)}{f'(x_n)}$$

$$n=0,1,2,\cdots\tag{10}$$

$$x_{n+1}=x_n-\left\langle\frac{\ln|f(x_n)|}{\ln|f(x_n)/f'(x_n)|}\right\rangle\frac{f(x_n)}{f'(x_n)}$$

$$n=0,1,2,\cdots\tag{11}$$

$$x_{n+1}=x_n-\frac{[f'(x_n)]^2}{[f'(x_n)]^2-f(x_n)f''(x_n)}\cdot\frac{f(x_n)}{f'(x_n)}=$$

$$x_n - \frac{f'(x_n)f(x_n)}{[f'(x_n)]^2 - f(x_n)f''(x_n)}$$

$$n=0,1,2,\cdots \tag{12}$$

$$x_{n+1} = x_n - \langle \frac{[f'(x_n)]^2}{[f'(x_n)]^2 - f(x_n)f''(x_n)} \rangle \frac{f(x_n)}{f'(x_n)}$$

$$n=0,1,\cdots \tag{13}$$

我们知道,程序(10) 是在 *Mathematical Methods For Digital Computers* 中提出的,而程序(12) 恰是前面讨论过的式(2).

§4　一个高速迭代程序

为了在求重根时,使所用的程序仍有立方敛速,我们建议用如下的迭代程序

$$x_{n+1} = x_n - \frac{m(m+1)f(x_n)f^{(m)}(x_n)}{(m+1)f'(x_n)f^{(m)}(x_n) - f(x_n)f^{(m+1)}(x_n)}$$

$$n=0,1,2,\cdots \tag{14}$$

显然,当 $m=1$ 时,即所求的根 x^* 为单根时程序(14) 就是人们熟知的切双曲线程序.因此,我们也可称程序(14) 为"广义切双曲线程序".

今考虑更为一般的迭代程序

$$x_{n+1} = x_n - \frac{\lambda(\lambda+1)f(x_n)f^{(\lambda)}(x_n)}{(\lambda+1)f'(x_n)f^{(\lambda)}(x_n) - \alpha f(x_n)f^{(\lambda+1)}(x_n)} \tag{15}$$

其中 λ,α 为待选的参数,$n=0,1,2,\cdots$;x_0 为初始近似.

令

$$d_n = x_n - x^*$$

则有

$$x_{n+1}=x_n-\alpha_1 d_n+\alpha_2 d_n^2+\alpha_3 d_n^3+\cdots$$

其中

$$\alpha_1=-\frac{\lambda}{m}$$

$$\alpha_2=\frac{\lambda[\alpha(m+1)-(\lambda+1)]g'(x^*)}{m^2(\lambda+1)g(x^*)}$$

$$\alpha_3=\frac{1}{m(\lambda+1)g(x^*)}\Big\{\frac{\lambda(\lambda+1)}{2}g''(x^*)-$$
$$\alpha_2[(\lambda+1)(m+1)g'(x^*)-$$
$$(m+1)\alpha g'(x^*)]-$$
$$\alpha\Big[\frac{m+2}{2}(\lambda+1)g''(x^*)-$$
$$\alpha(m+1)\frac{g'^2(x^*)}{g(x^*)}-$$
$$\alpha\frac{m+1}{m-\lambda+1}\Big(\frac{m+2}{2}g''(x^*)-$$
$$(m+1)\frac{g'(x^*)}{g(x^*)}\Big)\Big]\Big\}$$

因此,可得下述的定理:

定理2 设 $f(x)$ 为充分光滑的函数,由程序(15)决定的序列 $\{x_n\}$ 收敛于方程(1)的一个 m 级重根 x^*,则有:

(1)当 $\lambda\neq m$ 时,程序(15)只具有一阶敛速,重数 m 的增大,对固定的 λ 而言,使收敛速度相应地得到改进;

(2)当 $\lambda=m,\alpha\neq 1$ 时,程序(15)具有平方敛速,m 愈大,收敛越好;

(3)当 $\lambda=m,\alpha=1$ 时,程序(14)具有立方敛速.

如果我们注意到,当 $\lambda=m$,$\alpha=1$ 时有

$$d_{n+1}=\left[\frac{1}{m}\cdot\frac{g''(x^*)}{g(x^*)}-\left(\frac{g'(x^*)}{g(x^*)}\right)^2\right]d_n^3+\cdots$$

其中 $d_{n+1}=x_{n+1}-x^*$,那么

$$\frac{g''(x^*)}{g(x^*)}=\frac{f^{(m+2)}(x^*)}{(m+2)(m+1)f^{(m)}(x^*)}$$

$$\frac{g'(x^*)}{g(x^*)}=\frac{f^{(m+1)}(x^*)}{(m+1)f^{(m)}(x^*)}$$

因此我们有:

推论 设方程(1)在某区间 I 内有唯一的 m 级重根 x^*,$f^{(m+1)}(x)\in C_I$,则对程序(14)而言,有如下的渐近关系式

$$x_{n+1}-x^*\sim\left[\frac{f^{(m+2)}(x^*)}{m(m+2)(m+1)f^{(m)}(x^*)}-\frac{1}{(m+1)^2}\left(\frac{f^{(m+1)}(x^*)}{f^{(m)}(x^*)}\right)^2\right](x_n-x^*)^3$$

特例 1.$\lambda=m=1$,$\alpha=0$ 时,Newton 程序具有平方敛速,且有

$$x_{n+1}-x^*\sim-\frac{f''(x^*)}{2f'(x^*)}(x_n-x^*)^2,n\to+\infty$$

特例 2.$\lambda=m$,$\alpha=0$ 时,Schröder 程序(9)具有平方敛速,且定理 1 成立.

特例 3.$\lambda=m=1$,$\alpha=1$ 时,切双曲线程序具有立方敛速,且有

$$x_{n+1}-x^*\sim\frac{4f'''(x^*)f'(x^*)-6[f''(x^*)]^2}{24[f'(x^*)]^2}(x_n-x^*)^3$$

$$n\to+\infty$$

§5 计算重根的广义 Чебышев 迭代程序

简记 $f_n^{(i)}=f^{(i)}(x_n), f_{n-1}^{(i)}=f^{(i)}(x_{n-1})(i=0,1,2)$,则文[3]中所讨论的迭代程序可表述为

$$x_{n+1}=x_n-\frac{m}{2}(3-m)\frac{f_n}{f'_n}-\frac{m^2}{2}\left(\frac{f_n}{f'_n}\right)^2\frac{f''_n}{f'_n} \quad (16)$$

其中 m 是所求根的重数,$n=0,1,2,\cdots$.程序(16)具有立方敛速.当 $m=1$ 时,程序(16)恰是人们熟知的 Чебышев 程序,故不妨称程序(16)是计算重根的广义 Чебышев 迭代程序.

在文[1]中,讨论了

$$f''_n\approx 2\left\{2f'_n+f'_{n-1}-\frac{3(f_n-f_{n-1})}{x_n-x_{n-1}}\right\}\Big/(x_n-x_{n-1})$$

将上述近似式代入式(19)中的 f''_n,则得迭代程序

$$x_{n+1}=x_n-\frac{m}{2}(2-m)\frac{f_n}{f'_n}-\frac{m}{f'_n}\left(\frac{f_n}{f'_n}\right)^2\cdot$$

$$\left\{2f'_n+f'_{n-1}-3\frac{f_n-f_{n-1}}{x_n-x_{n-1}}\right\}\Big/(x_n-x_{n-1})$$

此处 $n=1,2,\cdots;x_0,x_1$ 是 m 级重根的两个相异的初始近似.这个程序与 Newton-Raphson 相比,不需更多的计算,但可望其有高于2的敛速阶数(在 $m=1$ 时,相应程序的敛速阶数为2.73).

令

$$\theta_n=\frac{(f'_n)^2}{(f'_n)^2-f_nf''_n}$$

则为了避免因确定 m 值所带来的困难而不增加过多的计算,也可考虑用如下的迭代程序

$$x_{n+1}=x_n-\frac{1}{2}\theta_n(3-\theta_n)\frac{f_n}{f'_n}-\frac{\theta_n^2}{2}\left(\frac{f_n}{f'_n}\right)^2\frac{f''_n}{f'_n} \tag{17}$$

或

$$x_{n+1}=x_n-\frac{1}{2}\langle\theta_n\rangle(3-\langle\theta_n\rangle)\frac{f_n}{f'_n}-\frac{\langle\theta_n\rangle^2}{2}\left(\frac{f_n}{f'_n}\right)^2\frac{f''_n}{f'_n} \tag{18}$$

此处 $n=0,1,2,\cdots$.

由于对方程 $f(x)=(x-x^*)^m g(x)$ 而言，当 $m=1$ 时，有 $\frac{f'_n}{f'_{n-1}}\approx 1$；而当 $m>1$ 时，有 $\frac{f'_n}{f'_{n-1}}\approx 0$.故在实用上，可以由 $\frac{f'_n}{f'_{n-1}}$ 的极限或 $\left\langle\frac{f'_n}{f'_{n-1}}\right\rangle$ 的值来选用相应的程序.

例 1 $f(x)=x^4-2x^3+3x^2-4x+2=0$.

取 $x_0=1.25$，则由

$$\left\langle-\frac{f'(x_0)}{[f'(x_0)]^2-f(x_0)f''(x_0)}\right\rangle$$

得 $m=2$.同时可得下表(表 1)：

表 1

程序	Newton 程序	Schröder 程序	切双曲线程序	程序(14)
近似值	$x_9=1.005\ 4$	$x_3=0.998\ 33$	$x_4=1.003\ 4$	$x_2=1.002\ 6$
误差	0.005 4	0.001 67	0.003 4	0.002 6

此处近似值 x 的下角标表示迭代次数.该方程的二重根 $x^*=1$.

例 2 $f(x)=x^2(\sin x-0.707\ 1)+(0.214\ 3x-0.785)\sin x-0.151\ 82x+0.555\ 28=0$.

取 $x_0=0.6$.由程序(4) 迭代一次得 $m=2$(表 2).

表 2

程序	(9)	(14)
近似值	$x_2=0.789\ 57$	$x_1=0.782\ 32$

该方程的二重根 $x^*=0.785\ 4$.

参考文献

[1] 王兴华.求导数零点的一个二阶收敛的迭代方法[J].科学通报,1979(3):209-220.

[2] 徐利治.几个敛速阶数较高的迭代程序和一个测定实根重数的方法[J].数学学报,1962,4(12):331-340.

第26章 关于"计算方程重根的一个高阶迭代程序"一章的评注

迭代程序

$$x_{n+1}=x_n-m\left(\frac{f(x_n)}{f'(x_n)}\right)\cdot\frac{f(z_n)f'(x_n)-f(x_n)f'(z_n)}{2f(z_n)f'(x_n)-f(x_n)f'(z_n)}$$

其中 $z_n=x_n-\frac{mf(x_n)}{f'(x_n)}$.上海交通大学的吴紫电教授 1982 年发现此程序只有三阶敛速,证明如下:

由原文的推导,可得第 $n+1$ 次迭代的误差 d_{n+1} 和第 n 次迭代的误差的关系为

$$d_{n+1}=(1-\alpha)d_n-\alpha\sum_{i=2}^{\infty}b_id_n^i$$

其中

$$b_1=\alpha_0\tau_1=1$$

$$b_2=\alpha_1\tau_1+\alpha_0\tau_2=\frac{\tau_2}{1+\lambda_1}$$

$$b_3=\alpha_0\tau_3+\alpha_1\tau_2+\alpha_2\tau_1=$$

$$\tau_3+\frac{\lambda_1\lambda\beta_2}{\lambda(1+\lambda_1)C_1}\tau_2+$$

$$\frac{1}{\lambda(1+\lambda_1)C_1}\{\lambda_1\lambda\beta_3-$$

$$\frac{\lambda_1\lambda\beta_2}{\lambda(1+\lambda_1)C_1}[\lambda(1+$$

$$\lambda_1)C_2-\lambda_1(1+\lambda)\beta_2]\}$$

注意到 $\tau_i=mC_i, C_1=\frac{1}{m}, \tau_2=mC_2=\frac{C_2}{C_1}$,所以有

$$\lim_{\lambda_1\to\infty}b_3=\tau_3+\frac{\beta_2}{C_1}\tau_2+\frac{\beta_3}{C_1}-\frac{C_2\beta_2}{C_1^2}+\frac{(1+\lambda)\beta_2^2}{\lambda C_1^2}=$$

$$\frac{1}{\lambda}\tau_2^2+\frac{C_2}{C_1}\tau_2=$$

$$\left(\frac{1}{\lambda}+1\right)\tau_2^2$$

又因为

$$\tau_2^2=(mC_2)^2=\left(\frac{g'}{mg}\right)^2\neq 0$$

于是,当 $\alpha=1,\lambda_1\to\infty,\lambda\neq-1$ 时,$b_3\neq 0$.因此,当 $\lambda=1$ 时 $b_3\neq 0$,即有

$$d_{n+1}=-\sum_{i=3}^{\infty}b_i d_n^i$$

由此得到我们的结论:迭代程序(5′)是三阶的.第 23 章中的错误在于将其中一项 $\frac{C_2}{C_1}$ 认为是 $-\tau_2$,实际应为 τ_2.

根据本章的推导,可知只有当 $\alpha=1,\lambda_1\to\infty,\lambda=$

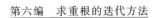

-1 时才有 $b_3=0$.这时得到迭代程序

$$x_{n+1}=x_n-m\left\{\frac{f(x_n)}{f'(x_n)}+\frac{f(z_n)}{f'(z_n)}\right\} \qquad (*)$$

其中 $z_n=x_n-m\dfrac{f(x_n)}{f'(x_n)}$.它的形式比(5′)更为简洁,却具有四阶敛速.如果可用某种方法预先得知根 x^* 的重数 m 的精确值或近似值,那么此程序是很有效的.由于在重根附近的 $f(x_n)$,$f(z_n)$,$f'(x_n)$ 和 $f'(z_n)$ 都几乎为零,因此在经过几步迭代后,如机器的字长不够,在计算 $f(x_n)$,$f(z_n)$,$f'(x_n)$,$f'(z_n)$ 时将大量丢失有效数字而使进一步迭代失效.故建议在计算 $f(x_n)$,$f(z_n)$,$f'(x_n)$ 和 $f'(z_n)$ 时用双倍位字长,则可达较高的计算精度.下面我们用第 23 章中的例子来加以验证.

例 求 $f(x)=x^5-2.55x^4+0.905x^3+2.216\,5x^2-1.905\,75x+0.332\,75=0$ 在 1 附近的一个正实根.

解 预先知道此根的重数 $m=3$,取初值 $x_0=1$,经一步迭代的结果记录如下(表 1):

表 1

程序	三阶程序(5′)	四阶程序(*)
x_0	1	1
x_1	1.100 726 402	1.100 022 049
$\lvert x_1-x^*\rvert$	7.264×10^{-4}	2.205×10^{-5}

其中 $x^*=1.1$.从一步迭代即可看出,四阶程序(*)比三阶程序(5′)收敛得快.

参考文献

[1] 陈永昌.计算方程重根的一个高阶迭代程序[J].计算数学,1979,1(3):288-292.

第七编

Newton 迭代法的其他应用

Newton 迭代程序在非线性优化中的应用

第 27 章

一维优化是指求解一个单变量函数的极小值,即

$$\min_{x\in\mathbf{R}} f(x) \tag{1}$$

其中 $f(x)$ 是定义在实数上的非线性函数.一维优化问题是最简单的非线性优化问题,求解它的方法也是非线性优化最基本的计算方法.由于大多数高维优化方法的每次迭代需要进行一维搜索(即精确或者非精确地求解一个高维函数在某个一维子空间的极小值),而且一维优化的一些方法和技巧可直接推广到高维优化,所以对简单的单变量问题(1) 的求解方法的研究是有重要意义的.

假定 $f(x)$ 连续可微,可知问题(1)的解必为稳定点,即

$$f'(x)=0 \tag{2}$$

在求解一维优化问题的方法中,有些是基于直接求解(1),而有些却是基于求(2) 的根.

§1 Newton 法

Newton 法是基于求解(2) 的方法，它之所以被称为 Newton 法是因为这一方法可溯源到 Newton 提出的求多项式根的一种方法.Newton 法的思想可从下例中看到.

假定我们要计算$\sqrt{2}$，它是多项式

$$x^2=2 \tag{3}$$

的根.设$\sqrt{2}=1+\varepsilon$，代入上式得

$$1+2\varepsilon+\varepsilon^2=2 \tag{4}$$

由于$|\varepsilon|<1$，舍掉上式中的ε^2项，即得$\varepsilon\approx\frac{1}{2}$.也就是说，$\sqrt{2}\approx\frac{3}{2}$.如果我们不满足于 1.5(因为它的平方是 2.25 而不是 2)，可设$\sqrt{2}=1.5+\delta$.与上类似，代入式(3)并舍掉二次项δ^2，可得$\delta\approx-\frac{1}{12}$.于是，$\sqrt{2}\approx\frac{17}{12}$，这时$\frac{17}{12}$的平方与 2 的误差仅为$\frac{1}{144}$.重复这一步骤，可求得任意精度的$\sqrt{2}$ 的近似值.

对于一般的多项式$P(x)$，如果x_k是$P(x)=0$的一个近似根，Newton 法的思想是设根为$x_k+\varepsilon$，从而得到

$$P(x_k+\varepsilon)=P(x_k)+P'(x_k)\varepsilon+O(\varepsilon^2)=0 \tag{5}$$

舍去高阶项$O(\varepsilon^2)$，即知$\varepsilon\approx-\frac{P(x_k)}{P'(x_k)}$.故新的近似

根为

$$x_{k+1}=x_k-\frac{P(x_k)}{P'(x_k)} \tag{6}$$

这个求多项式根的方法可推广到求一般非线性方程的根. 将其应用到问题(4) 就得到一维优化问题的 Newton 法.

算法 1(Newton 法)

(1) 给出 $x_1 \in \mathbf{R}, k:=1$.

(2) 计算 $f'(x_k), f''(x_k)$.

(3) 如果 $f'(x_k)=0$,则停

$$x_{k+1}=x_k-\frac{f'(x_k)}{f''(x_k)} \tag{7}$$

$k:=k+1$,转第(2) 步.

Newton 法的优点是它的收敛速度快.

定理 1　设 $f(x)$ 二次连续可微,$f'(x^*)=0$, $f''(x^*)\neq 0$,则当 x_1 充分靠近 x^* 时,有 $x_k \to x^*$ 且

$$\frac{|x_{k+1}-x^*|}{|x_k-x^*|}\to 0 \tag{8}$$

如果 $f''(x)$ 在 x^* 附近 Hölder 连续,即存在两个正常数 M 和 δ,使得

$$|f''(x)-f''(y)|\leqslant M|x-y)|^{\delta} \tag{9}$$

则

$$\frac{|x_{k+1}-x^*|}{|x_k-x^*|^{1+\delta}}\leqslant \overline{M} \tag{10}$$

其中 $\overline{M}$ 是一常数. 特别地,如果 $f''(x)$ 在 x^* 附近 Lipschitz 连续,则

$$|x_{k+1}-x^*|=O(|x_k-x^*|^2) \tag{11}$$

证　利用式(7) 以及 $f'(x^*)=0$,有

$$x_{k+1}-x^{*}=x_{k}-x^{*}-\frac{f'(x_{k})}{f''(x_{k})}=$$

$$x_{k}-x^{*}-\frac{f'(x^{*})+\int_{x^{*}}^{x_{k}}f''(x)\mathrm{d}x}{f''(x_{k})}=$$

$$\int_{x^{*}}^{x_{k}}\frac{[f''(x_{k})-f''(x)]\mathrm{d}x}{f''(x_{k})} \qquad (12)$$

从上式即知定理成立.

这个定理告诉我们，如果 $f(x)$ 是三次连续可微，则 Newton 法的局部收敛速度是二次的.对于凸函数，不难证明如下全局收敛性结果：

定理 2　设 $f(x)$ 三次连续可微，$f''(x)>0$ 且 $f'''(x)$ 不变号，则对任何初始值 x_1，算法 1 产生的点列 x_k 有限终止于 $f(x)$ 的唯一极小点 x^*（即对某一 k，$x_k=x^*$）或者二次收敛于 x^*.

对于一般的非线性函数 $f(x)$，算法(1) 仅是一个局部算法，即要求初始点充分靠近某一稳定点.给定同样的初始点，该算法应用到 $\min f(x)$ 和 $\min(-f(x))$ 将产生相同的点列，故知 x_k 可能收敛到 $f(x)$ 的极大点.下面我们给出一个全局的 Newton 算法.

算法 2(全局 Newton 法)

(1) 给出 $x_1\in\Re$，$\delta>0$，$k:=1$.

(2) 计算 $f'(x_k)$，$f''(x_k)$.如果 $f'(x_k)\neq 0$，则转(4)；如果 $f''(x_k)\geqslant 0$，则停.令 $\bar{\delta}:=\delta$.

(3) $\bar{\delta}:=\frac{\bar{\delta}}{2}$.如果 $f(x_k+\bar{\delta})\geqslant f(x_k)$，则转(3).

$x_{k+1}=x_k+\bar{\delta}$，$k:=k+1$，转(2).

(4) $\beta_k=f''(x_k)$，如果 $\beta_k\leqslant 0$，则令 $\beta_k=1$，$\alpha_k=1$.

(5) 如果

$$f\left(x_k-\frac{\alpha_k f'(x_k)}{\beta_k}\right)\leqslant f(x_k)-\frac{\frac{\alpha_k}{4}[f'(x_k)]^2}{\beta_k} \tag{13}$$

则转(6).

$\alpha_k:=\frac{\alpha_k}{4}$,转(5).

(6)$x_{k+1}=x_k-\frac{\alpha_k f'(x_k)}{\beta_k}$,$k:=k+1$,转(2).

如果算法进入(3),则必有 $f'(x_k)=0$,$f''(x_k)<0$,从而对充分小的 $\bar{\delta}>0$,必定有 $f(x_k+\bar{\delta})<f(x_k)$,故知(3)是有限终止的.在(5)中,由于 $f'(x_k)\neq 0$,利用 Taylor 展开式可知式(13)在 α_k 充分小时一定成立,所以算法在(5)中也不会出现无穷循环.

为了证明算法 2 的全局收敛性,我们给出一个简单的引理.

引理 1　设 $f(x)$ 三次连续可微且存在 M,使得对任何 x,有 $|f''(x)|\leqslant M$.如果存在 $x\in\mathbf{R}$,$\alpha>0$,$c_1\in(0,1)$ 满足

$$f(x-\alpha f'(x))>f(x)-c_1\alpha[f'(x)]^2 \tag{14}$$

则必有

$$\alpha>\frac{2(1-c_1)}{M} \tag{15}$$

证　只需利用估计式

$$f(x-\alpha f'(x))\leqslant f(x)-\alpha[f'(x)]^2+\frac{M}{2}\alpha^2[f'(x)]^2 \tag{16}$$

以及式(14)即可得到结论(15).

定理 3　设 $f(x)$ 三次连续可微且算法产生的点

列 x_k 有界.如果算法有限终止于 x_k,则 $f'(x_k)=0$, $f''(x_k)\geqslant 0$;否则在 x_k 的任一聚点 x^* 都有 $f'(x^*)=0$, $f''(x^*)\geqslant 0$.

证 显而易见,如果算法在第 k 次迭代终止,则 $f'(x_k)=0$, $f''(x_k)\geqslant 0$.

因为点列 x_k 有界,存在 $a\leqslant b$,使得 $x_k\in[a,b]$ $(k=1,2,\cdots)$.令 $M=\max\limits_{x\in[a,b]}|f''(x)|+1$.首先,我们有

$$\frac{\alpha_k}{\beta_k}\geqslant\frac{3}{4M},k=1,2,\cdots \tag{17}$$

如果 $\alpha_k=1$,由于 $\beta_k\leqslant M$,则式(17)成立.如果 $\alpha_k<1$,则不等式(13)将 α_k 换成 $2\alpha_k$ 后不成立.利用引理 1 可得

$$\frac{2\alpha_k}{\beta_k}\geqslant\frac{2\left(1-\frac{1}{4}\right)}{M} \tag{18}$$

从而可知(17)恒成立.于是,从(13)和(17)可证明,如果 x_{k+1} 是由第 6 步给出,则必有

$$f(x_{k+1})\leqslant f(x_k)-\frac{3}{16M}[f'(x_k)]^2 \tag{19}$$

也就是说

$$[f'(x_k)]^2\leqslant\frac{16}{3}M[f(x_k)-f(x_{k+1})] \tag{20}$$

如果 x_{k+1} 不是由第 6 步给出,则有 $f'(x_k)=0$.所以式(20)对所有 k 都成立.因为 x_k 有界且 $f(x_k)$ 单调不增,故式(20)保证 $f'(x_k)\to 0$.于是,在 x_k 的任一聚点 x^* 必有 $f'(x^*)=0$.由算法的单调性知 $\lim\limits_{k\to\infty}f(x_k)=f(x^*)$ 且 $f(x_k)>f(x^*)$ 对一切 k 都成立.如果

$f''(x^*)<0$,则对充分靠近 x^* 的所有点 x 都有 $f(x)<f(x^*)$,这与 x^* 是 x_k 的聚点相矛盾.故知定理为真.

算法 2 要求 $f'(x_k)=0$ 才停止计算,否则将无穷迭代下去.在实际计算中,终止条件 $f'(x_k)=0$ 换成 $|f'(x_k)|\leqslant\varepsilon$,其中 $\varepsilon>0$ 是一个容许误差,它代表用户希望近似解所满足的精度.通常,ε 不应该小于用来求解问题的计算机的精度.

从 Newton 法的收敛性分析不难看出,如果令

$$x_{k+1}=x_k-\frac{f'(x_k)}{f''\left(\frac{x_k+x^*}{2}\right)} \tag{21}$$

则有 $|x_{k+1}-x^*|=O(|x_k-x^*|^3)$.由于 x^* 未知,对式(21)进行近似可得到迭代公式

$$\begin{cases}x_{k+1}=x_k-\dfrac{f'(x_k)}{f''(y_k)} & (22)\\ y_{k+1}=x_{k+1}-\dfrac{f'(x_{k+1})}{2f''(y_k)} & (23)\end{cases}$$

§2　割　线　法

Newton 法需要计算二阶导数,利用差商代替导数,即

$$f''(x_k)\approx\frac{f'(x_k)-f'(x_{k-1})}{x_k-x_{k-1}} \tag{24}$$

从 Newton 法可导出下面的迭代公式

$$x_{k+1}=x_k-\frac{f'(x_k)(x_k-x_{k-1})}{f'(x_k)-f'(x_{k-1})} \tag{25}$$

割线法的基本迭代是式(25),它在几何上就是求通过$(x_{k-1},f'(x_{k-1}))$,$(x_k,f'(x_k))$两点的曲线$y=f'(x)$的割线的零点.假定$f(x)$三次连续可微,x^*是$f(x)$的稳定点且$f''(x^*)\neq 0$,对充分靠近x^*的x_k和x_{k-1},我们有

$$x_{k+1}-x^*=x_k-x^*-\frac{f'(x_k)(x_k-x_{k-1})}{f'(x_k)-f'(x_{k-1})}=$$

$$\frac{1}{f'(x_k)-f'(x_{k-1})}[f'(x_k)\varepsilon_{k-1}-f'(x_{k-1})\varepsilon_k]=$$

$$\frac{(x_k-x_{k-1})}{f'(x_k)-f'(x_{k-1})}\left[\frac{f'''(x^*)}{2}\varepsilon_k\varepsilon_{k-1}+o(|\varepsilon_k\varepsilon_{k-1}|)\right]=$$

$$\frac{f'''(x^*)}{2f''(x^*)}\varepsilon_k\varepsilon_{k-1}+o(|\varepsilon_k\varepsilon_{k-1}|)\tag{26}$$

其中$\varepsilon_k=x_k-x^*$,$\varepsilon_{k-1}=x_{k-1}-x^*$.利用上式,可证存在$\delta>0$,当$x_1,x_2\in(x^*-\delta,x^*+\delta)$且$x_1\neq x_2$时,有$x_k\to x^*$以及

$$|x_{k+1}-x^*|=\beta_k|x_k-x^*||x_{k-1}-x^*|\tag{27}$$

其中

$$\beta_k\to\left|\frac{f'''(x^*)}{2f''(x^*)}\right|\tag{28}$$

为了导出割线法的收敛速度,我们给出如下引理:

引理 2 设$\varepsilon_k>0(k=1,2,\cdots)$是一趋于 0 的数列且满足

$$\varepsilon_{k+1}=\beta_k\varepsilon_k\varepsilon_{k-1}\tag{29}$$

其中

$$\beta_k \to \beta^* > 0 \tag{30}$$

则必有

$$\lim_{k\to\infty}\frac{\varepsilon_{k+1}}{\varepsilon_k^{\tau}} = (\beta^*)^{\frac{1}{\tau}} \tag{31}$$

$\tau = \dfrac{\sqrt{5}+1}{2}$ 是方程 $\tau^2 = \tau + 1$ 的正根.

证 由式(29)可得

$$\log(\varepsilon_{k+1}) = \log(\varepsilon_k) + \log(\varepsilon_{k-1}) + \log(\beta_k) \tag{32}$$

因为 $\tau^2 = \tau + 1$,故

$$\log(\varepsilon_{k+1}) - \tau\log(\varepsilon_k) = -\frac{1}{\tau}[\log(\varepsilon_k) - \tau\log(\varepsilon_{k-1})] + \log(\beta_k) \tag{33}$$

定义 $\eta_k = \log(\varepsilon_{k+1}) - \tau\log(\varepsilon_k)$,由于 $\beta_k \to \beta^*$,$\tau > 1$,从式(33)可知 $\eta_k(k=1,2,\cdots)$ 必是一有界数列而且满足

$$\eta_{k+1} - \eta_k = -\frac{1}{\tau}(\eta_k - \eta_{k-1}) + \log\frac{\beta_{k+1}}{\beta_k} \tag{34}$$

于是,$\eta_{k+1} \to \eta_k \to 0$.假定 $\eta_{k_i} \to \eta^*$ 是 η_k 的任一收敛子列,从(33)和 $\eta_{k+1} - \eta_k \to 0$ 这一事实可知

$$\eta^* = -\frac{1}{\tau}\eta^* + \log(\beta^*) \tag{35}$$

所以

$$\eta^* = \frac{1}{\tau}\log(\beta^*) \tag{36}$$

由上式,η_k 的有界性和收敛子列的任意性,有

$$\lim_{k\to\infty}\eta_k = \frac{1}{\tau}\log(\beta^*) \tag{37}$$

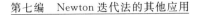

注意到 η_k 的定义，有

$$\lim_{k\to\infty}\frac{\varepsilon_{k+1}}{\varepsilon_k^{\tau}}=\lim_{k\to\infty}\mathrm{e}^{\eta_k}=(\beta^*)^{\frac{1}{\tau}} \tag{38}$$

所以引理 2 成立.

从引理 2 以及式(27) 和式(28) 可知，如果 $f'(x^*)=0$，$f''(x^*)\neq 0$ 而且当 $x_1\neq x_2$ 充分靠近 x^* 时，割线法产生的点列必超线性收敛于 x^*.如果 $f'''(x^*)\neq 0$，则割线法的收敛阶是 τ 且

$$\lim_{k\to\infty}\frac{|x_{k+1}-x^*|}{|x_k-x^*|^{\tau}}=\left|\frac{f'''(x^*)}{2f''(x^*)}\right|^{1/\tau} \tag{39}$$

显然，割线法比 Newton 法收敛慢，后者的收敛阶是 2，且利用式(33) 可证

$$\lim_{k\to\infty}\frac{|x_{k+1}-x^*|}{|x_k-x^*|^2}=\left|\frac{f'''(x^*)}{2f''(x^*)}\right| \tag{40}$$

以上两个关系说明，要使 x_k 达到相同精度，割线法与 Newton 法所需的迭代次数之比大约是 $\frac{2}{\tau}$.但割线法每次迭代只需要计算 $f'(x_k)$，而 Newton 法需要计算 $f'(x_k)$ 和 $f''(x_k)$，所以 Newton 法所需的求值总次数约是割线法的 τ 倍.下面看一个例子

$$\min_{x\in\mathbf{R}}-x\mathrm{e}^{-x} \tag{41}$$

此问题有唯一的极小点 $x^*=1$.取初值 $x_1=0$，用 Newton 法式(7) 可得 $x_2=0.5$.所以，用割线法时，取 $x_1=1$，$x_2=0.5$.表 1 给出了 Newton 法和割线法的计算结果.为了便于比较两种方法的收敛速度，我们只给出真解和迭代点之间的误差 $1-x_k$.迭代的终止条件是

$$|f'(x_k)|\leqslant 10^{-11} \tag{42}$$

表 1 Newton 法与割线法的比较：$f(x)=-xe^{-x}$

	Newton 法	割线法
$1-x_1$	1.0	1.0
$1-x_2$	0.5	0.5
$1-x_3$	0.166 666 66	0.282 366 70
$1-x_4$	$0.238\ 095\ 24\times 10^{-1}$	0.101 197 47
$1-x_5$	$0.553\ 709\ 86\times 10^{-3}$	$0.239\ 216\ 56\times 10^{-1}$
$1-x_6$	$0.306\ 424\ 93\times 10^{-6}$	$0.227\ 721\ 64\times 10^{-2}$
$1-x_7$	$0.938\ 971\ 12\times 10^{-13}$	$0.537\ 683\ 53\times 10^{-4}$
$1-x_8$		$0.122\ 299\ 58\times 10^{-6}$
$1-x_9$		$0.657\ 567\ 06\times 10^{-11}$

从表 1 可知，Newton 法只需 6 次迭代，而割线法需要 8 次迭代.Newton 法计算导数和二阶导数的总次数与割线法计算函数导数的次数比是$\frac{2\times 6+1}{8+1}=\frac{13}{9}$，这与我们所估计的比值 τ 相差不大.如果需要计算函数值 $f(x_k)$，则 Newton 法与割线法所需的求值总次数之比为$\frac{\tau\times 3}{2\times 2}\approx 1.22$.

如果函数 $f(x)$ 不是二次连续可微，则割线法可能不是超线性收敛.例如，定义

$$f'(x)=\begin{cases}2x,x\geqslant 0\\ \frac{13-\sqrt{73}}{4}(x+\alpha^k)-\alpha^k,x\in\left[-\alpha^k,-\frac{\alpha^k}{3}\right]\\ \frac{1}{2}(x-\alpha^{k+1}),x\in\left[-\frac{\alpha^k}{3},-\alpha^{k+1}\right]\end{cases}\tag{43}$$

其中 $\alpha=\frac{\sqrt{73}-8}{3}$，$k=0,\pm 1,\pm 2,\cdots$.如果取 $x_1=-1$，

$x_2=1$,则不难发现割线法是线性收敛的.

Newton 法式(7) 产生的 x_{k+1} 是近似函数

$$\hat{f}_k(x)=f(x_k)+f'(x_k)(x-x_k)+\frac{1}{2}f''(x_k)(x-x_k)^2\approx f(x) \tag{44}$$

的稳定点.当 $f''(x_k)>0$ 时,x_{k+1} 是原目标函数 $f(x)$ 在 x_k 点的二阶 Taylor 展开式的极小点.下面考虑 $f(x)$ 的一般形式的二次逼近函数

$$\phi_k(x,c_k)=f(x_k)+f'(x_k)(x-x_k)+\frac{1}{2}c_k(x-x_k)^2 \tag{45}$$

其中 c_k 是一个待定的参数.设 $c_k\neq 0$,令 x_{k+1} 是这个逼近函数的稳定点,就得到迭代公式

$$x_{k+1}=x_k-\frac{f'(x_k)}{c_k} \tag{46}$$

显然,$\phi_k(x,c_k)$ 满足插值条件

$$\phi_k(x_k,c_k)=f(x_k) \tag{47}$$

$$\phi'_k(x_k,c_k)=f'(x_k) \tag{48}$$

如果还要求

$$\phi'_k(x_{k-1},c_k)=f'(x_{k-1}) \tag{49}$$

则 $c_k=\dfrac{f'(x_k)-f'(x_{k-1})}{x_k-x_{k-1}}$,此时,式(46) 就是割线法(25).

把式(49) 换成

$$\phi_k(x_{k-1},c_k)=f(x_{k-1}) \tag{50}$$

则

$$c_k=2[f'(x_k)-(f(x_k)-f(x_{k-1}))/(x_k-x_{k-1})]/(x_k-x_{k-1})$$

从而得到迭代法

$$x_{k+1}=x_k-\frac{f'(x_k)(x_k-x_{k-1})}{2[f'(x_k)-(f(x_k)-f(x_{k-1}))/(x_k-x_{k-1})]} \tag{51}$$

与式(26)类似,可证

$$x_{k+1}-x^*=\frac{f'''(x^*)}{3f''(x^*)}(x_k-x^*)(x_{k-1}-x^*)+o(|x_k-x^*)(x_{k-1}-x^*)|) \tag{52}$$

设 $f'(x^*)=0, f''(x^*)\neq 0, f'''(x^*)\neq 0$,则当 x_1, x_2 充分靠近 x^* 时,有

$$\lim_{k\to\infty}\frac{|x_{k+1}-x^*|}{|x_k-x^*|^{\tau}}=\left|\frac{f'''(x^*)}{3f''(x^*)}\right|^{1/\tau} \tag{53}$$

故知,迭代法(51)的收敛阶也是 τ,而且比割线法稍快.

一般说来,二次函数(45)不可能同时满足四个插值条件(47)~(50).如果要求这四个条件都满足,需要用到三次 Hermite 插值函数

$$\begin{aligned}\bar{\phi}_k(x)=&f(x_{k-1})\frac{(x-x_k)^2(2x+x_k-3x_{k-1})}{(x_k-x_{k-1})^3}+\\&f(x_k)\frac{(x-x_{k-1})^2(3x_k-2x-x_{k-1})}{(x_k-x_{k-1})^3}+\\&f'(x_{k-1})\frac{(x-x_k)^2(x-x_{k-1})}{(x_k-x_{k-1})^2}+\\&f'(x_k)\frac{(x-x_k)(x-x_{k-1})^2}{(x_k-x_{k-1})^2}\end{aligned} \tag{54}$$

用该三次函数在 x_k 处的二阶导数代替 c_k 代入式(46)得到

$x_{k+1}=x_k-$

$$\frac{f'(x_k)(x_k - x_{k-1})}{4f'(x_k) + 2f'(x_{k-1}) - 6[f(x_k) - f(x_{k-1})]/(x_k - x_{k-1})} \tag{55}$$

设 $f'(x^*)=0, f''(x^*)\neq 0$，则当 x_1, x_2 充分靠近 x^* 时，有

$$x_{k+1} - x^* = \alpha_k (x_k - x^*)^2 + \beta_k (x_k - x^*)(x_{k-1} - x^*)^2 \tag{56}$$

其中

$$\alpha_k = \alpha^* + O(|x_k - x^*|)$$

$$\alpha^* = \frac{f'''(x^*)}{2f''(x^*)} \tag{57}$$

$$\beta_k = \beta^* + O(|x_{k-1} - x^*|)$$

$$\beta^* = -\frac{f^{(4)}(x^*)}{12 f''(x^*)} \tag{58}$$

为了分析式(56)的收敛速度，我们给出如下一般性结果

引理 3 设 $\varepsilon_k > 0 (k=1,2,\cdots)$ 是一趋于 0 的数列且满足关系式

$$\varepsilon_{k+1} = \bar{\beta}_k \varepsilon_k \varepsilon_{k-1}^2, \forall k > 1 \tag{59}$$

其中 $\bar{\beta}_k \to \bar{\beta}^* > 0$，而且

$$\sum_{k=2}^{\infty} |\bar{\beta}_k - \bar{\beta}^*| < \infty \tag{60}$$

则必存在 $\overline{M}_1 > \overline{M}_2 > 0$，使得对一切 k 都有

$$\overline{M}_2 \leqslant \frac{\varepsilon_{k+1}}{\varepsilon_k^2} < \overline{M}_1 \tag{61}$$

证 令 $\eta_k = \frac{\varepsilon_{k+1}}{\varepsilon_k^2}$，由式(59)可知

$$\eta_{k+1} = \frac{\bar{\beta}_{k+1}}{\eta_k} = \frac{\bar{\beta}_{k+1}}{\bar{\beta}_k} \eta_{k-1} \tag{62}$$

于是

$$\eta_{2k+1}=\prod_{i=1}^{k}\frac{\bar{\beta}_{2i+1}}{\bar{\beta}_{2i}}\eta_1 \tag{63}$$

因为级数 $\sum_{k=2}^{\infty}|\bar{\beta}_k-\bar{\beta}^*|<\infty$,所以无穷乘积 $\prod_{i=1}^{\infty}\frac{\bar{\beta}_{2i+1}}{\bar{\beta}_{2i}}$ 也必收敛.所以

$$\lim_{k\to\infty}\eta_{2k+1}=\eta^*>0 \tag{64}$$

从上式和式(62) 可推出

$$\lim_{k\to\infty}\eta_{2k}=\frac{\bar{\beta}^*}{\eta^*}>0 \tag{65}$$

关系式(64) 和(65) 保证了存在 $\overline{M}_1>\overline{M}_2>0$ 使得式(61) 成立.

这个引理能让我们建立如下收敛性定理:

定理 4　设迭代法式(55) 产生的点列 $x_k\to x^*$,且 $f'(x^*)=0,f''(x^*)\neq 0,f'''(x^*)=0,f^{(4)}(x^*)\neq 0$,则存在 $M_1>M_2>0$,使得

$$M_2|x_k-x^*|^2\leqslant|x_{k+1}-x^*|\leqslant M_1|x_k-x^*|^2 \tag{66}$$

证　因为 $x_{k+1}-x^*=o(|x_k-x^*|)$,由式(56)以及定理的假设条件知

$$|x_{k+1}-x^*|=\hat{\beta}_k|x_k-x^*||x_{k-1}-x^*|^2 \tag{67}$$

其中

$$\hat{\beta}_k=\left|\frac{f^{(4)}(x^*)}{12f''(x^*)}\right|+O(|x_{k-1}-x^*|) \tag{68}$$

由于 x_k 超线性收敛,所以 $\sum_{k=1}^{\infty}|x_k-x^*|<\infty$.由式(67)(68) 和引理 3 即知定理成立.

定理 5 设迭代法式(55)产生的点列 $x_k \to x^*$，且 $f'(x^*)=0, f''(x^*)\neq 0, f'''(x^*)\neq 0, f^{(4)}(x^*)=0$，则必有

$$\limsup_{k\to\infty}\frac{|x_{k+1}-x^*|}{|x_k-x^*|^2}\leqslant|\alpha^*| \tag{69}$$

其中 α^* 由(57)定义.

证 定义 $\eta_k=\frac{|x_{k+1}-x^*|}{|x_k-x^*|^2}$，由式(56)～(58)及假定 $f^{(4)}(x^*)=0$ 可知

$$\eta_k=|\alpha^*|+O\left(\frac{|x_{k-1}-x^*|}{\eta_{k-1}}+|x_k-x^*|\right) \tag{70}$$

因为 $x_k\to x^*$ 且 $\delta\in(0,|\alpha^*|)$，存在 k_0 以及 $\delta>0$，使得当 $k\geqslant k_0$ 时且 $\eta_k\geqslant|\alpha^*|-\delta$ 时必有 $|\eta_{k+1}-|\alpha^*||<\delta$.

假定式(69)不成立，则必存在子列 k_i，使得 $\eta_{k_i}>|\alpha^*|$. 从上面的分析就知道对所有充分大的 k 都有 $|\eta_k-|\alpha^*||<\delta$. 再利用式(70)就知道 $\eta_k\to|\alpha_k^*|$，这与假定式(69)不成立相矛盾. 此矛盾说明定理成立.

对于 Newton 法，从式(63)可证

$$\lim_{k\to\infty}\frac{|x_{k+1}-x^*|}{|x_{k+1}-x^*|^2}=\left|\frac{f'''(x^*)}{2f''(x^*)}\right| \tag{71}$$

比较式(71)和式(69)即知，在 $f'''(x^*)\neq 0$，$f^{(4)}(x^*)=0$ 时，迭代法(55)的收敛速度不比 Newton 法慢.

定理 6 设迭代法(55)产生的点列 $x_k\to x^*$，且 $f'(x^*)=0, f''(x^*)\neq 0, f'''(x^*)\neq 0, f^{(4)}(x^*)\neq 0$，如果

$$(f'''(x^*))^2 > \frac{4}{3}f''(x^*)f^{(4)}(x^*) \tag{72}$$

则有

$$\limsup_{k\to\infty}\frac{|x_{k+1}-x^*|}{|x_k-x^*|^2} \leqslant \frac{|\alpha^*|+\sqrt{(\alpha^*)^2+4\beta^*}}{2} \tag{73}$$

其中 α^*,β^* 由式(57) 和(58) 定义.

证　定义 $\eta_k=\dfrac{x_{k+1}-x^*}{(x_k-x^*)^2}$,由式(56) ～ (58) 可知

$$\eta_k=\alpha_k+\frac{\beta_k}{\eta_{k-1}} \tag{74}$$

不失一般性,可假定 $\alpha^*>0$(否则,可考虑 $-\eta_k$ 的收敛性质).

为了证明简单,不妨假定

$$\eta_k=\alpha^*+\frac{\beta^*}{\eta_{k-1}} \tag{75}$$

分两种情形考虑.首先,假定 $\beta^*<0$.由于(49) 等价于 $(\alpha^*)^2+4\beta^*>0$,可记

$$\gamma^*=\frac{\alpha^*+\sqrt{(\alpha^*)^2+4\beta^*}}{2} \tag{76}$$

$$\bar{\gamma}^*=\frac{\alpha^*-\sqrt{(\alpha^*)^2+4\beta^*}}{2} \tag{77}$$

如果 $\eta_k\in(\gamma^*,\infty)$,则知 $\eta_{k+1}\in(\gamma^*,\eta_k)$,从而可知 η_k 单调收敛于 γ^*.如果 $\eta_k\in(\bar{\gamma},\gamma^*)$,则知 $\eta_{k+1}\in(\eta_k,\gamma^*)$,从而也可知 η_k 单调收敛于 γ^*.如果 $\eta_k=\bar{\gamma}^*$,则对所有的 k 都有 $\eta_k=\bar{\gamma}^*$.如果 $\eta_k\in(0,\bar{\gamma}^*)$,则知 $\eta_{k+1}<\eta_k$.在这种情况下,一定有充分大的 k,使得

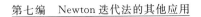

$\eta_k < 0$,也就有 $\eta_{k+1} > \alpha^* > \gamma^*$.利用上面的分析知 η_k 收敛于 γ^*.至此,我们证明了式(73)在 $\beta^* < 0$ 时是成立的.

现在考虑 $\beta^* > 0$ 的情形.先证明一定存在 $\bar{k}$,使得 $\eta_{\bar{k}} > 0$.若不然,则利用式(75),有

$$\frac{1}{\eta_k - \alpha^*} = \frac{\alpha^*}{\beta^*} + \frac{1}{\eta_{k-2}} \tag{78}$$

上式说明

$$\eta_k - \alpha^* < \eta_{k-2} \tag{79}$$

于是

$$\frac{1}{\eta_{k+1} - \alpha^*} - \frac{1}{\eta_k - \alpha^*} = \frac{1}{\eta_{k-1}} - \frac{1}{\eta_{k-2}} \tag{80}$$

从式(79)和(80)以及 $\eta_k < 0(\forall k)$ 和 $\alpha^* > 0$ 可知 $|\eta_{k+1} - \eta_k| > |\eta_{k-1} - \eta_{k-2}|$,而且利用递推可证 $\lim\limits_{k\to\infty} \eta_k = -\infty$.但只要 $\eta_k < -\dfrac{\beta^*}{\alpha^*}$ 就有 $\eta_{k+1} > 0$,这与假定对所有的 $\eta_k < 0$ 相矛盾.此矛盾说明,必定有某个 $\bar{k}$,使得 $\eta_{\bar{k}} > 0$.如果 $\eta_{\bar{k}} \in (0, \gamma^*)$,则 $\eta_{\bar{k}+1} \in (\eta_{\bar{k}}, \gamma^*)$,而且可证 η_k 单调上升收敛于 γ^*.如果 $\eta_{\bar{k}} > \gamma^*$,则可知 $\eta_{\bar{k}} \in (\alpha^*, \gamma^*)$,故知 η_k 收敛于 γ^*.这说明式(73)在 $\beta^* > 0$ 时成立.

从式(56)可证,迭代法(55)的 R 收敛阶不小于2.由于 Newton 法的 R 收敛阶是2,所以迭代法(55)在 R 收敛的意义下不比 Newton 法慢.

我们用迭代公式(55)和迭代公式(51)分别求解问题(41),得到的结果在表2中给出.

表2 迭代公式(55)和式(51)的计算表现:$f(x)=-xe^{-x}$

	迭代公式(55)	迭代公式(51)
$1-x_1$	1.0	1.0
$1-x_2$	0.5	0.5
$1-x_3$	0.144 157 22	0.250 000 00
$1-x_4$	$0.135\ 810\ 91\times 10^{-1}$	$0.782\ 487\ 32\times 10^{-1}$
$1-x_5$	$0.120\ 991\ 40\times 10^{-3}$	$0.133\ 202\ 87\times 10^{-1}$
$1-x_6$	$0.911\ 837\ 07\times 10^{-8}$	$0.729\ 882\ 99\times 10^{-3}$
$1-x_7$	$0.111\ 022\ 30\times 10^{-13}$	$0.662\ 957\ 35\times 10^{-5}$
$1-x_8$		$0.323\ 982\ 03\times 10^{-8}$
$1-x_9$		$0.122\ 263\ 31\times 10^{-13}$

从表1和表2可知,迭代法(55)是二次收敛的,它的计算表现和Newton法相似.迭代法(51)是τ阶收敛的,它比割线法收敛稍快.这些计算结果和我们的理论分析完全吻合.

论非线性极小化问题的斜量法收敛性定理及修正形式①

第28章

我国计算机专家，吉林大学的管纪文教授，1955 年还是计算数学方向的研究生，他在徐利治和王柔怀先生的指导下写的毕业论文就与Newton程序相关.

斜量法有很大的实用价值，如赵访熊先生指出，以斜量法来计算一次联立方程组的近似解，每计算一次近似值较之以通常所用的克拉默规则来计算准确解所需要的工作量只占$\frac{2}{n!}$（此处 n 表示联立方程的个数），这在 n 相当大时，其优越性是可想而知的.譬如说，解十个未知数的十个联立方程，这时所需的工作量大约就是二百万分之一.

但是在赵访熊的工作中，仅只就联立一次方程组证明了斜量法的逐步逼近序列单调地接近于所求的解，在收敛性

① 本章摘编自《自然科学学报》，1955(1)：113-138.

的速度上又未给出任何估计.

在本节中,他将给出非线性极小化问题的斜量法(包括联立方程组的斜量法)收敛的充分条件,并给出了收敛性速度的估计.

解联立方程组的斜量法与 Newton 法有关. Newton 法是著名且又有效的求方程近似根的方法之一,关于 Newton 法有 Канторович,Л.В.,Стенин,Н.П.,Мысовских,И.П.等学者的工作,已给出了如何选择起始近似值来保证过程的收敛性的定理.在本章中,我们特以专节研究了 Newton 法与斜量法的关系,指出这两种方法在一定条件下是等价的.

这里我们指出,在应用上斜量法较 Newton 法更为便利,因为 Newton 法的每一逼近步骤都必须求解一个联立一次方程组;或者我们可以把这两种方法连用,这就是说,利用解联立一次方程组的斜量法来求解 Newton 法中所需要求解的联立方程组的近似解(仅仅是近似解,而不是准确解);可是我们知道,这样在每一过程又将带来双重的误差.这就更进一步说明了为什么我们对斜量法特别加以强调,而不满足于赵访熊仅就联立一次方程组所获得的收敛性证明,并在可能的情况下,以逐步逼近法求近似解时,总是代替 Newton 法而直接应用斜量法.

此外,在本章中,我们还讨论了斜量法的某些有趣的修正形式.

§1　非线性极小化问题的最陡下降法与斜量法

本节考虑 n 个实变数的函数 $G(x_1,\cdots,x_n)$ 的极小化问题.

首先让我们来简略地阐述一下最陡下降法的一般原理.我们令

$$\boldsymbol{X}=(x_1,x_2,\cdots,x_n)$$

又 $\boldsymbol{X}_0$ 为极小化问题的起始近似解,为了从 $\boldsymbol{X}_0$ 出发,求得更进一步地接近于极值的近似解,试先计算出 $\text{grad}\ G_0=\left(\frac{\partial G}{\partial x_1},\cdots,\frac{\partial G}{\partial x_n}\right)_{\boldsymbol{X}=\boldsymbol{X}_0}$,并令 $\boldsymbol{Z}^0=-\lambda\,\text{grad}\ G_0$,其中 λ 为一任意的正比例常数,则 $g_0(t)=G(\boldsymbol{X}_0+t\boldsymbol{Z}_0)$ 于 $t=0$ 时有负的微商,因而可求得一 $t_0>0$,使得

$$g_0(t^0)<g_0(0)$$

这样我们就得到了新的近似值 $\boldsymbol{X}_1=\boldsymbol{X}_0+t_0\boldsymbol{Z}_0$.继续上述过程,就有逼近序列 $\boldsymbol{X}_0,\boldsymbol{X}_1,\boldsymbol{X}_2,\cdots$,使得 $G(\boldsymbol{X}_{k+1})<G(\boldsymbol{X}_k)$.

这里必须指出,对 t^0 的选择是可以各有不同的. H.B.Curry[4] 把 t^0 选为方程式

$$g'_0(t)=0$$

的最小正根,这就是说,上述过程的每一步,沿着最陡下降方向,一直要进行到曲面停止下降的点为止.但为了应用上方便起见,我们需要做进一步的讨论.现在让我们回忆下述的事实:

假设函数 $\beta=\varphi(\alpha)$ 满足条件:

(1) 存在 x^*,使 $\varphi(x^*)=0$.

(2) 函数 φ 于 x^* 的 η 一邻域 k 次可微.

(3) 在 η 一邻域内微商 $\varphi'(\alpha)$ 和 $\varphi''(\alpha)$ 连续且有界.

(4) 微商 $\varphi'(x^*) \neq 0$，于是存在 $\Gamma(x^*) = [\varphi'(x^*)]^{-1}$,并由 $\varphi'(\alpha)$ 的连续性可以推知 $\Gamma(\alpha)$ 在 x^* 的 ξ 一邻域内有意义,并且

$$|\Gamma(\alpha)| \leqslant B$$

则由隐函数存在定理可以推知 φ 的反函数 $\alpha = \Phi(\beta)$ 存在,且在某一 $\beta = 0$ 的 τ_0 一邻域内 k 次可微.

又如果 α 还满足条件：$|\varphi(\alpha)| < \tau_0$，$|\alpha - x^*| < \xi$,则有 Euler 级数

$$x^* = \alpha - \Gamma\alpha\varphi(\alpha) - \frac{1}{2}\Gamma\alpha\varphi''(\alpha)[\Gamma_\alpha\varphi(\alpha)]^2 - \frac{1}{2}\Gamma_\alpha\varphi''(\alpha)\Gamma_\alpha\varphi''(\alpha) \cdot [\Gamma_\alpha\varphi(\alpha)]^2\Gamma(\alpha)\varphi(\alpha) + \cdots \quad (1)$$

其中 $\Gamma_\alpha = \Gamma(\alpha)$.应用这个事实,我们就可以推出很有趣的结果.

现在让我们就非线性极小化问题

$$G(x_1, x_2, \cdots, x_n) = 0$$

的最陡下降法加以讨论.

假定我们已经取定了起始近似值 $\boldsymbol{X}_0$,并且已经取得相当的好,使得

$$|G(\boldsymbol{X}_0)| < \tau_0$$

我们的目的是要想求得 t,以使得函数 G 在新的近似值 $\boldsymbol{X}_1$ 上的值能更小,或者最好有

$$G(\boldsymbol{X}_1) = g_0(t) = G(\boldsymbol{X}_0 + t\boldsymbol{Z}_0) = 0$$

其中取 $\boldsymbol{Z}_0 = -\operatorname{grad} G(\boldsymbol{X}_0)$.

又因为 $g_0(0)=G(\boldsymbol{X}_0)$，所以 $|g_0(0)|<\tau_0$.

今假设 t^* 是 $g_0(t)=0$ 的最小正根，并且 $|t^*|<\xi$.注意 t^* 是 $g_0(t)$ 的极小值，因为 $g'_0(t^*)=0$，所以 $\Gamma(t^*)=[g'_0(t^*)]^{-1}$ 是没有意义的，只是在形式上把上述关于函数 $\beta=\varphi(\alpha)$ 的事实应用到 $g_0(t)$ 上，这时候，我们还可以把 t^* 表示成

$$t^* = -\Gamma_0 g_0(0) - \frac{1}{2}\Gamma_0 g''_0(0)[\Gamma_0 g_0(0)]^2 - \frac{1}{2}\Gamma_0 g''_0(0)\Gamma_0 g''_0(0)[\Gamma_0 g_0(0)]^2\Gamma_0 g_0(0) + \cdots \tag{2}$$

其中 $\Gamma_0=[g'_0(0)]^{-1}$.

经过实际计算，可以求得

$$g_0(0)=G(\boldsymbol{X}_0)$$

$$g'_0(t)=\frac{\mathrm{d}}{\mathrm{d}t}G(\boldsymbol{X}_0+t\boldsymbol{Z}_0)=\{\mathrm{grad}\ G(\boldsymbol{X}_0+t\boldsymbol{Z}_0),\boldsymbol{Z}_0\}$$

$$g'_0(0)=-\{\mathrm{grad}\ G_0,\mathrm{grad}\ G_0\}=-\|\mathrm{grad}\ G_0\|^2$$

$$g''_0(t)=\frac{\mathrm{d}}{\mathrm{d}t}\sum_{i=1}^{n}\frac{\partial G(\boldsymbol{X}_0+t\boldsymbol{Z}_0)}{\partial x_i}\left(-\frac{\partial G}{\partial x_i}\right)_0=\sum_{i,j=1}^{n}\frac{\partial^2 G(\boldsymbol{X}_0+t\boldsymbol{Z}_0)}{\partial x_i\partial x_j}\left(\frac{\partial G}{\partial x_i}\right)_0\left(\frac{\partial G}{\partial x_j}\right)_0$$

$$g''_0(0)=\sum_{i,j=1}^{n}\frac{\partial^2 G(\boldsymbol{X}_0)}{\partial x_i\partial x_j}\left(\frac{\partial G}{\partial x_i}\right)_0\left(\frac{\partial G}{\partial x_j}\right)_0$$

如果我们注意到泛函的 Fréchet 意义下的微商

$$\frac{\mathrm{d}G}{\mathrm{d}\boldsymbol{X}}=\left(\frac{\partial G}{\partial x_1},\cdots,\frac{\partial G}{\partial x_n}\right)$$

$$\frac{\mathrm{d}^2 G}{\mathrm{d}\boldsymbol{X}^2}=\left(\frac{\partial^2 G}{\partial x_i\partial x_j}\right)\ (n\times n\ 维矩阵)$$

那么，$g_0'(0)$ 和 $g_0''(0)$ 又可以分别表示为

$$g_0'(0) = -\left\| \left(\frac{\mathrm{d}G}{\mathrm{d}\boldsymbol{X}}\right)_0 \right\|^2$$

$$g_0''(0) = \left\{ \left(\frac{\mathrm{d}G}{\mathrm{d}\boldsymbol{X}}\right)_0, \left(\frac{\mathrm{d}G}{\mathrm{d}\boldsymbol{X}}\right)_0 \cdot \left(\frac{\mathrm{d}^2 G}{\mathrm{d}\boldsymbol{X}^2}\right)_0 \right\}$$

并且

$$\Gamma_0 = -\frac{1}{\left\| \left(\frac{\mathrm{d}G}{\mathrm{d}\boldsymbol{X}}\right)_0 \right\|^2}$$

代入式(2)，就有

$$t^* = \frac{G(\boldsymbol{X}_0)}{\left\| \left(\frac{\mathrm{d}G}{\mathrm{d}\boldsymbol{X}}\right)_0 \right\|^2} + \frac{\left\{ \left(\frac{\mathrm{d}G}{\mathrm{d}\boldsymbol{X}}\right)_0, \left(\frac{\mathrm{d}G}{\mathrm{d}\boldsymbol{X}}\right)_0 \cdot \left(\frac{\mathrm{d}^2 G}{\mathrm{d}\boldsymbol{X}^2}\right)_0 \right\}}{2\left\| \left(\frac{\mathrm{d}G}{\mathrm{d}\boldsymbol{X}}\right)_0 \right\|^6} G^2(\boldsymbol{X}_0) + \frac{\left\{ \left(\frac{\mathrm{d}G}{\mathrm{d}\boldsymbol{X}}\right)_0, \left(\frac{\mathrm{d}G}{\mathrm{d}\boldsymbol{X}}\right)_0 \cdot \left(\frac{\mathrm{d}^2 G}{\mathrm{d}\boldsymbol{X}^2}\right)_0 \right\}^2}{2\left\| \left(\frac{\mathrm{d}G}{\mathrm{d}\boldsymbol{X}}\right)_0 \right\|^{10}} G^3(\boldsymbol{X}_0) + \cdots \quad (3)$$

我们的最陡下降法的一般公式是

$$\boldsymbol{X}_1 = \boldsymbol{X}_0 + t\boldsymbol{Z}_0$$

$$\boldsymbol{Z}_0 = -\operatorname{grad} G_0 = -\frac{\mathrm{d}G}{\mathrm{d}\boldsymbol{X}_0}$$

在式(3)中如果我们取了第一项

$$t = \frac{G(\boldsymbol{X}_0)}{\left\| \left(\frac{\mathrm{d}G}{\mathrm{d}\boldsymbol{X}}\right)_0 \right\|^2}$$

那么我们就有

$$\boldsymbol{X}_1 = \boldsymbol{X}_0 - \frac{G(\boldsymbol{X}_0)\dfrac{\mathrm{d}G}{\mathrm{d}\boldsymbol{X}_0}}{\left\| \left(\frac{\mathrm{d}G}{\mathrm{d}\boldsymbol{X}}\right)_0 \right\|^2} \quad (4)$$

这就是斜量法的基本公式，这个过程有着理论和实际的意义，本章将着重地加以研究.以下我们将要证明，在一定条件下，利用上述过程可以获得方程 $G(\boldsymbol{X})=0$ 的解.

如果我们取 $G(\boldsymbol{X})=(w_1^2+w_2^2+\cdots+w_n^2)^{1/2}$，那么式(4) 又可表示成形式[1]

$$\boldsymbol{X}_1=\boldsymbol{X}_0-\left(\sum_{i=1}^n w_i^2\right)\frac{\boldsymbol{\Omega}_0}{\|\boldsymbol{\Omega}_0\|^2} \tag{5}$$

其中

$$\boldsymbol{\Omega}=\left(\sum_{k=1}^n w_k\frac{\partial w_k}{\partial x_1},\cdots,\sum_{k=1}^n w_k\frac{\partial w_k}{\partial x_n}\right)=\sum_{k=1}^n w_k\frac{\mathrm{d}w_k}{\mathrm{d}\boldsymbol{X}}$$

为了应用上的方便，有时我们还要取

$$G(\boldsymbol{X})=\sum_{i=1}^n w_i^2$$

因为

$$\frac{\mathrm{d}G}{\mathrm{d}\boldsymbol{X}}=2\sum_{i=1}^n w_i\frac{\mathrm{d}w_i}{\mathrm{d}\boldsymbol{X}}=2\boldsymbol{\Omega}$$

所以将它代入式(4) 即得斜量法基本公式的另一形式

$$\boldsymbol{X}_1=\boldsymbol{X}_0-\frac{1}{2}\frac{\boldsymbol{\Omega}_0}{\|\boldsymbol{\Omega}_0\|^2}\sum_{i=1}^n w_i^2 \tag{6}$$

其次，如果我们在式(3) 中取了前两项，那么就得到另一形式的斜量法公式

$$\boldsymbol{X}_1=\boldsymbol{X}_0-\frac{G(\boldsymbol{X}_0)\left(\frac{\mathrm{d}G}{\mathrm{d}\boldsymbol{X}}\right)_0}{\left\|\left(\frac{\mathrm{d}G}{\mathrm{d}\boldsymbol{X}}\right)_0\right\|^2}-$$

$$\frac{\left\{\left(\frac{\mathrm{d}G}{\mathrm{d}\boldsymbol{X}}\right)_0,\left(\frac{\mathrm{d}G}{\mathrm{d}\boldsymbol{X}}\right)_0\cdot\left(\frac{\mathrm{d}^2G}{\mathrm{d}\boldsymbol{X}^2}\right)_0\right\}}{2\left\|\frac{\mathrm{d}G}{\mathrm{d}\boldsymbol{X}_0}\right\|^6}G^2(\boldsymbol{X}_0)\left(\frac{\mathrm{d}G}{\mathrm{d}\boldsymbol{X}}\right)_0 \tag{7}$$

最后，当一直取前三项时，则所得的形式为

$$\boldsymbol{X}_1=\boldsymbol{X}_0-\frac{G_0\frac{\mathrm{d}G}{\mathrm{d}\boldsymbol{X}_0}}{\left\|\left(\frac{\mathrm{d}G}{\mathrm{d}\boldsymbol{X}}\right)_0\right\|^2}-\frac{\left\{\left(\frac{\mathrm{d}G}{\mathrm{d}\boldsymbol{X}}\right)_0,\left(\frac{\mathrm{d}G}{\mathrm{d}\boldsymbol{X}}\right)_0\cdot\left(\frac{\mathrm{d}^2G}{\mathrm{d}\boldsymbol{X}^2}\right)_0\right\}}{2\left\|\left(\frac{\mathrm{d}G}{\mathrm{d}\boldsymbol{X}}\right)_0\right\|^6}G_0^2\left(\frac{\mathrm{d}G}{\mathrm{d}\boldsymbol{X}}\right)_0-\frac{\left\{\left(\frac{\mathrm{d}G}{\mathrm{d}\boldsymbol{X}}\right)_0,\left(\frac{\mathrm{d}G}{\mathrm{d}\boldsymbol{X}}\right)_0\cdot\left(\frac{\mathrm{d}^2G}{\mathrm{d}\boldsymbol{X}^2}\right)_0\right\}^2}{2\left\|\left(\frac{\mathrm{d}G}{\mathrm{d}\boldsymbol{X}}\right)_0\right\|^{10}}G_0^3\left(\frac{\mathrm{d}G}{\mathrm{d}\boldsymbol{X}}\right)_0 \tag{8}$$

以下我们将分别讨论这些形式的收敛性.

注　本章中我们以 $\{\boldsymbol{U},\boldsymbol{V}\}$ 表示 $\boldsymbol{U}=(u_1,u_2,\cdots,u_n)$ 与 $\boldsymbol{V}=(v_1,v_2,\cdots,v_n)$ 的内积 $\sum\limits_{i=1}^{n}u_iv_i$.以下我们还用符号“•”来表示矩阵乘积，向量 $\boldsymbol{U},\boldsymbol{V}$ 在矩阵的乘法运算中就作为 $1\times n$ 维长方矩阵参加运算.

符号

$$\frac{\mathrm{d}G}{\mathrm{d}\boldsymbol{X}_0},\left(\frac{\mathrm{d}G}{\mathrm{d}\boldsymbol{X}}\right)_0,\left(\frac{\mathrm{d}G}{\mathrm{d}\boldsymbol{X}}\right)_{\boldsymbol{X}_0}$$

及

$$\left(\frac{\mathrm{d}^2G}{\mathrm{d}\boldsymbol{X}^2}\right)_{\boldsymbol{X}_0}$$

都一并表示相应函数在 $\boldsymbol{X}=\boldsymbol{X}_0$ 点的值，又若下指标换成 $\boldsymbol{X}_n,\widetilde{\boldsymbol{X}}_n,\widetilde{\boldsymbol{X}}$ 或 $\widetilde{\boldsymbol{X}}_n$，则分别表示函数在 $\boldsymbol{X}=\boldsymbol{X}_n,\boldsymbol{X}=\widetilde{\boldsymbol{X}}_n,\boldsymbol{X}=\widetilde{\boldsymbol{X}}$ 或 $\boldsymbol{X}=\widetilde{\boldsymbol{X}}_n$ 点的值，为了本章结构简便，特在此一起提出，以后不再赘述.

§2　具邻域性条件的斜量法收敛性定理

现在让我们来讨论方程

$$G(\boldsymbol{X})=0,\boldsymbol{X}=(x_1,x_2,\cdots,x_n) \tag{9}$$

的斜量法基本公式

$$\boldsymbol{X}_{n+1}=\boldsymbol{X}_n-\frac{\left(\frac{\mathrm{d}G}{\mathrm{d}\boldsymbol{X}}\right)_{\boldsymbol{X}_n}G(\boldsymbol{X}_n)}{\left\|\left(\frac{\mathrm{d}G}{\mathrm{d}\boldsymbol{X}}\right)_{\boldsymbol{X}_n}\right\|^2} \tag{10}$$

的收敛性.

为了以下讨论的需要，让我们首先建立一个辅助命题.

辅助定理　设 $G(\boldsymbol{X})$ 有连续的二级微商，则

$$\left|G(\boldsymbol{X}+\Delta\boldsymbol{X})-G(\boldsymbol{X})-\left\{\left(\frac{\mathrm{d}G}{\mathrm{d}\boldsymbol{X}}\right)_{\boldsymbol{X}},\Delta\boldsymbol{X}\right\}\right|\leqslant$$

$$\frac{1}{2}\sup\left\|\left(\frac{\mathrm{d}^2G}{\mathrm{d}\boldsymbol{X}^2}\right)\widetilde{\boldsymbol{X}}\right\|\cdot\|\Delta\boldsymbol{X}\|^2$$

$$\widetilde{\boldsymbol{X}}=\boldsymbol{X}+\theta\Delta\boldsymbol{X},0\leqslant\theta\leqslant 1$$

其中所取微商皆为 Fréchet 意义下的微商.

证　按照 n 元函数的 Taylor 展开式，我们有

$$G(\boldsymbol{X}+\Delta\boldsymbol{X})=G(\boldsymbol{X})+\left(\Delta x_1\frac{\partial G}{\partial x_1}+\cdots+\Delta x_n\frac{\partial G}{\partial x_n}\right)_{\boldsymbol{X}}+$$

$$\frac{1}{2!}\sum_{i,j=1}^{n}\left[\frac{\partial^2 G}{\partial x_i \partial x_j}\Delta x_i \Delta x_j\right]_{\tilde{X}}=$$

$$G(\boldsymbol{X})+\left\{\left(\frac{\mathrm{d}G}{\mathrm{d}\boldsymbol{X}}\right)_{\boldsymbol{X}},\Delta\boldsymbol{X}\right\}+$$

$$\frac{1}{2}\left\{\Delta\boldsymbol{X},\left[\Delta\boldsymbol{X}\cdot\left(\frac{\mathrm{d}^2G}{\mathrm{d}\boldsymbol{X}^2}\right)_{\tilde{\boldsymbol{X}}}\right]\right\}$$

所以

$$\left|G(\boldsymbol{X}+\Delta\boldsymbol{X})-G(\boldsymbol{X})-\left\{\left(\frac{\mathrm{d}G}{\mathrm{d}\boldsymbol{X}}\right)_{\boldsymbol{X}},\Delta\boldsymbol{X}\right\}\right|=$$

$$\frac{1}{2}\left|\left\{\Delta\boldsymbol{X},\left[\Delta\boldsymbol{X}\cdot\left(\frac{\mathrm{d}^2G}{\mathrm{d}\boldsymbol{X}^2}\right)_{\tilde{\boldsymbol{X}}}\right]\right\}\right|\leqslant$$

$$\frac{1}{2}\sup\|\Delta\boldsymbol{X}\|\cdot\left\|\Delta\boldsymbol{X}\cdot\left(\frac{\mathrm{d}^2G}{\mathrm{d}\boldsymbol{X}^2}\right)_{\tilde{\boldsymbol{X}}}\right\|\leqslant$$

$$\frac{1}{2}\sup\left\|\left(\frac{\mathrm{d}^2G}{\mathrm{d}\boldsymbol{X}^2}\right)_{\tilde{\boldsymbol{X}}}\right\|\cdot\|\Delta\boldsymbol{X}\|^2$$

证毕.

定理 1 设 $G(\boldsymbol{X})\in C^2$,并满足下列条件:

(1) $|G(\boldsymbol{X}_0)|=\eta_0$.

(2) 在球(S):$\|\boldsymbol{X}-\boldsymbol{X}_0\|\leqslant H(B\eta_0)^{1/2}$ 时,有

$$\frac{|G(\boldsymbol{X})|}{\left\|\frac{\mathrm{d}G}{\mathrm{d}\boldsymbol{X}}\right\|^2}\leqslant B$$

$$\left\|\frac{\mathrm{d}^2G}{\mathrm{d}\boldsymbol{X}^2}\right\|\leqslant K$$

其中

$$H=\sum_{k=0}^{\infty}\left(\sqrt{\frac{BK}{2}}\right)^k=\frac{1}{1-\left(\frac{BK}{2}\right)^{1/2}}$$

$$BK<2$$

则在球(S)内方程式 $G(\boldsymbol{X})=0$ 有解 $\boldsymbol{X}^*$,并且可借助

于斜量法以 $\boldsymbol{X}_0$ 为起始值求得，其收敛速度有如下的估计式

$$\| \boldsymbol{X}_n - \boldsymbol{X}^* \| \leqslant H\sqrt{B\eta_0}\left(\sqrt{\frac{BK}{2}}\right)^n$$

证 按照斜量法基本公式(10)，我们有

$$\left\{\left(\frac{\mathrm{d}G}{\mathrm{d}\boldsymbol{X}}\right)_{\boldsymbol{X}_{n-1}},(\boldsymbol{X}_n-\boldsymbol{X}_{n-1})\right\}=$$

$$\left\{\left(\frac{\mathrm{d}G}{\mathrm{d}\boldsymbol{X}}\right)_{\boldsymbol{X}_{n-1}},-G(\boldsymbol{X}_{n-1})\left(\frac{\mathrm{d}G}{\mathrm{d}\boldsymbol{X}}\right)_{\boldsymbol{X}_{n-1}}\Big/\left\|\left(\frac{\mathrm{d}G}{\mathrm{d}\boldsymbol{X}}\right)_{\boldsymbol{X}_{n-1}}\right\|^2\right\}=$$

$$-G(\boldsymbol{X}_{n-1})\left\{\left(\frac{\mathrm{d}G}{\mathrm{d}\boldsymbol{X}}\right)_{\boldsymbol{X}_{n-1}},\left(\frac{\mathrm{d}G}{\mathrm{d}\boldsymbol{X}}\right)_{\boldsymbol{X}_{n-1}}\right\}\Big/\left\|\left(\frac{\mathrm{d}G}{\mathrm{d}\boldsymbol{X}}\right)_{\boldsymbol{X}_{n-1}}\right\|^2=$$

$$-G(\boldsymbol{X}_{n-1})$$

故有恒等式

$$G(\boldsymbol{X}_n)=G(\boldsymbol{X}_n)-G(\boldsymbol{X}_{n-1})-\left\{\left(\frac{\mathrm{d}G}{\mathrm{d}\boldsymbol{X}}\right)_{\boldsymbol{X}_{n-1}},(\boldsymbol{X}_n-\boldsymbol{X}_{n-1})\right\}$$

应用辅助定理，就得到

$$|G(\boldsymbol{X}_n)|=\left|G(\boldsymbol{X}_n)-G(\boldsymbol{X}_{n-1})-\left\{\left(\frac{\mathrm{d}G}{\mathrm{d}\boldsymbol{X}}\right)_{\boldsymbol{X}_{n-1}},(\boldsymbol{X}_n-\boldsymbol{X}_{n-1})\right\}\right|\leqslant \frac{1}{2}\sup\left\|\left(\frac{\mathrm{d}^2G}{\mathrm{d}\boldsymbol{X}^2}\right)_{\tilde{\boldsymbol{X}}_n}\right\|\cdot\|\boldsymbol{X}_n-\boldsymbol{X}_{n-1}\|^2$$

$$\tilde{\boldsymbol{X}}_n=\boldsymbol{X}_n+\theta(\boldsymbol{X}_n-\boldsymbol{X}_{n-1}),0\leqslant\theta\leqslant 1$$

现在假定 $\boldsymbol{X}_0,\boldsymbol{X}_1,\cdots,\boldsymbol{X}_n$ 都已取定，且属于球(S)，则 $\tilde{\boldsymbol{X}}_n$ 亦属于球(S).由假设，有

$$\sup\left\|\left(\frac{\mathrm{d}^2G}{\mathrm{d}\boldsymbol{X}^2}\right)_{\tilde{\boldsymbol{X}}_n}\right\|\leqslant K$$

所以

$$|G(\boldsymbol{X}_n)| \leqslant \frac{1}{2}K \cdot \|\boldsymbol{X}_n - \boldsymbol{X}_{n-1}\|^2 \qquad (11)$$

又在球(S)内,我们还假定

$$|G(\boldsymbol{X})| \Big/ \left\|\frac{\mathrm{d}G}{\mathrm{d}\boldsymbol{X}}\right\|^2 \leqslant B$$

所以

$$\|\boldsymbol{X}_{n+1} - \boldsymbol{X}_n\|^2 = \left\|G(\boldsymbol{X}_n)\left(\frac{\mathrm{d}G}{\mathrm{d}\boldsymbol{X}}\right)_{\boldsymbol{X}_n} \Big/ \left\|\left(\frac{\mathrm{d}G}{\mathrm{d}\boldsymbol{X}}\right)_{\boldsymbol{X}_n}\right\|^2\right\|^2 =$$

$$G^2(\boldsymbol{X}_n) \Big/ \left\|\left(\frac{\mathrm{d}G}{\mathrm{d}\boldsymbol{X}}\right)_{\boldsymbol{X}_n}\right\|^2 \leqslant$$

$$B\,|G(\boldsymbol{X}_n)| \leqslant$$

$$\frac{BK}{2}\|\boldsymbol{X}_n - \boldsymbol{X}_{n-1}\|^2$$

于是

$$\|\boldsymbol{X}_{n+1} - \boldsymbol{X}_n\| \leqslant \left(\sqrt{\frac{BK}{2}}\right)\|\boldsymbol{X}_n - \boldsymbol{X}_{n-1}\|$$

注意

$$\|\boldsymbol{X}_1 - \boldsymbol{X}_0\| = \left\|G(\boldsymbol{X}_0)\left(\frac{\mathrm{d}G}{\mathrm{d}\boldsymbol{X}}\right)_{\boldsymbol{X}_0}\right\| \Big/ \left\|\left(\frac{\mathrm{d}G}{\mathrm{d}\boldsymbol{X}}\right)_{\boldsymbol{X}_0}\right\|^2 =$$

$$|G(\boldsymbol{X}_0)| \Big/ \left\|\left(\frac{\mathrm{d}G}{\mathrm{d}\boldsymbol{X}}\right)_{\boldsymbol{X}_0}\right\| =$$

$$\left(|G(\boldsymbol{X}_0)| \Big/ \left\|\left(\frac{\mathrm{d}G}{\mathrm{d}\boldsymbol{X}}\right)_{\boldsymbol{X}_0}\right\|^2\right)^{1/2} \cdot$$

$$(|G(\boldsymbol{X}_0)|)^{1/2} \leqslant$$

$$(B\eta_0)^{1/2}$$

我们就可以推出

$$\|\boldsymbol{X}_{n+1} - \boldsymbol{X}_n\| \leqslant \left(\sqrt{\frac{BK}{2}}\right)^n \|\boldsymbol{X}_1 - \boldsymbol{X}_0\| \leqslant$$

$$\left(\sqrt{\frac{BK}{2}}\right)^n \sqrt{B\eta_0}$$

以下我们来证明 $\boldsymbol{X}_{n+1}$ 亦属于球(S).事实上,我们有不等式

$$\begin{aligned}\|\boldsymbol{X}_{n+1}-\boldsymbol{X}_0\| \leqslant \|\boldsymbol{X}_0-\boldsymbol{X}_1\|+\|\boldsymbol{X}_1-\boldsymbol{X}_2\|+\cdots+\\ \|\boldsymbol{X}_n-\boldsymbol{X}_{n+1}\| \leqslant \\ \sqrt{B\eta_0}\sum_{k=0}^{n}\left(\sqrt{\frac{BK}{2}}\right)^n < \\ H\sqrt{B\eta_0}\end{aligned} \tag{12}$$

这就证明了 $\boldsymbol{X}_{n+1}$,从而整个的斜量法逼近序列 $\{\boldsymbol{X}_n\}_{n=1}^{\infty}$,是属于球$(S)$的.

因为

$$\|\boldsymbol{X}_n-\boldsymbol{X}_{n+p}\| \leqslant \sqrt{B\eta_0}\sum_{k=n}^{n+p+1}\left(\sqrt{\frac{BK}{2}}\right)^k$$

$$BK<2 \tag{13}$$

所以$\{\boldsymbol{X}_n\}$是收敛序列,有$\lim\limits_{n\to\infty}\boldsymbol{X}_n=\boldsymbol{X}^*$.由式(11),令 n 趋于无穷即可推知$\boldsymbol{X}^*$ 为方程式 $G(\boldsymbol{X})=0$ 的根,并在式(12) 中令 n 趋于无穷,可得

$$\|\boldsymbol{X}^*-\boldsymbol{X}_0\| \leqslant H\sqrt{B\eta_0}$$

这就是说,$\boldsymbol{X}^*$ 属于球(S).

为了估计序列的收敛速度,利用式(13) 可得

$$\begin{aligned}\|\boldsymbol{X}_n-\boldsymbol{X}_{n+p}\| \leqslant \sqrt{B\eta_0}\left(\sqrt{\frac{BK}{2}}\right)^n\sum_{k=0}^{p-1}\left(\sqrt{\frac{BK}{2}}\right)^k < \\ \sqrt{B\eta_0}\left(\sqrt{\frac{BK}{2}}\right)^n H\end{aligned}$$

定理证毕.

§3 具有起始值条件的斜量法收敛性定理

在前一节我们已经给出了一个斜量法收敛性定理,但是上述定理要求起始值的整个邻域内的条件,这样在应用时检验起来,有时候是比较不方便的.为了获得在应用上更为方便的定理,本节我们将对斜量法收敛性做进一步的讨论.

现在让我们给出下列关于斜量法收敛性和解的存在性定理:

定理 2 设:

(1) 在起始值 $\boldsymbol{X}_0$,有 $\left\|\left(\frac{\mathrm{d}G}{\mathrm{d}\boldsymbol{X}}\right)_{\boldsymbol{X}_0}\right\| \geqslant C_0=\frac{1}{B_0}$.

(2) 起始值 $\boldsymbol{X}_0$ 还满足条件

$$\frac{|G(\boldsymbol{X}_0)|}{\left\|\left(\frac{\mathrm{d}G}{\mathrm{d}\boldsymbol{X}}\right)_{\boldsymbol{X}_0}\right\|} \leqslant \eta_0$$

(3) 在区域 (C):$\|\boldsymbol{X}-\boldsymbol{X}_0\| \leqslant N(h_0)\eta_0=\frac{1-\sqrt{1-2h_0}}{h_0}\eta_0$ 之内 G 有有界的二级微商

$$\left\|\frac{\mathrm{d}^2G}{\mathrm{d}\boldsymbol{X}^2}\right\| \leqslant K$$

其中 $h_0=B_0\eta_0K\leqslant\frac{1}{2}$,则方程 $G(\boldsymbol{X})=0$ 在球(C)内有解 $\boldsymbol{X}^*$,并且斜量法逼近序列 $\{\boldsymbol{X}_n\}_{n=0}^{\infty}$ 趋于 $\boldsymbol{X}^*$,其收敛速度有如下的估计式

$$\|\boldsymbol{X}_n-\boldsymbol{X}^*\| \leqslant \frac{1}{2^{n-1}}(2h_0)^{2^n-1}\eta_0$$

证　我们来证明 $\boldsymbol{X}_1$ 如同 $\boldsymbol{X}_0$ 一样相应地满足条件(1) ～ (3).首先我们有

$$\|\boldsymbol{X}_1-\boldsymbol{X}_0\|=\left\|\frac{\left(\frac{\mathrm{d}G}{\mathrm{d}\boldsymbol{X}}\right)_0}{\left\|\left(\frac{\mathrm{d}G}{\mathrm{d}\boldsymbol{X}}\right)_0\right\|^2}G(\boldsymbol{X}_0)\right\|=$$

$$\frac{|G(\boldsymbol{X}_0)|}{\left\|\left(\frac{\mathrm{d}G}{\mathrm{d}\boldsymbol{X}}\right)_0\right\|}\leqslant\eta_0$$

又

$$\left\{\frac{\left(\frac{\mathrm{d}G}{\mathrm{d}\boldsymbol{X}}\right)_0}{\left\|\left(\frac{\mathrm{d}G}{\mathrm{d}\boldsymbol{X}}\right)_0\right\|^2},\left(\left(\frac{\mathrm{d}G}{\mathrm{d}\boldsymbol{X}}\right)_0-\left(\frac{\mathrm{d}G}{\mathrm{d}\boldsymbol{X}}\right)_1\right)\right\}\leqslant$$

$$\left\|\frac{\left(\frac{\mathrm{d}G}{\mathrm{d}\boldsymbol{X}}\right)_0}{\left\|\left(\frac{\mathrm{d}G}{\mathrm{d}\boldsymbol{X}}\right)_0\right\|^2}\right\|\left\|\left(\frac{\mathrm{d}G}{\mathrm{d}\boldsymbol{X}}\right)_0-\left(\frac{\mathrm{d}G}{\mathrm{d}\boldsymbol{X}}\right)_1\right\|\leqslant$$

$$B_0\sup\left\|\left(\frac{\mathrm{d}^2G}{\mathrm{d}\boldsymbol{X}^2}\right)_{\bar{\boldsymbol{X}}}\right\|\|\boldsymbol{X}_1-\boldsymbol{X}_0\|\leqslant$$

$$B_0K\eta_0=h_0<1$$

$$\bar{\boldsymbol{X}}=\boldsymbol{X}_1+\theta(\boldsymbol{X}_0-\boldsymbol{X}_1),0\leqslant\theta\leqslant1$$

现引进纯量

$$H=\frac{1}{1-\left\{\left(\frac{\mathrm{d}G}{\mathrm{d}\boldsymbol{X}}\right)_0\Big/\left\|\left(\frac{\mathrm{d}G}{\mathrm{d}\boldsymbol{X}}\right)_0\right\|^2,\left(\frac{\mathrm{d}G}{\mathrm{d}\boldsymbol{X}}\right)_0-\left(\frac{\mathrm{d}G}{\mathrm{d}\boldsymbol{X}}\right)_1\right\}}$$

则

$$|H|\leqslant\frac{1}{1-h_0}$$

注意我们这里并没有

$$\frac{\left(\frac{dG}{d\boldsymbol{X}}\right)_1}{\left\|\left(\frac{dG}{d\boldsymbol{X}}\right)_1\right\|^2}=H\frac{\left(\frac{dG}{d\boldsymbol{X}}\right)_0}{\left\|\left(\frac{dG}{d\boldsymbol{X}}\right)_0\right\|^2}$$

成立,因为易算出

$$H\left(\frac{dG}{d\boldsymbol{X}}\right)_0\Big/\left\|\left(\frac{dG}{d\boldsymbol{X}_0}\right)\right\|^2=\frac{\left(\frac{dG}{d\boldsymbol{X}}\right)_0}{\left\{\left(\frac{dG}{d\boldsymbol{X}}\right)_0,\left(\frac{dG}{d\boldsymbol{X}}\right)_1\right\}}$$

而下列等式通常并不成立

$$\left(\frac{dG}{d\boldsymbol{X}}\right)_0\cdot\left\{\left(\frac{dG}{d\boldsymbol{X}}\right)_1,\left(\frac{dG}{d\boldsymbol{X}}\right)_1\right\}=$$

$$\left\{\left(\frac{dG}{d\boldsymbol{X}}\right)_0,\left(\frac{dG}{d\boldsymbol{X}}\right)_1\right\}\cdot\left(\frac{dG}{d\boldsymbol{X}}\right)_1$$

但是我们可以证明下列不等式成立

$$\left\|\frac{\frac{dG}{d\boldsymbol{X}_1}}{\left\|\frac{dG}{d\boldsymbol{X}_1}\right\|^2}\right\|\leqslant\left\|H\frac{\frac{dG}{d\boldsymbol{X}_0}}{\left\|\frac{dG}{d\boldsymbol{X}_0}\right\|^2}\right\|$$

事实上,我们有

$$\left\|H\frac{\frac{dG}{d\boldsymbol{X}_0}}{\left\|\frac{dG}{d\boldsymbol{X}_0}\right\|^2}\right\|=\frac{\left\|\frac{dG}{d\boldsymbol{X}_0}\right\|}{\left|\left\{\frac{dG}{d\boldsymbol{X}_0},\frac{dG}{d\boldsymbol{X}_1}\right\}\right|}\geqslant$$

$$\frac{\left\|\frac{dG}{d\boldsymbol{X}_0}\right\|}{\left\|\frac{dG}{d\boldsymbol{X}_0}\right\|\left\|\frac{dG}{d\boldsymbol{X}_1}\right\|}=$$

$$\frac{1}{\left\|\frac{dG}{d\boldsymbol{X}_1}\right\|}=$$

$$\left\| \frac{\left(\frac{\mathrm{d}G}{\mathrm{d}\boldsymbol{X}}\right)_1}{\left\|\left(\frac{\mathrm{d}G}{\mathrm{d}\boldsymbol{X}}\right)_0\right\|^2} \right\|$$

故上述不等式成立无疑.于是

$$\left\| \frac{\frac{\mathrm{d}G}{\mathrm{d}\boldsymbol{X}_1}}{\left\|\frac{\mathrm{d}G}{\mathrm{d}\boldsymbol{X}_1}\right\|^2} \right\| \leqslant |H| \left\| \frac{\frac{\mathrm{d}G}{\mathrm{d}\boldsymbol{X}_0}}{\left\|\frac{\mathrm{d}G}{\mathrm{d}\boldsymbol{X}_0}\right\|^2} \right\| \leqslant$$

$$\frac{|H|}{\left\|\left(\frac{\mathrm{d}G}{\mathrm{d}\boldsymbol{X}_0}\right)\right\|} \leqslant$$

$$\frac{B_0}{1-h_0} = B_1$$

这就是 $\boldsymbol{X}_1$ 相应于 $\boldsymbol{X}_0$ 所满足的条件(1).

我们有

$$|G(\boldsymbol{X}_1)| = \left| G(\boldsymbol{X}_1) - G(\boldsymbol{X}_0) - \left\{\frac{\mathrm{d}G}{\mathrm{d}\boldsymbol{X}_0}, \boldsymbol{X}_1 - \boldsymbol{X}_0\right\} \right| \leqslant$$

$$\frac{1}{2}\sup\left\|\left(\frac{\mathrm{d}^2G}{\mathrm{d}\boldsymbol{X}^2}\right)_{\bar{\boldsymbol{X}}}\right\| \|\boldsymbol{X}_1 - \boldsymbol{X}_0\|^2 \leqslant$$

$$\frac{1}{2}K\eta_0^2 = \frac{\frac{1}{2}h_0\eta_0}{B_0}$$

$$\bar{\boldsymbol{X}} = \boldsymbol{X}_0 + \theta(\boldsymbol{X}_1 - \boldsymbol{X}_0), 0 \leqslant \theta \leqslant 1$$

所以

$$\left\| \frac{G(\boldsymbol{X}_1)\frac{\mathrm{d}G}{\mathrm{d}\boldsymbol{X}_1}}{\left\|\frac{\mathrm{d}G}{\mathrm{d}\boldsymbol{X}_1}\right\|^2} \right\| \leqslant B_1 |G(\boldsymbol{X}_1)| \leqslant \frac{1}{2}\frac{h_0\eta_0}{1-h_0}$$

参考 Л.В.Канторович(1943) 的研究，我们可以知道，条件(3) 对于 $\boldsymbol{X}_1$ 也相应地满足，并且存在极限

$$\lim_{n\to\infty}\boldsymbol{X}_n=\boldsymbol{X}^*,\boldsymbol{X}^* \text{ 属于球}(C)$$

$$\|\boldsymbol{X}_n-\boldsymbol{X}^*\|\leqslant\frac{1}{2^{n-1}}(2h_0)^{2^n-1}\eta_0$$

定理证毕.

应该指出，本定理证明的基本思想，可以说是属于 Л.В.Канторович 的.他在研究非线性泛函方程 $P(\boldsymbol{X})=0$ 的 Newton 法的收敛性时，曾有类似的定理[2].不过在 Newton 法收敛性定理中，首先就涉及微商 $P'(\boldsymbol{X}_n)$ 的逆算子 $\Gamma_n=[P'(\boldsymbol{X}_n)]^{-1}$.此外，在其证明过程中还引进泛函 $F_n(\boldsymbol{X})=\boldsymbol{X}-\Gamma_nP(\boldsymbol{X})$，并利用到 $F'_n(\boldsymbol{X}_n)=0$ 的性质.

但对于本定理所讨论的方程

$$G(\boldsymbol{X})=0,\boldsymbol{X}=(x_1,x_2,\cdots,x_n)$$

函数 $G(\boldsymbol{X})$ 的微商是 $\frac{\mathrm{d}G}{\mathrm{d}\boldsymbol{X}}=\left(\frac{\mathrm{d}G}{\mathrm{d}x_1},\frac{\mathrm{d}G}{\mathrm{d}x_2},\cdots,\frac{\mathrm{d}G}{\mathrm{d}x_n}\right)$，而对于 $\frac{\mathrm{d}G}{\mathrm{d}\boldsymbol{X}}$，我们避免涉及逆算子的概念以及一系列有关的在 Л.В.Канторович 的论证中具有关键性的重要性质.

§4　斜量法的某些修正形式

本节中我们将讨论斜量法的某些修正形式，这些修正形式或者可以具有更快的收敛速度，或者具有应用上的某种方便性.

首先我们来讨论 Chebyshev[3] 形式的修正，我们可以证明：

定理 3 在定理 2 的条件下，此外，我们还要求满足以下两个条件：

(1) $B_0\eta_0 K = h_0 \leqslant \sqrt{\frac{3}{2}} - 1$；

(2) $g_0 = h_0\left(1 + \frac{h_0}{2}\right) \leqslant 1/4$.

则方程式 $G(\boldsymbol{X}) = 0$ 有解 $\boldsymbol{X}^*$，且可以修正斜量法序列(7)求得，其收敛速度有估计式

$$\| \boldsymbol{X}_n - \boldsymbol{X}^* \| \leqslant 4(0.75)^n (\theta g_0)^{2^n-1} \left(1 + \frac{h_0}{2}\right) \eta_0$$

其中 $\theta = \frac{256}{81}$.

证 我们来证明对于 $\boldsymbol{X}_1$ 而言，保持满足函数 G 在 $\boldsymbol{X}_0$ 所满足的相应条件：

首先，我们有

$$\| \boldsymbol{X}_1 - \boldsymbol{X}_0 \| = \left\| \frac{G(\boldsymbol{X}_0) \frac{\mathrm{d}G}{\mathrm{d}\boldsymbol{X}_0}}{\left\| \frac{\mathrm{d}G}{\mathrm{d}\boldsymbol{X}_0} \right\|^2} + \right.$$

$$\left. \frac{\left\{ \frac{\mathrm{d}G}{\mathrm{d}\boldsymbol{X}_0}, \frac{\mathrm{d}G}{\mathrm{d}\boldsymbol{X}_0} \frac{\mathrm{d}^2 G}{\mathrm{d}\boldsymbol{X}_0^2} \right\}}{2\left\| \frac{\mathrm{d}G}{\mathrm{d}\boldsymbol{X}_0} \right\|^6} G^2(\boldsymbol{X}_0) \frac{\mathrm{d}G}{\mathrm{d}\boldsymbol{X}_0} \right\| \leqslant$$

$$\frac{| G(\boldsymbol{X}_0) |}{\left\| \frac{\mathrm{d}G}{\mathrm{d}\boldsymbol{X}_0} \right\|} + \frac{1}{2} \frac{\left\| \frac{\mathrm{d}^2 G}{\mathrm{d}\boldsymbol{X}_0^2} \right\|}{\left\| \frac{\mathrm{d}G}{\mathrm{d}\boldsymbol{X}_0} \right\|^3} G^2(\boldsymbol{X}_0) \leqslant$$

$$\left(1+\frac{1}{2}\left[\left\|\frac{d^2G}{d\boldsymbol{X}_0^2}\right\|\Big/\left\|\frac{dG}{d\boldsymbol{X}_0}\right\|\cdot|G(\boldsymbol{X}_0)|\Big/\left\|\frac{dG}{d\boldsymbol{X}_0}\right\|\right]\right)\cdot$$

$$|G(\boldsymbol{X}_0)|\Big/\left\|\frac{dG}{d\boldsymbol{X}_0}\right\|\leqslant$$

$$\left(1+\frac{1}{2}B_0K\eta_0\right)\eta_0=\eta_0\left(1+\frac{h_0}{2}\right)=\xi_0$$

其次

$$\left|\left\{\frac{\frac{dG}{d\boldsymbol{X}_0}}{\left\|\frac{dG}{d\boldsymbol{X}_0}\right\|^2},\frac{dG}{d\boldsymbol{X}_1}-\frac{dG}{d\boldsymbol{X}_0}\right\}\right|\leqslant$$

$$\frac{1}{\left\|\frac{dG}{d\boldsymbol{X}_0}\right\|}\left\|\frac{dG}{d\boldsymbol{X}_1}-\frac{dG}{d\boldsymbol{X}_0}\right\|\leqslant$$

$$\frac{1}{\left\|\frac{dG}{d\boldsymbol{X}_0}\right\|}\sup\left\|\left(\frac{d^2G}{d\boldsymbol{X}^2}\right)_{\bar{\boldsymbol{X}}}\right\|\cdot\|\boldsymbol{X}_1-\boldsymbol{X}_0\|\leqslant$$

$$B_0K\xi_0=g_0$$

$$\bar{\boldsymbol{X}}=\boldsymbol{X}_0+\theta(\boldsymbol{X}_1-\boldsymbol{X}_0),0\leqslant\theta\leqslant 1$$

如定理 2 的证明,考虑 $|H|\leqslant\frac{1}{1-g_0}$,即得

$$\frac{1}{\left\|\frac{dG}{d\boldsymbol{X}_1}\right\|}\leqslant\frac{B_0}{1-g_0}$$

现在我们来估计 $|G(\boldsymbol{X}_1)|$ 的上界.由于

$$\boldsymbol{X}_1-\boldsymbol{X}_0=-\frac{G(\boldsymbol{X}_0)\frac{dG}{d\boldsymbol{X}_0}}{\left\|\frac{dG}{d\boldsymbol{X}_0}\right\|^2}-$$

$$\frac{\left\{\frac{\mathrm{d}G}{\mathrm{d}\boldsymbol{X}_0},\frac{\mathrm{d}G}{\mathrm{d}\boldsymbol{X}_0}\frac{\mathrm{d}^2G}{\mathrm{d}\boldsymbol{X}_0^2}\right\}^6}{2\left\|\frac{\mathrm{d}G}{\mathrm{d}\boldsymbol{X}_0}\right\|^6}G^2(\boldsymbol{X}_0)\frac{\mathrm{d}G}{\mathrm{d}\boldsymbol{X}_0}$$

所以

$$\left\{\frac{\mathrm{d}G}{\mathrm{d}\boldsymbol{X}_0},\boldsymbol{X}_1-\boldsymbol{X}_0\right\}=-G(\boldsymbol{X}_0)-\frac{\left\{\frac{\mathrm{d}G}{\mathrm{d}\boldsymbol{X}_0},\frac{\mathrm{d}G}{\mathrm{d}\boldsymbol{X}_0}\frac{\mathrm{d}^2G}{\mathrm{d}\boldsymbol{X}_0^2}\right\}}{2\left\|\frac{\mathrm{d}G}{\mathrm{d}\boldsymbol{X}_0}\right\|^4}G^2(\boldsymbol{X}_0)$$

由此推得

$$G(\boldsymbol{X}_1)=G(\boldsymbol{X}_1)-G(\boldsymbol{X}_0)-\left\{\frac{\mathrm{d}G}{\mathrm{d}\boldsymbol{X}_0},\boldsymbol{X}_1-\boldsymbol{X}_0\right\}-\frac{\left\{\frac{\mathrm{d}G}{\mathrm{d}\boldsymbol{X}_0},\frac{\mathrm{d}G}{\mathrm{d}\boldsymbol{X}_0}\frac{\mathrm{d}^2G}{\mathrm{d}\boldsymbol{X}_0^2}\right\}}{2\left\|\frac{\mathrm{d}G}{\mathrm{d}\boldsymbol{X}_0}\right\|^4}G^2(\boldsymbol{X}_0)$$

所以我们有

$$|G(\boldsymbol{X}_1)|\leqslant\frac{1}{2}\sup\left\|\frac{\mathrm{d}^2G}{\mathrm{d}\bar{\boldsymbol{X}}^2}\right\|\|\boldsymbol{X}_1-\boldsymbol{X}_0\|^2+\frac{1}{2}\left\|\frac{\mathrm{d}^2G}{\mathrm{d}\boldsymbol{X}^2}\right\|\left(\frac{|G(\boldsymbol{X}_0)|}{\left\|\frac{\mathrm{d}G}{\mathrm{d}\boldsymbol{X}_0}\right\|}\right)^2\leqslant K\xi_0^2+\frac{1}{2}K\eta_0^2$$

于是

$$\frac{|G(\boldsymbol{X}_1)|}{\left\|\frac{\mathrm{d}G}{\mathrm{d}\boldsymbol{X}_1}\right\|}\leqslant\frac{B_0}{1-g_0}\left(\frac{1}{2}K\xi_0^2+\frac{1}{2}K\eta_0^2\right)=$$

$$\frac{1}{1-g_0}\left(\frac{g_0\xi_0+h_0\eta_0}{2}\right)\leqslant$$

$$\frac{g_0\xi_0}{(1-g_0)}=\eta_1$$

参考 М.И.Нечепуренко(1954) 的研究，我们可以得出本定理的结论成立，因为到现在为止，我们已经完全建立了 М.И.Нечепуренко 的研究中所需要的所有估计式.

这个定理告诉我们，修正后的斜量法至少与原斜量法有相同的收敛的阶.

我们继续来讨论式(8) 形式的斜量法，在一定条件下，经过粗糙的估计，可以看到这种形式至少有前一形式的收敛阶.

定理 4　假设 $G(\boldsymbol{X})$ 在 $\boldsymbol{X}_0$ 满足定理 2 的条件，但其中对 $h_0=B_0K\eta_0$ 的要求，改成要求 h_0 满足不等式

$$g_0=h_0\left(1+\frac{h_0}{2}+\frac{h_0^2}{2}\right)\leqslant\frac{1}{4}$$

则对于(8) 形式的斜量法序列有与定理 3 同样的结论成立.

证　对于序列(8)，我们有

$$\|\boldsymbol{X}_1-\boldsymbol{X}_0\|=\left\|\frac{G_0\dfrac{\mathrm{d}G}{\mathrm{d}\boldsymbol{X}_0}}{\left\|\dfrac{\mathrm{d}G}{\mathrm{d}\boldsymbol{X}_0}\right\|^2}+\frac{\left\{\dfrac{\mathrm{d}G}{\mathrm{d}\boldsymbol{X}_0},\dfrac{\mathrm{d}G}{\mathrm{d}\boldsymbol{X}_0}\dfrac{\mathrm{d}^2G}{\mathrm{d}\boldsymbol{X}_0^2}\right\}}{2\left\|\dfrac{\mathrm{d}G}{\mathrm{d}\boldsymbol{X}_0}\right\|^6}G_0^2\frac{\mathrm{d}G}{\mathrm{d}\boldsymbol{X}_0}-\right.$$

$$\left.\frac{\left\{\dfrac{\mathrm{d}G}{\mathrm{d}\boldsymbol{X}_0},\dfrac{\mathrm{d}G}{\mathrm{d}\boldsymbol{X}_0}\dfrac{\mathrm{d}^2G}{\mathrm{d}\boldsymbol{X}_0^2}\right\}^2}{2\left\|\dfrac{\mathrm{d}G}{\mathrm{d}\boldsymbol{X}_0}\right\|^{10}}G_0^3\frac{\mathrm{d}G}{\mathrm{d}\boldsymbol{X}_0}\right\|\leqslant$$

$$\frac{|G_0|}{\left\|\frac{\mathrm{d}G}{\mathrm{d}\boldsymbol{X}_0}\right\|}+\frac{\left\|\frac{\mathrm{d}^2G}{\mathrm{d}\boldsymbol{X}_0^2}\right\|}{2\left\|\frac{\mathrm{d}G}{\mathrm{d}\boldsymbol{X}_0}\right\|^3}G_0^2+$$

$$\frac{\left\|\frac{\mathrm{d}^2G}{\mathrm{d}\boldsymbol{X}_0^2}\right\|^2}{2\left\|\frac{\mathrm{d}G}{\mathrm{d}\boldsymbol{X}_0}\right\|^5}|G_0|^3\leqslant$$

$$\eta_0+\frac{1}{2}B_0K\eta_0^2+\frac{1}{2}B_0^2K^2\eta_0^3=$$

$$\eta_0\left(1+\frac{h_0}{2}+\frac{h_0^2}{2}\right)=\xi_0$$

所以

$$g_0=B_0K\xi_0=h_0\left(1+\frac{h_0}{2}+\frac{h_0^2}{2}\right)\leqslant\frac{1}{4}$$

与上一定理一样，现在我们仍然有

$$\frac{1}{\left\|\frac{\mathrm{d}G}{\mathrm{d}\boldsymbol{X}_1}\right\|}\leqslant\frac{B_0}{1-g_0}$$

此外，我们有

$$\left\{\frac{\mathrm{d}G}{\mathrm{d}\boldsymbol{X}_0},\boldsymbol{X}_1-\boldsymbol{X}_0\right\}=-G_0-\frac{\left\{\frac{\mathrm{d}G}{\mathrm{d}\boldsymbol{X}_0},\frac{\mathrm{d}G}{\mathrm{d}\boldsymbol{X}_0}\frac{\mathrm{d}^2G}{\mathrm{d}\boldsymbol{X}_0^2}\right\}}{2\left\|\frac{\mathrm{d}G}{\mathrm{d}\boldsymbol{X}_0}\right\|^4}G_0^2-$$

$$\frac{\left\{\frac{\mathrm{d}G}{\mathrm{d}\boldsymbol{X}_0},\frac{\mathrm{d}G}{\mathrm{d}\boldsymbol{X}_0}\frac{\mathrm{d}^2G}{\mathrm{d}\boldsymbol{X}_0^2}\right\}^2}{2\left\|\frac{\mathrm{d}G}{\mathrm{d}\boldsymbol{X}_0}\right\|^8}G_0^3$$

于是

$$G(\boldsymbol{X}_1)=G(\boldsymbol{X}_1)-G(\boldsymbol{X}_0)-\left\{\frac{\mathrm{d}G}{\mathrm{d}\boldsymbol{X}_0},\boldsymbol{X}_1-\boldsymbol{X}_0\right\}-$$

$$\frac{\left\{\frac{\mathrm{d}G}{\mathrm{d}\boldsymbol{X}_0},\frac{\mathrm{d}G}{\mathrm{d}\boldsymbol{X}_0}\ \frac{\mathrm{d}^2G}{\mathrm{d}\boldsymbol{X}_0^2}\right\}}{2\left\|\frac{\mathrm{d}G}{\mathrm{d}\boldsymbol{X}_0}\right\|^4}G_0^2-\frac{\left\{\frac{\mathrm{d}G}{\mathrm{d}\boldsymbol{X}_0},\frac{\mathrm{d}G}{\mathrm{d}\boldsymbol{X}_0}\ \frac{\mathrm{d}^2G}{\mathrm{d}\boldsymbol{X}_0^2}\right\}^2}{2\left\|\frac{\mathrm{d}G}{\mathrm{d}\boldsymbol{X}_0}\right\|^8}G_0^3$$

所以

$$|G(\boldsymbol{X}_1)|\leqslant\frac{1}{2}K\xi_0^2+\frac{1}{2}K\eta_0^2+\frac{1}{2}\frac{\left\|\frac{\mathrm{d}^2G}{\mathrm{d}\boldsymbol{X}_0^2}\right\|^2}{\left\|\frac{\mathrm{d}G}{\mathrm{d}\boldsymbol{X}_0}\right\|^4}|G_0^3|\leqslant$$

$$\frac{1}{2}(K\xi_0^2+K\eta_0^2+K^2B_0\eta_0^3)$$

由此推得

$$\frac{G(\boldsymbol{X}_1)}{\left\|\frac{\mathrm{d}G}{\mathrm{d}\boldsymbol{X}_1}\right\|}\leqslant\frac{1}{2(1-g_0)}(B_0K\xi_0^2+B_0K\eta_0^2+B_0^2K^2\eta_0^3)=$$

$$\frac{1}{1-g_0}\cdot\frac{g_0\xi_0+h_0\eta_0+h_0^2\eta_0}{2}\leqslant$$

$$\frac{g_0\xi_0}{1-g_0}=\eta_1$$

后面这个不等式的推得是因为

$$1+h_0\leqslant\left(1+\frac{h_0}{2}+\frac{h_0^2}{2}\right)^2$$

故有

$$h_0\eta_0+h_0^2\eta_0\leqslant g_0\xi_0$$

再次,考虑

$$\|\boldsymbol{X}_2-\boldsymbol{X}_1\|\leqslant\eta_1+\frac{1}{2}B_1K\eta_1^2+\frac{1}{2}B_1^2K^2\eta_1^3=\xi_1$$

我们来证明

$$\xi_1 \leqslant \frac{g_0\xi_0}{(1-g_0)^3} \tag{14}$$

事实上

$$\xi_1 \leqslant \frac{g_0\xi_0}{(1-g_0)} + \frac{1}{2}\frac{B_0Kg_0^2\xi_0^2}{(1-g_0)^3} + \frac{1}{2}\frac{B_0^2K^2g_0^3\xi_0^3}{(1-g_0)^5} =$$

$$\frac{(1-g_0)^2g_0\xi_0 + \frac{1}{2}g_0^3\xi_0}{(1-g_0)^3} + \frac{1}{2}\frac{g_0^5\xi_0}{(1-g_0)^5} =$$

$$\frac{g_0\xi_0 - 2g_0^2\xi_0 + \frac{3}{2}g_0^3\xi_0}{(1-g_0)^3} + \frac{1}{2}\frac{g_0^5\xi_0}{(1-g_0)^5}$$

又因为

$$\frac{-2g_0^2\xi_0 + \frac{3}{2}g_0^3\xi_0}{(1-g_0)^3} + \frac{1}{2}\frac{g_0^5\xi_0}{(1-g_0)^5} \leqslant 0$$

即

$$2 + \frac{-3}{2}g_0 \geqslant \frac{1}{2}\frac{g_0^3}{(1-g_0)^2}$$

$$\frac{g_0^3}{(1-g_0)^2} + 3g_0 \leqslant \left(\frac{1}{4}\right)^3 \times \left(\frac{4}{3}\right)^2 + \frac{3}{4} =$$

$$\frac{1}{4\times 3^2} + \frac{3}{4} \leqslant 4$$

故式(14) 成立.

由此又可推知

$$g_1 = B_1K\xi_1 \leqslant \frac{B_0g_0\xi_0K}{(1-g_0)^4} =$$

$$\frac{g_0^2}{(1-g_0)^4} \leqslant \frac{16}{81} < \frac{1}{4}$$

即可得证本定理成立.

§5　斜量法与 Newton 法

为了给出斜量法与 Newton 法的等价判别法，首先我们建立一个辅助定理：

辅助定理　设

$$\boldsymbol{X}=(x_1,x_2,\cdots,x_n)$$

$$\boldsymbol{A}=\begin{pmatrix} a_{11} & \cdots & a_{1n} \\ a_{n1} & \cdots & a_{nn} \end{pmatrix}$$

则 $\{\boldsymbol{X},\boldsymbol{X}\cdot(\boldsymbol{A}\cdot\boldsymbol{A}')\}=\{\boldsymbol{X}\cdot\boldsymbol{A},\boldsymbol{X}\cdot\boldsymbol{A}\}$，其中 $\boldsymbol{A}'$ 表示 $\boldsymbol{A}$ 的转置矩阵.

本命题由直接计算即可验证，故详细证明略.

以下我们开始来讨论斜量法与 Newton 法的等价性.

对于 n 个未知数 $(x_1,\cdots,x_n)$ 的 n 个联立方程

$$w_i=w_i(x_1,\cdots,x_n)=0, i=1,2,\cdots,n$$

其斜量法的基本公式是[1]

$$\boldsymbol{X}_1-\boldsymbol{X}_0=-\left[\|\boldsymbol{W}\|^2\frac{\sum\limits_{k=1}^{n}w_k\cdot\mathrm{grad}\ w_k}{\left\|\sum\limits_{k=1}^{n}w_k\cdot\mathrm{grad}\ w_k\right\|^2}\right]_{\boldsymbol{X}=\boldsymbol{X}_0} \tag{15}$$

此处我们把 $\boldsymbol{X}=(x_1,x_2,\cdots,x_n)$ 看作 n 维欧氏空间的位置矢量，把 $\boldsymbol{W}=(w_1,w_2,\cdots,w_n)$ 看作位置矢量 $\boldsymbol{X}$ 的矢量函数 $\boldsymbol{W}=\boldsymbol{W}(\boldsymbol{X})$.

我们有 Fréchet 的算子微商的符号

$$\frac{\mathrm{d}\boldsymbol{W}}{\mathrm{d}\boldsymbol{X}}=\begin{pmatrix}\frac{\partial w_1}{\partial x_1} & \cdots & \frac{\partial w_n}{\partial x_1}\\ \vdots & & \vdots\\ \frac{\partial w_1}{\partial x_n} & \cdots & \frac{\partial w_n}{\partial x_n}\end{pmatrix}$$

则斜量法基本公式又可改写成

$$\boldsymbol{X}_1-\boldsymbol{X}_0=-\left[\|\boldsymbol{W}\|^2\frac{\boldsymbol{W}\cdot\left(\frac{\mathrm{d}\boldsymbol{W}}{\mathrm{d}\boldsymbol{X}}\right)'}{\left\|\boldsymbol{W}\cdot\left(\frac{\mathrm{d}\boldsymbol{W}}{\mathrm{d}\boldsymbol{X}}\right)'\right\|^2}\right]_{\boldsymbol{X}=\boldsymbol{X}_0}$$

又 Newton 法的基本公式是

$$\boldsymbol{X}_1=\boldsymbol{X}_0-\left[\boldsymbol{W}\left(\frac{\mathrm{d}\boldsymbol{W}}{\mathrm{d}\boldsymbol{X}}\right)^{-1}\right]_{\boldsymbol{X}=\boldsymbol{X}_0}$$

或

$$(\boldsymbol{X}_1-\boldsymbol{X}_0)\cdot\left(\frac{\mathrm{d}\boldsymbol{W}}{\mathrm{d}\boldsymbol{X}}\right)_{\boldsymbol{X}=\boldsymbol{X}_0}=-\boldsymbol{W}(\boldsymbol{X}_0)$$

$$\left|\frac{\mathrm{d}\boldsymbol{W}}{\mathrm{d}\boldsymbol{X}}\right|_{\boldsymbol{X}=\boldsymbol{X}_0}\neq 0$$

取 $\boldsymbol{A}=\left(\frac{\mathrm{d}\boldsymbol{W}}{\mathrm{d}\boldsymbol{X}}\right)'$,$\boldsymbol{X}=\boldsymbol{W}$,就有

$$\left\{\boldsymbol{W},\boldsymbol{W}\cdot\left(\left(\frac{\mathrm{d}\boldsymbol{W}}{\mathrm{d}\boldsymbol{X}}\right)'\cdot\frac{\mathrm{d}\boldsymbol{W}}{\mathrm{d}\boldsymbol{X}}\right)\right\}=$$

$$\left\{\left(\boldsymbol{W}\cdot\left(\frac{\mathrm{d}\boldsymbol{W}}{\mathrm{d}\boldsymbol{X}}\right)'\right),\left(\boldsymbol{W}\cdot\left(\frac{\mathrm{d}\boldsymbol{W}}{\mathrm{d}\boldsymbol{X}}\right)'\right)\right\}$$

或

$$\left\{\boldsymbol{W},\left(\boldsymbol{W}\cdot\left(\frac{\mathrm{d}\boldsymbol{W}}{\mathrm{d}\boldsymbol{X}}\right)'\right)\cdot\frac{\mathrm{d}\boldsymbol{W}}{\mathrm{d}\boldsymbol{X}}\right\}=\left\|\boldsymbol{W}\cdot\left(\frac{\mathrm{d}\boldsymbol{W}}{\mathrm{d}\boldsymbol{X}}\right)'\right\|^2$$

将等式两端除以 $\left\|\boldsymbol{W}\cdot\left(\frac{\mathrm{d}\boldsymbol{W}}{\mathrm{d}\boldsymbol{X}}\right)'\right\|^2$(设 $\neq 0$),得到

$$\frac{\boldsymbol{W}\cdot\left\{\boldsymbol{W},\left(\boldsymbol{W}\cdot\left(\frac{\mathrm{d}\boldsymbol{W}}{\mathrm{d}\boldsymbol{X}}\right)'\right)\cdot\frac{\mathrm{d}\boldsymbol{W}}{\mathrm{d}\boldsymbol{X}}\right\}}{\left\|\boldsymbol{W}\cdot\left(\frac{\mathrm{d}\boldsymbol{W}}{\mathrm{d}\boldsymbol{X}}\right)'\right\|^{2}}=\boldsymbol{W} \tag{16}$$

故若

$$\begin{aligned}&\boldsymbol{W}\cdot\left\{\boldsymbol{W},\left(\boldsymbol{W}\cdot\left(\frac{\mathrm{d}\boldsymbol{W}}{\mathrm{d}\boldsymbol{X}}\right)'\right)\cdot\frac{\mathrm{d}\boldsymbol{W}}{\mathrm{d}\boldsymbol{X}}\right\}=\\&\|\boldsymbol{W}\|^{2}\cdot\left(\boldsymbol{W}\cdot\left(\frac{\mathrm{d}\boldsymbol{W}}{\mathrm{d}\boldsymbol{X}}\right)'\right)\cdot\frac{\mathrm{d}\boldsymbol{W}}{\mathrm{d}\boldsymbol{X}}\end{aligned} \tag{17}$$

则

$$\frac{\|\boldsymbol{W}\|^{2}\cdot\left(\boldsymbol{W}\cdot\left(\frac{\mathrm{d}\boldsymbol{W}}{\mathrm{d}\boldsymbol{X}}\right)'\right)\cdot\frac{\mathrm{d}\boldsymbol{W}}{\mathrm{d}\boldsymbol{X}}}{\left\|\boldsymbol{W}\cdot\left(\frac{\mathrm{d}\boldsymbol{W}}{\mathrm{d}\boldsymbol{X}}\right)'\right\|^{2}}=\boldsymbol{W} \tag{18}$$

以下我们证明式(17)成立是斜量法与 Newton 法等价的充分条件.首先,由斜量法基本公式容易推得 Newton 法.其次,从 Newton 法基本公式

$$(\boldsymbol{X}_{1}-\boldsymbol{X}_{0})\cdot\left(\frac{\mathrm{d}\boldsymbol{W}}{\mathrm{d}\boldsymbol{X}}\right)_{\boldsymbol{X}=\boldsymbol{X}_{0}}=-\boldsymbol{W}(\boldsymbol{X}_{0})$$

$$\left|\frac{\mathrm{d}\boldsymbol{W}}{\mathrm{d}\boldsymbol{X}}\right|_{\boldsymbol{X}=\boldsymbol{X}_{0}}\neq 0$$

由式(18),得

$$\begin{aligned}&(\boldsymbol{X}_{1}-\boldsymbol{X}_{0})\cdot\left(\frac{\mathrm{d}\boldsymbol{W}}{\mathrm{d}\boldsymbol{X}}\right)_{\boldsymbol{X}=\boldsymbol{X}_{0}}=\\&-\left(\frac{\|\boldsymbol{W}\|^{2}\cdot\left(\boldsymbol{W}\cdot\left(\frac{\mathrm{d}\boldsymbol{W}}{\mathrm{d}\boldsymbol{X}}\right)'\right)\cdot\frac{\mathrm{d}\boldsymbol{W}}{\mathrm{d}\boldsymbol{X}}}{\left\|\boldsymbol{W}\cdot\left(\frac{\mathrm{d}\boldsymbol{W}}{\mathrm{d}\boldsymbol{X}}\right)'\right\|^{2}}\right)_{\boldsymbol{X}=\boldsymbol{X}_{0}}\end{aligned}$$

等式两边右乘以 $\left(\frac{\mathrm{d}\boldsymbol{W}}{\mathrm{d}\boldsymbol{X}}\right)^{-1}_{\boldsymbol{X}=\boldsymbol{X}_{0}}$,并利用矩阵乘法的结合律,即得斜量法基本公式

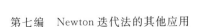

$$\boldsymbol{X}_1-\boldsymbol{X}_0=-\left(\frac{\|\boldsymbol{W}\|^2\cdot\left(\boldsymbol{W}\cdot\left(\frac{\mathrm{d}\boldsymbol{W}}{\mathrm{d}\boldsymbol{X}}\right)'\right)}{\left\|\boldsymbol{W}\cdot\left(\frac{\mathrm{d}\boldsymbol{W}}{\mathrm{d}\boldsymbol{X}}\right)'\right\|^2}\right)\boldsymbol{X}=\boldsymbol{X}_0$$

我们还可以证明式(17)的成立是斜量法与 Newton 法等价的必要条件.因为这时我们对任一点 $\boldsymbol{X}=\boldsymbol{X}_0$,可以有等式(18)成立,再与等式(16)相比较,即得

$$\frac{\boldsymbol{W}\cdot\left\{\boldsymbol{W},\left(\boldsymbol{W}\cdot\left(\frac{\mathrm{d}\boldsymbol{W}}{\mathrm{d}\boldsymbol{X}}\right)'\right)\cdot\frac{\mathrm{d}\boldsymbol{W}}{\mathrm{d}\boldsymbol{X}}\right\}}{\left\|\boldsymbol{W}\cdot\left(\frac{\mathrm{d}\boldsymbol{W}}{\mathrm{d}\boldsymbol{X}}\right)'\right\|^2}=$$

$$\frac{\|\boldsymbol{W}\|^2\cdot\left(\boldsymbol{W}\cdot\left(\frac{\mathrm{d}\boldsymbol{W}}{\mathrm{d}\boldsymbol{X}}\right)'\right)\cdot\frac{\mathrm{d}\boldsymbol{W}}{\mathrm{d}\boldsymbol{X}}}{\left\|\boldsymbol{W}\cdot\left(\frac{\mathrm{d}\boldsymbol{W}}{\mathrm{d}\boldsymbol{X}}\right)'\right\|^2}$$

两端消去分母,就得到式(17).

总结起来,我们已经证明了:

定理 5 对于 n 个未知数的 n 个联立方程

$$w_i=w_i(x_1,x_2,\cdots,x_n)=0,i=1,2,\cdots,n$$

的斜量法与 Newton 法等价的充分必要条件是矢量 $\boldsymbol{W}=(w_1,w_2,\cdots,w_n)$ 满足等式

$$\boldsymbol{W}\cdot\left\{\boldsymbol{W},\left(\boldsymbol{W}\cdot\left(\frac{\mathrm{d}\boldsymbol{W}}{\mathrm{d}\boldsymbol{X}}\right)'\right)\cdot\frac{\mathrm{d}\boldsymbol{W}}{\mathrm{d}\boldsymbol{X}}\right\}=$$

$$\|\boldsymbol{W}\|^2\left(\boldsymbol{W}\cdot\left(\frac{\mathrm{d}\boldsymbol{W}}{\mathrm{d}\boldsymbol{X}}\right)'\right)\cdot\frac{\mathrm{d}\boldsymbol{W}}{\mathrm{d}\boldsymbol{X}}= \tag{19}$$

$$\{\boldsymbol{W},\boldsymbol{W}\}\cdot\left(\boldsymbol{W}\cdot\left(\frac{\mathrm{d}\boldsymbol{W}}{\mathrm{d}\boldsymbol{X}}\right)'\right)\cdot\frac{\mathrm{d}\boldsymbol{W}}{\mathrm{d}\boldsymbol{X}}$$

当 $n=1$ 时,显然斜量法与 Newton 法完全一致,经过初等计算,可以得到:

性质1 ($n=2$) 斜量法与Newton法等价的充分必要条件为

$$w_1 w_2\left[\left(\frac{\partial w_2}{\partial x_1}\right)^2+\left(\frac{\partial w_2}{\partial x_2}\right)^2-\left(\frac{\partial w_1}{\partial x_1}\right)^2-\left(\frac{\partial w_1}{\partial x_2}\right)^2\right]+(w_1^2-w_2^2)\left(\frac{\partial w_1}{\partial x_1}\frac{\partial w_2}{\partial x_1}+\frac{\partial w_1}{\partial x_2}\frac{\partial w_2}{\partial x_2}\right)=0 \tag{20}$$

性质2 若w_1,w_2满足Cauchy-Riemann偏微分方程

$$\frac{\partial w_1}{\partial x_1}=\frac{\partial w_2}{\partial x_2},\frac{\partial w_1}{\partial x_2}=-\frac{\partial w_2}{\partial x_1}$$

则斜量法与Newton法等价.

不难看出,Cauchy-Riemann偏微分方程的成立并非条件(20)成立的必要条件,或者说,条件(20)是较Cauchy-Riemann偏微分方程更广的条件,例如,最简单地,取$w_1=x,w_2=0$即可见之.

既然我们已经获得了斜量法与Newton法等价的充分必要条件,则根据Канторович(1948)关于Newton法的定理,我们立刻就有:

定理6 设$w_1,w_2,\cdots,w_n$满足条件(19),则:

1.如果:

(1) $|w_i(x_1^0,x_2^0,\cdots,x_n^0)|\leqslant\bar{\eta},i=1,2,\cdots,n$;

(2) 矩阵$\left(\left(-\frac{\partial w_i}{\partial x_k}\right)_0\right)$有非零的行列式$\Delta$,且若我们以$A_{ik}$表示$\left(\frac{\partial w_i}{\partial x_k}\right)_0$元素的代数余子式,则有下述条件成立

$$\max_{i\in\mathbf{N}}\frac{1}{|\Delta|}\sum_{k=1}^n|A_{ik}|\leqslant B$$

(3) $\left|\dfrac{\partial^2 w_i}{\partial x_j \partial x_k}\right| \leqslant L$，在我们所考虑的区域内；

(4)$h = B^2 \bar{\eta} L n^2 \leqslant 1/2$，

则所给的代数方程组在我们所考虑的区域内有解，且可以通过斜量法过程(15) 求得.

2.如果：

(1) 矩阵$\left(\left(\dfrac{\partial w_i}{\partial x_k}\right)_0\right)$有逆矩阵$\left(\dfrac{A_{ik}}{\Delta}\right)$，并且

$$\frac{1}{|\Delta|}\left(\sum_{i,k=1}^{n} A_{ik}^2\right)^{1/2} \leqslant B$$

(2)$\sum_{i=1}^{n} |x_i^1 - x_i^0|^2 \leqslant \eta^2$；

(3) 在区域(22) 内

$$\sum_{i,j,k=1}^{n}\left(\frac{\partial^2 w_i}{\partial x_k \partial x_j}\right)^2 \leqslant K^2 \tag{21}$$

(4)$h_0 = BK\eta \leqslant 1/2$，

则所给的代数方程组有解 $\boldsymbol{X}^*$，且可以斜量法过程求得.此时解 $\boldsymbol{X}^*$ 在 $\boldsymbol{X}_0$ 的区域

$$\|\boldsymbol{X} - \boldsymbol{X}_0\| = \left[\sum_{i=1}^{n} |x_i - x_i^n|^2\right]^{1/2} \leqslant$$
$$N(h_0)\eta = \frac{1-\sqrt{1-2h_0}}{h_0}\eta \tag{22}$$

之内，而且对于收敛速度有估计式

$$\|\boldsymbol{X}_n - \boldsymbol{X}^*\| = \left[\sum_{i=1}^{n} |x_i^n - x_i^*|^2\right]^{1/2} \leqslant$$
$$\frac{1}{2^{n-1}}(2h_0)^{2^n-1}\eta$$

3.(关于解的唯一性).假设 2 中条件(1) ～ (4) 皆

成立，不同的只是现在要求不等式(21) 要在区域

$$\left[\sum_i |x_i - x_i^0|^2\right]^{1/2} < L(h_0)\eta = \frac{1+\sqrt{1-2h_0}}{h_0}\eta \tag{23}$$

上成立.

那么这时候方程组在区域(23) 内有唯一解，并且任何斜量法序列皆收敛于所求之解，如果它的起始值 $\boldsymbol{X}$ 选自区域

$$\|\boldsymbol{X}-\boldsymbol{X}_0\| = \left[\sum_i |x_i - x_i^0|^2\right]^{1/2} \leqslant \frac{1-2h_0}{4h_0}\eta$$

之内.

现在我们举一简例来说明定理的用法.自然，我们知道，只有当 n 越大时才能越充分地显示出斜量法的优越性.不过，这里为了简便起见，我们还是只举出 $n=2$ 的情形.

例 1　求解非线性方程组

$$\begin{cases} w_1 = x^4 + y^4 - 6x^2y^2 + x^2 - y^2 + x + 1 = 0 \\ w_2 = 4x^3y - 4xy^3 + 2xy + y = 0 \end{cases}$$

经过实际计算，我们有

$$\frac{\partial w_1}{\partial x} = 4x^3 - 12xy^2 + 2x + 1 = \frac{\partial w_2}{\partial y}$$

$$\frac{\partial w_1}{\partial y} = 4y^3 - 12x^2y - 2y = -\frac{\partial w_2}{\partial x}$$

这就是说，函数 w_1, w_2 满足 Cauchy-Riemann 偏微分方程，从而就有条件(19) 成立.

现在我们选 $\boldsymbol{X}_0 = (x_0, y_0) = (-0.547\ 3, 0.585\ 9)$ 为起始值，那么我们就有

$$\boldsymbol{W}_0=(w_1^0,w_2^0)=(-0.002\ 5,-0.000\ 7)$$

并且

$$\frac{\partial w_1}{\partial x_0}=1.505\ 4=\frac{\partial w_2}{\partial y_0}$$

$$-\frac{\partial w_1}{\partial y_0}=2.770\ 6=\frac{\partial w_2}{\partial x_0}$$

于是

$$\Delta=\begin{vmatrix}\frac{\partial w_1}{\partial x_0} & \frac{\partial w_1}{\partial y_0}\\ \frac{\partial w_2}{\partial x_0} & \frac{\partial w_2}{\partial y_0}\end{vmatrix}=\begin{vmatrix}1.505\ 4 & -2.770\ 6\\ 2.770\ 6 & 1.505\ 4\end{vmatrix}=9.922\ 9$$

利用斜量法可以更进一步求得

$$\boldsymbol{X}_1=(x_1,y_1)=(-0.546\ 7,0.585\ 3)$$

所以我们有

$$\eta=[(x_1-x_0)^2+(y_1-y_0)^2]^{\frac{1}{2}}=$$
$$[(-0.546\ 7+0.547\ 3)^2+$$
$$(0.585\ 3-0.585\ 9)^2]^{\frac{1}{2}}=0.000\ 8$$

为了估计常数 B 的数值，我们来研究矩阵

$$\boldsymbol{\Gamma}_0=\begin{pmatrix}\frac{\partial w_1}{\partial x_0} & \frac{\partial w_1}{\partial y_0}\\ \frac{\partial w_2}{\partial x_0} & \frac{\partial w_2}{\partial y_0}\end{pmatrix}^{-1}=\begin{pmatrix}1.505\ 4 & -2.770\ 6\\ 2.770\ 6 & 1.505\ 4\end{pmatrix}^{-1}$$

我们知道，$\boldsymbol{\Gamma}_0$ 作为二维欧氏空间 $\mathbf{R}^2$ 的线性变换的模数是

$$\|\boldsymbol{\Gamma}_0\|=(\Lambda_{\max})^{\frac{1}{2}}$$

其中 $\Lambda_{\max}$ 表示矩阵 $\boldsymbol{\Gamma}_0\boldsymbol{\Gamma}_0^*$ 的最大的特征值，也就是下列方程式的最大的根

$$\Lambda^2-[1.505\ 4^2+(-2.770\ 6)^2+2.770\ 6^2+1.505\ 4^2]/\Delta^2\Lambda+\frac{1}{\Delta^2}=0$$

注意 $\Delta=1.505\ 4^2+2.770\ 6^2$.故此方程式可化为

$$\Lambda^2-\frac{2}{\Delta}\Lambda+\frac{1}{\Delta^2}=0$$

或

$$\left(\Lambda-\frac{1}{\Delta}\right)^2=0$$

于是

$$\Lambda_{\max}=\frac{1}{\Delta}=\frac{1}{9.922\ 9}=0.001$$

由此推得

$$B=\|\boldsymbol{\Gamma}_0\|=\sqrt{\Lambda_{\max}}=\sqrt{0.001}=0.031\ 6$$

现在我们来估计 K 的值.

首先,我们求出二级微商

$$\frac{\partial^2 w_1}{\partial x^2}=12x^2-12y^2+2,\frac{\partial^2 w_1}{\partial x^2}+\frac{\partial^2 w_1}{\partial y^2}=0$$

$$\frac{\partial^2 w_2}{\partial x^2}=24xy,\frac{\partial^2 w_2}{\partial x^2}+\frac{\partial^2 w_2}{\partial y^2}=0$$

$$\frac{\partial^2 w_1}{\partial x\partial y}=-24xy,\frac{\partial^2 w_2}{\partial x\partial y}=12x^2-12y^2+2$$

我们不妨预先在矩形 $-4\leqslant x\leqslant 3,-3\leqslant y\leqslant 4$ 上来估计 K 的值,这时候我们有

$$(12x^2-12y^2+2)^2\leqslant(12\times 4^2+2)^2=37\ 636$$

$$(24xy)^2\leqslant(24\times 4\times 4)^2=147\ 456$$

所以

$$\sum_{i,j,k=1}^{n}\left(\frac{\partial^2 w_i}{\partial x_k \partial x_j}\right)^2 =$$

$$4(12x^2-12y^2+2)^2+4(24xy)^2 \leqslant$$

$$4\times 37\ 636+4\times 147\ 456=740\ 368$$

于是

$$K=\sqrt{740\ 386}=860$$

从而求得

$$h_0=BK\eta=0.031\ 6\times 860\times 0.000\ 8=$$

$$0.021\ 7<\frac{1}{2}$$

我们可以更进一步计算出

$$\frac{1+\sqrt{1-2h_0}}{h_0}\eta=$$

$$\frac{1+\sqrt{1-2\times 0.021\ 7}}{0.021\ 7}\times 0.000\ 8=0.072\ 9$$

但区域

$$\|\boldsymbol{X}-\boldsymbol{X}_0\|=[(x-x_0)^2+(y-y_0)^2]^{\frac{1}{2}}=$$

$$[(x+0.547\ 3)^2+(y-0.585\ 9)^2]^{\frac{1}{2}}<$$

$$\frac{1+\sqrt{1-2h_0}}{h_0}\eta=0.072\ 9$$

显然是被包含于矩形 $-4\leqslant x\leqslant 3,-3\leqslant y\leqslant 4$ 之内的，故应用定理 6 的 3，我们就知道所给的方程组在上述区域内有唯一解 $\boldsymbol{X}^*$，且以斜量法逼近的速度是

$$\|\boldsymbol{X}_n-\boldsymbol{X}^*\|=[(x_n-x^*)^2+(y_n-y^*)^2]^{\frac{1}{2}}\leqslant$$

$$\frac{1}{2^{n-1}}(2h_0)^{2^{n-1}}\eta=$$

$$\frac{1}{2^{n-1}}(0.043\ 4)^{2^{n-1}}\times 0.000\ 8$$

这里我们可以看到，像这样的收敛速度已经不算慢了，可以说在一定程度上是足够令人满意的.

参考文献

[1] 赵访熊. 解联立方程的斜量法[J]. 数学学报，1953(3):328-341.

[2] Канторович Л В. О методе Ньютона для функциональных уравнений[J].ДАН,СССР,1948,59(7):1237-1240.

[3] Нечепуренко М И. О методе Чебышева для функциональных уравнений[J].УМН,1954(9):163-170.

[4] CURRY H B. The method of steepest descent for non-linear minimization problems[J]. Quarterly of Applied Math.,1944(2):258-261.

第29章 关于一类具有大范围收敛性的迭代法在 Riemann 猜想中的应用①

吉林大学数学系的徐利治、朱自强两位教授1979年由Hadamard因子分解定理出发,证明了推广的Laguerre迭代方法对求解一类超越方程具有大范围收敛性,对复根允许存在的区域做了讨论,得出了Riemann假定成立的一个必要条件.

§1 引 言

用迭代程序对方程求根,许多作者都有讨论,但讨论的大多是在根邻域内的收敛性,初始近似选择不当,迭代程序可以是发散的.在本章中,对于一类迭

① 本章摘编自《计算数学》,1979(1):82-90.

代过程，就超越方程求实根的情形，建立了“大范围收敛性”.这类程序中的一个特例，可以看作是 Laguerre 迭代法的某种“极限形式”(见 §2).应该提到，1975 年 M.L.Patrick 与 D.G.Saari 曾利用单根化的办法，通过 Newton程序定义了一种“复合算法”，对某些函数类也证明了该算法的大范围收敛性.但本章和他们的工作相比，涉及的函数类固不尽相同，方法与结果也很不一样.

本章所讨论的程序，实际是为了将 Laguerre 关于代数方程的迭代法推广到超越方程而提出的.在探讨收敛性的过程中，由于 Landau 关于 Hadamard 因子分解定理证法的启发，又引导我们考虑了一类更一般的迭代法(§3).为了进一步考查此迭代法的大范围收敛性，讨论了有复根存在的情况(§4).有关 Riemann 假定的讨论是饶有兴趣的问题，本章结合迭代程序做出了简单讨论(§5).

§2 一个特殊的迭代法

在本节中始终假设 $f(z)$ 是一个只含实零点的整函数，阶小于 2，且当 z 为实变量时取实数值.特别地，$f(z)$ 可以是一个只含实根的多项式.今考虑下列方程

$$f(x)=0 \tag{1}$$

的求根问题，简记

$$S(x)\equiv f'(x)^2-f(x)f''(x) \tag{2}$$

本节所要讨论的迭代程序可以写成

$$x_{k+1}=x_k\pm\frac{|f(x_k)|}{\sqrt{S(x_k)}}\tag{3}$$

此处 $k=0,1,2,\cdots$，而 x_0 为任意实数，只需 $f(x_0)\neq 0$.

后面即将证明，从 x_0 出发恒有 $S(x_k)>0$，因此在一般情形下，程序(3) 总是可以实现的.

在式(3) 中，取定"+"号或"−"号，可得出相应的两个序列$\{x_k\}_+$ 及$\{x_k\}_-$.在特别情形，例如当方程(1) 只含一个唯一实根时，有可能 $f(x_1)=0$.此时仍说有限序列$\{x_0,x_1\}$ 收敛于方程的一个根.

现在我们来建立下述主要命题：

定理 1 设初始值 x_0 位于方程(1) 的相邻两实根之间，则由程序(3) 产生的序列$\{x_k\}_+$ 与$\{x_k\}_-$ 将分别单调地收敛到 x_0 右侧及左侧最邻近的两个实根.特别地，如果方程的所有根位于 x_0 的右侧(或左侧)，则$\{x_k\}_+$ (或$\{x_k\}_-$) 收敛到最邻近 x_0 的一个根，而另一序列$\{x_k\}_-$ (或$\{x_k\}_+$) 将发散到 $-\infty$(或 $+\infty$).

证 为了定理的证明在陈述形式上简明起见，不失一般性，可以假定 $f(0)\neq 0$.事实上，要是 0 也是(1) 的根，则可考虑用 $F(z)\equiv f(z+\alpha)$ 替代 $f(z)$，其中 $\alpha>0$，而 $F(0)\neq 0$.

在上述假定下，可将 $f(z)$ 的全部实零点按绝对值排列，如 $0\leqslant|z_1|\leqslant|z_2|\leqslant\cdots$，其中重数为 r 的零点将在排列中出现 r 次.于是应用熟知的 Hadamard 因子分解定理，可得

$$f(z)=C\mathrm{e}^{az}\prod_{n=1}^{\infty}\left(1-\frac{z}{z_n}\right)\mathrm{e}^{\frac{z}{z_n}}\tag{4}$$

其中 C,a 与各 z_n 皆为实数.对式(4) 取对数导数，则得

$$\frac{f'(z)}{f(z)}=a+\sum_{n=1}^{\infty}\left(\frac{1}{z_n}+\frac{1}{z-z_n}\right)$$

$$\frac{\mathrm{d}}{\mathrm{d}z}\left(\frac{f'(z)}{f(z)}\right)=-\sum_{n=1}^{\infty}\frac{1}{(z-z_n)^2} \tag{5}$$

因此我们有(注意 $f(x_0)\neq 0$)

$$-\frac{\mathrm{d}}{\mathrm{d}z}\left(\frac{f'(z)}{f(z)}\right)_{z=z_0}=\frac{S(x_0)}{f(x_0)^2}=\sum_{n=1}^{\infty}\frac{1}{(x_0-z_n)^2} \tag{6}$$

从而可以断言 $S(x_0)>0$.同理,当 $f(x_k)\neq 0$ 时总有 $S(x_k)>0$,这表明程序(3)是恒能实现的.

下面我们只考虑$\{x_k\}_+$.事实上,关于序列$\{x_k\}_-$的收敛性的论证方式是完全平行的(只需将其中的正号改为负号,并将相应的诸不等式一律倒转方向即可),分三种情形讨论:

1.假定 $z_v<x_0<z_{v+1}$,此时依据(6)可得

$$x_1=x_0+\frac{|f(x_0)|}{\sqrt{S(x_0)}}=x_0+\left(\sum_{n=1}^{\infty}\frac{1}{(x_0-z_n)^2}\right)^{-\frac{1}{2}}<$$
$$x_0+\left(\frac{1}{(x_0-z_{v+1})^2}\right)^{-\frac{1}{2}}=$$
$$x_0+(z_{v+1}-x_0)=$$
$$z_{v+1}$$

这表明 $x_0<x_1<z_{v+1}$.同样,由 $f(x_1)\neq 0$ 可以推断 $x_1<x_2<z_{v+1}$.因此,根据数学归纳法可以断言,$\{x_k\}_+$ 是一个以 z_{v+1} 为上界的单调递增序列,因而有极限存在,$\lim\limits_{k\to\infty}x_k=x^*\leqslant z_{v+1}$.再注意$\{S(x_k)\}$存在有限的极限值$\lim\limits_{k\to\infty}S(x_k)=f'(x^*)^2-f(x^*)f''(x^*)$.因此,根据程序(3),我们得到

$$|f(x^*)|=\lim_{k\to\infty}|f(x_k)|=$$
$$\lim_{k\to\infty}(x_{k+1}-x_k)\sqrt{S(x_k)}=0$$

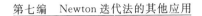

由此便得结论 $x^* = z_{v+1}$.

按照完全相同的方式,可以验证$\{x_k\}_-$必单调下降地收敛到 z_v.

2.假定方程(1)的全部实根都位于 x_0 之左,即 $z_n < x_0 (n=1,2,\cdots)$. 此时就$\{x_k\}_+$而言,有 $x_0 < x_1 < x_2 < \cdots$,而且对一切 $k=1,2,\cdots$ 皆有

$$x_{k+1} - x_k = \frac{|f(x_k)|}{\sqrt{S(x_k)}} = \left(\sum_{n=1}^{\infty} \frac{1}{(x_k - z_n)^2}\right)^{-1/2} >$$

$$\left(\sum_{n=1}^{\infty} \frac{1}{(x_0 - z_n)^2}\right)^{-1/2}$$

这表明$\{x_k\}_+$是一个比等差数列增加更快的序列,故有$\lim\limits_{k\to\infty} x_k = +\infty$.另外,如同在1中所指明的那样,可以证明$\{x_k\}_-$必收敛于最接近 x_0 的那个根.同样,假如全部 z_n 位于 x_0 之右,则可证$\{x_k\}_-$发散到$-\infty$,而$\{x_k\}_+$则收敛到最靠近 x_0 的那个根.

3.最后,假定方程(1)只有唯一实根 z_1.此时式(6)右端只含有唯一的一项,因此

$$\frac{|f(x_0)|}{\sqrt{S(x_0)}} = |x_0 - z_1|$$

从而我们有 $x_1 = x_0 \pm |x_0 - z_1|$,显然这隐含着

$$x_1 = x_0 + (z_1 - x_0) = z_1, z_1 > x_0$$

或者

$$x_1 = x_0 - (x_0 - z_1) = z_1, z_1 < x_0$$

总之,有一个有限序列$\{x_k\}_+ \equiv \{x_0, x_1\}$或$\{x_k\}_- \equiv \{x_0, x_1\}$恰好收敛到唯一的实根 z_1.同时另一序列的发散性可按2中所述之法验证.

注 1　上述定理的证明亦适用于阶数为2的超越

整函数 $f(z)$,但"亏格"(genus)限于1.事实上,此时按照 Hadamard 定理,分解式(4)仍成立.

注2 对于仅含实根的 m 次代数方程式

$$g(z) \equiv c_0 + c_1 z + \cdots + c_m z^m = 0, c_m \neq 0$$

熟知的 Laguerre 迭代程序可记作

$$x_{k+1} = x_k - \frac{mg(x_k)}{g'(x_k) \pm \sqrt{H(x_k)}} \tag{7}$$

其中 $k = 0, 1, 2, \cdots$; x_0 为任意给定的实数($g(x_0) \neq 0$); $H(x)$ 为由下式定义的所谓 Hess 协变式

$$H(x) \equiv (m-1)^2 g'(x)^2 - m(m-1) g(x) g''(x) \tag{8}$$

注意

$$\lim_{m \to \infty} \frac{1}{m} \sqrt{H(x_k)} = g'(x_k)^2 - g(x_k) g''(x_k) \tag{9}$$

又超越整函数可以看作是多项式在次数无限增大时的极限,这样一来,将程序(7)(9)与程序(3)(2)作比较时便立即可以看出,程序(3)是某种意义下的 Laguerre 程序的推广,亦即某种意义下的极限形式.事实上,程序(3)正是遵循这条思考路线得出来的.

注3 迭代程序(3)具有大范围收敛性,以不用选择初始近似为其最大特点.在单实根的邻域内,收敛的阶为3,即令该实根为 ζ,第 k 步及第 $k+1$ 步近似解分别为 x_k 及 x_{k+1}; $x_{k+1} = \zeta - \varepsilon_{k+1}$, $x_k = \zeta - \varepsilon_k$,则利用 Taylor 展开式不难证明

$$\frac{\varepsilon_{k+1}}{\varepsilon_k^3} \cong \frac{1}{8}\left(\frac{f''(\zeta)}{f'(\zeta)}\right)^2 - \frac{1}{6}\left(\frac{f'''(\zeta)}{f'(\zeta)}\right) \tag{10}$$

§3 一类迭代过程的大范围收敛性

设 λ 为任意给定的正偶数.以 $\widetilde{\mathscr{R}}_\lambda$ 表示一类只含实零点的整函数$\{f(z)\}$,其中每一函数的阶都小于λ,并且对实变量 z 恒取实值.

为了对 $\widetilde{\mathscr{R}}_\lambda$ 中的函数 $f(z)$ 求解方程(1),我们来研究如下形式的一类迭代程序

(P_λ):

$$x_{k+1}=x_k\pm\left|\frac{1}{(\lambda-1)!}\left(\frac{\mathrm{d}}{\mathrm{d}z}\right)_{z=x_k}^{\lambda-1}\left\{\frac{f'(z)}{f(z)}\right\}\right|^{-1/\lambda} \tag{11}$$

此处 $k=0,1,2,\cdots$, 而 x_0 为任意指定实数,但$f(x_0)\neq 0$.

由于可取 $\lambda=2,4,6$,等等,显见公式(11) 实际上包含着一类迭代程序(P_λ).容易看出,(P_2) 恰好是程序(3).相应地,作为定理 1 的扩充,我们有下述定理.

定理 2 设 $f(z)\in\widetilde{\mathscr{R}}_\lambda$,并设 x_0 为任意实数,使得 $f(x_0)\neq 0$,则由(P_λ)给出的序列$\{x_k\}_+$(或$\{x_k\}_-$)将单调地收敛于方程(1) 在 x_0 右侧(或左侧) 最靠近 x_0 的根.在特别情形,当序列发散时,则表明沿序列发散的那一侧,方程无根存在.

定理 2 的证明方式和定理 1 的完全一样,这里只需指出,根据 Landau 关于 Hadamard 因子分解定理的证明[5],在无损一般性的假定 $f(0)\neq 0$ 条件下,我们有

$$\frac{1}{(\lambda-1)!}\left(\frac{\mathrm{d}}{\mathrm{d}z}\right)^{\lambda-1}\left\{\frac{f'(z)}{f(z)}\right\}=-\sum_{n=1}^{\infty}\frac{1}{(z-z_n)^\lambda} \tag{12}$$

其中 z_n 为 $f(z)$ 的实零点，且有 $0 \leqslant |z_1| \leqslant |z_2| \leqslant \cdots$.

显见式(12) 恰好相当于式(5)，而式(2) 中的 λ 对应于式(5) 中的 2. 因此不难看出，只需将定理 1 证明中的指数(乘幂)2 一律改为 λ，即可用修改后的证明来建立定理 2.

显然，$\widetilde{\mathscr{R}}_2 \subseteq \widetilde{\mathscr{R}}_4 \subseteq \widetilde{\mathscr{R}}_6 \subseteq \cdots$，而每一个只含实零点的有限阶实整函数 $f(z)$ 至少含于某一 $\widetilde{\mathscr{R}}_\lambda$ 中，因此，由定理 2 确定的程序族(P_λ) 所具有的大范围收敛性，在命题的条件下，大大地放宽了定理 1 对整函数的阶所作的限制. 虽然如此，随着 λ 的增大，程序(P_λ) 亦将愈益复杂.

§4　复根容许存在的区域

这里就(P_2) 程序(3) 来讨论. 我们要讨论的问题是：当方程(1) 的复根分布在怎样的区域范围时，定理 1 所确定的“大范围收敛性”仍然有效.

为叙述方便，先在复平面上定义区域 $>a,b<$，即图(图 1) 中的复根禁区，其具体作法如下：如图 1 所示，取定实数轴上两点 a 及 b. 过 a 及 b 各作两条射线，分别与实轴相交成 $\pm\frac{\pi}{4}$ 和 $\pm\frac{3\pi}{4}$ 角度，于是这四条直线所围成的开区域就是复根禁区，记作 $>a,b<$.

定理 3　设 $f(z)$ 为阶数小于 2 的整函数，能展开为实系数幂级数，并且 $f(z)$ 在区域 $>a,b<$ 内不存在复数根；又设 x_0 为 (a,b) 内的任意实数，且 $f(x_0) \neq 0$，则按迭代程序(3) 得出的序列 $\{x_k\}_+$（或

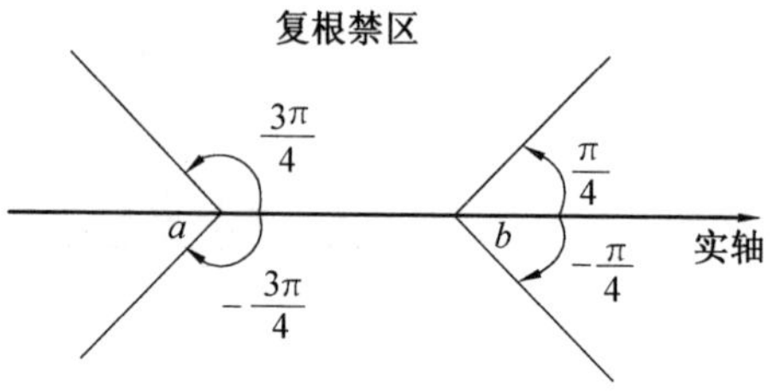

图 1　复根禁区

$\{x_k\}_-$）必单调地收敛到方程 $f(z)=0$ 在 x_0 右侧（或左侧）最邻近的实根，只要在区间 (x_0,b)（或 (a,x_0)）内确有实根存在.

证　首先我们指出，方程 $f(z)=0$ 的复根必共轭成对.事实上，由于整函数 $f(z)$ 可表示成

$$f(z)=\sum_{v=0}^{\infty}C_v z^v,C_v \text{ 为实系数}$$

容易验证对于共轭复数 $z=x+\mathrm{i}y,\bar{z}=x-\mathrm{i}y$ 而言，恒有

$$\mathrm{Re}f(x+\mathrm{i}y)=\mathrm{Re}f(x-\mathrm{i}y)$$
$$\mathrm{Im}f(x+\mathrm{i}y)=-\mathrm{Im}f(x-\mathrm{i}y)$$

此处 Re 与 Im 分别表示实部与虚部，因此，若 z 为方程的一个复根，则 $\bar{z}$ 亦为一个复根.

仿定理 1 的证法，不妨假设方程的所有根（实根及复根）已按绝对值排列，如 $0>|z_1|\leqslant|z_2|\leqslant\cdots$，从而依 Hadamard 定理，仍有(4)(5)(6) 三式成立.

设 z_m 是含于 (a,b) 内的一个实根，并从 x_0 的右侧靠近 x_0.我们现在来论证 $\{x_k\}_+$ 单调收敛于 z_m.

考虑区域 $>x_0,z_m<$.显然它是 $>a,b<$ 的子区域.既然复根共轭成对，故若方程有复根 $z_v=\alpha+\mathrm{i}\beta$（$\alpha$，$\beta$ 为实数，$\beta\neq0$），则有共轭根 $z_\mu=\alpha-\mathrm{i}\beta$.根据定理假

设，z_v 与 z_μ 均位于 $>a,b<$ 之外，因而它们位于 $>x_0,z_m<$ 之外.于是，记 $\alpha-x_0=r$，易由点 z_v,z_μ 的几何位置看出 $|r|\geqslant|\beta|$.从而有

$$\frac{1}{(x_0-z_v)^2}+\frac{1}{(x_0-z_\mu)^2}=\frac{2(r^2-\beta^2)}{(r^2+\beta^2)^2}\geqslant 0 \quad (13)$$

此式表明式(6)右端和式中对应于共轭根的那些项之和为非负数值.

仿定理 1 的证明，再注意到式(13)，可见有

$$\begin{aligned} x_1 &= x_0+\frac{|f(x_0)|}{\sqrt{S(x_0)}}=x_0+\left(\sum_{n=1}^{\infty}\frac{1}{(x_0-z_n)^2}\right)^{-1/2}\leqslant \\ & x_0+\left(\frac{1}{(x_0-z_m)^2}\right)^{-1/2}= \\ & x_0+(z_m-x_0)= \\ & z_m \end{aligned} \quad (14)$$

亦即有 $x_0<x_1\leqslant z_m$.同理，由 $f(x_1)\neq 0$ 可证 $x_1<x_2\leqslant z_m$.于是由归纳法可知 $\{x_k\}_+$ 为以 z_m 为上界的单调递增序列且有极限值 $\lim\limits_{k\to\infty}x_k=x^*\leqslant z_m$.最后再仿定理 1 的证明可确定 $x^*=z_m$(特别地，若 z_m 为方程 $f(z)=0$ 的唯一实根且在通过 x_0 的复根禁区的境界线外别无复根，由(14)易见 $x_1=z_m$).

再者，若设 z_m 为从 x_0 的左侧最靠近 x_0 的根，则按同样方式，考虑区域 $>z_m,x_0<$，便可论证 $\{x_k\}_-$ 必单调下降地收敛于 z_m，故定理得证.

从定理 3 可以看出，要想使初始值 x_0 的任意选择范围越大，则复根的容许存在区域便需越小.事实上，定理 3 给出的是程序(3)的充分条件，特别对于代数多项式 $f(z)$ 来说，可由定理 3 得出下述推论.

推论 1　设 a 及 b 为多项式 $f(z)$ 实根的下界及上

界,又设 $f(z)$ 在区域 $>a,b<$ 内无复根存在,则从任意数值 $x_0(a<x_0<b)$ 开始,都能借助于程序(3) 得出单调地收敛于实根的近似根序列.

§5 对 Riemann 假设的一个应用

熟知的 Riemann 函数

$$\Xi(t)=\frac{1}{2}\left(t^2+\frac{1}{4}\right)\pi^{-\frac{1}{4}-\frac{1}{2}\mathrm{i}t}\cdot \Gamma\left(\frac{1}{4}+\frac{1}{2}\mathrm{i}t\right)\zeta\left(\frac{1}{2}+\mathrm{i}t\right) \tag{15}$$

是一个阶为1的偶整函数,在 t 取实数时有实值.Hardy 的经典定理证明了 $\Xi(t)$ 有无限多个实零点,因而应用定理 1 可得下述定理.

定理 4 假如 Riemann 假设成立(亦即假如 $\Xi(t)$ 的所有零点都是实数),则从任意实数 $t_0(\Xi(t_0)\neq 0)$ 出发,由

$$t_{k+1}=t_k\pm\frac{|\Xi(t_k)|}{\sqrt{\Xi'(t_k)^2-\Xi(t_k)\Xi''(t_k)}} \tag{16}$$

给出的两个序列 $\{t_n\}_+$ 及 $\{t_n\}_-$ 必单调收敛于 $\Xi(t)$ 的最靠近 t_0 两侧的两个实零点.

在证明此定理时,要用到 $\Xi(t)$ 是对 t 的偶函数这个事实,这只需将 $\Xi(t)$ 的另一表达式写出便立即清楚.这就是

$$\Xi(t)=\frac{1}{2}-\left(t^2+\frac{1}{4}\right)\int_1^{\infty}\psi(x)x^{-3/4}\cdot \cos\left(\frac{1}{2}t\log x\right)\mathrm{d}x$$

其中

$$\psi(x)=\sum_{n=1}^{\infty}\mathrm{e}^{-n^2\pi x} \tag{17}$$

显然，从原则上讲，只要 Riemann 假设成立，式(16)就可用于计算 $\zeta\left(\frac{1}{2}+\mathrm{i}t\right)$ 的全部零点.应该指出，定理 4 暗示了对任何使 $\zeta\left(\frac{1}{2}+\mathrm{i}t\right)\neq 0$ 的实数 t，有不等式

$$\Xi'(t)^2-\Xi(t)\Xi''(t)>0 \tag{18}$$

成立.所以，假如能发现由 $\zeta\left(\frac{1}{2}+\mathrm{i}t_0\right)\neq 0$ 的 t_0 出发得出的序列 $\{t_n\}_+$ 和 $\{t_n\}_-$ 中有一个不是单调收敛，或者不等式(18)不成立，那么我们就能否定 Riemann 假设.

对于准 Riemann 假设，Turán 已给出了估计性的充要条件.

第八编

Newton 迭代法在解泛函方程中的应用

第 30 章 解泛函方程的 Newton 方法

如果已知代数方程的根的近似值，求这个根的一个最可行的方法就是 Newton 方法，有时也叫作切线方法. 在这种方法中，逐次的近似由如下形式的公式写出

$$x_1 = x_0 - \frac{f(x_0)}{f'(x_0)}$$

这种方法的收敛性曾由 Cauchy 研究过，后来又由 Ostrowski 研究过.

这种方法曾由很多作者推广到代数方程组上去. 但它也可以应用到任意非线性方程的情形中. 特别地，依照我们的建议，札嘉德斯基曾把它应用到非线性积分方程上去.

为了同时包容一切情形，这种方法在泛函方程的一般形式下最便于发展和研究. 本章就是在泛函方程的一般形式下论述这种方法.

§1 函数运算子的微分

首先我们引入双线性运算子的概念.

设 X,Y 是两个线性赋范空间.把 X 映到 Y 中的一切线性运算子的全体本身也组成一个线性赋范空间,这个空间中的元的加法、乘法和范数已定义过了.下面将把由 X 到 Y 的一切线性运算子所组成的空间表示成$(X \to Y)$.

现在考察把空间 X 映到空间$(X \to Y)$中的线性运算子

$$h = Bx$$

我们求它对于任意 $x' \in X$ 所取的值 $h = Bx'$.这值将是空间$(X \to Y)$中的一个元,就是说,它是由 X 到 Y 中的某线性运算子 h.令

$$Bx'x = B(x',x) = h(x) = (Bx')x \qquad (1)$$

我们得到一个运算子,它对于元偶 x,x' 有定义,它的值是在 Y 中的,而

$$\| B(x',x) \| \leqslant \| Bx' \| \cdot \| x \| \leqslant \| B \| \cdot \| x' \| \cdot \| x \| \qquad (2)$$

满足上述条件的运算子叫作双线性的,而满足式(2)型不等式的最小可能的常数叫作它的范数.

反之,已知某一双线性运算子 $B(x',x)$,设它对于它的每个元是加法的,并且

$$\| B(x',x) \| \leqslant C \| x' \| \cdot \| x \|$$

那么,显然,当固定 x' 时,$B(x',x)$ 是由 X 映到 Y 的一

个线性运算子 $h(x)$.令 $Bx'=h$,那么

$$\|Bx'\| = \|h\| \leqslant C\|x'\|$$

这时,显然 Bx' 是加法运算子,从而 $h=Bx'$ 是由 X 到 $(X\to Y)$ 中的线性运算子,其范数是 $\|B\|\leqslant C$.由上述,如果可以看出,把 B 看成由 X 到 $(X\to Y)$ 中的线性运算子,和把它看成双线性运算子,那么二者本质上是等价的.

现在举几个双线性运算子的例子.

例 1　考察由空间 $X=m_n$ 到空间 $Y=m_v$ 的双线性运算子.容易看出,它必作如下的形式

$$y=B(x,x')=\left\{\sum_{i,j=1}^{n}a_{i,j,k}\xi_i\xi'_j\right\}_{k=1,2,\cdots,v} \tag{3}$$

显然

$$\|y\| = \|B(x,x')\| = \max_k\left|\sum_{i,j=1}^{n}a_{i,j,k}\xi_i\xi'_j\right| \leqslant$$

$$\max_k\sum_{i,j=1}^{n}|a_{i,j,k}|\ \|x\|\ \|x'\|$$

从而

$$\|B\| \leqslant \max_k\sum_{i,j=1}^{n}|a_{i,j,k}| \leqslant n^2M$$

这里设 $|a_{i,j,k}|\leqslant M$,但这一估值并未给出范数的精确值来.

例 2　由 $\mathbf{R}^n$ 到 $\mathbf{R}^v$ 的双线性运算子的形式也如同式(3),但它的范数的定义与估值与前面不同.

这时

$$\left|\sum_{i,j=1}^{n}a_{i,j,k}\xi_i\xi'_j\right|^2 \leqslant \left(\sum_{i,j=1}^{n}a_{i,j,k}^2\right)\left(\sum_{i=1}^{n}\xi_i^2\right)\left(\sum_{j=1}^{n}\xi_j'^2\right)$$

由此

$$\| y \|^2 = \| B(x, x') \|^2 =$$

$$\sum_{k=1}^{v} \Big(\sum_{i,j=1}^{n} a_{i,j,k} \xi_i \xi'_j \Big)^2 \leqslant$$

$$\sum_{k=1}^{v} \Big(\sum_{i,j=1}^{n} a_{i,j,k}^2 \Big) \| x \|^2 \cdot \| x' \|^2$$

所以,如果一切 $| a_{i,j,k} | \leqslant L$,则

$$\| B \| \leqslant \Big(\sum_{k=1}^{v} \sum_{i,j=1}^{n} a_{i,j,k}^2 \Big)^{1/2} \leqslant n \sqrt{v} L$$

例 3 如果 X, Y 是复的空间,则双线性运算子的一个例子是如下形式的运算子

$$y' = B(x, x') = w \cdot x \cdot x'$$

其中 w 是复数.在这种情形下

$$\| B \| = | w |$$

例 4 由 C 到 C 的双线性运算子的一个例子就是如下形式的积分运算子

$$y = B(x, x')$$

$$y(s) = \int_0^1 \int_0^1 K(s, t, u) x(t) x'(u) \mathrm{d}u \mathrm{d}t \qquad (4)$$

它的范数可以估值如下:如果 $| K(s, t, u) | \leqslant M$,那么

$$\| B \| \leqslant \sup_s \int_0^1 \int_0^1 | K(s, t, u) | \mathrm{d}t \mathrm{d}u \leqslant M$$

例 5 可以把运算子(4)看成由 L^2 到 L^2 的运算子.在这种情形下,范数的估值不相同

$$\| B \| \leqslant \left(\int_0^1 \int_0^1 \int_0^1 K^2(s, t, u) \mathrm{d}s \mathrm{d}t \mathrm{d}u \right)^{1/2}$$

现在考察把空间 X 映到空间 Y 中的运算子(一般是非线性的)

$$y = P(x)$$

我们说它在已知值 x 处可微分，是指存在线性运算子 $H \in (X \to Y)$，使

$$\| P(x+\Delta x) - P(x) - H(\Delta x) \| \leqslant \| \Delta x \| \varepsilon(\| x \|)$$

其中当 $\delta \to 0$ 时 $\varepsilon(\delta) \to 0$.这一运算子叫作 $P(x)$ 在已知 x 值处的导运算子

$$P'(x) = H$$

这样，$P'(x)$ 是空间$(X \to Y)$中的元.$H = P'(x)$ 又是一个把空间 X 映入空间$(X \to Y)$中的运算.它本身又可能微分.在这种情形下它的导运算子叫作 $P(x)$ 的第二阶导运算子

$$V = [P'(x)]' = P''(x)$$

这个第二阶导运算子是空间$(X \to (X \to Y))$中的元，这个空间乃是把 X 映入$(X \to Y)$的线性运算子所组成的.我们在前面已经看到，考察这种运算子与考察由空间 X 到 Y 中的双线性运算子等价，从而 $P''(x)$ 可以看成是这样的双线性运算子.与此相应，$\| P'(x) \|$ 与 $\| P''(x) \|$ 将被理解成是相应运算子的范数.

现在提出有关导运算子的几个命题.

命题 1 复合函数的微分法则，如果 $y = \varphi(x)$，而 $z = F(y) = F(\varphi(x))$，其中 φ 与 F 可微分，那么

$$\frac{\mathrm{d}z}{\mathrm{d}x} = \frac{\mathrm{d}z}{\mathrm{d}y} \cdot \frac{\mathrm{d}y}{\mathrm{d}x} = F'(\varphi(x))\varphi'(x)$$

其中应当理解如下：上面所写的一串线性运算子 $\frac{\mathrm{d}z}{\mathrm{d}y}$ 与 $\frac{\mathrm{d}y}{\mathrm{d}x}$ 是相接续地作用的.

这一命题的真实性可以像证明一个变数的实函数的平常导数情形一样地证出来.

命题 2 如果 $y=P(x)$ 是由 X 到 Y 的线性运算子,那么显然

$$P'(x)=P$$
$$P''(x)=0$$

就是说,线性运算子的导运算子就是它自己.

命题 3 如果 H 是由 Y 到 Z 中的线性运算子,那么

$$[HP(x)]'=HP'(x)$$

就是说,常运算子可以从导符号下移出来.这由命题 1 及命题 2 可以立刻得出. 这时,$HP'(x)=V\in(X\to Z)$.

命题 4 如果 $P(x)$ 是可微分运算子,那么下列不等式成立

$$\| P(x+\Delta x)-P(x)\| \leqslant \sup_{\substack{\bar{x}=x+\vartheta\Delta x \\ 0\leqslant\vartheta\leqslant 1}} \| P'(\bar{x})\| \, \| \Delta x\|$$

这表示函数增量的估值,与对平常函数由有穷增量公式所得出的相应公式相类似.

为了证明上式,令

$$P(x+\Delta x)-P(x)=y$$

在空间 Y 中取一线性泛函数 T,使

$$\| T\| =1$$
$$T(y)=\| y\|$$

实变数 t 的实函数

$$f(t)=T[P(x+t\Delta x)]$$

对于它的导运算子,我们利用命题 1 及命题 3,于是得出

$$f'(t)=(TP'(x+t\Delta x))\Delta x$$

又由 $f(t)$ 的定义，应用平常的有穷增量公式，得

$$
\begin{aligned}
T(y) = T[P(x+\Delta x) - P(x)] = \\
f(1) - f(0) = f'(\vartheta) = \\
(TP'(x+\vartheta\Delta x))\Delta x = \\
(TP'(\bar{x}))\Delta x
\end{aligned}
$$

由此

$$
\begin{aligned}
\| P(x+\Delta x) - P(x) \| = \| y \| = Ty \leqslant \\
\| T \| \| P'(\bar{x}) \| \| \Delta x \| \leqslant \\
\sup_{\bar{x}=x+\vartheta\Delta x} \| P'(\bar{x}) \| \| \Delta x \|
\end{aligned}
$$

命题 5 如果 $P(x)$ 是二重可微分的运算子，那么下列不等式成立

$$
\begin{aligned}
\| P(x+\Delta x) - P(x) - P'(x)\Delta x \| \leqslant \\
\frac{1}{2} \sup_{\substack{\bar{x}=x+\vartheta\Delta x \\ 0\leqslant\vartheta\leqslant 1}} \| P''(\bar{x}) \| \| \Delta x \|^2
\end{aligned}
$$

这个公式与 Taylor 公式的关系，恰如刚证明的公式与有穷增量公式之间的关系一样.

证 与上面的证明相似. 令 $y = P(x+\Delta x) - P(x) - P'(x)\Delta x$，我们定出一个线性泛函数 T，使 $\| T \| = 1$，且 $Ty = \| y \|$. 作辅助函数

$$f(t) = T(P(x+t\Delta x))$$

容易证明

$$f'(t) = T[P'(x+t\Delta x)\Delta x]$$

$$f''(t) = T[P''(x+t\Delta x)\Delta x\Delta x]$$

这里的最后一式意味着双线性运算子 $P''(x+t\Delta x)$ 应当对变量等于 Δx 的值来计算. 对函数 $f(t)$ 使用 Taylor 公式，则得

$$\| y \| = Ty = f(1) - f(0) - f'(0) =$$
$$\frac{1}{2} f''(\vartheta) \leqslant$$
$$\frac{1}{2} \| T \| \sup_{\bar{x} = x + \vartheta \Delta x} \| P''(\bar{x}) \| \cdot \| \Delta x \|^2$$

现在举几个运算子微分的例子.

(1) 考察把 n 维空间映入 v 维空间的运算子.它可以由 v 个 n 变数的函数决定

$$y = P(x)$$
$$\eta_k = f_k(\xi_1, \xi_2, \cdots, \xi_n)$$
$$k = 1, 2, \cdots, v$$

我们将设诸函数 f_k 有二阶连续偏导函数,既然

$$\mathrm{d}\eta_k = \sum_{i=1}^{n} \frac{\partial f_k}{\partial \xi_i} \mathrm{d}\xi_i$$

而增量 $\Delta y = \{\Delta \eta_k\}_{k=1,2,\cdots,v}$,当略去高阶无穷小不计外也是用同样的微分组表示,所以显然 $P'(x)$ 有如下形式

$$P'(x) = \left\| \frac{\partial f_k}{\partial \xi_i} \right\|_{\substack{k=1,2,\cdots,v \\ i=1,2,\cdots,n}}$$

更精确地说,$P'(x)$ 乃是与上面长方阵相应的线性变换.

同理,考察与变量的增量 $\Delta' x' = (\Delta' \xi'_1, \Delta' \xi'_2, \cdots, \Delta' \xi'_n)$ 相应的 $P'(x)$ 的增量,可以看出第二阶导运算子有如下形式

$$P''(x) = \left\| \frac{\partial f_k}{\partial \xi_i \partial \xi_j} \right\|_{\substack{k=1,2,\cdots,v \\ i,j=1,2,\cdots,n}}$$

如果把它看成双线性运算子,那么它的值由一组 v 个双线性式决定

$$P''(x)x'x''=\left\{\sum_{i,j=1}^{n}\frac{\partial f_k}{\partial\xi_i\partial\xi_j}\xi'_i\xi''_j\right\}_{k=1,2,\cdots,v}$$

如果选择空间的定义范数相应地为 $\mathbf{R}^n$ 与 $\mathbf{R}^v$，或 m_n 与 m_v，那么可以很容易地求出 $\|P'(x)\|$ 与 $\|P''(x)\|$ 的相应估值.

(2) 在复数空间中考虑解析函数 $y=P(x)$.

在这情形下当略去高阶无穷小不计时

$$\Delta y=P'(x)\Delta x$$

因此运算子 $P'(x)$ 是用复数 $P'(x)$ 相乘的运算，其范数显然是

$$\|P'(x)\|=|P'(x)|$$

不难看出，第二阶导运算子也与平常第二阶导函数相同，不过这里须把它看成作用于两个复数上面的双线性运算子 $P''(x)x'x''$.

(3) 设 $y=P(x)$ 是非线性积分运算子

$$y(s)=\int_0^1 K(s,t,x(t))\mathrm{d}t$$

其中 $K(s,t,u)$ 是它的变量的二重连续可微分的函数. 这时，如略去高阶无穷小不计，可得

$$\Delta y(s)=\int_0^1 K'_u(s,t,x(t))\Delta x(t)\mathrm{d}t$$

从而 $P'(x)$ 是以 $H(s,t)=K'_u(s,t,x(t))$ 为核的线性积分运算子.

现在给 $x(t)$ 添上增量 $\Delta'x(t)$，可以看出，当略去高阶无穷小不计时

$$[\Delta P'(x)]\Delta'(x)=$$

$$\int_0^1 K''_{u^2}(s,t,x(t))\Delta x(t)\Delta'x(t)\mathrm{d}t$$

就是说，在这情形下第二阶导运算子乃是具有特殊形

式的双线性积分运算子

$$P''(x)\Delta x\Delta' x=\int_0^1 H_2(s,t)\Delta x(t)\Delta' x(t)\mathrm{d}t$$

$$H_2(s,t)=K''_{u^2}(s,t,x(t))$$

§2 Newton 程序的收敛

考察 Newton 程序对于非线性函数方程

$$P(x)=0 \tag{5}$$

的应用,这里 P 是把空间 X 映入空间 Y 的运算子,并设它是二重可微分的.联立相接续的两次近似解的公式乃是与在实变数的情形建立在相类似的基础上的.

设 x_0 是解的初次近似.把增量 $P(x)-P(x_0)$ 用在 x_0 点处的微分代替,则所给的方程近似地替换成线性方程

$$P(x)\simeq P(x_0)+P'(x_0)(x-x_0)=0 \tag{6}$$

这个方程的解 x_1 又给出根的新近似值来.如果运算子 $P'(x_0)$ 有逆 $[P'(x_0)]^{-1}\in(Y\to X)$,那么利用它可以得出 x_1 的明显公式

$$x_1=x_0-[P'(x_0)]^{-1}P(x_0) \tag{7}$$

同理可以继续把以后的近似也用它前边的一个表示出来

$$x_{n+1}=x_n-[P'(x_n)]^{-1}P(x_n) \tag{8}$$

序列 $\{x_n\}$ 收敛于精确解的条件同时又是这个解存在的充分条件,由下列定理给出:

定理 1 设下列条件满足:

(1) 对于最初近似元 x_0,运算子 $P'(x_0)\in(X\to$

Y)有逆 $\Gamma_0=[P'(x_0)]^{-1}$，并且设已知它的范数的估值

$$\|\Gamma_0\|\leqslant B_0 \tag{9}$$

(2) 元 x_0 近似地满足方程(5)，并且

$$\|\Gamma_0P(x_0)\|\leqslant\eta_0 \tag{10}$$

(3) 第二阶导运算子 $P''(x)$ 在由不等式(13)定义的区域中有界

$$\|P''(x)\|\leqslant K \tag{11}$$

(4) 常数 B_0,η_0,K 满足不等式

$$h_0=B_0\eta_0K\leqslant\frac{1}{2} \tag{12}$$

那么方程(5)有解 x^*，这个解在 x_0 附近的一个区域中，而这个区域由下列不等式定义

$$\|x-x_0\|\leqslant N(h_0)\eta_0=\frac{1-\sqrt{1-2h_0}}{h_0}\eta_0 \tag{13}$$

而且这时 Newton 程序的逐次近似 x_n 收敛于 x^*，并且收敛的速率由下列不等式估值

$$\|x_n-x^*\|\leqslant\frac{1}{2^{n-1}}(2h_0)^{2^n-1}\eta_0 \tag{14}$$

证　引入下列表示法

$$F_0(x)=x-\Gamma_0P(x)$$

应用上式，联结 x_1 与 x_0 的关系(7)可以写成

$$x_1=F_0(x_0) \tag{15}$$

我们证明当由 x_0 转到 x_1 时，满足条件(1)～(4).由于

$$\|x_1-x_0\|=\|\Gamma_0P(x_0)\|\leqslant\eta_0 \tag{16}$$

又利用 §1的命题4，并把它用于 $P'(x)$ 上，可得估值

$$\| \Gamma_0[P'(x_0) - P'(x_1)] \| \leqslant$$
$$\| \Gamma_0 \| \; \| P'(x_0) - P'(x_1) \| \leqslant$$
$$B_0(\sup_{\bar{x}=x_0+\vartheta(x_1-x_0)} \| P''(\bar{x}) \|) \| x_1 - x_0 \| \leqslant$$
$$B_0 K \eta_0 = h_0 < 1$$

这是由于 $\| \bar{x} - x_0 \| = \vartheta \| x - x_0 \| \leqslant \vartheta \eta_0 \leqslant N(h_0)\eta_0$,因此 $\| P''(\bar{x}) \| \leqslant K$.

由此,依据 Banach 空间理论可知对于运算子 $H = [I - \Gamma_0(P'(x_0) - P'(x_1))]$,其中 I 表示 X 中不变运算子,逆运算子存在

$$H^{-1} = [I - \Gamma_0(P'(x_0) - P'(x_1))]^{-1}$$

此时,依定理 1,有

$$\| H^{-1} \| \leqslant \frac{1}{1 - h_0} \tag{17}$$

令 $\Gamma_1 = H^{-1}\Gamma_0$,并利用关于运算子的显然公式 $(AB)^{-1} = B^{-1}A^{-1}$,可得

$$\Gamma_1 = H^{-1}\Gamma_0 =$$
$$[I - \Gamma_0(P'(x_0) - P'(x_1))]^{-1}\{P'(x_0)\}^{-1} =$$
$$\{P'(x_0)[I - \Gamma_0(P'(x_0) - P'(x_1))]\}^{-1} =$$
$$[P'(x_0) - (P'(x_0) - P'(x_1))]^{-1} =$$
$$[P'(x_1)]^{-1}$$

如此证明了这个逆运算子存在.依据式(17)可得它的范数的估值

$$\| [P(x_1)]^{-1} \| = \| \Gamma_1 \| = \| H^{-1}\Gamma_0 \| \leqslant \frac{B_0}{1 - h_0} = B_1 \tag{18}$$

这就是说满足条件(1).

此外,依微分法则(§1 的命题 2 与 3)

$$F'_0(x_0)=I-\Gamma_0P'(x_0)=0$$

从而利用式(15) 可得

$$\Gamma_0P(x_1)=x_1-F_0(x_1)=$$
$$F_0(x_0)-F_0(x_1)+F'_0(x_0)(x_1-x_0)$$

对于上式,利用 Taylor 公式的类似式,此处令 $P=F_0$,$\Delta x=x_1-x_0$,那么得

$$\|\Gamma_0P(x_1)\|\leqslant\frac{1}{2}\sup_{\bar{x}=x_0+\vartheta(x_1-x_0)}\|F''_0(\bar{x})\|\|x_1-x_0\|^2=$$
$$\frac{1}{2}\sup_{\bar{x}=x_0+\vartheta(x_1-x_0)}\|\Gamma_0P''(\bar{x})\|\|x_1-x_0\|^2\leqslant$$
$$\frac{1}{2}B_0K\eta_0^2=\frac{1}{2}h_0\eta_0$$

由此,利用式(17) 可得

$$\|\Gamma_1P(x_1)\|=\|H^{-1}\Gamma_0P(x_1)\|\leqslant$$
$$\|H^{-1}\|\|\Gamma_0P(x_1)\|\leqslant$$
$$\frac{1}{2}\frac{h_0\eta_0}{1-h_0}=$$
$$\eta_1<\eta_0$$

所以也满足条件(2).

对于点 x_1 也满足条件(3),因为下面将看到,与它相应的球并不越出由不等式(13) 所定义的球以外.

条件(4) 直接可以验证.实际上

$$h_1=B_1\eta_1K=\frac{B_0}{1-h_0}\cdot\frac{1}{2}\frac{h_0\eta_0}{1-h_0}K=$$
$$\frac{1}{2}\frac{h_0^2}{(1-h_0)^2}\leqslant$$
$$2h_0^2\leqslant\frac{1}{2}$$

所以对于 $x=x_1$ 条件(1)～(4)仍满足,但只是数 B_0,η_0,h_0 换成 B_1,η_1,h_1 而已.这使得我们可继续逐次定义元 x_n 及其相应数 B_n,η_n,h_n,这些数之间有下列公式成立

$$B_n=\frac{B_{n-1}}{1-h_{n-1}} \tag{19}$$

$$\eta_n=\frac{1}{2}\frac{h_{n-1}\eta_{n-1}}{1-h_{n-1}} \tag{20}$$

$$h_n=\frac{1}{2}\frac{h_{n-1}^2}{(1-h_{n-1})^2} \tag{21}$$

而这时与式(16)相似

$$\| x_n-x_{n-1} \| \leqslant \eta_{n-1} \tag{22}$$

这时有下列估计成立

$$h_2 \leqslant 2h_1^2 \leqslant 8h_0^4$$

$$\vdots$$

$$h_n \leqslant \frac{1}{2}(2h_0)^{2n}$$

$$\begin{aligned}\eta_n=&\frac{1}{2}\frac{h_{n-1}}{1-h_{n-1}}\eta_{n-1}\leqslant\\&h_{n-1}\eta_{n-1}\leqslant\cdots\leqslant\\&h_{n-1}h_{n-2}\cdots h_0\eta_0\leqslant\\&\frac{1}{2^n}(2h_0)^{2n-1}(2h_0)^{2n-2}\cdots(2h_0)\eta_0=\\&\frac{1}{2^n}(2h_0)^{2n-1}\eta_0\end{aligned}$$

现在注意下列恒等式

$$\eta_n N(h_n)-\eta_{n+1}N(h_{n+1})=\eta_n \tag{23}$$

这由直接计算可以得出

$$\eta_{n+1}N(h_{n+1})=\eta_{n+1}\frac{1-\sqrt{1-2h_{n+1}}}{h_{n+1}}=$$

$$\frac{1}{2}\frac{h_n\eta_n}{1-h_n}\cdot\frac{1-\sqrt{1-\frac{h_n^2}{(1-h_n)^2}}}{\frac{1}{2}\frac{h_n^2}{(1-h_n)^2}}=$$

$$\eta_n\frac{1-h_n-\sqrt{1-2h_n}}{h_n}=$$

$$\eta_nN(h_n)-\eta_n$$

由式(22)和式(23)可得

$$\begin{aligned}\|x_{n+p}-x_n\|\leqslant\eta_n+\eta_{n+1}+\cdots+\eta_{n+p-1}=\\ \eta_nN(h_n)-\eta_{n+p}N(h_{n+p})\leqslant\\ \eta_nN(h_n)\leqslant 2\eta_n\leqslant\\ \frac{1}{2^{n-1}}(2h_0)^{2^n-1}\eta_0\end{aligned}\tag{24}$$

由此可知极限$\lim\limits_{n\to\infty}x_n=x^*$存在.

在式(24)中取$p\to\infty$时的极限,可得式(14).当$n=0$时可得

$$\|x^*-x_0\|\leqslant\eta_0N(h_0)$$

这就是式(13).

至于x^*是方程(5)的解,这容易由等式

$$P'(x_n)(x_{n+1}-x_n)+P(x_n)=0\tag{25}$$

取极限得到.事实上,$\|x_{n+1}-x_n\|\to 0$,而

$$\begin{aligned}\|P'(x_n)\|\leqslant\|P'(x_0)\|+\|P'(x_n)-P'(x_0)\|\leqslant\\ \|P'(x_0)\|+K\|x_n-x_0\|\leqslant\\ \|P'(x_0)\|+KN(h_0)\eta_0\end{aligned}$$

因此在式(25)中左边趋于零,所以

$$P(x^*)=\lim_{n\to\infty}P(x_n)=0$$

接下来还要证明上面用过的断言,即球

$$\| x - x_n \| \leqslant N(h_n)\eta_n$$

不超出球(13) 的范围以外.令 x 表示球(26) 中的一点,那么根据式(24) 得

$$\begin{aligned}\| x - x_0 \| &\leqslant \| x_n - x_0 \| + \| x - x_n \| \leqslant \\ &[\eta_0 N(h_0) - \eta_n N(h_n)] + \\ &\eta_n N(h_n) = \\ &\eta_0 N(h_0)\end{aligned}$$

所以 x 也在球(13) 中.

定理证明完毕.

解的唯一性在某一包容区域(13) 中成立.更精确地说,有下列定理成立:

定理 2 设上面定理中的条件(1) ~ (4) 都满足,但有一点不同,即不等式

$$\| P''(x) \| \leqslant K$$

在由下面不等式决定的区域中满足

$$\| x - x_0 \| < L(h_0)\eta_0 = \frac{1 + \sqrt{1 - 2h_0}}{h_0}\eta_0 \tag{26}$$

那么方程(5) 的解在区域(26) 中是唯一的(当 $h_0 = \frac{1}{2}$ 时,式(26) 中的符号“$<$”可以换成“$\leqslant$”).

证 首先考察 $h_0 < \frac{1}{2}$ 的情形.设方程(5) 有某一解 $\tilde{x}$ 满足条件

$$\| \tilde{x} - x_0 \| = \vartheta L(h_0)\eta_0, 0 \leqslant \vartheta < 1 \tag{27}$$

既然 $P(\tilde{x}) = 0$,那么(参看定理 1 的证)

$$F_0(\tilde{x}) = \tilde{x}$$

与上面一样,又有

$$\begin{aligned}\|\tilde{x}-x_1\| = \|F_0(\tilde{x})-F_0(x_0)\| = \\ \|F_0(\tilde{x})-F_0(x_0)-F_0'(x_0)(\tilde{x}-x_0)\| \leqslant \\ \frac{1}{2}B_0K\|\tilde{x}-x_0\|^2 = \\ \frac{1}{2}B_0K\vartheta^2L^2(h_0)\eta_0^2 = \\ \vartheta^2L(h_1)\eta_1 \qquad (28)\end{aligned}$$

最后一个等式可以直接验算.

不等式(28)与(27)的不同在于把 x_0 换成 x_1，ϑ 换成 ϑ^2，因此反复使用它，可得

$$\|\tilde{x}-x_n\| \leqslant \vartheta^{2^n}L(h_n)\eta_n$$

但

$$L(h_n)\eta_n = \frac{1+\sqrt{1-2h_n}}{h_n}\eta_n \leqslant \frac{2\eta_n}{h_n} = \frac{2}{B_nK} \qquad (29)$$

因为 $B_n > B_0$，有

$$\|\tilde{x}-x_n\| \leqslant \partial^{2^n}\frac{2}{B_0K}$$

所以当 $n\to\infty$ 时

$$\|\tilde{x}-x_n\| \to 0$$

而 $x^* = \lim\limits_{n\to\infty}x_n$，所以 $\tilde{x}=x^*$.唯一性证明了.

在 $h_0=\dfrac{1}{2}$ 的情形，在等式(27)中可能 $\vartheta=1$.但这时由式(19)可以看出 $B_1=\dfrac{B_0}{1-h_0}=2B_0$，$B_2=2B_1=4B_0$，…，$B_n=2^nB_0$，而由式(29)得

$$\|\tilde{x}-x_n\| \leqslant \frac{2}{B_nK} = \frac{1}{2^{n-1}}\frac{1}{B_0K}$$

所以这里 $\widetilde{x}-x_n\to 0$.定理证明完毕.

关于定理的证明,我们提出几点应注意的事项.

注 1 条件(2) 可以替换成陈述的更简单的条件(2′),这个条件就是满足下列不等式

$$\|P(x_0)\|\leqslant\eta_0' \tag{30}$$

既然当这个条件满足时

$$\|\Gamma_0P(x_0)\|\leqslant\|\Gamma_0\|\cdot\|P(x_0)\|\leqslant B_0\eta_0'$$

那么条件(2) 对于 $\eta_0=B_0\eta_0'$满足.相应地,定理 1 中的条件(4) 将变成

$$h_0=B_0K\eta_0=B_0^2K\eta_0'\leqslant\frac{1}{2}$$

还应注意,条件(2) 本身也容许有另外的写法,这种写法在应用中更方便.即利用式(16),可以把它写成如下形式

$$\|x_1-x_0\|\leqslant\eta_0 \tag{31}$$

而这在求得第一次近似后是很便于证明的.

注 2 条件(3) 在实践上更便于在某定长的区域中建立,而这定长区域包含区域(13),例如在球 $\|x-x_0\|\leqslant 2\eta_0$ 中.

注 3 解 x^* 所在的区域由定理的条件乃是由不等式(13) 定义的.但不难找到更精确的不等式.即已知 Γ_0 之后,可以定出 $x_1=x_0-\Gamma_0P(x_0)$ 以及 $P(x_1)$,那么把定理应用到 x_1 上,而不是用到 x_0 上,并利用对于 $\|\Gamma_1\|$ 的估值(18),在一些不太复杂的变化之后可以得到

$$\| x_1 - x^* \| \leqslant \frac{2}{1-h_0+\sqrt{1-2h_0}} B_0 \| P(x_1) \| \text{[1]} \tag{32}$$

所得到的估值是与 $B_0 \| P(x_1) \|$ 同阶的，即当数 h_0 很小时，它很近于那个数.

注 4　请注意在定理 1 及定理 2 所获得的估值 (12)(13) 及(26) 对于实数方程的情形已经不能再加以改善了，这由下面的例子可以看出

$$P(x) = \frac{1}{2}x^2 - x + h = 0, h > 0;\ x_0 = 0$$

实际上，对于这一情形

$$P'(x_0) = 1$$

$$\| \Gamma_0 \| = \frac{1}{| P'(x_0) |} = 1$$

---

① $\| x_1 - x^* \| \leqslant N(h_1) \| \Gamma_1 P(x_1) \| \leqslant$

$$N(h_1) \| \Gamma_1 \| \cdot \| P(x_1) \| \leqslant$$

$$N(h_1) \frac{B_0}{1-h_0} \| P(x_1) \| =$$

$$N(h_1) \frac{1}{2} \frac{h_0\eta_0}{1-h_0} \frac{2B_0}{h_0\eta_0} \| P(x_1) \| =$$

$$N(h_1)\eta_1 \frac{2B_0}{h_0\eta_0} \| P(x_1) \| =$$

$$[\eta_0 N(h_0) - \eta_0] \frac{2B_0}{h_0\eta_0} \| P(x_1) \| =$$

$$2\frac{1-h_0-\sqrt{1-2h_0}}{h_0^2} B_0 \| P(x_1) \| =$$

$$\frac{2}{1-h_0+\sqrt{1-2h_0}} B_0 \| P(x_1) \|$$

因为当 h_0 很小时，$\frac{2}{1-h_0+\sqrt{1-2h_0}}$ 近于 1，所以所得的估值与 $B_0 \| P(x_1) \|$ 同阶.

$$B_0 = 1$$

$$P''(x) = 1$$

$$\| P''(x) \| = | P''(x) | = 1$$

$$K = 1$$

$$\| \Gamma_0 P(x_0) \| = 1 \cdot h = h$$

$$\eta_0 = h$$

$$h_0 = h$$

方程的根是

$$x^*_{1,2} = 1 \pm \sqrt{1-2h} = N(h_0)\eta_0$$

及

$$L(h_0)\eta_0$$

所以只当 $h_0 = h \leqslant \frac{1}{2}$ 时，才存在(即是实的).这时较小的根位于区域(13)的边界上，而另一根位于区域(26)的边界上，从而第一个区域不能再缩小，而第二个区域不能再扩大，否则解的存在及唯一性就不成立了.

注 5 如果进行逐次逼近的程序时不从 x_0 开始，而从接近它的元 x'_0 开始，那么可以证明：为了由 x'_0 所得的各近似收敛于 x^*，至少当

$$\| x'_0 - x_0 \| \leqslant \Delta = \frac{1-2h_0}{4h_0}\eta_0$$

时是成立的.

注 6 在运算子 P 是全连续的情形，可以依据 Schauder 关于不动点的定理得出在条件(1)～(4)之下解在球(13)中存在.这时方程 $P(x)=0$ 可以换成与它等价的方程 $x = F_0(x)$，并可以验证运算子 $F_0(x)$ 把球(13)映入它自己之中.但必须注意这一验算要用到在定理 1 所用的推理中的紧要部分，同时这一途径

并不给出一串其他重要结果:Newton 程序的收敛性,解的唯一性.卡奇奥波利·巴拿赫原理只可以使得在更广的条件下,例如,在 $h_0 \leqslant 0,1$ 时,得出解的存在.

注 7　最后请注意定理证明中的几个原则性意义.即它不但证明了一定计算方法的收敛性,而且它也是一个关于解的存在、唯一性以及分布区域的定理.这时对于使用这个定理的可能性最紧要的条件就是有一个在我们支配之下的初值 x_0,而这个值是解的粗糙近似.请注意如果解存在且是单纯的,即对于 $\|[P'(x^*)]^{-1}\| < +\infty$ 时,满足定理 1 及定理 2 的条件的初值一定找得到,因为在这种情形下每个离 x^* 足够近的点都满足条件(1) ~ (4).

初值 x_0 事实上可以在问题的粗糙数值的或近似解的结果中得出.特别是在力学以及其他实用数学学科中这样的近似解往往是在简化条件下考察该问题而得出.在求得这样的近似解并对它验明条件(1) ~ (4) 之后,那么在所给的定理基础上可以断定精确解的存在、解的唯一性以及解分布的区域,也就是说,引导出问题的足够完整的理论研究.

这样,上述的定理说明,问题的近似解法的用处不仅在于获得数值的结果,而且也可以用来对问题做理论的研究.

在应用 Newton 程序时,在每一步骤必须求逆运算子 $[P(x_n)]^{-1}$,或无论如何要求一串方程 $P'(x_n)(x_n - x_{n+1}) = P(x_n)$,这往往有很大的困难.因此在实际上运用 Newton 方法的时候往往稍加改变它更适用,这就是在每一步骤把运算子 $[P'(x_n)]^{-1}$ 换成同一个运算子 $[P'(x_0)]^{-1} = \Gamma_0$,也就是说,用公式

$$x'_{n+1}=x'_n-[P'(x_0)]^{-1}P(x'_n) \tag{33}$$

求各逐次近似,从方程

$$P'(x_0)(x'_n-x'_{n+1})=P(x'_n) \tag{34}$$

来求.

显然在两个程序中其第一步骤是相同的:$x'_1=x_1$.

关于这一程序的收敛,有下列定理成立:

定理 3 在满足定理 1 的条件下,并且当 $h_0<\frac{1}{2}$ 时,改变后的 Newton 程序也收敛于解

$$\lim_{n\to\infty}x'_n=x^*$$

并且其收敛速率由下列不等式决定

$$\|x'_n-x^*\|\leqslant q^{n-1}\|x_1-x^*\|$$

$$q=1-\sqrt{1-2h_0}<1 \tag{35}$$

证 定理的证明依据于下列命题:

如果元 x 满足条件

$$\|x-x^*\|\leqslant\|x_1-x^*\| \tag{36}$$

$$\|x-x_0\|\leqslant N(h_0)\eta_0 \tag{37}$$

那么元 $x'=F_0(x)$ 将满足

$$\|x'-x^*\|\leqslant q\|x-x^*\| \tag{36a}$$

$$\|x'-x_0\|\leqslant N(h_0)\eta_0 \tag{37a}$$

现在先证明这一命题.首先注意 $F'_0(x_0)=0$,有

$$\|x'-x^*\|=\|F_0(x)-F_0(x^*)\|\leqslant$$

$$\sup_{\bar{x}=x+\vartheta(x^*-x)}\|F'_0(\bar{x})\|\ \|x-x^*\|=$$

$$\sup_{\bar{x}=x+\vartheta(x^*-x)}\|F'_0(\bar{x})-F'_0(x_0)\|\ \|x-x^*\|\leqslant$$

$$\sup_{\substack{\tilde{x}=x_0+\vartheta_1(\bar{x}-x_0)\\ \bar{x}=x+\vartheta(x^*-x)}}\|F''_0(\tilde{x})\|\ \|\bar{x}-x_0\|\ \|x-x^*\|$$

但 $F''_0(x)=\Gamma_0P''(x)$,而

$$\|\bar{x}-x_0\| = \|\vartheta(x^*-x_0)+(1-\vartheta)(x-x_0)\| \leqslant \max(\|x^*-x_0\|,\|x-x_0\|) \leqslant N(h_0)\eta_0$$

因此

$$\|x'-x^*\| \leqslant B_0KN(h_0)\eta_0\|x-x^*\| = h_0N(h_0)\|x-x^*\| = q\|x-x^*\|$$

于是证明了(36a).

又

$$\|x'-x_0\| \leqslant \|x'-x_1\|+\|x_1-x_0\| \leqslant \|F_0(x)-F_0(x_0)-F'_0(x_0)(x-x_0)\|+\eta_0 \leqslant \frac{1}{2}\sup_{\bar{x}=x_0+\vartheta(x-x_0)}\|F''_0(\bar{x})\|\|x-x_0\|^2+\eta_0 \leqslant \frac{1}{2}B_0K[N(h_0)\eta_0]^2+\eta_0 = N(h_0)\eta_0$$

现在定理的证明就不难了.实际上,既然对于 $x'_1=x_1$,条件(36)与(37)显然满足,那么,由上面所证明的可知对于一次近似这些条件也满足:$x_2=F_0(x'_1)=F_0(x_1)$.显然如果再进行一个步骤,这些条件也满足,依此类推,这时 $\|x'_n-x^*\|$ 在每一个步骤乘 q,所以

$$\|x'-x^*\| \leqslant q^{n-1}\|x'_1-x^*\| = q^{n-1}\|x_1-x^*\|$$

定理证完.

§3 Newton 方法的应用

考察实数或复数方程

$$P(x)=0$$

那么

$$\| P(x_0) \| = | P(x_0) |$$

$$\| \Gamma_0 \| = \| [P'(x_0)]^{-1} \| = \frac{1}{| P'(x_0) |}$$

$$K = \max \| P''(x) \| = \max | P''(x) |$$

$$\eta'_0 = | P(x_0) |$$

$$\eta_0 = \frac{| P(x_0) |}{| P'(x_0) |}$$

与这些相应,在实数或复数方程的情形下,定理 1 及定理 2 可以陈述如下:

如果条件

$$h_0 = \frac{| P(x_0) | K}{| P'(x_0) |^2} \leqslant \frac{1}{2}$$

满足,那么方程 $P(x)=0$ 在区域

$$| x - x_0 | \leqslant N(h_0)\eta_0 = \frac{1-\sqrt{1-2h_0}}{K} | P'(x_0) |$$

中有根,并且这个根在区域

$$| x - x_0 | < L(h_0)\eta_0 = \frac{1+\sqrt{1-2h_0}}{K} | P'(x_0) |$$

中是唯一的,而 Newton 程序收敛于这个根.

这些定理,除唯一性这一事实之外,是由 Ostrowski 获得的.在 Cauchy 所获得的收敛性条件之下,要求 $\frac{1}{| P'(x) |}$ 在全区间中有界,这比上面所述的条件验证起来不方便.

解 v 个未知数的 v 个代数方程的组

$$\eta^{(i)} = f_i(\xi^{(1)}, \xi^{(2)}, \cdots, \xi^{(v)}), i = 1, 2, \cdots, v$$

的 Newton 方法乃是解一个方程的 Newton 方法的自然推广. 根的相接连的近似 —— 第一近似 $(\xi_1^{(1)}$,

$\xi_1^{(2)},\cdots,\xi_1^{(v)}$）与第0近似（$\xi_0^{(1)},\cdots,\xi_0^{(v)}$）—— 是由修正方程决定

$$\left(\frac{\partial f_i}{\partial \xi^{(1)}}\right)_0(\xi_1^{(1)}-\xi_0^{(1)})+\cdots+$$
$$\left(\frac{\partial f_i}{\partial \xi^{(v)}}\right)_0(\xi_1^{(v)}-\xi_0^{(v)})+f_i(\xi_0^{(1)},\cdots,\xi_0^{(v)})=0 \tag{38}$$

在这种形式下，这种方法曾由 Runge 与 König 指出.Willers 对于两个方程的情形曾做了一些工作来给出这个程序的收敛条件，他利用了第三阶导数.对于 v 个方程的一般情形，Стенин 曾给出几个只利用第一、第二阶导函数的充分条件. 对于两个方程的情形，Ostrowski 曾给出更精确的条件.下面，将把这个定理作为一般定理推出方程组的一个系定理.

我们将把所给的方程组看成一个方程

$$y=P(x)=0 \tag{39}$$

其中运算子 P 把 v 维空间映入 v 维空间.应用尺度 m_v，则由定理1及定理2可得下列定理：

定理4　如果下列条件满足：

(1)

$$|f_i(\xi_0^{(1)},\xi_0^{(2)},\cdots,\xi_0^{(v)})|<\bar{\eta},i=1,2,\cdots,v \tag{40}$$

(2) 方阵 $\left(\left(\frac{\partial f_i}{\partial \xi^{(j)}}\right)_0\right)$ 有行列式 $\Delta\neq 0$，而如果用 $A_{i,j}$ 表示其元的代数余子式，那么下列条件满足

$$\max_i \frac{1}{|\Delta|}\sum_{j=1}^{v}|A_{i,j}|\leqslant B$$

(3) $\left|\frac{\partial^2 f_i}{\partial \xi^{(j)}\partial \xi^{(k)}}\right|\leqslant L(i,j,k=1,2,\cdots,v)$ 在我们所考察的区域中成立；

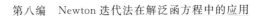

(4) $h_0 = B^2 \bar{\eta} L v^2 \leqslant \frac{1}{2}$,

那么所给的代数方程组有解,并且这个解可由 Newton 程序得出.

我们不去证明这一定理,证明时只需验证定理 1 的条件(1) ~ (4).定理 1 ~ 3 的其他结论也可以对这一情形陈述出来.

系 考察两个未知数的两个方程的方程组.这里条件的陈述可以稍加简化,即如果用 l 表示 $\left|\left(\frac{\partial f_i}{\partial \xi^{(j)}}\right)_0\right|$ 的绝对值的极大值 $\left|\left(\frac{\partial f_i}{\partial \xi^{(j)}}\right)_0\right| \leqslant l$,那么,既然行列式 Δ 是二次的,其子式即是它的元,即 $|A_{i,j}| \leqslant l$,所以可以取

$$\max_i \frac{1}{|\Delta|} \sum_{j=1}^{2} |A_{i,j}| \leqslant \frac{2l}{|\Delta|} = B$$①

与此相应,定理 4 的条件(4) 取得如下形式

$$\frac{16l^2}{\Delta^2} \bar{\eta} L \leqslant \frac{1}{2}$$

或

$$32l^2 \bar{\eta} L \leqslant \Delta^2 \tag{41}$$②

注 8 请注意我们也可以应用条件(2) 来替代定理 4 中所用的条件(2′),把它写成如下形式

$$\| x_1 - x_0 \| \leqslant \eta$$

---

① 可以取下列值作为 B 的更精确的值

$$B = \max\left(\left|\left(\frac{\partial f_1}{\partial \xi^{(1)}}\right)_0\right| + \left|\left(\frac{\partial f_1}{\partial \xi^{(2)}}\right)_0\right|, \left|\left(\frac{\partial f_2}{\partial \xi^{(1)}}\right)_0\right| + \left|\left(\frac{\partial f_2}{\partial \xi^{(2)}}\right)_0\right|\right)$$

② 定理在这个形式下曾由 Ostrowski 得出,有趣的是他对于这一特殊情形所做的推理似乎比我们证一般的定理1时还复杂,而正是由于这复杂性使他不得不限于考察两个方程的情形.

而这对于现在所采取的范数可以写成

$$\max_i |\xi_1^{(i)}-\xi_0^{(i)}|\leqslant\eta$$

如果采取上述条件,则条件(4) 应当换成

$$h_0=BLv^2\eta\leqslant\frac{1}{2}$$

如果我们使用空间 $\mathbf{R}^v$ 的度量,就可以得到关于代数方程组的另一个定理.

定理 4a 如果下列条件满足:

(1) 方阵$\left(\left(\frac{\partial f_i}{\partial\xi^{(j)}}\right)_0\right)$有逆$\left(\frac{A_{i,j}}{\Delta}\right)$,其中

$$\frac{1}{|\Delta|}\left(\sum_{i,j=1}^{v}A_{i,j}^2\right)^{\frac{1}{2}}\leqslant B$$

(2) $\sum\limits_{i=1}^{v}(\xi_1^{(i)}-\xi_0^{(i)})^2\leqslant\eta^2$;

(3) $\sum\limits_{i,j,k=1}^{v}\left(\frac{\partial^2 f_i}{\partial\xi^{(j)}\partial\xi^{(k)}}\right)^2\leqslant K^2$,这里可以取 $K=v\sqrt{v}L$,其中

$$\left|\frac{\partial^2 f_i}{\partial\xi^{(j)}\partial\xi^{(k)}}\right|\leqslant L$$

(4) $h_0=BK\eta\leqslant\frac{1}{2}$,

那么 Newton 程序收敛,这时方程组的解 $x^*=(\xi^{(1)*},\xi^{(2)*},\cdots,\xi^{(v)*})$ 位于下列区域之中

$$\|x^*-x_0\|=\left[\sum_{i=1}^{v}(\xi^{(i)*}-\xi_0^{(i)})^2\right]^{1/2}\leqslant\frac{1-\sqrt{1-2h_0}}{h_0}\eta$$

这里的证明也不过是直接验证定理 1 的诸条件.

我们考察下列方程组,这已由 Runge,König 以及

Ostrowski 解决过

$$f \equiv 2x^3 - y^2 - 1 = 0$$
$$g \equiv xy^3 - y - 4 = 0$$

我们取点 T_0 为第一近似,其坐标为 $x_0 = 1.2, y_0 = 1.7$,那么

$$f(T_0) = -0.434$$
$$g(T_0) = 0.195\ 6$$

决定第一次修正 $\Delta x = x_1 - x_0, \Delta y = y_1 - y_0$ 的方程组乃是

$$\begin{cases} f'_x(T_0)\Delta x + f'_y(T_0)\Delta y + f(T_0) = 0 \\ 8.64\Delta x - 3.4\Delta y - 0.434 = 0 \\ g'_x(T_0)\Delta x + g'_y(T_0)\Delta y + g(T_0) = 0 \\ 4.913\Delta x + 9.404\Delta y + 0.195\ 6 = 0 \end{cases}$$

从而它们的值是 $\Delta x = 0.034\ 9, \Delta y = -0.039$,而这时方程组的行列式是 $\Delta = 97.954$.

首先依 Ostrowski 估计 h_0.我们应当取 $l = 9.404$, $\bar{\eta} = 0.434$①,而对于 L,先写出第二阶导数

$$f''_{x^2} = 12x$$
$$f''_{xy} = 0$$
$$f''_{y^2} = -2$$
$$g''_{x^2} = 0$$
$$g''_{xy} = 3y^2$$
$$g''_{y^2} = 6xy$$

并且在区间 $0 \leqslant x \leqslant 1.3, 0 \leqslant y \leqslant 1.8$ 中估计它们的值,以后的近似都不能越出这一区间,这时求得 $L =$

① 这里 $l = \max\limits_{i,k} \left| \left(\dfrac{\partial f_i}{\partial \xi^{(k)}} \right)_0 \right|, \bar{\eta} = \max\{|f(T_0)|, |g(T_0)|\}$.

$12\times1.3=15.6$.对于 h_0 可得值

$$h=\frac{16l^2}{\Delta^2}\eta L=\frac{16\times9.404^2\times0.434\times15.6}{97.954^2}=$$

$$0.998>0.5$$

如此,依据 Ostrowski 定理,可知不能做出关于程序收敛的结论.

我们试一试利用定理 4a.

为了求 B,作方阵

$$\boldsymbol{\Gamma}_0=\begin{pmatrix}f'_x & f'_y\\ g'_x & g'_y\end{pmatrix}^{-1}=\begin{pmatrix}8.64 & -3.4\\ 4.913 & 9.404\end{pmatrix}^{-1}=$$

$$\begin{pmatrix}0.096\ 04 & 0.034\ 711\\ -0.050\ 16 & 0.088\ 204\end{pmatrix}$$

众所周知,由方阵表现的线性映象的范数是

$$\|\boldsymbol{\Gamma}_0\|=\sqrt{\Lambda_{\max}}$$

其中 $\Lambda_{\max}$ 是下列方阵的最大固有值

$$\boldsymbol{\Gamma}_0\boldsymbol{\Gamma}_0^*=\begin{pmatrix}0.096\ 04 & 0.034\ 711\\ -0.050\ 16 & 0.088\ 204\end{pmatrix}\cdot$$

$$\begin{pmatrix}0.096\ 04 & -0.050\ 16\\ 0.034\ 711 & 0.088\ 204\end{pmatrix}=$$

$$\begin{pmatrix}0.010\ 42 & -0.001\ 754\\ -0.001\ 754 & 0.010\ 30\end{pmatrix}$$

$\Lambda_{\max}$ 由解特征方程

$$\Lambda^2-0.020\ 72\Lambda+0.000\ 104\ 22=0$$①

得出,由此

$$\Lambda_{\max}=0.010\ 36+\sqrt{0.000\ 107\ 3-0.000\ 104\ 2}=$$

① 即方程 $\Lambda^2-\frac{8.64^2+3.4^2+4.913^2+9.404^2}{\Delta^2}\Lambda+\frac{1}{\Delta^2}=0$.

0.012 1

即

$$B = \| \boldsymbol{\Gamma}_0 \| = \sqrt{0.012\ 1} = 0.11$$

我们可以取

$$\eta = \| T_1 - T_0 \| = \sqrt{\Delta x^2 + \Delta y^2} = 0.052\ 4$$

最后，根据 §1 中例 2 估计 K 的值

$$K \leqslant (15.6^2 + 2^2 + 2 \times 9.72^2 + 14.04^2)^{\frac{1}{2}} = \sqrt{631.72} = 25.14$$

现在求 h_0，有

$$h_0 = BK\eta = 0.11 \times 25.14 \times 0.052\ 4 = 0.15 < 0.5$$

这保证了程序的收敛性.

其次一个近似是

$$x_1 = x_0 + \Delta x = 1.234\ 9$$
$$y_1 = y_0 + \Delta y = 1.661$$

现在转到非线性积分方程.

我们考察方程

$$x(s) = \int_0^1 K(s, t, x(t)) \mathrm{d}t \tag{42}$$

其中 K 是它的变量的连续函数.为了把方程(42)归化为在 §2 中考虑过的形式，我们引入运算子

$$\begin{cases} y = P(s) \\ y(s) = x(s) - \int_0^1 K(s, t, x(t)) \mathrm{d}t \end{cases} \tag{43}$$

对于方程(43)，Newton 的程序可以构造如下.取开始近似 —— 函数 $x_0(s)$.下一个近似 $x_1(s)$ 应当由下列线性积分方程决定

$$x_1(s) - x_0(s) - \int_0^1 K'_x(s, t, x_0(t))(x_1(t) -$$

$$x_0(t))\mathrm{d}t=\varepsilon_0(s) \tag{44}$$

其中

$$\varepsilon_0(s)=\int_0^1 K(s,t,x_0(t))\mathrm{d}t-x_0(t) \tag{45}$$

为了获得方程(44),我们可以由联结 x_1 与 x_0 的一般公式出发,并考虑在所论的情形下 $P'(x)$ 的意义(参看 §1).

这一程序的收敛,在札嘉德斯基的学位论文中研究过,前面已经提到了. 但他所得到的条件 $\left(h_0\leqslant\frac{1}{10}\right)$ 比依据 §2 的定理 1 ~ 3 获得的条件严格得多.如果把运算子(43)看成是由 C 到 C 中的,那么由这些定理可以获得:

定理 5 如果下列诸条件满足:

(1) 对于开始值 $x_0(s)$,核

$$K'_x(s,t,x_0(t))=k(s,t)$$

有豫解式 $G(s,t)$,其中

$$\int_0^1 |G(s,t)|\mathrm{d}t\leqslant B$$

$$0\leqslant s\leqslant 1$$

(2) $|\varepsilon_0(s)|=|x_0(s)-\int_0^1 K(s,t,x_0(t))\mathrm{d}t|\leqslant\bar{\eta}$;

(3) 在由 §2 的不等式(13)所决定的区域中 $|K''_{u^2}(s,t,u)|\leqslant K$;

(4) $h=(B+1)^2\bar{\eta}K\leqslant\frac{1}{2}$,

那么对于带有初始值 $x_0(s)$ 的积分方程(5),Newton 程序收敛于这一方程的解,这一解存在,并且位于区域

$$|x^*(s)-x_0(s)|\leqslant N(h)(B+1)\bar{\eta}$$

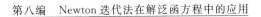

中,而在区域

$$|x^*(s)-x_0(s)|\leqslant L(h)(B+1)\bar{\eta}$$

中是唯一的.

为了证明这个定理,只需应用定理 1 及定理 2(用条件(2′) 代替(2)).

如果在空间 L^2 中而不是在空间 C 中考察方程(43),那么可以获得下列定理:

定理 5a 设下列条件满足:

(1) $\int_0^1\left[x_0(s)-\int_0^1 K(s,t,x_0(t))\mathrm{d}t\right]^2\mathrm{d}s\leqslant\bar{\eta}^2$;

(2) 如果核 $K'_x(s,t,x_0(t))$ 是对称的,不等式

$$\max\frac{|\lambda_n|}{|1-\lambda_n|}\leqslant B$$

满足,其中 λ_n 是核 $K'_x(s,t,x_0(t))$ 的固有值,而在一般情形,设

$$\max\sqrt{\frac{\Lambda_n}{|1-\Lambda_n|}}\leqslant B$$

其中 Λ_n 是核 $\bar{k}(s,t)=k(s,t)+k(t,s)-\int_0^1 k(u,s)k(u,t)\mathrm{d}u$ 的固有值;

(3) 对于一切有穷值 u, $|K''_{u^2}(s,t,u)|\leqslant K$;

(4) $h=B^2\bar{\eta}K\leqslant\frac{1}{2}$,

那么方程(43) 有解,而这个解可以由 Newton 程序求出.

作为例子,可以考察积分方程

$$x(s)=1-0.485\ 4s+s^2+\int_0^1 st\arctan x(t)\mathrm{d}t$$

其精确解是 $x^*(s)=1+s^2$.

对于这一方程应用定理5,并取 $x_0(t)=\frac{3}{2}$ 作为最初近似.既然核

$$k(s,t)=K'_x(s,t,x_0(t))=\frac{st}{1+\frac{9}{4}}=\frac{4}{13}st$$

那么它的豫解式 $G(s,t)$ 有如下形式

$$G(s,t)=cst$$

而 c 由豫解式的积分方程给出

$$G(s,t)=k(s,t)+\int_0^1 k(s,u)G(u,t)\mathrm{d}u$$

从而

$$c=\frac{4}{13}+\frac{4}{39}c$$

即

$$c=\frac{12}{35}$$

现在求 B,有

$$B=\max\int_0^1 |G(s,t)|\mathrm{d}t=\frac{6}{35}$$

再确定 $\bar{\eta}$,有

$$\varepsilon_0(s)=1-0.485\ 4s+s^2+s\int_0^1 t\arctan\frac{3}{2}\mathrm{d}t-\frac{3}{2}=$$
$$s^2+0.006\ 012s-0.5$$

由此

$$\bar{\eta}=\max_s|\varepsilon_0(s)|=\varepsilon_0(1)=$$
$$0.506\ 012$$

最后

$$K\leqslant\max_{\substack{0\leqslant s\leqslant 1\\0\leqslant t\leqslant 1}}|K''_{u^2}(s,t,u)|=\max\left|\frac{2ust}{(1+u^2)^2}\right|=\frac{3}{8}\sqrt{3}$$

计算 h 如下

$$h=(B+1)^2\eta\overline{K}=\left(\frac{41}{35}\right)^2\times 0.506\ 012\times\frac{3}{8}\sqrt{3}=$$
$$0.451<0.5$$

于是保证了程序收敛[①].

依照一般理论,修正 $\Delta x=x_1-x_0$ 应由下列方程决定,即

$$x_1(s)-x_0(s)=\int_0^1\frac{st}{1+[x_0(t)]^2}(x_1(t)-x_0(t))\mathrm{d}t+\varepsilon_0(s)$$

即

$$\Delta x(s)=\frac{4}{13}s\int_0^1 t\Delta x(t)\mathrm{d}t+s^2+0.006s-0.5$$

所以

$$\Delta x(s)=s^2+0.006s-0.5+\int_0^1 G(s,t)(t^2+0.006t-0.5)\mathrm{d}t=s^2+0.006s-0.5+\int_0^1\frac{12}{35}st(t^2+0.006t-0.5)\mathrm{d}t=s^2+0.006\ 7s-0.5$$

如此

$$x_1(s)=x_0(s)+\Delta x(s)=s^2+0.006\ 7s+1$$

这与精确解比较相差小于 0.01,而初近似值则与精确

① 如果利用定理 5a,那么对于 h 可以得到小得多的值,即 $h=0.141$.

值相差 0.5.①

最后我们留意一下利用 Newton 方法求 Hilbert 空间 H 中某一运算子 $\boldsymbol{A}$ 的固有值与固有元的可能性.

这一想法可以叙述如下：如果 λ 是运算子 $\boldsymbol{A}$ 的一个固有值，而 $\boldsymbol{x}$ 是与它相应的固有元，$\boldsymbol{x}$ 与 λ 可以看成是两个未知数的两个方程组的解

$$\begin{cases}\boldsymbol{A}\boldsymbol{x}-\lambda\boldsymbol{x}=\boldsymbol{0}\\ \dfrac{1}{2}[(\boldsymbol{x},\boldsymbol{x})-1]=0\end{cases}\tag{46}$$

如果考察一切偶 $\begin{pmatrix}\boldsymbol{x}\\ \lambda\end{pmatrix}$（$\boldsymbol{x}\in H$，$\lambda$ 是实数）的空间 $\widetilde{H}$，其中范数定义成

$$\left\|\begin{pmatrix}\boldsymbol{x}\\ \lambda\end{pmatrix}\right\|=\sqrt{\|\boldsymbol{x}\|^2+|\lambda|^2}$$

那么方程组(46)可以写成一个方程的形式

$$\boldsymbol{P}\begin{pmatrix}\boldsymbol{x}\\ \lambda\end{pmatrix}=\boldsymbol{0}\tag{47}$$

其中

$$\boldsymbol{P}\begin{pmatrix}\boldsymbol{x}\\ \lambda\end{pmatrix}=\begin{pmatrix}\boldsymbol{A}\boldsymbol{x}-\lambda\boldsymbol{x}\\ \dfrac{1}{2}[(\boldsymbol{x},\boldsymbol{x})-1]\end{pmatrix}$$

是把 $\widetilde{H}$ 映入其自己之中的运算子（非线性的）.

不难找出

$$\boldsymbol{P}'\begin{pmatrix}\boldsymbol{x}\\ \lambda\end{pmatrix}\begin{pmatrix}\Delta\boldsymbol{x}\\ \Delta\lambda\end{pmatrix}=\begin{pmatrix}(\boldsymbol{A}-\lambda\boldsymbol{I})\Delta\boldsymbol{x}-\boldsymbol{x}\Delta\lambda\\ (\boldsymbol{x},\Delta\boldsymbol{x})\end{pmatrix}$$

---

① 关于很多有关非线性微分方程的问题的解，也可以应用 Newton 方法.我们可以直接引用定理 1 来处理，也可以归化成非线性的积分方程或积分微分方程.

从而给出某一最初近似——偶$\begin{pmatrix} \boldsymbol{x} \\ \lambda \end{pmatrix}$之后，依§2(6)其次一个近似可以由下列关于修正$\begin{pmatrix} \Delta\boldsymbol{x} \\ \Delta\lambda \end{pmatrix}$的线性方程求出

$$\boldsymbol{P}'\begin{pmatrix} \boldsymbol{x} \\ \lambda \end{pmatrix}\begin{pmatrix} \Delta\boldsymbol{x} \\ \Delta\lambda \end{pmatrix}=-\boldsymbol{P}\begin{pmatrix} \boldsymbol{x} \\ \lambda \end{pmatrix}=\begin{pmatrix} \boldsymbol{y} \\ t \end{pmatrix}$$

关于解函数方程的 Newton 方法的一点注记

第 31 章

中国科学院数学研究所的关肇直研究员早在 20 世纪初把 L.Collatz 就复数域场合所论的关于解代数与超越方程的“简化”Newton 法推广到一般 Banach 空间的情形，并且由此，修正并较简单地推导出 I.Fenyö 的两个结果以及 Stein 的一个结果.

设 $F(x)$ 是由 Banach 空间 X 到 Banach 空间 Y 中的任意运算子.我们将设在所论的 X 中某区域 G 内 $F(x)$ 具有连续的 Fréchet 导式 $F'(x)$. 我们求解方程

$$F(x)=0 \tag{1}$$

设 $F_1(x)$ 对于每个 $x\in G$ 是由 Y 到 X 中的有逆线性有界运算子.我们令

$$K(x)=x+F_1(x)F(x) \tag{2}$$

于是方程(1) 等价于方程

$$x=K(x) \tag{3}$$

假定 K 在 G 中满足 Lipschitz 条件,即存在常数 $\alpha, 0<\alpha<1$,使

$$\| K(x_1)-K(x_2) \| \leqslant \alpha \| x_1-x_2 \|, x_1, x_2 \in G \tag{4}$$

又设

$$x_{k+1}=K(x_k) \tag{5}$$

即

$$x_{k+1}=x_k+F_1(x_k)F(x_k) \tag{6}$$

设球 S

$$\| x-x_1 \| \leqslant \frac{\alpha}{1-\alpha} \| x_1-x_0 \| \tag{7}$$

完全含于区域 G 中.

容易看出,如果已证得 $x, x_1, \cdots, x_{k-1}, x_k \in S$,那么由式(4)(5),有

$$\| x_{k+1}-x_k \| \leqslant \alpha \| x_k-x_{k-1} \| \leqslant \alpha^k \| x_1-x_0 \|$$

$$\begin{aligned} & \| x_{k+1}-x_1 \| \leqslant \\ & \| x_{k+1}-x_k \| + \| x_k-x_{k-1} \| + \cdots + \\ & \| x_2-x_1 \| \leqslant \\ & (\alpha^k+\cdots+\alpha) \| x_1-x_0 \| < \\ & \frac{\alpha}{1-\alpha} \| x_1-x_0 \| \end{aligned}$$

即 $x_{k+1} \in S$,由归纳法看出对任一 $x_k \in S$,有

$$\| x_{k+p}-x_k \| \leqslant \alpha^k(1+\alpha+\cdots+\alpha^{p-1}) \cdot \| x_1-x_0 \| < \frac{\alpha^k}{1-\alpha} \| x_1-x_0 \|$$

从而 x_k 收敛于一元 x^*,且 x^* 也含于球 S 中. 设

$F_1(x)$ 与 $F(x)$ 都连续，则由式(5)取极限即得

$$x^* = K(x^*)$$

从而 x^* 即所求之解.

在实用上，需选一合适的 $F_1(x)$. 我们考察两种情形，各相应于 Канторович 所谓的 Newton 程序及修改的 Newton 程序.

1. 设 $F'(x)$ 存在且连续，而 $F'(x)^{-1}$ 在球 $\|x-x_0\| \leqslant r$ 中存在，并且设在这个球(今后表示成 $S(x_0;r)$)中

$$\|F'(x_1) - F'(x_2)\| \leqslant C\|x_1 - x_2\|$$
$$x_1, x_2 \in S(x_0;r) \tag{8}$$

又设

$$\|F'(x_0)^{-1}\| \leqslant B \tag{9}$$

且设

$$3BCr < 1 \tag{10}$$

由 $F(x)$ 的连续性，可以设初始近似 x_0 足够好，且取 r 足够小，使在 $S(x_0;r)$ 中

$$\|F(x)\| \leqslant \eta \equiv \frac{2-3BCr}{11B} r \tag{11}$$

对于 $x_1, x_2 \in S(x_0;r)$ 由式(8)，有

$$\begin{aligned}&\|F(x_2) - F(x_1) - F'(x_1)(x_1 - x_2)\| \leqslant \\ &\int_0^1 \|F'(x_1 + t(x_2 - x_1)) - \\ &F'(x_1)\| \mathrm{d}t \|x_1 - x_2\| \leqslant \\ &C \cdot \|x_1 - x_2\|^2 \int_0^1 t\,\mathrm{d}t \leqslant \\ &\frac{1}{2} C \|x_1 - x_2\|^2\end{aligned} \tag{12}$$

又

$$\| F'(x_1)^{-1} - F'(x_2)^{-1} \| =$$
$$\| F'(x_1)^{-1} \| \cdot \| F'(x_2) - F'(x_1) \| \cdot$$
$$\| F'(x_2)^{-1} \| \leqslant$$
$$C \frac{9}{4} B^2 \| x_2 - x_1 \| \tag{13}$$

因为依照 Fenyö 的证明,对于 $x \in S(x_0;r)$,有

$$\| F'(x)^{-1} \| \leqslant \frac{3}{2} B \tag{14}$$

所以对于 $x_1, x_2 \in S(x_0;r)$,如果令

$$F_1(x) = -F'(x)^{-1} \tag{15}$$

即在式(2) 中取

$$K(x) = x - F'(x)^{-1} F(x)$$

那么由式(11)(12)(13)(14),对于 $x_1, x_2 \in S(x_0;r)$,有

$$\| K(x_1) - K(x_2) \| =$$
$$\| x_1 - F'(x_1)^{-1} F(x_1) - x_2 +$$
$$F'(x_2)^{-1} F(x_2) \| \leqslant$$
$$\| x_1 - F'(x_1)^{-1} [F(x_1) - F(x_2)] - x_2 -$$
$$[F'(x_1)^{-1} - F'(x_2)^{-1}] F(x_2) \| \leqslant$$
$$\| F'(x_1)^{-1} [F(x_2) - F(x_1) -$$
$$F'(x_1)(x_2 - x_1)] \| +$$
$$\| F'(x_1)^{-1} - F'(x_2)^{-1} \| \cdot \| F(x_2) \| \leqslant$$
$$\frac{3}{4} BC \| x_1 - x_2 \|^2 + \frac{9}{4} B^2 C \eta \| x_1 - x_2 \| \leqslant$$
$$\frac{3}{2} BC \left[r + \frac{3}{2} B \eta \right] \cdot \| x_1 - x_2 \|$$

即由式(11) 及式(10),有

$$\alpha=\frac{3}{2}BC\left[r+\frac{3}{2}B\eta\right]=$$
$$\frac{3}{2}BC\left[r+\frac{3[2-3BCr]}{22}r\right]\leqslant$$
$$\frac{1}{2}\left[1+\frac{6}{22}\right]=$$
$$\frac{7}{11}<1$$

又

$$\|x_1-x\|\leqslant\frac{\alpha}{1-\alpha}\|x_1-x_0\|\Rightarrow\|x-x_0\|\leqslant$$
$$\frac{\alpha}{1-\alpha}\|x_1-x_0\|+\|x_1-x_0\|=$$
$$\frac{1}{1-\alpha}\|x_1-x_0\|$$

因为

$$\|x_1-x_0\|\leqslant\|F'(x_0)^{-1}\|\cdot\|F(x_0)\|\leqslant B\eta$$

所以

$$\frac{1}{1-\alpha}\|x_1-x_0\|\leqslant\frac{B\eta}{1-\alpha}\leqslant$$
$$\frac{B\eta}{1-\frac{7}{11}}=\frac{11B\eta}{4}<$$
$$\frac{2-3BCr}{4}r<r$$

即在这种情形下,球(7) 确完全含于区域 $G\equiv S(x_0;r)$ 中.于是依上述的一般结果,Newton 程序在 Fenyö 所考虑的情形之下收敛于方程(1) 的解.

2.关于修改的 Newton 过程的问题,更简单得多.

这时我们取

$$F_1(x) = -A^{-1} \tag{16}$$

其中

$$A = F'(x_0) \tag{17}$$

我们假定在 $S(x_0;r)$ 中，有

$$\| F'(x_0)^{-1}[F'(x_0) - F'(x)] \| < q$$
$$0 < q < 1 \tag{18}$$

这时

$$K(x) = x - A^{-1}F(x)$$

从而 $K'(x)$ 在假定的条件下存在，且等于

$$K'(x) = I - A^{-1}F'(x)$$

其中 I 为 X 中的不变运算子.于是由式(18)，有

$$\alpha \equiv \sup_{\| x-x_0 \| \leqslant r} \| K'(x) \| =$$
$$\sup_{\| x-x_0 \| \leqslant r} \| A^{-1}[A - F'(x)] \| \leqslant q$$

于是由 Taylor 公式，有

$$\| K(x_1) - K(x_2) \| \leqslant \alpha \| x_1 - x_2 \| \leqslant q \| x_1 - x_2 \|$$

所以，如设

$$\| A^{-1}F(x_0) \| \leqslant r(1-q)$$

则

$$\| x_1 - x_0 \| \leqslant r(1-q)$$

从而球

$$\| x - x_1 \| \leqslant \frac{q}{1-q} \| x_1 - x_0 \|$$

含于球

$$\| x - x_0 \| \leqslant \frac{1}{1-q} \| x_1 - x_0 \| \leqslant r$$

中，由本章开始处的一般结果，立即推出 Fenyö 的定理 2.

3.注意这里的结果比 Newton 过程具有较大的灵活性.特别地，可以取一适当的有逆且有界线性运算子 A，使

$$\alpha \equiv \sup_{x \in G} \| I - A^{-1} F'(x) \| < 1$$

即足以引用本章开始处所述的一般结果而保证逼近过程

$$x_{n+1} = x_n - A^{-1} F(x_n)$$

收敛于方程(1)的解.式(17)只是 A 的一种取法，但不是唯一可能的取法.

4.我们还可以从上面的一般结果导出 Stein 的结果.改用我们的符号，Stein 假定了式(8)，并且设对于一切 $x_1, x_2 \in S(x_0; r)$，有

$$\| F(x_1) - F(x_2) - F'(x_1)(x_1 - x_2) \| \leqslant L \| x_1 - x_2 \|$$

而对于 $x \in S(x_0; r)$，有

$$\| F(x) \| \leqslant N$$

但存在常数 γ，使 $0 < \gamma < r$，而

$$\| F(x_0) \| \leqslant (1 - \alpha) \frac{\gamma}{B}$$

其中设式(9)不仅对 x_0 真，且对于一切 $x \in S(x; r)$ 真.又设

$$\alpha \equiv BL + NC < 1$$

与在 1 中一样，可以证明对于 $x_1, x_2 \in S(x_0; r)$，如采用式(15)，则

$$\begin{aligned}&\| K(x_1)-K(x_0)\| \leqslant \\ &\| F'(x_1)^{-1}[F(x_1)-F(x_2)- \\ &F'(x_1)(x_1-x_2)]\| + \\ &\| F'(x_1)^{-1}-F'(x_2)^{-1}\| \cdot \\ &\| F(x_2)\| \leqslant \\ &(BL+CN)\| x_1-x_2\| = \\ &\alpha \| x_1-x_2\|\end{aligned}$$

而因

$$\begin{aligned}&\frac{1}{1-\alpha}\| x_1-x_2\| = \\ &\frac{1}{1-\alpha}\| x_0-F'(x_0)^{-1}F(x_0)-x_0\| \leqslant \\ &B\cdot \| F(x_0)\| \cdot \frac{1}{1-\alpha} < \\ &\gamma < r\end{aligned}$$

所以球(F)确位于球$S(x_0;r)$中,于是满足一切所需条件,而这正是 Stein 所考虑的情形,这时 Newton 程序的收敛性得证.

卢文先生指出,不引用 Fenyö 的定理,也可以直接证明式(14).事实上,引用式(8)(9)(10),对于$x \in S(x_0;r)$,有

$$\begin{aligned}&\| F'(x)^{-1}-F'(x_0)^{-1}\| \leqslant \\ &\frac{\| F'(x_0)^{-1}\|^2 \cdot \| F'(x_0)-F'(x)\|}{1-\| F'(x_0)^{-1}\| \cdot \| F'(x_0)-F'(x)\|} \leqslant \\ &\frac{B^2C\| x-x_0\|}{1-BC\| x-x_0\|} \leqslant \\ &\frac{B^2Cr}{1-BCr} \leqslant\end{aligned}$$

$$\frac{\frac{1}{3}B}{1-\frac{1}{3}}=$$

$$\frac{1}{2}B$$

从而

$$\| F'(x)^{-1} \| \leqslant \| F'(x_0)^{-1} \| + \frac{1}{2}B \leqslant \frac{3}{2}B$$

即为式(14).

解非线性函数方程的最速下降法[①]

第32章

H.B.Curry 曾讨论了解有穷多变数的非线性方程的最速下降法.他曾提到其推理可以推广到无穷多参数的情形,但他并未实际做出推导过程.赵访熊先生和 A.D.Booth 也只考虑了有穷多变数的情形.中国科学院数学研究所的关肇直研究员 1956 年在《数学学报》中考察了无穷维空间的情形;更确切地说,他证明在一些较强的条件下,解 Hilbert 空间中的非线性方程的最速下降法依这个空间中的范数收敛,且和线性问题相仿,其敛速是依照等比级数的.Д.Ю.Панов,J.B.Crockett 和 H.Chernoff 也在相类似的条件下考察了非线性问题的最速下降法,但他们仍是限制在有穷维的情形,从而只是本章所考察的情形的特

① 本章摘编自《数学学报》,1956,12,6(4):638-649.

例.在本章所考察的情形下,这个方法还可以用来解某些非线性积分方程,包括 Hammerstein 型的,以及某些非线性微分方程的边界值问题.由本章的考察也可以看出 Newton 方法与这里所考察的非线性问题的最速下降法的关系.在较弱的条件下证明本章中所提供的方法的收敛似乎是值得研究的问题.

§1　收敛性的证明

设 $\mathfrak{H}$ 表示一个 Hilbert 空间.设 $F(x)$ 是定义在 $\mathfrak{H}$ 中并在 $\mathfrak{H}$ 中取值的(非线性)运算子.设 $F(x)$ 有连续的,由 M.Fréchet 定义的导算子,并设这个导算子(至少在所考察的某区域 G 中)对于固定的 x(含于 G 中)是正定有界对称线性运算子,换句话说,设存在数 $M>m>0$,使

$$m\|h\|^2\leqslant(F'(x)h,h)\leqslant M\|h\|^2,h\in\mathfrak{H}\tag{1}$$

又设 $F(x)$ 是位函数型的,即存在定义于 $\mathfrak{H}$ 上的一个泛函数 $f(x)$,使

$$\operatorname{grad}f(x)=F(x)$$

也就是说,对于任意 $h\in\mathfrak{H}$,有

$$\lim_{\lambda\to0}\frac{f(x+\lambda h)-f(x)}{\lambda}=(F(x),h)\tag{2}$$

在这些条件下,求解方程

$$F(x)=0\tag{3}$$

的问题乃是求泛函数 $f(x)$ 的极小问题的必要条件.今从某一初始近似 x_0 出发,为了选择使 $f(x)$ 的值减小最快的方向,由式(2)只需取

$$h = F(x_0)$$

因为这一方向使得式(2)中右边的式子达到极大值.于是我们令 x_1 近似为

$$x_1 = x_0 - \varepsilon_0 F(x_0) \tag{4}$$

其中 ε_0 为待定的参数.一般地,在由第 n 步骤到第 $n+1$ 步骤时,我们令

$$x_{n+1} = x_n - \varepsilon_n F(x_n) \tag{5}$$

其中 ε_n 为待定参数,x_k 表示第 k 近似解.依照 Канторович 的方法,我们取 ε_n,使 $f(x_{n+1})$ 为极小值.因为近似地[①]

$$f(x_n - \varepsilon_n F(x_n)) \approx f(x_n) - \varepsilon_n (F(x_n), F(x_n)) + \frac{1}{2}\varepsilon_n^2 (F'(x_n)F(x_n), F(x_n))$$

所以为了使左边为极小值,只需近似地取

$$\varepsilon_n = \frac{(F(x_n), F(x_n))}{(F'(x_n)F(x_n), F(x_n))} \tag{6}$$

但我们现在不做如此的选定.

由式(5),如果令 x^* 表示方程(3)的准确解,那么

$$\| x_{n+1} - x^* \|^2 = \| x_n - \varepsilon_n F(x_n) - x^* \|^2 = \| x_n - x^* \|^2 - 2\varepsilon_n (x_n - x^*, F(x_n)) + \varepsilon_n^2 (F(x_n), F(x_n))$$

为了使这近似过程(5)收敛,且使敛速不慢于某一等比级数,应当使对于某一适当的数 K,$0 < K < 1$,有

① 在适当条件下我们可以估计此式两边之差,乃是与 ε_n^3 同阶的量.

$$\|x_{n+1}-x^{*}\|^{2}=$$
$$\|x_{n}-x^{*}\|^{2}-2\varepsilon_{n}(x_{n}-x^{*},F(x_{n}))+$$
$$\varepsilon_{n}^{2}(F(x_{n}),F(x_{n}))\leqslant$$
$$(1-K)\|x_{n}-x^{*}\|^{2}$$

即必须且只需令

$$\varepsilon_{n}^{2}(F(x_{n}),F(x_{n}))-2\varepsilon_{n}(x_{n}-x^{*},F(x_{n}))+$$
$$K\|x_{n}-x^{*}\|^{2}\leqslant 0 \tag{7}$$

如果

$$(x_{n}-x^{*},F(x_{n}))\neq 0$$

那么对于适当的K，满足式(7)的实数ε_{n}一定存在.因为对于运算子的中值公式

$$(F(x_{n}),h)=(F(x_{n})-F(x^{*}),h)=$$
$$(F'(\bar{x}_{n})(x_{n}-x^{*}),h)$$

其中

$$\bar{x}_{n}=x^{*}+\partial_{n}(x_{n}-x^{*})$$
$$0\leqslant\partial_{n}\leqslant 1,\partial_{n}=\partial_{n}(h)$$

所以，由式(1)，有

$$(x_{n}-x^{*},F(x_{n}))=$$
$$(F'(\bar{x}_{n})(x_{n}-x^{*}),x_{n}-x^{*})\geqslant$$
$$m\|x_{n}-x^{*}\|^{2}$$

同样，由另一熟知不等式，并利用式(1)，得

$$\|F(x_{n})\|=\|F(x_{n})-F(x^{*})\|\leqslant$$
$$\sup_{\substack{\bar{x}=x^{*}+\partial(x_{n}-x^{*})\\0\leqslant\partial\leqslant 1}}\|F'(\bar{x}_{n})\|\ \|x_{n}-x^{*}\|\leqslant$$
$$M\|x_{n}-x^{*}\|$$

于是为了保证式(7)，只需取ε_{n}满足下列不等式

$$M^{2}\varepsilon_{n}^{2}-2m\varepsilon_{n}+K\leqslant 0$$

故只需令 ε_n 满足

$$\frac{m-\sqrt{m^2-M^2K}}{M^2}\leqslant\varepsilon_n\leqslant\frac{m+\sqrt{m^2-M^2K}}{M^2}\tag{8}$$

由此,也得到 K 的界限,即只能使

$$0<K<\left(\frac{m}{M}\right)^2\tag{9}$$

在取这样的 ε_n 值的情形下

$$\|x_{n+1}-x^*\|^2\leqslant(1-K)\|x_n-x^*\|^2$$

从而由归纳法

$$\|x_n-x^*\|^2\leqslant(1-K)^n\|x_0-x^*\|^2\tag{10}$$

即近似程序(5)收敛,且敛速不慢于公比为$(1-K)$的等比级数,其中 K 满足式(9).

综合上述,我们得到下列结果:

设 $F(x)$ 是定义于实 Hilbert 空间 $\mathfrak{H}$ 中并在 $\mathfrak{H}$ 中取值的位函数型运算子;设在 $\mathfrak{H}$ 的一个区域 G 中,$F'(x)$ 存在且连续,并且是正定有界对称线性运算子,即存在数 $M>m>0$,使

$$m\|h\|^2\leqslant(F'(x)h,h)\leqslant M\|h\|^2,h\in\mathfrak{H}$$

那么如取 ε_n 满足式(8),程序(5)必收敛于方程(3)的解,且敛速不慢于以 $1-K$ 为公比的等比级数,其中 K 满足式(9).

注 值得注意,关于 $F(x)$ 为位函数型的假定,只在形成最速下降法这一想法时用到,而在证明程序(5)收敛时并不需要,因此上面的结果在略去这一假定时仍有效.本章中的例子并不一定引用这一假定.

§2 各种特殊情形及有关补充说明

1.一个在 §1 中所讨论条件下最便于计算的 ε_n 值乃是取

$$\varepsilon_n=\frac{m}{M^2}$$

或任何满足式(8)的数值.例如在一定条件下可以取 $\varepsilon_n=1$.前面也曾提到一个合适的 ε_n 值,即

$$\varepsilon_n=\frac{(F(x_n),F(x_n))}{(F'(x_n)F(x_n),F(x_n))} \tag{11}$$

或

$$\varepsilon_n=\frac{(F(x_n),F(x_n))}{(F'(x_0)F(x_n),F(x_n))} \tag{12}$$

但这样的 ε_n 值只在一定条件下才能保证收敛,例如在设

$$M^2<\frac{3}{2}m^2$$

时,式(11)中的 ε_n 值满足式(8).值得注意,式(11)或(12)的 ε_n 值在实用上过于繁复,但这里特别提出,是由于对于一维空间的情形,式(11)与(12)各相应于依 Канторович 意义的 Newton 方法和修改的 Newton 方法.

2.特别地,当 F 是线性运算子的时候,或更确切地说,设

$$F(x)=Ax-b$$

其中 A 是正定对称有界线性运算子,那么

$$F'(x)=A$$

从而,如果令 $z_n = Ax_n - b$("第 n 残量"),式(6) 变成

$$\varepsilon_n = \frac{(z_n, z_n)}{(Az_n, z_n)}$$

这恰恰给出 Канторович 的最速下降法的公式,还有其他的取 ε_n 值的方法,例如吉田耕作取

$$\varepsilon_n = \frac{(Az_n, z_n)}{(Az_n, Az_n)}$$

3. 值得注意的是这里的最速下降法与 Канторович 的 Newton 法之间的关系. 为此, 我们可以像 Crockett-Chernoff 对于有穷维空间的特殊情形下所做的那样,在 Hilbert 空间 $\mathfrak{H}$ 中改换尺度,即取作用于 $\mathfrak{H}$ 中一个正定对称有界线性运算子 B,并引入新内积

$$[x, y] \equiv (Bx, y) = (x, By)$$

以及新范数

$$\| x \|_B = \sqrt{(Bx, x)}$$

显然这一范数是与原来范数拓扑等价的. 仍设算子 $F(x)$ 是泛函数 $f(x)$ 依原来尺度的斜量

$$F(x) = \text{grad } f(x)$$

令 $F_B(x)$ 表示 $f(x)$ 依新尺度的斜量,那么

$$[F_B(x), h] = \lim_{\lambda \to 0} \frac{f(x + \lambda h) - f(x)}{\lambda} =$$

$$(F(x), h) = [B^{-1}F(x), h]$$

从而

$$F_B(x) = B^{-1}F(x)$$

于是依这一新尺度,最速下降法的近似公式成为

$$x_{n+1} = x_n - \varepsilon_n B^{-1} F(x_n) \tag{13}$$

如仍设 $F'(x)$ 在所考虑的某区域 G 中是正定对称线性有界运算子,则当在每一步骤改变尺度,即在第 n 步

骤取 B 为

$$F'(x_n)$$

时，式(13) 变成

$$x_{n+1}=x_n-\varepsilon_n F'(x_n)^{-1}F(x_n) \tag{14}$$

而 Канторович 的 Newton 方法相当于 $\varepsilon_n=1$ 的情形.如在每一步骤取定

$$B=F'(x_0)$$

则式(13) 变成

$$x_{n+1}=x_n-\varepsilon_n F'(x_0)^{-1}F(x_n) \tag{15}$$

而 Канторович 修改了的 Newton 方法相当于 $\varepsilon_n=1$ 的情形.由于已有不少论文在各种条件下考察了程序(14)(15) 的收敛问题，所以我们在这里不去讨论它.当然，由上面的考虑而导出程序(14)(15) 来，是在较强的假定下才有可能，即我们已假定 $F(x)$ 为位函数型的，且设 $F'(x)$ 为正定对称的，而在 Канторович 的 Newton 程序与修改了的 Newton 程序，条件并不假设得那样强.但上面的论述说明，Newton 程序与最速下降法两种近似程序可以看作具有同类的基本想法.

4.我们重新回到线性算子的情形 2.根据 3 中的考虑，如取 $B=A^{-1}$，并令

$$\varepsilon_n=\frac{(z_n,z_n)}{(Az_n,z_n)}$$

则得赵访熊先生的斜量法公式.如取 $B=A^{-1}$，但取

$$\varepsilon_n=\frac{(Az_n,z_n)}{(Az_n,Az_n)}$$

则得 Красносельский-Крейн 的所谓“极小残量叠代法”公式.比较一下这里的结果与 2 中所述，是很有趣的.容易证明，如取程序

$$x_{n+1}=x_n-\varepsilon_n z_n=x_n-\varepsilon_n(Ax_n-b) \quad (16)$$

则 Канторович 的最速下降法乃是使二次泛函数

$$f(x)=(Ax,x)-2(b,x)$$

[此处 grad $f(x)=Ax-b$] 沿方向 z_n 减小到最小可能的公式,而如从使误差 $\|x_{n+1}-x^*\|$ 为极小的着眼点出发,则在程序(16) 中需取

$$\varepsilon_n=\frac{(A^{-1}z_n,z_n)}{(z_n,z_n)}$$

这与 Канторович 及吉田耕作的公式都不相同,但却正是 Красносельский-Крейн 的公式.同理,如取程序

$$x_{n+1}=x_n-\varepsilon_n Az_n=x_n-\varepsilon_n A(Ax_n-b) \quad (17)$$

则如使误差 $\|x_{n+1}-x^*\|$ 为最小,则需取

$$\varepsilon_n=\frac{(z_n,z_n)}{(Az_n,Az_n)}$$

这正是赵访熊先生的公式.如取程序(16),并取 ε_n 使残量 $z_{n+1}\equiv Ax_{n+1}-b$ 的范数为最小,则得

$$\varepsilon_n=\frac{(z_n,Az_n)}{(Az_n,Az_n)}$$

即得吉田耕作的公式.如取程序(17) 而使上述泛函 $f(x)$ 减小到最小,则得

$$\varepsilon_n=\frac{(z_n,Az_n)}{(A^2z_n,Az_n)}$$

这也与 Красносельский-Крейн 所设的诸式均不同.

§3 应　　用

1.考虑有穷维(Euclid) 空间的情形,这里一个算子 $F(x)$ 乃是由 n 个变数的 n 个函数组成

$$F(x)=(F_k(\xi_1,\xi_2,\cdots,\xi_n))_{1\leqslant k\leqslant n}$$

而所谓 $F(x)$ 是位函数型算子，在这里意味着存在一函数 $\Phi(\xi_1,\cdots,\xi_n)$，使在所考虑的区域 G 中，Φ 有连续导函数，且

$$\frac{\partial \Phi}{\partial \xi_i}=F_i(\xi_1,\xi_2,\cdots,\xi_n),1\leqslant i\leqslant n$$

关于 $F'(x)$ 是正定对称线性运算子的假定，在这里即是假定二次齐式

$$\sum_{i,k=1}^{n}\frac{\partial^2\Phi}{\partial\xi_i\partial\xi_k}u_iu_k$$

是正定对称的. 这时，用最速下降法公式(5) 即得 Crockett-Chernoff 的结果，而用公式(14)(取 $\varepsilon_n=1$) 即得 Панов 的结果.

2.关于解 Hammerstein 型非线性积分方程.

考察 Hammerstein 型的非线性积分方程

$$y(s)+\int_0^1 K(s,t)f(t,y(t))\mathrm{d}t=0 \qquad (18)$$

如所周知，这种积分方程可以由解某类常微分方程的边界值问题引导出来，从而下面的考察可用于解这类边界值问题. 设 $K(s,t)$ 为正定对称核. 于是它有可数无穷多个正固有值，按递减次序表示成 λ_v，而令其相应固有函数各表示成 $\varphi_v(t)(v=1,2,\cdots)$，这里 $\lim\limits_{v\to\infty}\lambda_v=0$. 为了引用本章所提供的方法，我们先根据 Rothe 的处理，引入 Hilbert 空间 $\mathfrak{H}$，其中元为实数列 $x=\{\xi_v\}$ 的集合，这种数列需满足

$$\|x\|^2\equiv\sum_{v=1}^{\infty}\lambda_v\xi_v^2<+\infty \qquad (19)$$

在 $\mathfrak{H}$ 中定义元 x 及 $y=\{\eta_v\}$ 的内积为

$$(x,y)=\sum_{v=1}^{\infty}\lambda_v\xi_v\eta_v \tag{20}$$

考察 $L^2=L^2[0,1]$，并令 M 表示其中由正交规格化组 $\{\varphi_v\}$ 所张成的子空间.令 Φ 表示如下定义的由 $\mathfrak{H}$ 到 M 中的线性运算子 $\Phi(x)=y$，其中

$$\int_0^1 y(t)\varphi_v(t)\mathrm{d}t=\lambda_v\xi_v,v=1,2,3,\cdots \tag{21}$$

由于

$$\sum_{v=1}^{\infty}\lambda_v^2\xi_v^2\leqslant\lambda_1\sum_{v=1}^{\infty}\lambda_v\xi_v^2<+\infty,x\in\mathfrak{H}$$

所以由熟知的Riesz-Fischer定理，$y(t)$ 由(21)唯一决定，并且线性运算子 Φ 有界，而由于

$$\|\Phi(x)\|^2=\int_0^1|y(t)|^2\mathrm{d}t=\sum_{v=1}^{\infty}\lambda_v^2\xi_v^2\leqslant\lambda_1\|x\|^2$$

可知

$$\|\Phi\|\leqslant\sqrt{\lambda_1}$$

依照Rothe，考察泛函数

$$I(x)=\frac{\|x\|^2}{2}+\int_0^1\mathrm{d}t\int_0^{y(t)}f(t,u)\mathrm{d}u$$

$$y(t)=\Phi(x)$$

这时

$$F(x)\equiv\operatorname{grad}I(x)=\{\zeta_v\}$$

其中

$$\zeta_v=\xi_v+\int_0^1 f(t,y(t))\varphi_v(t)\mathrm{d}t$$

从而容易看出

$$F(x)=0\Leftrightarrow y(t)+\int_0^1 K(s,t)f(t,y(t))\mathrm{d}t=0$$

所以，为了解积分方程(18)，只需解 $\mathfrak{H}$ 中的方程

$$F(x)=0 \tag{22}$$

依照 Rothe 的结果，设 $f(t,u)$ 依 u 有连续偏导函数，则

$$(F'(x)h,h_1)=\sum_{v=1}^{\infty}\lambda_v\eta_v\eta'_v+\int_0^1 f'_u(t,y(t))k(t)k_1(t)\mathrm{d}t \tag{23}$$

这里

$$h=(\eta_v)\in\mathfrak{H}$$
$$h_1=(\eta'_v)\in\mathfrak{H}$$
$$k(t)=\Phi(h)$$
$$k_1(t)=\Phi(h_1)$$

如设 $f'_u(t,y(t))$ 对于所设的诸 $y(t)$ 的可能值是非负的且以常数 γ 为上界的函数，那么由式(23) 可以看出 $F'(x)$ 是正定对称线性有界运算子，且当在式(23) 中令 $h_1=h$ 时，可以看出

$$\begin{aligned}\|h\|^2\leqslant(F'(x)h,h)\leqslant&\\ \|h\|^2+\gamma\|k\|^2=&\\ \|h\|^2+\gamma\|\Phi h\|^2\leqslant&\\ (1+\gamma\lambda_1)\|h\|^2&\end{aligned}$$

所以在 $\mathfrak{H}$ 中解式(22) 可以利用本章中的最速下降法，其中

$$m=1$$
$$M=1+\gamma\lambda_1$$

例如取熟知的核

$$K(s,t)=\begin{cases}t(1-s),\text{如果 }0\leqslant t\leqslant s\\ s(1-t),\text{如果 }s<t\leqslant 1\end{cases}$$

则

$$\lambda_v=\frac{1}{v^2\pi^2}$$

$$\varphi_v = \sqrt{2}\sin v\pi t$$

而$M = 1 + \frac{\gamma}{\pi^2}$.如$\gamma$的值足够小,例如$\gamma = 1$,则$1 - K < \frac{1}{4}$,从而收敛是较快的.上述方法可用来解边界值问题

$$y'' - f(t, y) = 0$$

$$\Gamma_a = 0$$

$$\Gamma_b = 0$$

其中Γ_t表示在$y(t), y'(t)$之间的线性关系.

3.Панов 的工作是为了解非线性偏微分方程的边界值问题.他首先利用差分法,将边界值问题化成有穷多变数的有穷多个方程,然后用 1 中所述的方式进行.这里意味着双重近似,即一方面原方程近似地用方程组

$$F_k(\xi_1, \xi_2, \cdots, \xi_n) = 0, 1 \leqslant k \leqslant \eta \tag{24}$$

代替,而另一方面解方程(24)又用了近似程序(在 Панов 的文章中用了 Newton 程序).我们可以把本章所提供的方法直接用到原方程上去.例如对于 Панов 所设的例

$$\Delta u = e^u \tag{25}$$

边界值条件为

在正方形$\Omega: x = \pm 3, y = \pm 3$的周界上,$u = 10$

我们可以将式(25)看作$L^2(\Omega)$中的算子方程$P(u) = 0$,其中

$$P(u) = e^u - \Delta u$$

于是由于Δ的正定性可考虑应用本章中所提供的方法.这里我们不详细讨论.

4.在 §1 的末尾已经指出,在引用本章所提供的

方法时，关于 $F(x)$ 是位函数型这一假定不是必要的. 此外关于 $F'(x)$ 是对称运算子也并非必要，只需设关系式(1) 成立就够了.因而我们可以用到解更广的非线性积分方程上去.这里我们引用 Канто-рович 中的一个现成例子，来说明我们的方法.问题是要解

$$x(s)=1-0.485\,4s+s^2+\int_0^1 st\arctan x(t)\mathrm{d}t \tag{26}$$

我们知道准确解是

$$x^*(s)=1+s^2$$

我们把式(25) 看成 $L^2[0,1]$ 中的算子方程

$$F(x)=0$$

其中 $F(x)=I\cdot x-K(x)-a$，而这里 I 为不变运算子

$$K(x)\equiv\int_0^1 st\arctan x(t)\mathrm{d}t$$

$$a(s)\equiv 1-0.485\,4s+s^2$$

容易看出 $F'(x)=I-K'(x)$，从而对于 $h\in L^2[0,1]$，有

$$F'(x_0)h=h(s)-\int_0^1 K'_x(s,t,x_0(t))h(t)\mathrm{d}t$$

$K'_x(s,t,x)$ 表示函数 $K(s,t,x)$ 依其第三个变元的偏导数.注意

$$K'_x(s,t,x_0(t))=\frac{st}{1+[x_0(t)]^2}$$

从而

$$(K'(x)h,h)=\int_0^1\int_0^1\frac{st}{1+[x_0(t)]^2}h(s)h(t)\mathrm{d}s\mathrm{d}t\leqslant$$

$$\left(\int_0^1 sh(s)\mathrm{d}s\right)^2\leqslant$$

$$\int_0^1 s^2 \mathrm{d}s \cdot \int_0^1 [h(t)]^2 \mathrm{d}t =$$

$$\frac{1}{3} \| h \|^2$$

即

$$\| h \|^2 \geqslant (F'(x), h, h) \equiv \| h \|^2 - (K'(x_0)h, h) \geqslant \frac{2}{3} \| h \|^2 \tag{27}$$

所以式(1) 满足,且

$$M = 1$$

$$m = \frac{2}{3}$$

这时依式(8) 可以取 $\varepsilon_n \equiv 1$.于是引用式(4),得

$$x_1(s) = x_0(s) - F(x_0) = 1 + s\left[\int_0^1 t \arctan x_0(t) \mathrm{d}t - 0.485\ 4\right] + s^2$$

例如取 Канторович 所用的初始近似

$$x_0(s) \equiv \frac{3}{2}$$

则

$$x_1(s) = 1 + 0.006\ s + s^2$$

从而

$$| x_1(s) - x^*(s) | \leqslant 0.006 < 0.01$$

即 $x_1(s)$ 已是足够好的近似了.

第 33 章 关于 Banach 空间非线性泛函方程的 Канторович 方法

Канторович 证明了如下的结果：设算子 $P(x)$ 将 Banach 空间元素 x 变换为 Banach 空间 Y 的元素 y 并且有如下的条件存在：

(1) $P'(x_0)$ 的逆算子 $\Gamma_0 = [P'(x_0)]^{-1}$ 存在，并有

$$\| \Gamma_0 \| \leqslant B_0 \tag{1}$$

其中 x_0 将用作方程 $P(x)=0$ 的初始近似解，B_0 为常数.

(2)

$$\| \Gamma_0 P(x_0) \| \leqslant \eta_0 \tag{2}$$

其中 η_0 为常数.

(3) $P''(x)$ 在区域

$$\| x - x_0 \| < L(h_0)\eta_0 = \frac{1+\sqrt{1-2h_0}}{h_0}\eta_0 \tag{3}$$

内存在且有界

$$\| P''(x) \| \leqslant K, K \text{ 为常数} \tag{4}$$

其中

$$B_0K\eta=h_0\leqslant\frac{1}{2}\tag{5}$$

则在区域(3) 内 $P(x)=0$ 有唯一的解 x^*.这个 x^* 是序列

$$\begin{cases}x_1=x_0-[P'(x_0)]^{-1}P(x_0)\\ \vdots\\ x_{n+1}=x_n-[P'(x_n)]^{-1}P(x_n)\end{cases}\tag{6}$$

的极限且有

$$\|x^*-x_0\|\leqslant N(h_0)h_0=\frac{1-\sqrt{1-2h_0}}{h_0}\eta_0\tag{7}$$

及

$$\|x_n-x^*\|\leqslant\frac{1}{2^{n-1}}(2h_0)^{2n-1}\eta_0\tag{8}$$

在 $h_0\ll\frac{1}{2}$ 时,由式(8) 可看出:序列(6) 收敛得非常快,比之前的压缩映像法以几何级数方式收敛快得多.Fenyö 把条件(4) 换为如下形式的条件

$$\|P'(x_1)-P'(x_2)\|\leqslant K\|x_1-x_2\|\tag{9}$$

后用压缩映像法得出一个收敛序列.但在 Канторович 的论文里如用条件(9) 代替条件(4),整个论文中的结果一样可用.在 Канторович 的论文中用到条件(4) 来证明的只有如下两公式,或与如下公式类似的公式

$$\|\Gamma_0[P'(x_0)-P'(x_1)]\|\leqslant B_0K\eta_0\tag{10}$$

及

$$\|F_0(x_1)-F_0(x_0)-F'_0(x_0)(x_1-x_0)\|\leqslant\frac{1}{2}BK\eta_0^2\tag{11}$$

其中 $F_0(x)=x-\Gamma_0P(x)$.我们现在在用条件(9) 代

替条件(4)的情况下进行证明式(10)及式(11).

式(10)的证明.根据式(6),有

$$\| x_1 - x_0 \| = \| [P'(x_0)]^{-1} P(x_0) \| = \| \Gamma_0 P(x_0) \| < \eta \tag{12}$$

于是由式(9)得

$$\| \Gamma_0 [P'(x_0) - P'(x_1)] \| \leqslant B_0 K \eta$$

式(11)的证明.首先由 $F_0(x) = x - \Gamma_0 P(x)$ 有

$$F'_0(x) = 1 - \Gamma_0 P'(x)$$

$$F'_0(x_1) - F'_0(x_2) = \Gamma_0 (P'(x_2) - P'(x_1))$$

再根据式(9)及(1)有

$$\| F'_0(x_1) - F'_0(x_2) \| \leqslant B_0 K \| x_2 - x_1 \| \tag{13}$$

其次根据式(9)及(9′)有

$$\Delta = \| F_0(x_1) - F(x_0) - F'_0(x_0)(x_1 - x_0) \| \leqslant \left\| \int_0^1 \{ F'_0(x_0 + t(x_1 - x_0)) - F'_0(x_0) \} \mathrm{d}t \right\| \| x_1 - x_0 \|$$

再由式(11)得

$$\Delta \leqslant B_0 K \| x_1 - x_0 \|^2 \int_0^1 t \mathrm{d}t \leqslant \frac{1}{2} B_0 K \eta_0^2$$

证完.

现在来比较Канторович的方法与Fenyö的方法. Fenyö的方法中的 C 相当于Канторович的方法中的 K,B 相当于 B_0 及 $B\dfrac{2-2BCr}{11B}r$ 相当于 η_0.因此有

$$h_0 = BC \cdot B \frac{2-2BCr}{11B} r =$$

$$\frac{2-2BCr}{11}BCr < \frac{2}{33} \tag{14}$$

因为在 Fenyö 中 $3BCr < 1$.将本章的式(8) 和 Fenyö 的研究结果比较,知 Канторович 所得的序列收敛较快.但用 Канторович 的方法时要假定条件(9) 在区域(3) 存在而 Fenyö 则只假定条件(9) 在

$$\| x - x_0 \| < \frac{1}{3BC} = \frac{1}{3B_0K} \tag{15}$$

成立.区域(3) 可以写成

$$\| x - x_0 \| < \frac{1+\sqrt{1-2h_0}}{h_0}\eta_0 = \frac{1+\sqrt{1-2h_0}}{B_0K}$$

显然较区域(13) 大得多.Канторович 的方法虽比 Fenyö 的方法收敛得快,但条件(9) 要求在较大的范围成立,这一点是 Fenyö 的方法可用的真正理由,至于 Fenyö 所提出的二阶导数问题却是可克服的,证明的繁简与在应用时的方便与否无关,因为 Канторович 的方法与 Fenyö 的方法在计算上没有分别.关肇直把 Fenyö 的论文中的错误改正了并把方法改善了.

第34章 Newton 方法及最速下降法的简化

§1 Newton 方法的简化

1948 年 Канторович[3] 首先提出用 Newton 方法解一般的函数方程，后来他本人及其他很多人又做了一系列的工作.一般说或是方法典型（类似于叠代法），但敛速低（如[1][4] 等）；或是敛速高，但方法繁杂（如[3]及[6]）.中国科学院数学研究所的林群院士用前者的典型方法证得后者[3] 的高敛速的定理，而这种做法是受到[1] 的启发.

设 $p(x)$ 是由 Banach 空间 X 到 Banach 空间 Y 中的任意算子，$p'(x)$ 表示它的 Fréchet 导式[3]，并以 $\Gamma_n \equiv p'(x_n)^{-1}$ 表示 $p'(x_n)$ 的逆.我们求解方程

$$p(x)=0 \tag{1}$$

定理 1 设 $p'(x)$ 存在且连续，又设对 $x_0 \in X$，有

(1)Γ_0 存在且 $\|\Gamma_0\| \leqslant \beta$, $\|p(x_0)\| = l$;

(2) 对于球 $\|x - x_0\| \leqslant \gamma$ 中的任意两点 x_1, x_2,有

$$\|p'(x_1) - p'(x_2)\| \leqslant \delta \|x_1 - x_2\|$$

(3)$\gamma \equiv \beta l \{\sum_{k=0}^{\infty} \alpha^{2k-1}\}$, $\alpha \equiv \frac{3}{2}\beta^2 l\delta$, $\frac{3}{2}\beta\gamma\delta \leqslant 1$ $(\alpha < 1)$,

则方程(1) 有解 x^*, $\|x^* - x_0\| \leqslant \gamma$,且程序

$$x_{n+1} = x_n - [p'(x_n)]^{-1} p(x_n) \tag{2}$$

在 $\|x - x_0\| \leqslant \gamma$ 中有意义,并收敛于 x^*,敛速估值为

$$\|x^* - x_n\| \leqslant \gamma \cdot \alpha^{2n-1}$$

证 因

$$\|p'(x) - p'(x_0)\| \leqslant \delta\gamma \leqslant \frac{2}{3\beta} < \frac{1}{\|p'(x_0)^{-1}\|}$$

当 $\|x - x_0\| \leqslant \gamma$ 时,$p'(x)^{-1}$ 存在且

$$\|p'(x)^{-1} - p'(x_0)^{-1}\| \leqslant$$

$$\frac{\|p'(x_0)^{-1}\|^2 \|p'(x) - p'(x_0)\|}{1 - \|p'(x_0)^{-1}\| \|p'(x) - p'(x_0)\|} \leqslant$$

$$\frac{\delta\gamma\beta}{1 - \delta\gamma\beta}\beta \leqslant \frac{\frac{2}{3}}{1 - \frac{2}{3}}\beta = 2\beta$$

$$\|x - x_0\| \leqslant \gamma$$

又因 $\|\Gamma_0\| \leqslant \beta$,故

$$\|p'(x)^{-1}\| \leqslant 3\beta$$
$$\|x - x_0\| \leqslant \gamma$$

由程序(2) 知 $\|x_1 - x_0\| \leqslant \beta l < \beta l \{\sum_{k=0}^{\infty} \alpha^{2k-1}\} =$

γ,由归纳法假设 $x_1, x_2, \cdots, x_{n-1}, x_n$ 在球 $\| x-x_0 \| \leqslant \gamma$ 中,由程序(2)得

$$\begin{aligned}\| p(x_n) \| &= \| p(x_n)-p(x_{n-1})- \\ &\quad p'(x_{n-1})(x_n-x_{n-1}) \| \leqslant \\ &\int_0^1 \| p'(x_{n-1}+t(x_n-x_{n-1}))- \\ &\quad p'(x_{n-1}) \| \mathrm{d}t \| x_n-x_{n-1} \| \leqslant \\ &\delta \| x_n-x_{n-1} \|^2 \int_0^1 t\,\mathrm{d}t = \\ &\frac{1}{2}\delta \| x_n-x_{n-1} \|^2 \end{aligned} \tag{3}$$

从而

$$\begin{aligned}\| x_{n+1}-x_n \| &\leqslant \frac{3}{2}\beta\delta \| x_n-x_{n-1} \|^2 \leqslant \\ &\left(\frac{3}{2}\beta\delta\right)^{2n-1} \| x_1-x_0 \|^{2n} \leqslant \\ &\beta l \alpha^{2n-1}\end{aligned}$$

故

$$\begin{aligned}&\| x_{n+1}-x_0 \| \leqslant \\ &\| x_1-x_0 \| + \cdots + \| x_{n+1}-x_n \| \leqslant \\ &\beta l \left\{ \sum_{k=0}^{n} \alpha^{2k-1} \right\} < \gamma\end{aligned}$$

即 x_{n+1} 也在球 $\| x-x_0 \| \leqslant \gamma$ 中.于是对任一 p,有

$$\begin{aligned}&\| x_{n+p}-x_n \| \leqslant \\ &\| x_{n+1}-x_n \| + \cdots + \| x_{n+p}-x_{n+p-1} \| \leqslant \\ &\beta l \left\{ \sum_{k=n}^{n+p-1} \alpha^{2k-1} \right\} < \gamma\alpha^{2n-1}\end{aligned}$$

因 $\alpha<1$,故 $x_n \to x^*$, $\| x^*-x_0 \| \leqslant \gamma$,在上式中令 $p \to \infty$,得 $\| x^*-x_n \| \leqslant \gamma \cdot \alpha^{2n-1}$.从式(3)得

$p(x^*)=0$.证毕.

注 1 定理 1 中若加上条件 $3\beta\delta\gamma<1$,则方程(1) 在球 $\|x-x_0\|\leqslant\gamma$ 中的解唯一.事实上若球中有两个不同解 x_1 与 x_2,在式(3) 中代以 $x_n=x_1, x_{n-1}=x_2$,则 $\|x_1-x_2\|\leqslant\|p'(x_2)^{-1}\|\|p'(x_2)(x_1-x_2)\|\leqslant\frac{3}{2}\beta\delta\|x_1-x_2\|^2\leqslant\frac{3}{2}\beta\delta(2\gamma)\|x_1-x_2\|=3\beta\delta\gamma\|x_1-x_2\|$,这与 $3\beta\delta\gamma<1$ 矛盾.

注 2 上述结果也是卢文[7] 工作的简化.

注 3 从定理 1 的证明中可知:若假设(2) 减弱为 $\|p'(x)-p'(x_0)\|\leqslant\delta(\|x-x_0\|\leqslant\gamma)$,且程序(2) 推广为 $x_{n+1}=x_n-[p'(x'_n)]^{-1}p(x_n)(\|x'_n-x_0\|\leqslant\gamma)$,则式(3) 变为 $\|p(x_n)\|\leqslant2\delta\|x_n-x_{n-1}\|$,只要条件(3) 改为 $\gamma\equiv\frac{3}{2}\beta l\left\{\sum_{k=0}^{\infty}\alpha^k\right\}$ 及 $\alpha\equiv3\beta\delta<1$,则得 $\|x_{n+1}-x_n\|\leqslant\alpha\|x_n-x_{n-1}\|$,于是 $\{x_n\}$ 也收敛于方程(1) 的解 x^*,但此时敛速降低为 $\|x^*-x_n\|\leqslant\gamma\alpha^n$.而这个结果可看为 Fenyö([4] 及 [1]) 等定理的改进(即条件减弱).

§2 解非线性泛函方程的最速下降法的简化

关肇直[2] 曾用最速下降法解一般 Hilbert 空间中的非线性算子方程.他还曾指出,在考察 Hilbert 空间上的泛函方程情形时只要把管纪文[5] 提出的在 n 维空间中的讨论直接移过来就适用.本节即根据他的这一想法[2],由 Hilbert 空间上的泛函方程情形来简化[5]

中的工作，即避去了[5]中所采用的 Канторович 的繁杂的原证（见[5]中定理 3.1）.

定理 2　设 $p(x)$ 是定义在 Hilbert 空间 X 上的泛函数，$p(x)$ 具有连续的 Fréchet 导式 $p'(x)$[3]，又设对 $x_0 \in X$，有：

(1) $\dfrac{1}{\| p'(x_0) \|} \leqslant \beta$，且 $\| p(x_0) \| = l$；

(2) 在球 $\| x - x_0 \| \leqslant \gamma$ 中

$$\| p'(x_1) - p'(x_2) \| \leqslant \delta \| x_1 - x_2 \|$$

(3)$\gamma \equiv \beta l \left\{ \sum_{k=0}^{\infty} \alpha^{2k-1} \right\}$，$\alpha \equiv \dfrac{3}{2}\beta^2 l\delta$，$\dfrac{3}{2}\beta\gamma\delta \leqslant 1$ $(\alpha < 1)$，则方程(1)有解 x^*，$\| x^* - x_0 \| \leqslant \gamma$，且最速下降程序

$$x_{n+1} = x_n - \frac{p'(x_n)}{\| p'(x_n) \|^2} p(x_n) \tag{4}$$

在 $\| x - x_0 \| \leqslant \gamma$ 中有意义，并收敛于 x^*，敛速估值为

$$\| x^* - x_n \| \leqslant \gamma \cdot \alpha^{2n-1}$$

证　假设(1)表示 $A_0 \equiv \| p'(x_0) \|$ 有逆 $A_0^{-1} \equiv \dfrac{1}{\| p'(x_0) \|}$，且 $| A_0^{-1} | \leqslant \beta$.再令 $A \equiv \| p'(x) \|$，则

$$\| A - A_0 \| \leqslant \| p'(x) - p'(x_0) \| \leqslant \delta\gamma \leqslant \frac{2}{3\beta} < \frac{1}{| A_0^{-1} |}$$

$$\| x - x_0 \| \leqslant \gamma$$

故 A 有逆 $A^{-1} = \dfrac{1}{\| p'(x) \|}$ 且

$$| A^{-1} - A_0^{-1} | \leqslant \frac{| A_0^{-1} |^2 \, | A - A_0 |}{1 - | A_0^{-1} | \, | A - A_0 |} \leqslant$$

$$\frac{\delta\gamma\beta}{1-\delta\gamma\beta}\beta \leqslant 2\beta$$

$$\| x - x_0 \| \leqslant \gamma$$

又因 $A_0^{-1} \leqslant \beta$,故

$$A^{-1} = \frac{1}{\| p'(x) \|} \leqslant 3\beta$$

$$\| x - x_0 \| \leqslant \gamma$$

由式(4)得

$$p'(x_{n-1})(x_n - x_{n-1}) =$$

$$(p'(x_{n-1}), -p'(x_{n-1})p(x_{n-1}))\frac{1}{\| p'(x_{n-1}) \|^2} =$$

$$-p(x_{n-1})$$

于是可直接利用定理 1 的证明而得到本定理.

注 4 与注 3 同理可知:若定理 2 中的条件(2)减弱为 $\| p'(x) - p'(x_0) \| \leqslant \delta(\| x - x_0 \| \leqslant \gamma)$,且条件(3)改为 $\gamma \equiv \frac{3}{2}\beta l\left\{\sum_{k=0}^{\infty}\alpha^k\right\}$ 及 $\alpha \equiv 3\beta\delta < 1$,则推广的程序 $x_{n+1} = x_n - \frac{p'(x'_n)}{\| p'(x'_n) \|^2}p(x_n)(\| x'_n - x_0 \| \leqslant \gamma)$ 也收敛于方程(1)的解 x^*,但敛速降低为 $\| x^* - x_n \| \leqslant \gamma\alpha^n$.而这个结果可看为[5]中定理 2.1 的改进(即把条件减弱).

参考文献

[1] 关肇直.关于解函数方程的 Newton 方法的一点注记[J].数学进展,1956,2(2):290-295.

[2] 关肇直.解非线性方程的最速下降法[J].数学学报,1956,6(4):638-650.

[3] Канторович Л В. 泛函分析与应用数学[J]. 数学进展,

1955(4):724.

[4] FENYÖ I. Über die lösung der in banachschen raume definierten nicht-linearen gleichungen[J]. Acta Math. Acad. Sci. Hung., 1954(5):85-93.

[5] 管纪文.论非线性极小化问题的斜量法收敛性定理及修正形式[J].东北人民大学自然科学学报,1955(1):113-138.

[6] Мертвецова М А. Аналог процесса касательных типербол для общих функциональных уравнений[J].ДАН,1953,88(4):611-614.

[7] 卢文.关于Banach空间非线性泛函数方程的Канторович方法[J].数学进展,1956,2(4):711-713.

第 35 章 解非线性算子方程的最速下降法

设 $F(x)=\text{grad}\, f(x)$ 是定义于实 Hilbert 空间 H 内的势算子，其势 $f(x)$ 的临界点，特别是极值点是方程 $F(x)=0$ 的解. 因此求泛函数 $f(x)$ 的极值点（如果存在）可以求得方程 $F(x)=0$ 的解.求泛函数 $f(x)$ 的极小值可以用最速下降程序

$$x_{n+1}=x_n-\varepsilon_n F(x_n),\ n=1,2,\cdots \tag{1}$$

其中 ε_n 是适当的常数，x_1 是在 H 中任取的一点.

关肇直先生在假设 $F(x)$ 的 Fréchet 导算子 $F'(x)$ 在某区域内存在且连续，当 x 固定时是正定对称的有界线性算子，即存在正数 m,M 使得

$$m\|h\|^2\leqslant(F'(x)h,h)\leqslant M\|h\|^2,h\in H$$

的条件下证明了方程 $F(x)=0$ 的解唯一存在，程序 (1) 依范数收敛到这个解，而且敛速是依照等比级数的.又指出在这种较强的假设下，算子 $F(x)$ 的势性条件去掉后结论仍然成立.

M.M.Вайнберг 将关先生的结果推广到实的 Banach 空间去，减弱了条件，得到较好的结果. 在 $F(x)$ 是由实 Banach 空间 E 到它的共轭空间 E^* 的势算子时，对 $x,h\in E$ 有

$$\frac{\mathrm{d}}{\mathrm{d}t}f(x+th)=(F(x+th),h)$$

右端表示线性泛函数 $F(x+th)$ 在 h 点的值，他的结果如下：

设定义在球面弱列紧的实 Banach 空间 E 内的势算子 $F(x)$ 满足条件：

(1) 对任何 $x,h\in E$ 满足不等式

$$(F(x+h)-F(x),h)\geqslant 0$$

等号仅当 $h=0$ 时成立；

(2) 对某个 $y_0\in E$ 和任何 $h\in E$，不等式

$$(F(y_0+h)-F(y_0),h)\geqslant \|h\|\gamma(\|h\|)$$

成立，其中

$$\lim_{R\to\infty}\int_0^1\gamma(tR)\mathrm{d}t=+\infty$$

(3) 对任何 $y\in E$ 和给定的正数 ℓ，存在增加的连续函数 $\gamma_0(t)$ $(0\leqslant t\leqslant \ell)$，只有 $\gamma_0(0)=0$，而且

$$(F(y+h)-F(y),h)\geqslant \|h\|\gamma_0(\|h\|)$$

$$\|h\|\leqslant \ell$$

(4) $F(x)$ 在每个球 $D_0=\{x \mid \|x\|\leqslant r\}$ 上有界；

(5) 对任何 $x,x+h\in D_r$ 有不等式

$$(F(x+h)-F(x),h)\leqslant M(r)\|h\|^2$$

其中$M(t)$是正半轴$t\geqslant 0$上的正值函数，且在任何线段上有界.

那么方程$F(x)=0$在E内存在唯一的解x_0，而且无论从任何初级近似x_1开始的迭代程序

$$x_{n+1}=x_n-\varepsilon_n AF(x_n) \tag{2}$$

依范数收敛于这个解，其中A是由E^*到E的算子(线性或非线性的)，对任何$z\in E^*$满足条件

$$(z,Az)\geqslant\|z\|^2$$

$$\|Az\|\leqslant a\|z\|$$

$$\frac{1}{4a^2M_n}\leqslant\varepsilon_n\leqslant\frac{1}{2a^2M_n}$$

$$M_n=\max\{1,M(R_n)\}$$

$$R_n=\|x_n\|+a\|F(x_n)\|$$

关于误差估计有公式

$$\gamma_0(\|x_n-x_0\|)\leqslant\|F(x_n)\|$$

这个定理的条件虽然比较弱，甚至没有要求$F(x)$的连续性，但是条件繁多，而且程序(2)收敛到x_0的敛速不理想.可以证明由定理的条件(3)能够推得条件(1)和(2)，就是去掉关于空间E的球面的弱列紧性和算子$F(x)$的有界性条件(4)，定理的结论仍然成立.进一步可得程序(2)依范数收敛到x_0的敛速依照等比级数的结果.这个结果在Hilbert空间看来也是新的，可以看作关肇直的结论的推广.

引理1 设$F(x)=\text{grad}\, f(x)$是由实Banach空间E到E^*的势算子.如果它的势$f(x)$满足条件

$$\frac{1}{2}f(x)+\frac{1}{2}f(y)-f\left(\frac{x+y}{2}\right)\geqslant\gamma(\|x-y\|) \tag{3}$$

那么存在函数 $\gamma_1(t)$ 使得 $F(x)$ 满足条件

$$(F(x)-F(y),x-y)\geqslant\gamma_1(\|x-y\|) \quad (4)$$

其中 $\gamma(t)$ 和 $\gamma_1(t)$ 在 $t\geqslant 0$ 时定义的连续增加函数，仅当 $t=0$ 时才有 $\gamma(t)=0$ 和 $\gamma_1(t)=0$.

反之，由条件(4) 也能推出条件(3) 对 $\gamma(t)$ 成立.

证 由条件(3) 可知 $f(x+th)$ 当 x,h 固定时是 t 的凸函数，因而

$$\frac{\mathrm{d}}{\mathrm{d}t}f(x+th)=(F(x+th),h)$$

是 t 的非减函数，根据中值公式和条件(3) 有

$$\begin{aligned}\gamma(\|x-y\|)\leqslant&\frac{1}{2}f(x)+\frac{1}{2}f(y)-f\left(\frac{x+y}{2}\right)=\\&\frac{1}{2}\left(F\left(\frac{x+y}{2}+\tau\frac{x-y}{2}\right)-\right.\\&\left.F\left(\frac{x+y}{2}-\sigma\frac{x-y}{2}\right),\frac{x-y}{2}\right)\leqslant\\&\frac{1}{2}\left(F(x)-F(y),\frac{x-y}{2}\right)\leqslant\\&(F(x)-F(y),x-y)\end{aligned}$$

其中 $0<\tau,\sigma<1$. 这就说明由条件(3) 可推出条件(4).

反之，设条件(4) 成立.应用势的积分表达式和条件(4) 得到

$$\begin{aligned}&\frac{1}{2}f(x)+\frac{1}{2}f(y)-f\left(\frac{x+y}{2}\right)=\\&\frac{1}{2}\int_0^1\left(F\left(\frac{x+y}{2}+t\frac{x-y}{2}\right)-\right.\\&\left.F\left(\frac{x+y}{2}-t\frac{x-y}{2}\right),\frac{x-y}{2}\right)\mathrm{d}t\geqslant\end{aligned}$$

$$\frac{1}{2}\int_0^1 \frac{1}{2t}\gamma_1(t\,\|x-y\|)\mathrm{d}t \geqslant$$

$$\frac{1}{4}\int_0^1 \gamma_1(t\,\|x-y\|)\mathrm{d}t \geqslant$$

$$\frac{1}{8}\gamma_1\left(\frac{1}{2}\|x-y\|\right)=$$

$$\gamma(\|x-y\|)$$

其中利用了函数 $\gamma_1(t)$ 的递增性.由此看出根据条件(4) 可推出不等式(3) 对某个函数 $\gamma(t)$ 成立.

引理 2 设算子 $F(x)$ 当 $\|h\| \leqslant \ell$ 时满足不等式

$$(F(x+h)-F(x),h) \geqslant \gamma_0(\|h\|),x \in E \tag{5}$$

其中 $\gamma_0(t)$ 是定义于 $0\leqslant t\leqslant l$ 上的正值递增的连续函数,仅当 $t=0$ 时 $\gamma_0(t)=0$.

那么存在一个在正半轴 $t\geqslant 0$ 上有定义的递增的连续函数 $\gamma(t)$,仅当 $t=0$ 时 $\gamma(t)=0$,而且 $\lim\limits_{t\to\infty}\gamma(t)=\infty$,使得对一切 x 和 h 属于 E 都有

$$(F(x+h)-F(x),h) \geqslant \gamma(\|h\|) \tag{6}$$

证 设 $\|h\| \leqslant 2\ell$.由条件(5),有

$$(F(x+h)-F(x),h)=$$

$$\left(F(x+h)-F\left(x+\frac{h}{2}\right),h\right)+$$

$$\left(F\left(x+\frac{h}{2}\right)-F(x),h\right) \geqslant$$

$$4\gamma_0\left(\frac{\|h\|}{2}\right)$$

因此可以作出函数 $\gamma_1(t)$,它定义于区间$[0,2\ell]$上,是递增的连续函数,仅当 $t=0$ 时 $\gamma_1(t)=0$,使得对一切 $x\in E$ 和 $\|h\|\leqslant 2l$,不等式

$$(F(x+h)-F(x),h)\geqslant\gamma_1(\|h\|)$$

成立.

函数 $\gamma_1(t)$ 可以这样作出：当 $4\gamma_0\left(\frac{\ell}{2}\right)\geqslant\gamma_0(\ell)$ 时

$$\gamma_1(t)=\begin{cases}\gamma_0(t),\text{当 } 0\leqslant t\leqslant\ell \text{ 时}\\ 4\gamma_0\left(\frac{t}{2}\right),\text{当 }\frac{3\ell}{2}\leqslant t\leqslant 2\ell \text{ 时}\\ \text{保持连续性的线性函数,当 }\ell\leqslant t\leqslant\frac{3\ell}{2}\text{ 时}\end{cases}$$

当 $4\gamma_0\left(\frac{\ell}{2}\right)<\gamma_0(\ell)$ 时

$$\gamma_1(t)=\begin{cases}\gamma_0(t),\text{当 } 0\leqslant t\leqslant\frac{\ell}{2} \text{ 时}\\ 4\gamma_0\left(\frac{t}{2}\right),\text{当 }\ell\leqslant t\leqslant 2\ell\\ \text{保持连续性的线性函数,当 }\frac{\ell}{2}\leqslant t\leqslant\ell\text{ 时}\end{cases}$$

继续这种作法，可得到在正半轴 $t\geqslant 0$ 上定义的递增的连续函数 $\gamma(t)$，使不等式(6)成立.再者由 $\gamma(t)$ 的作法可以看出有

$$\gamma(2^n\ell)\geqslant 4^n\gamma_0\left(\frac{\ell}{2}\right)\tag{7}$$

因此满足条件 $\lim\limits_{t\to\infty}\gamma(t)=\infty$.

推论 1　设 $F(x)$ 对一切 $x\in E$ 和 $\|h\|\leqslant\ell$ 时满足不等式(5)，则存在定义于正半轴 $t\geqslant 0$ 上的连续递增函数 $\gamma(t)$，仅当 $t=0$ 时 $\gamma(t)=0$，$\lim\limits_{t\to\infty}\gamma(t)=\infty$，使得对于一切的 $x,h\in E$ 有

$$(F(x+h)-F(x),h)\geqslant\|h\|\gamma(\|h\|)\tag{8}$$

证　因为 $F(x)$ 满足条件(5)，所以对一切 $x\in E$

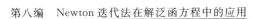

和 $\|h\| \leqslant \ell$ 满足不等式

$$(F(x+h)-F(x),h) \geqslant \frac{\|h\|}{\ell}\gamma_0(\|h\|)$$

依照引理 2 的作法，不难作出满足要求的函数 $\gamma(t)$，而且 $\gamma(2^n\ell) \geqslant 2^n\gamma_0\left(\frac{\ell}{2}\right)/\ell$.

根据这个推论，可知 Вайнберг 定理中的条件(1)和(2)是条件(3)的推论.

推论 2 设当 $\|h\| \leqslant \ell$ 时算子 $F(x)$ 满足条件

$$m\|h\|^2 \leqslant (F(x+h)-F(x),h) \leqslant M\|h\|^2, x \in E \tag{9}$$

其中 m, M 是正常数，则对一切 $x, h \in E$ 上列不等式仍然成立.

证 因为

$$(F(x+h)-F(x),h) = 2\left(F(x+h)-F\left(x+\frac{h}{2}\right),\frac{h}{2}\right)+ 2\left(F\left(x+\frac{h}{2}\right)-F(x),\frac{h}{2}\right)$$

故当 $\|h\| \leqslant 2\ell$ 时，上式右端每一项都能利用条件，由此即得推论的正确性.

定理 1 设 $F(x)=\mathrm{grad}\, f(x)$ 满足条件

$$(F(x+h)-F(x),h) \geqslant \gamma(\|h\|) \tag{10}$$

其中 $\gamma(t)$ 是$[0,\infty)$上的连续递增函数，仅当 $t=0$ 时 $\gamma(t)=0$.

那么方程 $F(x)=0$ 在 E 内存在唯一的解 x_0，而且泛函数 $f(x)$ 的极小化序列$\{x_n\}$都依范数收敛于 x_0.

证 由引理 2，不失一般性可设 $\gamma(t)$ 对某个正数 ℓ 满足不等式

$$\gamma(2^n\ell) \geqslant 4^n\gamma\left(\frac{\ell}{2}\right) \tag{11}$$

对任何固定的 $y_0 \in E$，有

$$\begin{aligned} f(x)-f(y_0) &= \int_0^1 (F(y_0+t(x-y_0)),x-y_0)\mathrm{d}t = \\ &\int_0^1 (F(y_0+t(x-y_0)) - \\ &F(y_0),x-y_0)\mathrm{d}t + \\ &(F(y_0),x-y_0) \geqslant \\ &\int_0^1 \gamma(t\|x-y_0\|)\mathrm{d}t - \\ &\|F(y_0)\|\,\|x-y_0\| \geqslant \\ &\frac{1}{2}\gamma\left(\frac{1}{2}\|x-y_0\|\right) - \\ &\|F(y_0)\|\,\|x-y_0\| \end{aligned}$$

设对某正整数 n 有 $2^n\ell \leqslant \|x-y_0\| < 2^{n+1}\ell$，则由式(11)和 $\gamma(t)$ 的递增性得

$$\begin{aligned} f(x)-f(y_0) &\geqslant \frac{1}{2}\gamma(2^{n-1}\ell) - \|F(y_0)\|2^{n+1}\ell \geqslant \\ &\frac{1}{2}4^{n-1}\gamma\left(\frac{\ell}{2}\right) - \|F(y_0)\|2^{n+1}\ell \geqslant \\ &2^n\left[2^{n-3}\gamma\left(\frac{\ell}{2}\right) - 2\ell\|F(y_0)\|\right] \end{aligned}$$

当 n 充分大时右端为正，这表示 $f(x)$ 有下界，而且

$$\lim_{\|x\|\to\infty} f(x) = +\infty \tag{12}$$

因而

$$\inf f(x) = \alpha > -\infty$$

设 $\{x_n\}$ 是 $f(x)$ 的极小化序列，即有

$$\lim_{n\to\infty} f(x_n) = \alpha$$

根据引理 1,存在递增的连续函数 $\gamma_1(t)$,使得

$$\gamma_1(\|x_n-x_m\|)\leqslant$$
$$\frac{1}{2}f(x_n)+\frac{1}{2}f(x_m)-f\left(\frac{x_n+x_m}{2}\right)\leqslant$$
$$\frac{1}{2}f(x_n)+\frac{1}{2}f(x_m)-x$$

令 $n,m\to\infty$,即得$\{x_n\}$依范数收敛.设其极限为 x_0,我们来证明 x_0 是 $F(x)=0$ 的解.因为

$$f(x_n)-f(x_0)=\int_0^1(F(x_0+t(x_n-x_0))-F(x_0),x_n-x_0)\mathrm{d}t+(F(x_0),x_n-x_0)$$

的右端第一项非负,第二项因 x_n 收敛于 x_0 而随 $n\to\infty$ 趋于零,故有

$$\lim_{n\to\infty}f(x_n)\geqslant f(x_0)$$

即泛函数 $f(x)$ 确实在 x_0 点达到极小,因而有

$$\operatorname{grad} f(x_0)=F(x_0)=0$$

解的唯一性直接由条件推出,定理证明完毕.

在证明了两个引理之后,可以将 M.M.Вайнберг 的定理改进为下面的:

定理 2 设实 Banach 空间 E 内的势算子 $F(x)$ 满足条件:

(1)

$$(F(x+h)-F(x),h)\geqslant\|h\|\gamma(\|h\|)$$

其中 $\gamma(t)$ 如推论 1 中所述.

(2) 当 $x,x+h\in D_r$ 时满足不等式

$$(F(x+h)-F(x),h)\leqslant M(r)\|h\|^2$$

其中 $M(t)$ 是定义在$[0,+\infty)$上的正值函数,我们不妨设它是不减少的连续函数,恒有 $M(t)\geqslant 1$.

那么方程 $F(x)=0$ 在 E 内存在唯一的解 x_0，而且无论从任何初级近似 x_1 开始，下列程序

$$x_{n+1}=x_n-\varepsilon_n AF(x_n) \tag{13}$$

依范数收敛于这个解，其中 A 是由 E^* 到 E 的算子(线性或非线性的)，对任何 $z\in E$ 满足条件

$$(z,Az)\geqslant b\|z\|^2$$

$$\|Az\|\leqslant a\|z\|$$

$$\frac{b}{2a^2}\leqslant \varepsilon_n M(\|x_n\|+a\varepsilon_n\|F(x_n)\|)\leqslant \frac{b}{a^2} \tag{14}$$

关于误差估计有公式

$$\gamma(\|x_n-x_0\|)\leqslant \|F(x_n)\|$$

证 解的存在唯一性由定理 1 推出.

考察 $f(x_n)$ 的变化情况

$$\begin{aligned}&f(x_n)-f(x_{n+1})=\\&\int_0^1(F(x_{n+1}+t(x_n-x_{n+1})),x_n-x_{n+1})\mathrm{d}t=\\&-(F(x_n),x_{n+1}-x_n)-\\&\int_0^1(F(x_{n+1}-t(x_{n+1}-x_n))-\\&F(x_n),x_{n+1}-x_n)\mathrm{d}t\end{aligned}$$

因为

$$\|x_{n+1}\|\leqslant\|x_n\|+\varepsilon_n a\|F(x_n)\|$$

故有

$$\begin{aligned}&\|x_{n+1}-t(x_{n+1}-x_n)\|\leqslant\\&(1-t)\|x_{n+1}\|+t\|x_n\|\leqslant\\&\|x_n\|+\varepsilon_n a\|F(x_n)\|\end{aligned}$$

因此利用条件(2) 和 A 的性质得到

$$f(x_n)-f(x_{n+1})\geqslant$$

$$\varepsilon_n b \| F(x_n) \|^2 - M(\| x_n \| + \varepsilon_n a \| F(x_n) \|) \cdot \frac{1}{2} \| x_{n+1} - x_n \|^2 \geqslant$$

$$\varepsilon_n \| F(x_n) \|^2 \left[b - \frac{1}{2}\varepsilon_n a^2 M(\| x_n \| + \varepsilon_n a \| F(x_n) \|) \right]$$

因为 $M(t)$ 的连续性，故满足不等式(14) 的 ε_n 存在，因而有

$$f(x_n) - f(x_{n+1}) \geqslant \frac{b}{2}\varepsilon_n \| F(x_n) \|^2$$

设 $\gamma_n = f(x_n) - f(x_0)$，如果 $x_n \neq x_0$，那么

$$\gamma_n - \gamma_{n+1} = f(x_n) - f(x_{n+1}) \geqslant \frac{b}{2}\varepsilon_n \| F(x_n) \|^2 > 0 \qquad (15)$$

(如果 $x_n = x_0$，那么 $x_n = x_{n+1} = \cdots = x_0$，故以下恒设 $x_n \neq x_0 \neq x_{n+1}$). 因 x_0 是方程 $F(x) = 0$ 的解，由条件(1)，有

$$\gamma_n = f(x_n) - f(x_0) = \int_0^1 (F(x_0 + t(x_n - x_0)) - F(x_0), x_n - x_0) \mathrm{d}t > 0$$

所以 γ_n 是递减的正数列，极限为非负数

$$\lim_{n\to\infty} \gamma_n = \gamma_0 \geqslant 0$$

由条件(14) 及 $M(t) \geqslant 1, a \geqslant b$ 可知 $b\varepsilon_n \leqslant 1$，因而根据式(15) 和 γ_n 的递减性有

$$b\varepsilon_n \| F(x_n) \| \leqslant \sqrt{2\gamma_n} \leqslant \sqrt{2\gamma_1}$$

这表示 $\varepsilon_n \| F(x_n) \|$ 是有界的. 又由式(12) 和 γ_n 的递减性，可知 $\| x_n \|$ 有界，因而 $\| x_n \| + \varepsilon_n a \| F(x_n) \|$

是有界的.设

$$\| x_n \| + \varepsilon_n a \| F(x_n) \| \leqslant R, n=1,2,\cdots$$

则有

$$\varepsilon_n \geqslant \frac{b}{2a^2 M(R)} > 0$$

那么根据式(15)即知

$$\lim_{n\to\infty} F(x_n)=0$$

再利用条件(1)就得到

$$\gamma(\| x_n - x_0 \|) \leqslant$$

$$\left(F(x_n)-F(x_0), \frac{x_n-x_0}{\| x_n-x_0 \|}\right) \leqslant$$

$$\| F(x_n) \|$$

于是定理获证.

注　关于数 γ_1 和 R 可以根据定理的条件做出先验的估计,事实上,对任取的 x_1,因为

$$f(x)-f(x_1)=$$

$$\int_0^1 (F(x_1+t(x-x_1))-F(x_1), x-x_1)\mathrm{d}t +$$

$$(F(x_1), x-x_1) \geqslant$$

$$\frac{1}{2}\| x-x_1 \| \gamma\left(\frac{1}{2}\| x-x_1 \|\right)-$$

$$\| x-x_1 \| \| F(x_1) \|$$

和 $\lim\limits_{t\to\infty} \gamma(t)=+\infty$,故存在正数 d,使得 $\frac{1}{2}\gamma\left(\frac{\mathrm{d}}{2}\right) \geqslant \| F(x_1) \|$,因而根据 $f(x_n)$ 的递减性,可知

$$\| x_n - x_1 \| \leqslant d, n=0,1,2,\cdots$$

利用条件(2),有

$$\gamma_1 = f(x_1)-f(x_0)=$$

$$\int_0^1 (F(x_0+t(x_1-x_0))-F(x_0), x_1-x_0)\mathrm{d}t \leqslant$$

$$\frac{1}{2}M(d+\|x_1\|)\|x_1-x_0\|^2 \leqslant$$

$$\frac{1}{2}M(d+\|x_1\|)d^2$$

最后得到

$$R \leqslant d+\|x_1\|+\frac{a}{b}\sqrt{M(d+\|x_1\|)d^2}$$

其中 d 是由不等式

$$\frac{1}{2}\gamma\left(\frac{d}{2}\right) \geqslant \|F(x_1)\| \tag{16}$$

决定的正数.据此由式(14) 确定 ε_n 的计算可以简化.

定理 3 设由实 Banach 空间 E 到 E^* 的势算子 $F(x)$ 除满足定理 2 的条件(1) 和(2) 外,还满足条件:

(3) 当 $x, x+h \in D_r$ 时满足不等式

$$m(r)\|h\|^2 \leqslant (F(x+h)-F(x), h)$$

其中 $m(t)$ 是定义在$[0,+\infty)$上的不增加的正值函数.

那么最速下降程序(13) 依范数收敛于方程 $F(x)=0$ 在 E 内的唯一解 x_0,而且敛速为公比等于 $\left(1-\frac{m_0^2b^2}{M_0^2a^2}\right)^{\frac{1}{2}}$ 的等比级数,即有

$$\|x_{n+1}-x_0\| \leqslant \left[\left(1-\frac{m_0^2b^2}{M_0^2a^2}\right)^{\frac{1}{2}}\right]^n C$$

其中 $m_0=m(d+\|x_1\|)$,$M_0=M(d+\|x_1\|)$,正数 d 由不等式(16) 确定,C 是一个可做先验估计的常数.

证 根据条件(3) 和 $\|x_n\| \leqslant d+\|x_1\|$ $(n=0,1,\cdots)$ 得到

$$m_0 \| x_n - x_0 \| \leqslant \| F(x_n) \| \tag{17}$$

又由条件(2)有

$$\gamma_n = f(x_n) - f(x_0) \leqslant \frac{1}{2} M_0 \| x_n - x_0 \|^2 \tag{18}$$

这样一来,利用式(14)(15)(17)和(18)便得

$$\gamma_n - \gamma_{n+1} \geqslant \frac{m_0^2 b}{2} \varepsilon_n \| x_n - x_0 \|^2 \geqslant \frac{m_0^2 b}{M_0} \varepsilon_n \gamma_n \geqslant \frac{m_0^2 b^2}{M_0^2 a^2} \gamma_n$$

因此

$$\gamma_{n+1} \leqslant \left(1 - \frac{m_0^2 b^2}{M_0^2 a^2}\right) \gamma_n \leqslant \cdots \leqslant \left(1 - \frac{m_0^2 b^2}{M_0^2 a^2}\right)^n \gamma_1$$

又由条件(3)便有

$$\gamma_{n+1} = f(x_{n+1}) - f(x_0) = \int_0^1 (F(x_0 + t(x_{n+1} - x_0)) - F(x_0), x_{n+1} - x_0) \mathrm{d}t \geqslant \frac{1}{2} m_0 \| x_{n+1} - x_0 \|^2$$

故最后得到

$$\| x_{n+1} - x_0 \| \leqslant \left[\left(1 - \frac{m_0^2 b^2}{M_0^2 a^2}\right)^{\frac{1}{2}}\right]^n C$$

其中 $C = \sqrt{\dfrac{2\gamma_1}{m_0}}$.至此定理获证.

推论3 设算子 $F(x)$ 对一切 $x,h\in E$ 满足条件

$$m\|h\|^2\leqslant(F(x+h)-F(x),h)\leqslant M\|h^2\|$$

其中 m,M 是正的常数,则最速下降程序(13)收敛于方程 $F(x)=0$ 在 E 内的唯一解 x_0,而且敛速是公比为 $\left(1-\frac{m^2b^2}{M^2a^2}\right)^{\frac{1}{2}}$ 的等比级数.

这个推论可以看作[1]中结果的直接推广.

关于最速下降法用于求方程的近似解可参考,这里仅举 Hammerstein 方程为例,为简单计在 $L_2(\Omega)$ 上讨论 Hammerstein 型非线性积分方程

$$\varphi(x)=\int_\Omega K(x,y)f[y,\varphi(y)]\mathrm{d}y \tag{19}$$

它可由某些微分方程的边值问题引导出来.

设核 $K(x,y)$ 是正定对称的,而且线性积分算子

$$K\varphi=\int_\Omega K(x,y)\varphi(y)\mathrm{d}y$$

是 $L_2(\Omega)$ 中的算子,$K=K^{\frac{1}{2}}K^{\frac{1}{2}}$,则方程(19)等价于势算子方程

$$\psi=K^{\frac{1}{2}}f\,K^{\frac{1}{2}}\psi \tag{20}$$

其中 f 是 $f(x,u)$ 产生的 Немыцкий 算子.

若 $f(x,u)$ 当 x 固定时是 u 的非增函数,则有

$$((I-K^{\frac{1}{2}}f\,K^{\frac{1}{2}})(\psi+h)-(I-K^{\frac{1}{2}}f\,K^{\frac{1}{2}}\psi,h)=$$
$$(h,h)-(f\,K^{\frac{1}{2}}(\psi+h)-f\,K^{\frac{1}{2}}\psi,K^{\frac{1}{2}}h)\geqslant$$
$$\|h\|^2$$

因此由定理1得到:

定理4 设 $f(u,u)$ 当 x 固定时是 u 的非增函数,核 $K(x,y)$ 是正定对称的,确定的线性积分算子 K 定

义于$L_2(\Omega)$上，则方程(19)在$L_2(\Omega)$内存在唯一的解.

如果$f(x,u)$关于u满足Lipschitz条件

$$|f(x,u_1)-f(x,u_2)|\leqslant\lambda|u_1-u_2|$$

那么方程(19)不但存在唯一的解，而且能用最速下降法求解.

参考文献

[1] AALTO S. An iterative procedure for the solution of nonlinear equations in a Banach space [J].J.Math.Anal.Appl.,1968,24:686-691.

[2] ABLOW C, PERRY C.Iterative solution of the Dirichlet problem for $\Delta u = u^2$[J].SIAM J.Appl. Math.,1959(7):459-467.

[3] ADACHI R.On Newton's method for the approximate solution of simultaneous equations [J].Kumamoto J.Sei.Ser.,1955,2:259-272.

[4] AGAEV G.Solvability of nonlinear operator equations in Banach space[J]. Dokl. Akad. Nauk SSSR, 1967(174):1239-1242.

[5] AHAMED S. Accelerated convergence of numerical solution of linear and nonlinear vector field problems[J].Comput.J.,1965,8:73-76.

[6] ALBRECHT J.Bemerkungen zum iterationsverfahren von Schulz zur matrix inversion[J].Z.Angew.Math.Mech.,1961,41:262-263.

[7] ALBRECHT J. Fehlerschranken und konvergenzbeschleunigung bei einer monotonen oder alternienden iterationsfolge [J]. Numer. math.,

1962,4:196-208.

[8] ALLEN B.An investigation into direct numerical methods for solving some calculus of variations problems[J].Comput.J.,1966,9:205-210.

[9] ALTMAN M. A generalization of Newton's method[J]. Bull. Acad. Polon. Sci. Ser. Sci. Math. Astronom.Phys.,1955,3:189-193.

[10] ALTMAN M.A fixed point theorem in Hilbert space[J].Bull.Acad.Polom.Sci.Ser.Sci.Math.Astronom.Phys.,1957,5:19-22.

[11] ALTMAN M.A fixed point theorem in Banach space[J].Bull.Acad.Polon.Sci.Ser.Sci.Math.Astronom.Phys.,1957,5:89-92.

[12] ALTMAN M.On the approximate solution of nonlinear functional equations[J]. Bull. Acad. Polon.Sci.Ser.Sci.Math.Astronom.Phys.,1957,5:457-465.

[13] ALTMAN M.On the approximate solution of operator equations in Hilbert spaces[J]. Bull. Acad. Polon. Sci. Ser. Sci. Math. Astronom. Phys.,1957,5:605-609,711-715,738-787.

[14] ALTMAN M.On a geheralization of Newton's method[J]. Bull. Acad. Poln. Sci. Ser.Sci.Math. Astronom.Phys.,1957,5:789-795.

[15] ALTMAN M.Connection between the method of steepesf descent and Newton's method[J]. Bull. Acad. Polon. Sci. Ser. Sci. Math. Astronom. Phys.,1957,5:1031-1036.

[16] ALTMAN M. On the approximate solution of nonlinear functional equations in Banach spaces [J]. Bull. Acad. Polon. Sci. Ser. Sci. Math. Astronom.Phys.,1958,6:19-24.

[17] ALTMAN M. Functional equations involving a parameter[J]. Proc. Amer. Math. Soc., 1960, 11: 54-61.

[18] ALTMAN M. A generalization of Laguerre's method for functional equations[J]. Bull. Acad. Sci. Ser. Sci. Math. Astronom. Phys., 1960, 9: 581-586.

[19] ALTMAN M. Concerning the method of tangent hyperbolas for operator equations [J]. Bull. Acad. Polon. Sci. Ser. Sci. Math. Astronom. Phys., 1961,9:633-637.

[20] ALTMAN M. A general majorant principle for functional equations [J]. Bull. Acad. Polon. Sci. Ser. Sci. Math. Astronom. Phys., 1961, 9: 745-750.

[21] ALTMAN M. Connection between gradient methods and Newton's method for functionals [J]. Bull. Acad. Polon. Sci. Ser. Sci. Math. Astronom. Phys., 1961, 9: 877-880.

[22] ALTMAN M. Generalized gradient methods of minimizing a functional [J]. Bull. Acad. Polon. Sci. Ser. Sci. Math. Astronom. Phys., 1961, 14: 313-318.

[23] ALTMAN M. A generalized gradient method for the conditional minimum of a funcional[J]. Bull.

Acad. Polon. Sci. Ser. Sci. Math. Astronom. Phys., 1966, 14: 445-451

[24] ALTMAN M. A generalized gradient method of minimizing a functional on a Banach space[J]. Mathematica (Cluj), 1966, 8: 15-18.

[25] ALTMAN M. A generalized gradient method with self-fixing step size for the conditional minimum of a functional[J]. Bull. Acad. Polon. Sci. Ser. Sci. Math. Astronom. Phys., 1967, 15: 19-24.

[26] ALTMAN M. A generalized gradient method for the conditional extremum of a functional[J]. Bull. Acad. Polon. Sci. Ser. Sci. Math. Astronom. Phys., 1967, 15: 177-183.

[27] AMES W. Nonlinear partial differential equations in engineering[M]. New York: Academic Press, 1965.

[28] AMES W. Nonlinear partial differential equations [M]. New York: Academic Press, 1967.

[29] ANDERSON D. Iterative procedures for nonlinear integral equations [J]. J. Assoc. Comput. Mach., 1965, 12: 547-560.

[30] ANSELONE P, MOORE R. Approximate solutions of integral and operator equations[J]. J. Math. Anal. Appl., 1964, 9: 268-277.

[31] ANSELONE P, MOORE R. An extension of the Newton-Kantorovich method for solving nonlinear equations with an application to elasticity [J]. J. Math. Anal. Appl., 1966, 13: 476-501.

[32] ANSELONE P, RALL L. The solution of characteristic value-vector problems by Newton's method[J].Numer.Math.,1968,11:38-45.
[33] ANTOSIEWICZ H. Newton's method and boundary value problems[J]. J.Comput.System Sci.,1968,2:177-203.
[34] APSLUND E.Frechet differentiability of convex functions[J].Acta Math.,1968,121:31-47.
[35] RMIJO L.Minimization of functions having Lipschitz-continuous first partial derivatives[J].Pacific J.Math.,1966,16:1-3.
[36] AXELSON O.Global integration of differential equations through Lobatto quadrature[J].BIT, 1964,4:69-86.
[37] BAER R.Note on an extremum locating algorithm[J].Comput.,1962,5:193.
[38] BAER R.Nonlinear regression and the solution of simultaneous equations [J]. Comm. ACM, 1962,5:397-398.
[39] BAILEY P, SHAMPINE L. On shooting methods for two-point boundary value problems [J].J.Math.Anal.Appl.,1968,23:235-249.
[40] BAILEY P, SHAMPINE L, WALTMAN P. Nonlinear two-point boundary value problems [M].New York: Academic Press, 1968.
[41] BALAKRISHNAN A, NEUSTADT L. Computing methods in optimization problems[M]. New York: Academic Press,1964.

[42] BALUEV A.On the method of Chaplygin(Russian) [J]. Dokl. Akad. Nauk SSSR, 1952, 83: 781-784.

[43] BALUEV A. On the method of Chaplygin for functional equations (Russian) [J]. Vestnik Leningrad Univ.,1956,13:27-42.

[44] BALUEV A.Application of semi-ordered norms in approximate solution of nonlinear equations (Russian)[J]. Leningrad Gos. Univ. Uĉen. Zap. Ser.Mat.Nauk ,1958,33:18-27.

[45] BANACH S.Sur les opérations dans les ensembles abstraits et leur applications aux équations intégrales[J]. Fund.Math.,1922,3:133-181.

[46] BARD Y.On a numerical instability of Davidon-like methods [J]. Math. Comp., 1968, 22: 665-666.

[47] BARNES J.An algorithm for solving nonlinear equations based on the secant method[J]. Comput.J.,1965,8:66-72.

[48] BARTIS M.Certain iteration methods for solving nonlinear operator equations (Ukrainian) [J]. Ukrain:Mat.Ž.,1968,20:104-113.

[49] BARTLE R.Newton's method in Banach spaces [J].Proc.Amer.Math.Soc.,1955,6:827-831.

[50] BELLMAN R. Stability theory of differential equations[M].New York:McGraw-Hill,1953.

[51] BELLMAN R. Introduction to matrix analysis [J].New York:McGraw-Hill,1960.

[52] BELLMAN R. Successive approximations and computer storage problems in ordinary differential equations [J]. Comm. ACM, 1961, 4: 222-223.

[53] BELLMAN R. A new approach to the numerical solution of a class of linear and nonlinear integral equations of Fredholm type[J]. Proc. Nat. Acad. Sci. USA, 1965, 54: 1501-1503.

[54] BELLMAN R, KALABA R. Quasilinearization and nonlinear boundary-value problems [M]. New York: American Elsevier, 1965.

[55] BELLMAN R, JUNCOSA M, KALABA R. Some numerical experiments using Newton's method for nonlinear parabolic and elliptic boundary value problems [J]. Comm. ACM, 1961, 4: 187-191.

[56] BELLMAN R, KAGIWADA H, KALABA R. Orbit determination as a multi-point boundary-value problem and quasi-linearization[J]. Proc. Nat. Acad. Sci. USA, 1962, 48: 1327-1329.

[57] BELLMAN R, KAGIWADA H, KALABA R. A computational procedure for optimal system design and utilization[J]. Proc. Nat. Acad. Sci. USA, 1962, 48: 1524-1528.

[58] BELLMAN R, KAGIWADA H, KALABA R. Nonlinear extrapolation and two-point boundary value problems [J]. Comm. ACM, 1965, 8: 511-512.

[59] BELLMAN R, KAGIWADA H, KALABA R. Quasilinearization and the estimation of differential operators from eigenvalues[J]. Comm. ACM, 1968,11:255-256.

[60] BELLUCE L, KIRK W. Fixed point theorems for families of contraction mappings[J]. Pacific J.Math.,1966,11:474-479.

[61] BELLUCE L, KIRK W. Nonexpansive mappings and fixed points in Banach spaces[J]. Illinois J. Math.,1967,11:474-479.

[62] BELLUCE L, KIRK W. Fixed point theorems for certain classes of nonexpansive mappings [J]. Proc.Amer.Math.Soc.,1969,20:141-146.

[63] BELTJUKOV B. Construction of rapidly converging iterative algorithms for the solution of integral equations (Russian)[J]. Sibirsk Mat. Ž.,1965,6:1415-1419.

[64] BELTJUKOV B. On a certain method of solution of nonlinear functional equations (Russian)[J]. Ž. Vycisl. Mat. i Mat. FIz., 1965, 5: 927-931.

[65] BELTJUKOV B. On solving nonlinear integral equations by Newton's method (Russian)[J]. Differencial'nye Uravnenija,1966,2:1072-1083.

[66] BEN-ISRAEL A. A modified Newton-Raphson method for the solution of systems of equations [J]. Israel J.Math.,1965,3:94-99.

[67] BEN-ISRAEL A. A Newton-Raphson method

for the solution of systems of equations[J]. J. Math.Anal.Appl.,1966,15:243-252.

[68] BENNETT A.Newton's method in general analysis[J]. Proc. Nat. Acad. Sci. USA, 1916, 2: 592-598.

[69] BERGE C."Espaces Topologiques, Fonctions Multivoques."Dunod, Paris; translation by E. Patterson as "Topological Spaces."[M]. New York:MacMillan, 1963.

[70] BERMAN G. Minimization by successive approximation[J].SIAM J.Numer.Anal.,1966,3: 123-133.

[71] BERMAN G.Lattice approximations to the minima of functions of several variables[J].J.Assoc. Comput.Math.,1969,16:286-294.

[72] BERS L.On mildly nonlinear partial difference equations of elliptic type[J]. J. Res. Nat. Bur. Standards Sect.B,1953,51:229-236.

[73] BIRKHOFF G D, KELLOGG O. Invariant points in function space[J]. Trans.Amer.Math. Soc.,1922,23:96-115.

[74] BIRKHOFF G, DIAZ J. Nonlinear network problems[J]. Quart. Appl. Math., 1956, 13: 431-443.

[75] BIRKHOFF G, SCHULTZ M, VARGA R.Piecewise Hermite interpolation in one and two variables with applications to partial differential equations [J]. Numer.Math.,1968,11:232-256.

[76] BITTNER L. Mehrpunktverfahren zur auflösung von gleichungs systemen[J].Z.Angew.Math.Mech., 1963,43:111-126.

[77] BLOCK H.Construction of solutions and propagation of errors in nonlinear problems[J]. Proc. Amer.Math.Soc.,1953,4:715-722.

[78] BLUM E. A convergent gradient procedure in pre-Hilbert spaces[J]. Pacific J. Math., 1966, 18,25-29.

[79] BLUM E.Stationary points of functionals in pre-Hilbert spaces[J]. J.Comput.System Sci.,1968, 1:86-90.

[80] BLUTEL E. Sur l'application de la méthode d'approximation de Newton à la résolution approchée des équations àplusieurs inconnues [J]. C.R.Acad.Sci.Paris,1910,151:1109-1112.

[81] BOHL E. Die theorie einer klasse linearer operatoren und existenzaätze für Lösungen nichtlinearer probleme in halbgeordneten Banach räumen [J]. Arch.Rational Mech.Anal.,1964,15:263-288.

[82] BOHL E.Nichtlineare Aufgaben in halbgeordneten Räumen[J]. Numer. Math., 1967, 10: 220-231.

[83] BONDARENKO P.Computation algorithms for approximate solution of operator equations[J]. Dokl.Akad.Nauk SSSR,1964,154:754-756.

[84] BOOTH A. An application of the method of steepest descent to the solution of systems of

nonlinear simultaneous equations[J]. Quart.J. Mech.Appl.Math.,1949,2:460-468.

[85] BOOTH R. Random search for zeroes[J]. J. Math.Anal.Appl.,1967,20:239-257.

[86] BOX M.A new method of constrained optimization and a comparison with other methods[J]. Comput.J.,1965,8:42-52.

[87] BOX M.A comparison of several current optimization methods and the use of transformations in constrained problems[J]. Comput.J.,1966,9:67-77.

[88] BRAESS D. Über dämpfung bei minimalisierungsverfahren[J]. Computing, 1966, 1:264-272.

[89] BRAMBLE J.Numerical solution of partial differential equations[M].New York: Academic Press,1966.

[90] BRAMBLE J, HUBBARD B. A theorem on error estimation for finite difference analogues of the Dirichlet problem for elliptic equations [J]. Contr.Diff.Eqn.,1962,2:319-340.

[91] BRAMBLE J, HUBBARD B.On a finite difference analogue of an elliptic boundary value problem which is neither diagonally dominant nor of non-negative type[J]. J.Math.and Phys., 1964,40:117-132.

[92] BRANDLER F.Numerical solution of a system of two quadratic equations by the method of

smoothing planes [J]. Apl. Mat., 1966, 11: 352-361.

[93] BRANNIN F, WANG H. A fast reliable iteration method for the analysis of nonlinear networks[J]. Proc.IEEE,1967,55:1819-1825.

[94] BRAUER F.A note on uniqueness and convergence of successive approximations[J]. Canad. Math.Bull.,1959,2:5-8.

[95] BRAUER F. Some results on uniqueness and successive approximations[J].Canad. J. Math., 1959,11:527-533.

[96] BRAUER F, STERNBERG S. Local uniqueness, existence in the large, and the convergence of successive approximations[J]. Amer. J. Math., 1958, 80:421-430.

[97] BROUWER L. Über abbildungen von mannigfaltigkeiten[J]. Math.Ann.,1912,71:97-115.

[98] BROWDER F.The solvability of nonlinear functional equations[J]. Duke Math. J., 1963, 33: 557-567.

[99] BROWDER F.Nonlinear elliptic boundary value problems[J]. Bull. Amer. Math. Soc., 1963, 69: 862-874.

[100] BROWDER F.Remarks on nonlinear functional equations[J]. Rpoc. Nat. Acad. Sci. USA, 1964, 51: 985-989.

[101] BROWDER F. Nonlinear elliptic boundary value problems Ⅱ[J].Trans.Amer.Math.Soc.,

1965,117:530-550.

[102] BROWDER F. Nonexpansive nonlinear operators in a Banach space[J]. Proc. Nat. Acad. Sci. USA, 1965,54:1041-1044.

[103] BROWDER F. Existence and uniqueness theorems for solutions of nonlinear boundary value problems[J]. Proc. Sympos. Appl. Math., 1965, 17:24-49.

[104] BROWDER F. Convergence of approximants to fixed points of nonexpansive nonlinear mappings in Banach spaces[J]. Arch. Rational Mech. Anal., 1967,24:32-90.

[105] BROWDER F, PETRYSHYN W. The solution by iteration of nonlinear functional equations in Banach space[J]. Bull. Amer. Math. Soc., 1966,72:571-575.

[106] BROWDER F, PETRYSHYN W. Construction of fixed points of nonlinear mappings in Hilbert space[J]. J. Math. Anal. Appl., 1967,20:197-228.

[107] BROWN K. Solution of simultaneous nonlinear equations[J]. Comm. ACM, 1967,10:728-729.

[108] BROWN K. A quadratically convergent Newton-like method based upon Gaussian elimination[J]. SIAM J. Numer. Anal., 1969,6:560-569.

[109] BROWN K, DENNIS J. On Newton-like iteration functions: general convergence theorems and a specific algorithm[J]. Numer. Math., 1968,12:186-191.

[110] BROYDEN C. A class of methods for solving nonlinear simultaneous equations[J]. Math. Comp.,1968,19:577-593.

[111] BROYDEN C. Quasi-Newton methods and their application to function minimization[J]. Math.Comp.,1967,21:368-381.

[112] BROYDEN C. A new method of solving nonlinear simultaneous equations[J]. Comput. J., 1969,12:94-99.

[113] BRUMBERG V. Numerical solution of boundary value problems by the method of steepest descent (Russian) [J]. Bjull. Inst. Teoret. Astronom.,1962,8:269-282.

[114] BRYAN C. On the convergence of the method of nonlinear simultaneous displacements[J]. Rend.Circ.Mat.Palermo,1964,13:177-191.

[115] BRYANT V. A remark on a fixed-point theorem for iterated mappings [J]. Amer. Math.Monthly,1968,75:399-400.

[116] BUECKNER H. Die praktische behandlung von integralgleichungen [M]. Berlin: Springer-Verlag,1952.

[117] CACCIOPOLI R. Sugli elementi uniti delle trasformazioni funzionali: un'osservazione sui problemi di valori ai limiti[J]. Atti. Accad. Naz. Lincei Rend. Cl. Sci. Fis. Mat. Natur. Ser., 1931,6(13):498-502.

[118] CACCIOPOLI R. Sugli elementi uniti delle

trasformazioni funzionali[J]. Rend. Sem. Mat. Univ.Padova,1932,3:1-15.

[119] CAUCHY A.Méthode générale pour la résolution des systèms d'équations simultanes[J]. C.R.Acac. Sci.Paris,1847,25:536-538.

[120] CESARI L. The implicit function theorem in functional analysis[J]. Duke Math.J. ,1966, 33:417-440.

[121] CHEN K. Generalization of Steffensen's method for operator equations[J]. Comment. Math.Univ.Carolinae,1964,5:47-77.

[122] CHEN W.Iterative processes for solving non-linear functional equations[J]. Advancement in Math.,1957(3):434-444.

[123] CHENEY E. Introduction to approximation theory[M].New York:McGraw-Hill,1966.

[124] CHENEY E, GOLDSTEIN A.Proximity maps for convex sets [J]. Proc. Amer. Math. Soc., 1959,10:448-450.

[125] CHU S, DIAZ J.A fixed point theorem for in-the-large application of the contraction principle[J]. Atti Accad.Sci.Torino Cl.Sci.Fis. Mat.Natur.,1964,99:351-363.

[126] CHU S, DIAZ J.Remarks on a generalization of Banach's principle of contraction mappings [J].J.Math.Anal.Appl.,1965,11:440-446.

[127] CIARLET P, SCHULTZ M, VARGA R. Numerical methods of high order accuracy for

nonlinear boundary value problems I [J]. Numer.Math.,1967,9:394-430.

[128] COFFMAN C. Asymptotic behavior of solutions of ordinary difference equstions[J]. Trans.Amer.Math.Soc.,1964,110:22-51.

[129] COLLATZ L. Aufgaben monotoner art[J]. Arch.Math.,1952,3:365-376.

[130] COLLATZ L. Einige anwendungen funktionalanalytischer methoden in der praktischen analysis[J]. Z. Angew. Math. Phys., 1953, 4: 327-357.

[131] COLLATZ L. Näherungsverfahren höherer ordnung für gleichungen in Banach räumen[J]. Arch.Rational Mech.Anal.,1958,2:66-75.

[132] COLLATZ L.The numerical treatment of differential equations [M]. Berlin: Springer-Verlag, 1960.

[133] COLLATZ L.Monotonie und extremal-prinzipien beim Newtonschen verfahren[J]. Numer. Math.,1961,3:99-106.

[134] CONCUS P. Numerical solution of the nonlinear magnetostatic field equstion in two dimensions[J]. J.Computational Phys.,1967, 1:330-342.

[135] CONCUS P. Numerical solution of Plateau's problem[J].Math.Comp.,1967,21:340-350.

[136] CROCKETT J B, CHERNOFF H. Gradient methods of maximization[J].Pacific J.Math.,

1955,5:33-50.

[137] CRYER C. On the numerical solution of a quasi-linear elliptic equation[J].J.Assoc.Comput.Math.,1967,14:363-375.

[138] CURRY H.The method of steepest descent for nonlinear minimization problems[J]. Quart. Appl.Math.,1944,2:258-261.

[139] DANIEL J.The conjugate gradient method for linear and nonlinear operator equations[J]. SIAM J.Numer.Anal.,1967,4:10-26.

[140] DANIEL J.Convergence of the conjugate gradient method with computationally convenient modifications[J]. Numer. Math., 1967, 10: 125-131.

[141] DAUGAVET I, SAMOKIS B. A posteriori error estimate in the numerical solution of differential equations (Russian)[J]. Metody Vycisl,1963,1:52-57.

[142] DAVIDENKO D.On a new method of numerically integrating a system of nonlinear equations (Russian)[J]. Dokl. Akad. Nauk SSSR,1953,88:601-604

[143] DAVIDENKO D.On the approximate solution of a system of nonlinear equations (Russian)[J].Ukrain.Mat.Ž.,1953,5:196-206.

[144] DAVIDENKO D.On application of the method of variation of parameters to the theory of nonlinear functional equations (Russian)[J].

Ukrain.Mat.Ž.,1955,7:18-28.

[145] DAVIDON W.Variance algorithm for minimization[J].Comput.J.,1967,10:406-411.

[146] DEIST F, SEFOR L.Solution of systems of nonlinear equations by parameter variation[J]. Comput.J.,1967,10:78-82.

[147] DENNIS J.On Newton's method and nonlinear simultaneous displacements [J]. SIAM J. Numer.Anal.,1967,4:103-108.

[148] DENNIS J. On Newton-like methods [J]. Numer.Math.,1968,11:324-330.

[149] DENNIS J.On the Kantorovich hypothesis for Newton's method[J].SIAM J. Numer. Anal., 1969,6:493-507.

[150] DERENDJAEV I.A modification of Newton's method of solving nonlinear functional equations(Russian)[J]. Perm.Gos.Univ.Ucen. Zap.Mat.,1958,16:43-45.

[151] DIAZ J, METCALF F.On the structure of the set of subsequential limit points of successive approximations [J]. Bull. Amer. Math. Soc., 1967,73:516-519.

[152] DIAZ J, METCALF F.On the set of subsequential limit points of successive approximations[J]. Trans. Amer. Math. Soc., 1969, 135: 1-27.

[153] DIEUDONNÉ J. Foundations of modern analysis[M].New York:Academic Press,1960.

[154] D'JAKONOV Y. The construction of iterative methods based on the use of spectrally equivalent operators (Russian) [J]. Ž Vycisl. Mat. i Mat. Fiz., 1966, 6: 12-34.

[155] DOUGLAS J. Alternating direction iteration for mildly nonlinear elliptic difference equations[J]. Numer. Math., 1961, 3: 92-98.

[156] DOUGLAS J. Alternating direction methods for three space variables[J]. Numer. Math., 1962, 4: 41-63.

[157] DRAPER N, SMITH H. Applied regression analysis[M]. New York: Wiley, 1966.

[158] DREYFUS S. The numerical solution of variational problems[J]. J. Math. Anal. Appl., 1962, 5: 30-45.

[159] DUCK W. Iterative verfahren und abänderungsmethoden zur inversion von matrizen[J]. Wiss, Z. Karl Marx Univ. Leipzig, Math-Natur. Reihe, 1966, 8: 259-273.

[160] DULEAU J. Résolution d'un système d'équations polynomiales [J]. C. R. Acad. Sci. Paris Ser. A-B, 1963, 256: 2284-2286.

[161] DULLEY D, PITTEWAY M. Finding a solution of n functional equations in n unknowns[J]. Comm. ACM, 1967, 10: 726.

[162] DUNFORD N, SCHWARTZ J. Linear operators Ⅰ [M]. New York: Wiley (Interscience), 1958.

[163] DURAND E. Solutions numériques des equations algébriques Ⅰ,Ⅱ[M].Paris:Masson et Cie,1960.

[164] EDELSTEIN M. On fixed and periodic points under contractive mappings [J]. J. London Math. Soc.,1962,37:74-79.

[165] EDELSTEIN M. A theorem on fixed points under isometries[J]. Amer. Math. Monthly,1963,70:298-300.

[166] EDMUNDS D. Remarks on nonlinear functional equations[J]. Math. Ann.,1967,174:233-239.

[167] EHRMANN H. Iterationsverfahren mit veränderlichen operatoren [J]. Arch. Rational Mech. Anal.,1959,4:45-64.

[168] EHRMANN H. Konstruktion und durchführung von iterationsverfahren höherer ordnung[J]. Arch. Rational Mech. Anal.,1959,4:65-88.

[169] EHRMANN H. Schranken für schwingungsdauer und lösung bei der freien ungedämpften schwingung[J]. Z. Angew. Math. Mech., 1961, 41:364-369.

[170] EHRMANN H. Ein existenzsatz für die lösungen gewisser gleichungen mit nebenbedingungen bei beschränkter nichtlinearität [J]. Arch. Rational Mech Anal., 1961, 7: 349-358.

[171] EHRMANN H. On implicit function theorems and the existence of solutions of nonlinear

equations[J]. Enseigrement Math., 1963, 9: 129-176.

[172] EHRMANN H, LAHMANN H. Anwendungen des schauderschen fixpunktsatzes auf gewisse nichtlineare integralgleichungen[J]. Enseignement Math.,1965,11:267-280.

[173] FENYO I. Über die Lösung der im Banachschen Raume definierten nichtlinearen gleichungen[J]. Acta Math. Acod. Sci. Hungar., 1954,5:85-93.

[174] FIACCO A, MCCORMICK G. Nonlinear Programming[M].New York: Wiley,1968.

[175] FICKEN F.The continuation method for functional equations[J]. Comm. Pure Appl. Math., 1951,4:435-456.

[176] FILIPPI S. Untersuchungen zurnumerischen lösung vonnichtlinearen gleichungs-systemen mit Hilfe der LIE-Reihen von W. Gröbner[J]. Elektron.Datenverarbeitung,1967,9:75-79.

[177] FILIPPI S, GLASMACHER W. Zum verfahren von davidenko, elektron [J]. Datenverarbeitung, 1967,9:55-59.

[178] FINE H. On Newton's method of approximation [J].Proc.Nat.Acad.Sci.USA,1916,2:546-552.

[179] FLETCHER R.Function minimization without evaluating derivatives; a review[J]. Comput. J.,1965,8:33-41.

[180] FLETCHER R. Generalized inverse methods

for the best least squares solution of systems of nonlinear equations[J]. Comput. J., 1968, 10:392-399.

[181] FLETCHER R, POWELL M. A rapidly convergent descent method for minimization[J]. Comput.J., 1963, 6:163-168.

[182] FLETCHER R, REEVES C. Function minimization by conjugate gradients[J]. Comput. J., 1964, 7:149-154.

[183] FORSTER P. Existenzaussagen und fehlerabschätzungen bei gewissen nichtlinearen randwertaufgaben mit gewöhnlichen differentialgleichungen [J]. Numer. Math., 1967, 10:410-422.

[184] FORSYTHE G, WASOW W. Finite difference methods for partial differential equations[M]. New York: Wiley, 1960.

[185] FRÉCHET M. La notion de différentielle dans l'analyse générale[J]. Ann. Sci. École Norm. Sup., 1925, 42:293-323.

[186] FREUDENSTEIN F, ROTH B. Numerical solution of systems of nonlinear equations[J]. J. Assoc. Comput. Math., 1963, 10:550-556.

[187] FREY T. Fixpunktsätze für iterationen mit veränderlichen operatoren[J]. Studia Sci. Math. Hungar., 1967, 2:91-114.

[188] Fridman V. An iteration process with minimum errors for a nonlinear operator equation[J]. Dokl. Akad. Nauk SSSR, 1961, 139:1063-1066.

[189] FRIDRIH F. On a certain modification of the Newton and gradient methods for solving functional equations(Russian)[J].Metody Vycisl.,1966,3:22-29.

[190] FUJII M. Remarks on accelerated iterative processes for numerical solution of equations [J]. J. Sci. Hiroshima. Univ. Ser. A－1 Math., 1963,27:97-118.

[191] GALE D, NIKAIDO H. The Jacobian matrix and global univalence of mappings[J]. Math. Ann.,1965,159:81-93.

[192] GÂTEAUX R. Sur les fonctionelles continues et les fonctionelles analytiques[J]. C. R. Acad. Sci.Paris,1913,157:325-327.

[193] GÂTEAUX R. Sur les fonctionelles continues et les fonctionelles analytiques [J]. Bull. Soc. Math.France,1922,50:1-21.

[194] GAVURIN M. Nonlinear functional equations and continuous analogues of iterative methods (Russian)[J]. Izc. Vysš. Ucebn. Zaved. Matematica,1958,6:18-31.

[195] GAVURIN M. Existence theorems for nonlinear functional equations (Russian) [J]. Metody Vycisl,1963,2:24-28.

[196] GAVURIN M, FARFOROVSKAYA J. An iterative method for finding the minimum of sums of squares(Russian)[J]. Ž. Vycisl. Mat. i. Mat.Fiz.,1966,6:1094-1097.

[197] GENDŽOJAN G. Two-sided Chaplygin approximations to the solution of a two-point boundary problem (Russian)[J]. Izv. Akad. Nauk Armjan. SSR Scr. Mat., 1964, 17: 21-27.

[198] GERAŠCENKO S. The choice of the right-hand sides in the system of differential equations by the gradient method (Russian)[J]. Differencial'nye Uravnenija, 1967, 3: 2144-2150.

[199] GHINEA M. Sur la résolution des équations opérationnelles dans les espaces de Banach[J]. C. R. Acad. Sci. Paris Ser. A-B, 1964, 258: 2966-2969.

[200] GHINEA M. Sur la résolution des équations opérationnellee dans les espaces de Banach[J]. Rev. Francaise Traitement Information Chiffres, 1965, 8: 3-22.

[201] GLAZMAN I. Gradient relaxation for nonquadratic functionals[J]. Dokl. Akad. Nauk SSSR, 1964, 154: 1011-1014; Soviet Math. Dokl., 1964, 5: 210-213.

[202] GLAZMAN I. Relaxation on surfaces with ssddle points[J]. Dokl. Akad. Nauk SSSR, 1965, 161: 750-752; Soviet Math. Dokl., 1965, 6: 487-490.

[203] GLAZMAN I, SENČUK J. A direct method for minimization of certain functionals of the calculus of variations (Russian)[J]. Teor. Funkcii Funkcional Anal. I Priložen, 1966, 2:

7-20.

[204] GLEYZAL A. Solution of nonlinear equations [J]. Quart.J.Appl.Math.,1959,17:95-96.

[205] GOLAB S.La comparison de la rapidité de convergence des approximations successives de la méthode de Newton avec la méthode de "regula falsi"[J].Mathematica (Cluj),1966,8:45-49.

[206] GOLDFELD S, QUANDT R, TROTTER H. Maximization by quadratichill climbing [J]. Econometrica,1966,34:541-551.

[207] GOLDSTEIN A.Cauchy's method of minimization[J]. Numer.Math.,1962,4:146-150.

[208] GOLDSTEIN A. Minimizing functionals on Hilbert space, in "Computing Methods in Optimization Problems" (A.Balakrishnan and L. Neustadt, eds.) [M]. New York: Academic Press, 1964.

[209] GOLDSTEIN A. On Newton's method[J]. Numer.Math.,1965,7:391-393.

[210] GOLDSTEIN A.On steepest descent[J].SIAM J.Control,1965,3:147-151.

[211] GOLDSTEIN A. Minimizing functionals on normed linear spaces [J]. SIAM J. Control., 1966,4:81-89.

[212] GOLDSTEIN A. Constructive real analysis [M].New York:Harper & Row,1967.

[213] GOLDSTEIN A, PRICE J.An effective algo-

rithm for minimization [J]. Numer. Math., 1967, 10: 184-189.

[214] GOTUSSO L. Su un metodo iterativo per la risoluzione di sistemi non lineari[J]. Ist. Lombardo Accad. Sci. Lett. Rend. A., 1965, 99: 933-949.

[215] GOTUSSO L. Sull'impiego dill'integrale di Kronecker per la separazione delle radici di sistemi non lineari[J]. Ist. Lombardo Accad. Sci. Lett. Rend. A, 1967, 101: 8-28.

[216] GREBENJUK V. Application of the principle of majorants to a class of iteration processes (Russian) [J]. Ukrain. Mat. Ž., 1966, 18: 102-106.

[217] GREENSPAN D. Introductory numerical analysis of elliptic boundary value problems[M]. New York: Harper & Row, 1965.

[218] GREENSPAN D. On approximating extremals of functionals, Ⅰ [J]. ICC Bull., 1965, 4: 99-120.

[219] GREENSPAN D. Numerical solution of nonlinear differential equations[M]. New York: Wiley, 1966.

[220] GREENSPAN D. On approximating extremals of functionals, Ⅱ [J]. Internat. J. Engrg. Sci., 1967, 5: 571-588.

[221] GREENSPAN D, JAIN P. Application of a method for approximating extremals of func-

tionals to compressible subsonic flow[J]. J. Math. Anal. Appl., 1967, 18: 85-111.

[222] GREENSPAN D, PARTER S. Mildly nonlinear elliptic partial differential equations and their numerical solution, Ⅱ [J]. Numer Math., 1965, 7: 129-147.

[223] GREENSPAN D, YOHE M. On the approximate solution of $\Delta u = F(u)$[J]. Comm. ACM, 1963, 6: 564-568.

[224] GREENSTADT J. On the relative efficiences of gradient methods[J]. Math. Comp., 1967, 21: 360-367.

[225] GREUB W. Multilinear algebra[M]. Berlin: Springer-Veslag, 1967.

[226] GROSCHAFTOVÁ Z. Approximate solutions of equations in Banach spaces by the Newton iterative method, Ⅰ, Ⅱ [J]. Comment. Math. Univ. Carolinae, 1967, 8: 335-358, 469-501.

[227] GUNN J. On the two-stage iterative method of Douglas for mildly nonlisear elliptic difference equations[J]. Numer. Math., 1964, 6: 243-249.

[228] GUNN J. The numerical solution of $\nabla(a\nabla u) = f$ by a semi-explicit alternating direction method[J]. Numer. Math., 1964, 6: 181-184.

[229] GUNN J. The solution of elliptic difference equations by semi-explicit iterstive techniques [J]. SIAM J. Numer. Anal., 1965, 2: 24-45.

[230] GURR S. Über ein neues mstrizen-differenzen-verfahren zur Lösung von einigen nichtlinearen randwertaufgaben der mechanik[J]. Z. Angew. Math. Mech., 1967, 47:47-48.

[231] HADAMARD J. Sur les. transformations ponctuelles[J]. Bull. Soc. Math. France, 1906, 34:71-84.

[232] HADELER K. Newton-Verfahren für inverse eigenwertaufgaben[J]. Numer. Math., 1968, 12:35-39.

[233] HAHN W. Über die anwendung der methode von Liapunov auf differenzen-gieichungen[J]. Math. Ann., 1958, 136:430-441.

[234] HAJTMAN B. On systems of equations containing only one nonlinear equation [J]. Magyar Tud. Akad. Mat. Fiz. Oszt. Közl., 1961, 6:145-155.

[235] HANSON E. On solving systems of equations using interval arithmetic [J]. Math. Comp., 1968, 22:374-384.

[236] HANSON M. Bounds for functionally convex optimal control problems[J]. J. Math. Anal. Appl., 1964, 8:84-89.

[237] HART H. MOTZKIN T. A composite Newton-Raphson gradient method for the solution of systems of equations[J]. Pacific J. Math., 1956, 6:691-707.

[238] HARTLEY H. The modified Gauss-Newton

method for the fitting of nonlinear regression functions of least squares[J]. Technometrics, 1961, 3: 269-280.

[239] HASELGROVE C. Solution of nonlinear equations and of differential equations with two-point boundary conditions [J]. Comput. J., 1961, 4: 255-259.

[240] HEINZ E. An elementary theory of the degree of a mapping in n-dimensional space [J]. J. Math. Mech., 1959, 8: 231-247.

[241] HENRICI P. Discrete variable methods fer ordinary differential equations[M]. New York: Wiley, 1962.

[242] HENRICI P. Elements of numerical analysis [M]. New York: Wiley, 1964.

[243] HESTENES M. Calculus of variations and optimal control theory [M]. New York: Wiley, 1966.

[244] HESTENES M, STIEFEL E. Methods of conjugate gradients for solving linear systems[J]. J. Res. Nat. Bur. Standards, 1952, 49: 409-436.

[245] HILDEBRANDT T, GRAVES L. Implicit functions and their differentials in general analysis[J]. Trans. Amer. Math. Soc., 1927, 29: 127-153.

[246] HILL W, HUNTER W. A review of response surface methodology [J]. Technometrics, 1966, 8: 571-590.

[247] HIRASAWA Y. On Newton's method in convex linear topological spaces[J]. Comment. Math. Univ. St. Paul, 1954, 3: 15-27.

[248] HOLT J. Numerical solution of nonlinear two-point boundary value problems by finite difference methods [J]. Comm. ACM, 1964, 7: 366-377.

[249] HOMMA T. On an iterative method[J]. Amer. Math. Monthly, 1964, 71: 77-78.

[250] HOMUTH H. Eine verallgemeinerung der regula falsi auf operatorgleichungen [J]. Z. Angew. Math. Mech., 1967, 47: 51-52.

[251] HOOKE R, JEEVES T. Direct search solution of numerical and statistical problems[J]. J. Assoc. Comput. Math., 1961, 8: 212-229.

[252] HOOKER W, THOMPSON G. Iterative procedure for operators[J]. Arch. Rational Mech. Anal., 1962, 9: 107-110.

[253] HORWITZ L, SARACHIK P. Davidon's method in Hilbert space[J]. SIAM J. Appl. Math., 1968, 6: 676-695.

[254] HROUDA J. The valley algorithm for minimizing a function of several variables (Czech)[J]. Apl. Mat., 1966, 11: 271-277.

[255] ISAEV V, SONIN V. On a modification of Newton's method for the numerical solution of boundary value problems (Russian) [J]. Ž. Vyčisl. Mat. i Mat. Fiz., 1963, 3: 1114-1116.

[256] IVANOV V. Algorithms of quick descent[J]. Dokl. Akad. Nauk SSSR, 1962, 143: 775-778; Soviet Math.Dokl.,1962,3:479-479.

[257] JAKOVLEV M. On the solution of nonlinear equations by iterations[J]. Dokl. Akad. Nauk SSSR,1964,156:522-524; Soviet Math. Dokl., 1964,5:697-699.

[258] JAKOVLEV M. On the solution of nonlinear equations by an iteration method(Russian)[J]. Sibirsk.Mat.Ž.,1964,5:1428-1430.

[259] JAKOVLEV M. The solution of systems of nonlinear equations by a method of differentiation with respect to a parametér (Russian) [J].Ž.Vyčisl.Mat.i Mat.Fiz.,1964,4:146-149.

[260] JAKOVLEV M. On certain methods of solution of nonlinear equations (Russian) [J]. Trudy Mat.Inst.Steklov,1965,84:8-40.

[261] JAKOVLEV M. Algorithms of minimization of strictly convex functionals (Russian)[J]. Ž. Vyčisl.Mat.i Mat.Fiz.,1967,7:429-431.

[262] JAKOVLEV M. On the finite differences method of solution of nonlinear boundaryvalue problems [J]. Dokl. Akad. Nauk SSSR, 1967, 172: 798-800; Soviet Math.Dokl.,1967,8:198-200.

[263] JANKÓ B. Sur l'analogue de la méthode de Tchebycheff et de la méthode des hyperboles tangentes[J]. Mathematica (Cluj), 1960, 2: 269-275.

[264] JANKÓ B. Sur les méthodes d'itération appliquées dans l'espace de Banach pour la résolution des équations fonctionnelles nonlinéaires[J]. Mathematica(Cluj),1962,4:261-266.

[265] JANKÓ B. On the generalized method of tangent hyperbolas(Rumanian)[J].Acad.R.P.Romine Fil. Cluj Stud. Cerc. Mat., 1962, 13: 301-308.

[266] JANKÓ B. Sur une nouvelle généralisation de la méthode des hyperboles tangentes pour la résolution deséquations fonctionnelles nonlinéaires définies dans l'espace de Banach[J]. Ann. Polon. Math.,1962,12:297-298.

[267] JANKÓ B. On the generalized method of Cebyšev, Ⅱ(Rumanian)[J]. Acad.R.P.Romine Fil.Cluj Stud.Cerc.Mat.,1963,14:57-62.

[268] JANKÓ B. On a general iterative method of order k(Rumanian)[J].Acad.R.P.Romine Fil. Cluj Stud.Cerc.Mat.,1963,14:63-71.

[269] JANKÓ B. Solution of nonlinear equations by Newton's method and the gradient method[J]. Apl.Mat.,1965,10:230-234.

[270] JANKÓ B. Surla résolution des équations opérationelles nonlinéaires [J]. Mathematica (Cluj),1965,7:257-262.

[271] JANKÓ B, BALÁZS M. On the generalized Newton method in the solution of nonlinear operator equations[J].An.Univ.Timisoara Ser.

Sti.Mat.Fiz.,1966,4:189-193.

[272] JOHNSON L, SCHOLZ D. On Steffensen's method[J]. SIAM J. Num. Anal., 1968, 5: 296-302.

[273] KAAZIK Y. On approximate solution of non-linear operator equations by iterative methods (Russian)[J]. Uspehi Mat. Nauk, 1957, 12: 195-199.

[274] KAC I, MAERGOIZ M. The solution of non-linear and transcendental equations in a complex region(Russian)[J]. Ž. Vyčisl. Mat. i Mat.Fiz.,1967,7:654-661.

[275] KAČUROVSKII R. On monotone operators and convex functionals (Russian)[J]. Uspehi Mat.Nauk,1960,15:213-215.

[276] KAČUROVSKII R. On monotone operators and convex functionals (Russian)[J]. Učett. Zap.Mosk.Reg.Ped.Inst.,1962,110:231-243.

[277] KAČUROVSKII R. Monotonic nonlinear operators in Banach spaces[J]. Dokl. Akad. Nauk SSSR,1965,163:559-562; Soviet Math.Dokl., 1965,6:953-956.

[278] KAČUROVSKII R. Nonlinear operators of bounded variation,monotone and convex operators in Banach spaces (Russian)[J]. Uspehi Mat.Nauk,1966,21:256-257.

[279] KAČUROVSKII R. Nonlinear equations with monotonic operators and with some other ones

[J]. Dokl. Akad. Nauk SSSR, 1967, 173: 515-519; Soviet Math.Dokl., 1966, 8: 427-430.

[280] KAČUROVSKII R. Three theorems on nonlinear equations with monotone operators[J]. Dokl. Akad. Nauk SSSR, 1968, 183: 33-36; Soviet Math.Dokl., 1968, 9: 1322-1325.

[281] KALABA R. On nonlinear differential equations, the maximum operation, and monotone convergence [J]. J. Math. Mech., 1959, 8: 519-574.

[282] KALAIDA O. A new method of solution for functional equations (Ukrainian)[J]. Visnik Kiiv.Univ., 1964, 6: 123-129.

[283] KANNAN R. Some results on fixed points, Ⅱ [J]. Amer.Math.Monthly, 1969, 76: 405-408.

[284] KANTOROVICH L. Lineare halbgeordnete räume[J]. Matem.Sbornik, 1937, 2: 121-165.

[285] KANTOROVICH L. The method of successive approximations for functional equations[J]. Acta Math., 1939, 71: 63-97.

[286] KANTOROVICH L. On Newton's method for functional equations(Russian)[J]. Dokl.Akad. Nauk SSSR, 1948, 59: 1237-1240.

[287] KANTOROVICH L. On Newton's method (Russian)[J]. Trudy Mat. Inst. Steklov, 1949, 28: 104-144.

[288] KANTOROVICH L. The majorant principle and Newton's method (Russian)[J]. Dokl:

Akad.Nauk SSSR,1951,76:17-20.
[289] KANTOROVICH L. Some further applications of the majorant principle (Russian)[J]. Dokl.Akad. Nauk SSSR,1951,80:849-852.
[290] KANTOROVICH L. Approximate solution of functional equations(Russian)[J].Uspehi Mat. Nauk,1956,11:99-116.
[291] KANTOROVICH L. On some further applications of the Newton approximation method (Russian)[J]. Vestnik.Leningrad Univ.,1957, 12:68-103.
[292] KASRIEL R, NASHED M. Stability of solutions of some classes of nonlinear operator equations[J]. Proc. Amer. Math. Soc., 1966, 17: 1036-1042.
[293] KATETOV M. A theorem on mappings[J]. Comment. Math. Univ. Carolinae, 1967, 8: 431-433.
[294] KELLER H, REISS E. Iterative solutions for the nonlinear bending of circular plates[J]. Comm.Pure Appl.Math. ,1958,11:273-292.
[295] KELLOGG R. An alternating direction method for operator equations [J]. SIAM J. Appl. Math.,1964,12:848-854.
[296] KELLOGG R. A nonlinear alternating direction method[J]. Math. Comp., 1969, 23: 23-28.
[297] KERNER M. Die differentiale in der allgemeinen

analysis[J]. Ann.of Math.,1933,34: 546-572.

[298] KIEFER J. Sequential minimax search for a maximum[J]. Proc. Amer. Math. Soc., 1953, 4: 503-506.

[299] KIEFER J. Optimum sequential search and approximation methods under minimum regularity assumptions[J]. SIAM J. Appl. Math., 1957, 5: 105-136.

[300] KINCAID W. Solution of equations by interpolation[J]. Ann. Math. Statist., 1948, 19: 207-219.

[301] KINCAID W. A two-point method for the numerical solution of systems of simultaneous equations[J]. Quart. Appl. Math., 1961, 18: 313-324.

[302] KIRK W. A fixed point theorem for mappings which do not increase distance[J]. Amer. Math. Monthly, 1965, 72: 1004-1006.

[303] KITCHEN J. Concerning the convergence of iterates to fixed points[J]. Studia Math., 1966, 27: 247-249.

[304] KIVISTIK L. The method of steepest descent for nonlinear equations (Russian)[J]. Eesti NSV Tead. Akad. Toimetised Füüs-Mat. Tehn.-tead. Seer., 1960, 9: 145-159.

[305] KIVISTIK L. On certain iteration methods for solving operator equations in Hilbert space (Russian)[J]. Eesti NSV Tead. Akad. Toimetised Füüs-Mat. Tehn.-tead. Seer., 1960,

9:229-241.

[306] KIVISTIK L. On a generalization of Newton's method (Russian)[J]. Eesti NSV Tead. Akad. Toimetised Füüs-Mat. Tehn.-tead. Seer., 1960, 9:301-312.

[307] KIVISTIK L. A modification of the minimum residual iteration method for the solution of equations involving nonlinear operators [J]. Dokl. Akad. Nauk USSR, 1961, 136: 22-25; Soviet Math.Dokl.,1961,2:13-16.

[308] KIVISTIL L. On a class of iteration processes in Hilbert space (Russian)[J]. Tartu Riikl. Ül.Toimetised, 1962,129:365-381.

[309] KIVISTIK L, USTAAL A. Some convergence theorems for iteration processes with minimal residues (Russian)[J]. Tartu Riikl. Ül. Toimetised,1962,129:382-393.

[310] KIZNER W. A numerical method for finding solutions of nonlinear equations[J]. SIAM J. Appl.Math.,1964,12:424-428.

[311] KLEINMICHEL H. Stetige Analoga und Iterationsverfahren für nichtlineare gleichungen in Banach räumen[J]. Math. Nachr., 1968, 37: 313-344.

[312] KNILL R. Fixed points of uniform contractions [J]. J.Math.Anal.Appl.,1965,12:449-456.

[313] KOGAN T. Construction of iteration processes of high orders for systems of algebraic and

transcendental equations (Russian)[J]. Ž. Vyčisl.Mat.i Mat.Fiz.,1964,4:545-546.

[314] KOGAN T. The construction of high order iteration processes for systmes of algebraic and transcendental equations (Russian)[J]. Taškent. Gos. Univ. Naučn. Trudy, 1946, 265: 37-46.

[315] KOGAN T. A modified Newton method for solving systems of equations (Russian)[J]. Taškent. Gos. Univ. Naucn. Trudy, 1946, 265: 64-67.

[316] KOLOMY J. Contribution to the solution of nonlinear equations[J]. Comment. Math. Univ. Carolinae, 1963, 4: 165-171.

[317] KOLOMY J. Remark to the solution of nonlinear functional equations in Banach spaces [J]. Comment. Math. Univ. Carolinae, 1964, 5: 97-116.

[318] KOLOMY J. On the solution of functional equations with linear bounded operators[J]. Comment. Math. Univ. Carolinae, 1965, 6: 141-143.

[319] KOLOMY J. Some existence theorems for nonlinear problems[J]. Comment. Math. Univ. Carolinae, 1966, 7: 207-217.

[320] KOLOMY J. Solution of nonlinear functional equations in linear normed spaces[J]. Časopis Pěst. Mat., 1967, 92: 125-132.

[321] KOLOMY J. On the differentiability of operators and convex functionals [J]. Comment. Math. Univ. Carolinae, 1968, 9: 441-454.

[322] KOPPEL H. Convergence of the generalized method of Steffensen (Russian) [J]. Eesti NSV Tead. Akad. Toimetised Füüs-Mat. Tehn.-tead. Seer., 1966, 15: 531-539.

[323] KOSOLEV A. Convergence of the method of successive approximations for quasilinear elliptic equations [J]. Dokl. Akad. Nauk SSSR, 1962, 142: 1007-1110; Soviet Math. Dokl., 1962, 3: 219-222.

[324] KOWALIK J, OSBORNE M. Methods for unconstrained optimization problems [M]. New York: American Elsevier, 1968.

[325] KRASNOSELSKII M. Some problems of nonlinear analysis (Russian) [J]. Uspehi Mat. Nauk, 1954, 9: 57-114.

[326] KRASNOSELSKII M. Two comments on the method of successive approximations (Russian) [J]. Uspehi Mat. Nauk, 1955, 10: 123-127.

[327] KRASNOSELSKII M, RUTICKII Y. Some approximate methods of solving nonlinear operator equations based on linearization [J]. Dokl. Akad. Nauk SSSR, 1961, 141: 785-788; Soviet Math. Dokl., 1961, 2: 1542-1546.

[328] KRAWCZYK R. Über eirr Verfahren zur bestimmung eines fixpunktes bei nichtlinearen gleichun-

gsystemen[J]. Z. Angew. Math. Mech., 1966, 46: 67-69.

[329] KUIKEN H. Determination of the intersection points of two plane curves by means of differential equations [J]. Comm. ACM, 1968, 11: 502-506.

[330] KULIK S. The solution of two simultaneous equations[J].Duke Math.J.,1964,31:119-122.

[331] KUO M. Solution of nonlinear equations[J]. IEEE Trans.Computers,1968,17:897-898.

[332] KURPEL M. Some approximate methods of solving nonlinear equations in a coordinate Banach space (Ukrainian)[J]. Ukrain. Mat. Ž., 1964,16:115-120.

[333] KUSHNER H. On the numerical solution of degenerate linear and nonlinear elliptic boundary value problems[J].SIAM J.Numer. Anal.,1968,5:664-679.

[334] KWAN C. A remark on Newton's method for the solution of nonlinear functional equations [J].Advancement in Math.,1956,2:290-295.

[335] LAHAYE E. Une méthode de résolution d'une catégorie d'équations transcendantes[J]. C. R. Acad.Sci.Paris,1934,198:1840-1842.

[336] LAHAYE E. Sur la représentation des racines systèmes d'équations transcendantes [J]. Deuxième Congrès National des Sciences, 1935,1:141-146.

[337] LAHAYE E. Solution of systems of transcendental equations[J]. Acad. Roy. Belg. Bull. Cl. Sci.,1948,5:850-822.

[338] LANCASTER P. Error analysis for the Newton-Raphson method[J]. Numer. Math., 1966, 9:55-68.

[339] LANCE G. Solution of algebraic and transcendental equations on an automatic digital computer[J].J.Assoc.Comp.Math.,1959,6:97-101.

[340] LANGLOIS W. Conditions for termination of the method of steepest descent after a finite number of iterations[J]. IBM J.Res.Develop., 1966,10:98-99.

[341] LAPTINSKII V. On one method of successive approximations (Russian) [J]. Dokl. Akad. Nauk BSSR,1965,9:219-221.

[342] LASTMAN G. A modified Newton's method for solving trajectory optimization problems [J].AIAA J.,1968,6:777-780.

[343] LAVRENT'EV L.Solubility of nonlinear equations[J]. Dokl. Akad. Nauk SSSR, 1967, 175: 1219-1222; Soviet Math. Dokl., 1967, 8: 993-996.

[344] LEACH E. A note on inverse function theorems[J]. Proc. Amer. Math. Soc., 1961, 12: 694-697.

[345] LEE E.Quasilinearization and invariant imbedding[M].New York: Academic Press, 1968.

[346] LERAY J, SCHAUDER J. Topologie et équations fonctionelles [J]. Ann. Sci, Ecole Norm.Sup.,1934,51:45-78.

[347] LEVENBERG K. A method for the solution of certain nonlinear problems in least squares[J]. Quart.Appl.Math.,1944,2:164-168.

[348] LEVIN A. An algorithm for the minimization of convex functions [J]. Dokl. Akad. Nauk SSSR, 1965, 160: 1244-1248; Soviet Math. Dokl.,1965,6:186-190.

[349] LEVIN A, STRYGIN V. On the rate of convergence of the Newton-Kantorovich method (Russian) [J]. Uspehi Mat. Nauk, 1962, 17: 185-187.

[350] LEVY M. Sur les fonctions de lignes implicites [J].Bull.Soc.Math.France,1920,48:13-27.

[351] LEZANSKI T. Über die methode des"schnellsten falles"für das minimumproblem von funktionalen in Hilbertschen räumen [J]. Studia Math.,1967,28:183-192.

[352] LI T. Die stabilitätsfrage bei differenzengleichungen[J].Acta Math.,1934,63:99-141.

[353] LIEBL P. Einige Bemerkungen zur numerischen stabilität von matrizeniterationen [J]. Apl. Mat., 1965,10:249-254.

[354] LIKS D. The principle of majorants in certain iteration processes (Russian) [J]. Mat. Isslcd, 1967,2:26-44.

[355] LIN C. On approximate methods of solution for a certain type of nonlinear differential equstion [J]. Chinese Math. Acta, 1962, 1: 373-379.

[356] LIN'KOV E. The convergence of some iterative methods (Russian)[J]. Moskov. Oblast. Ped. Inst. Učen.Zap.,1964,150:71-80.

[357] LIN'KOV E. On the convergence of a method of the steepest descent type in Hilbert space and in L^v (Russian)[J]. Moskov. Oblast. Ped. Inst.Ucen.Zap.,1964,150:181-187.

[358] LJUBIC Y. On the rate of convergence of a stationary gradient iteration (Russian)[J]. Ž. Vyčisl.Mat.i Mat.Fiz.,1966,6:356-360.

[359] LJUBIC Y. Convergence of the process of steepest descent[J].Dokl.Akad.Nauk SSSR,1968, 179: 1054-1057; Soviet Math. Dokl., 1968, 9: 506-508.

[360] LOHR L, RALL L. Efficient use of Newton's method[J].ICC Bull.,1967,6:99-103.

[361] LOTKIN M. The solution by iteration of nonlinear integral equations[J].J.Math.and Phys., 1955,33:346-355.

[362] LUDWIG R. Verbesserung einer iterationsfolge bei gleichungssystemen[J].Z.Angew.Math.Mech., 1952,32:232-234.

[363] LUDWIG R. Über iterationsverfahren für gleichungen und gleichungssysteme Ⅰ, Ⅱ [J]. Z.

Angew. Math. Mech., 1954, 34: 210-225, 404-416.

[364] LUMISTE Y. The method of steepest descent for nonlinear equations (Russian)[J]. Tartu. Gos. Univ. Trudy Estest.-Mat. Fak., 1955, 37: 106-113.

[365] LYUBČENKO I. Newton's method as a basis for approximate solution of the boundary value problem for a nonlinear ordinary differential equation of second order involving a small parameter in the term with derivative of highest order[J]. Dokl. Akad. Nauk SSSR, 1961, 138: 39-42; Soviet Math. Dokl., 1961, 2: 525-528.

[366] MADDISON R. A procedure for nonlinear least squares refinement in adverse practical conditions[J]. J. Assoc. Comput. Math., 1966, 13: 124-134.

[367] MADORAKII V. A variant of the descent method for nonlinear functional equations (Russian)[J]. Vesci Akad. Nauk BSSR Ser. Fiz.-Mat. Navuk, 1967, 3: 121-124.

[368] MAERGOIZ M. A method for solving systems of nonlinear algebraic and transcendental equations (Russian)[J]. Ž. Vyčisl. Mat. i Mai. Fiz., 1967, 7: 869-874.

[369] MAISTROV'SKII G. A local relaxation theory for nonlinear equations[J]. Dokl. Akad. Nauk SSSR, 1967, 117: 37-39; Soviet Math. Dokl.,

1967,8:1366-1369.

[370] MANCINO O. Resolution by iteration of some nonlinear systems[J].J.Assoc.Comput.Mach., 1967,14:341-350.

[371] MANGASARIAN O. Pseudo-convex functions [J].SIAM J.Control,1965,3:281-290.

[372] MARCUK G, KUZNECOV I. On optimal iteration processes[J].Dokl.Akad.Nauk SSSR, 1968, 181: 1331-1334; Soviet Math. Dokl., 1968,9:1041-1045.

[373] MARČUK G, SARBASOV K. A method for solving a stationary problem[J]. Dokl. Akad. Nauk SSSR, 1968, 182: 42-45; Soviet Math. Dokl.,1968,9:1105-1108.

[374] MARQUARDT D. An algorithm for least squares estimation of nonlinear parameters[J]. SIAM J.Appl.Math.,1963,11:431-441.

[375] MARTOS B. Quasi-convexity and quasi-monotonicity in nonlinear programming[J]. Studia Sci.Math.Hungar.,1967,2:265-273.

[376] MASLOVA N. A method of solving relaxation equations[J]. Dokl. Akad. Nauk SSSR, 1968, 182: 760-763; Soviet Math. Dokl., 1968, 9: 1197-1200.

[377] MATVEEV V. A method of approximate solution of systems of nonlinear equations (Russian) [J]. Z. Vycisl. Mat. i Mat. Fiz., 1964, 4: 983-994.

[378] MCALLISTER G. Some nonlinear elliptic partial differential equations and difference equations [J]. SIAM J. Appl. Math., 1964, 12: 772-777.

[379] MCALLISTER G. Quasilinear uniformly elliptic partial differential equations and difference equations[J].SIAM J.Numer.Anal.,1966, 3:13-33.

[380] MCALLISTER G. Difference methods for a nonlinear elliptic system of partial differential equations [J]. Quart. Appl. Math., 1966, 23: 355-360.

[381] MCGILL R, KENNETH P. Solution of variational problems by means of a generalized Newton-Raphson operator[J].AIAA J.,1964, 2:1761-1766.

[382] MEETER D. On a theorem used in nonlinear least squares[J]. SIAM J. Appl. Math., 1966, 14:1176-1179.

[383] MEINARDUS G. Approximation von funktionen und ihre numerische behandlung[M]. Berlin: Springer-Verlag,1964.

[384] MELON S. On nonlinear numerical iteration processes[J].Comment.Math.Univ.Carolinae, 1962,3:14-22.

[385] MERTVECOVA M. An analog of the process of tangent hyperbolas for general functional equations (Russian) [J]. Dokl. Akad. Nauk

SSSR,1953,88:611-614.

[386] MEYER G. On solving nonlinear equations with a one-parameter operator imbedding[J]. SIAM J.Numer.Anal.,1968,5:739-752.

[387] MINTY G. Monotone (nonlinear)operators in Hilbert space [J]. Duke Math. J., 1962, 29: 341-346.

[388] MINTY G. Two theorems on nonlinear functional equations in Hilbert space [J]. Bull. Amer.Math.Soc.,1963,69:691-692.

[389] MINTY G. On the monotonicity of the gradient of a convex function[J]. Pacific J. Math.,1960,14:243-247.

[390] MINTY G. A theorem on maximal monotonic sets in Hilbert space[J]. J. Math. Anal. Appl., 1965,11:434-440.

[391] MINTY G. On the generalization of a direct method of the calculus of variations[J]. Bull. Amer.Math.Soc.,1967,73:315-321.

[392] MIRAKOV V. The majorant principle and the method of tangent parabolas for nonlinear functional equations (Russian)[J]. Dokl. Akad. Nauk SSSR,1957,113:997-979.

[393] MOORE J. A.convergent algorithm for solving polynomial equations [J]. J. lssoc. Comput. Mach.,1967,14:311-315.

[394] MOORE R H. Differentiability and convergence for compact nonlinear operators[J]. J.Math. Anal.

Appl.,1966,16:65-72.

[395] MOORE R H. Approximations to nonlinear operator equations and Newton's method[J]. Numer.Math.,1968,12:23-34.

[396] MOROZOV V. Solution of functional equations by the regularization method[J].Dokl.Akad.Nauk SSSR, 1966, 167: 510-513; Soviet Math. Dokl., 1966,7:414-417.

[397] MORRISON D. Multiple shooting method for two-point boundary value problems[J].Comm. ACM,1962,5:613-614.

[398] MOSER J. A rapidly convergent iteration method and nonlinear partial differential equations Ⅰ, Ⅱ[J]. Ann. Scuola Norm. Sup. Pisa, 1966,20:265-315,499-535.

[399] MOSES J. Solution ot systems of polynomial equations by elimination[J]. Comm. ACM, 1955,9:634-637.

[400] MOSZYNSKI K. The Newton's method for finding an approximate solution to an eigenvalue problem of ordinary linear differential equations[J].Algorytmy,1965,3:7-33.

[401] MOTZKIN T, WASOW W. On the approximation of linear elliptic differential equations with positive coefficients[J]. J. Math. and Phys.,1953,31:253-259.

[402] MYERS G. Properties of the conjugate gradient and Davidon methods[J]. J.

Optimization Theory Appl., 1968, 2: 209-219.

[403] MYSOVSKII I. On convergence of Newton's method (Russian)[J]. Trudy Mat. Inst. Steklov, 1949, 28: 145-147.

[404] MYSOVSKII I. On the convergence of L. V. Kantorovich's method of solution of functional equations and its applications (Russian)[J]. Dokl. Akad. Nauk SSSR, 1950, 70: 565-568.

[405] MYSOVSKII I. On the convergence of the method of L. V. Kantorovich for the solution of nonlinear functional equations and its applications (Russian) [J]. Vestnik Leningrad Univ., 1953, 11: 25-48.

[406] MYSOVSKII I. An error bound for the numerical solution of a nonlinear integral equation[J]. Dokl. Akad. Nauk SSSR, 1963, 153: 30-33; Soviet Math. Dokl., 1963, 4: 1603-1607.

[407] NAGUMO M. A theory of degree of mappings based on infinitesimal analysis[J]. Amer. J. Math., 1951, 73: 485-496.

[408] NASHED M. The convergence of the method of steepest descents for nonlinear equations with variational or quasi-variational operators [J]. J. Math. Mech., 1964, 13: 765-794.